ファッションの歴史
～オートクチュールの始まりから現在まで～

結成, Hobble Skirt(ホブルスカート)

タイル)

y(ジャージー), Cardigan(カーディガン), Trousers(ズボン), Little Black Dress(リトル・ブラック・ドレス)
オード・バッグス)

0	1940	1950	1960	1970	1980	1990	2000	2010

(1941)
(1946)
(1947)
(1948)
スーツ)
キング)

ティーナブラウス) (1952)
イン), H-line(Hライン)
Chanel(シャネルスーツ)
oll(ベビードール) (1956)
pri Pants(カプリパンツ)
トラペーズライン) (1958)

d(モッズ)　Psychedelic(サイケデリック)
ト)　Maxi(マキシ)　Granny(グラニー)
LaurentによるSee-Through(シースルー)
entによるLe Smoking(タキシードルック)
T-shirt(Tシャツ)
urrègesによるSpace Age(スペースエイジ)

Big Look(ビッグルック) (1970)
Hot Pants(ホットパンツ) (1970)
Annie Hall(アニーホールスタイル)
Punk(パンクスタイル)　Hippy(ヒッピー)
Preppy(プレッピー)

Androgynous(両性具有)
Body-Conscious(ボディコンシャス)
Power Suit(パワースーツ)
Sloane Ranger (スローンレンジャー)

Grunge(グランジ)　Minimalism(ミニマリズム)
Luxury Brand Wars (ラグジュアリーブランド買収競争)
Martin Margiela, Ann DemeulemeesterらDeconstructionists(アンチモード派)

It Bag(イット・バッグ:高価なブランドバッグ;とりわけワンシーズンのみ旬であるようなトレンドバッグ)
Skyscraper Heel(摩天楼ヒール)
Fast Fashion (ファストファッション)
Street Snap (ストリートスナップ:街を歩く人々の服装を撮影したスナップ写真)
Kawaii (カワイイ)
Recessionista(リセッショニスタ)

m(進化系ミニマリズム:世界的不況の中で提案された, ファンタジーよりも現実味を追及した, シンプルでクリーンなファッション)
Fashion Bloggers(ファッションブロガーズ:モード情報をブログやツイッターで発信する人々)

英和ファッション用語辞典
Kenkyusha Dictionary of Fashion

中野香織〔監修〕
研究社辞書編集部〔編〕

研究社

© 2010 KENKYUSHA Co., Ltd.

企画編集: 望月羔子／河野美也子
編集協力: 川田秀樹／鈴木康之／濱倉直子
　　　　　三谷　裕／星野　龍／市川しのぶ

まえがき

　現代の日本語にはカタカナ語があふれています．なかでも，ファッションについて語ろうとする場合，油断すると，語彙の半分ぐらいがカタカナ語になってしまうことがあります．現在のファッション文化の源の大部分が西洋にある以上，避けることのできない事態ではあるのかもしれません．

　しかし，カタカナによるファッション用語のなかには，日本でしか通用しない和製英語もどきや，意味が不確かなまま流通しているあやふやな言葉も少なくありません．日本で流通しているファッション語を，そのまま英語のつもりで用いても，まったく意味が通じないという事態も起きています．たとえそれが英語として通用したとしても，イギリスとアメリカでは異なるものを指す，ということもしばしばあります．

　グローバル化の波は，ファッションの世界にも及んでいます．コレクション情報は，瞬時に世界へ流れます．新聞・雑誌などのジャーナリズムをはじめ，ブランド，ショップなどモードの送り手も，インターネットを通じて世界に向けて同時に情報を発信しています．ますます増えていくファッション情報を正しく受け取ると同時に，日本からも堂々と発信していくために，世界共通の認識の基盤としての英語でファッション用語を理解し，駆使する力が，当然の前提として求められる時代が訪れているのです．

　そのような切迫した状況でありながら，ファッション用語を専門とする英和辞典がありませんでした．このままでは日本が取り残されかねない，という危機感をもって編まれたのが本辞典です．和製英語の混じるカタカナで引く辞典ではなく，あくまでも英語できちんと調べるためのファッション用語英和辞典を目指しました．

　収録語彙に関しては，研究社のオンライン辞書（KOD）の見出し語をベースとして利用させていただきましたが，記述に関しては「ファッション用語辞典」としての視点から，大幅な加筆・訂正を加えています．さらに，英米のモード雑誌や，各新聞のスタイル欄，デザイン関係の専門書，ファッションビジネス関連書などから，ファッション用語として頻繁に登場する語を採録し，日本語の定義を新たに与えました．ファッションシーンを作り上げてきた古今の名高いデザイナー，写真家，イラストレーター，編集者などの固有名詞も，

可能なかぎり取り入れています．

英語の発音記号になじみのない方のために，発音を，それこそカタカナで表記してあるのも，一般の辞典にはあまりない特徴です．さらに，使用頻度の高い英語独特の用法，用例も入れました．

言葉は，ファッションと同様，生き物です．ひとつひとつの英語の背後に，長い歴史，豊かな文化，興味深いエピソードがあります．ひとつの言葉はずっと同じ意味で固まっているわけではなく，次の瞬間にはまた新しい意味を帯びていきます．5000 語のファッション用語とつきあっていくうちに，そんな個々の言葉の背後の物語をできるだけ多く紹介したい，という思いに何度も駆られました．紙幅の都合でかなわなかったものの，A から Z までのアルファベットを頭文字とする用語群から各一語を選び，短いコラムとして紹介することにしました．

ファッションは多彩な相貌をもっています．無意識あるいは意識的な感情の発露．富や社会的地位のシンボル．アイデンティティを示し，社会との関係を築くためのコミュニケーションの道具．新しい美の表現．革命の手段．国威発揚の武器．誘惑装置．ひとつの産業であり，ひとつのビジネス．アートであると同時に消耗品でもあるもの．さまざまな様相で用いられるファッションの言葉はどこまでも尽きず，収録しきれなかった用語も多々あるかと思うのですが，本辞典が，読者の皆様それぞれの立場からファッションと向き合うための，明晰な思考の手がかりを与える助けとなれば，監修者として幸せです．

本辞典の完成までには，多くの方々のご尽力がありました．とりわけ，基本となる見出し項目の母体をつくり，煩瑣な編集作業に携わってくださった，研究社辞書編集部の望月羔子さん，河野美也子さんの粘り強く丁寧なお仕事に，心からの敬意と感謝を表します．

2010 年春

中 野 香 織

凡　　例

1　見出し語
a 配列はアルファベット順とし，数字を含む見出し語の配列は，それを数詞で書いた場合の順序とする．
　　例：**A-2 jacket**《A-two jacket の位置に配列》
b つづりが米英で異なるときは，縦線（|）で区切って米英の順に併記した．
　　例：**license | licence**《《米》では license,《英》では licence とつづる》
c 同つづりの語でも語源が異なるときは別見出しとし，肩番号をつけた．
　　例：**pink**^{1}, **pink**^{2}
d 省略できる部分は（　）で，交替できる部分は [　] で示した．
　　例：**epaulet(te)**《epaulet, epaulette の両様あり》
　　　　hair dryer [drier]《hair dryer または hair drier》
e 外国語の見出し語はイタリック体で示した．
　　例：*assemblage*
f 靴やズボンなど通例複数形で使われる語は，複数形で示した．
　　例：**shoes, pants, boots, panties**, etc.
g 名詞の不規則な複数形は，見出しのあとに（　）内に示した．
　　例：**nouveau riche**（複数形 nouveaux riches）

2　発音
a 発音を誤りやすい語を中心に，/　/ 内にカタカナ表記で示した．アクセントが置かれる部分は太字で示した．
　　例：**apron** /エイプラン/
b 米音と英音が顕著に異なる場合は次の形式で示した．
　　例：**chapeau** /《米》シャポウ;《英》シャパウ/

3　品詞
品詞は以下のように略記する．ただし，見出し語の語義が名詞だけの場合は品詞の表示を省略した．
　　名（＝名詞）　　形（＝形容詞）　　動（＝動詞）　　接頭（＝接頭辞）

4 語義と語法
a 訳語の前に [ ] を用いて語法・表記上の指示・注記を添えた.
   例: [複数形]　[**the Renaissance**]　[通例 **gathers**]
   　　[しばしば **robes**]　[時に **Glengarry**]
b 英語の地域変種や使用域の指示は《　》で示した.
   例: 《米》=アメリカ英語　《英》=イギリス英語
   　　《豪》=オーストラリア英語 // 《俗語》《口語》《まれ》《方言》
c 〈　〉を用いて, 動詞の主語・目的語や形容詞と名詞の連結などを示した.
   例: **wear** 動　**2** 〈ひげなどを〉生やしている; 〈香水を〉つけている, 〈化粧を〉する
   　　boot-cut 形　ブーツカットの〈ズボン〉
d 同義語は訳語のあとに ( ) 内に, 反意語は (⇔　) の形で, 説明語句は訳語の前または後に《　》を用いて示した.
e 語義・訳語に用いた ( ) は, ( ) 内が省略可能あるいは ( ) 内を入れた場合と入れない場合と両様であることを示し, [ ] は, 先行の語と交替可能であることを示す.
f cf. は比較参照すべき項目, ⇨ は関連記述のある項目, = は同義の項目を示す.
g ★ は類語や異つづり語, 補足説明, 注記などを示す.

5 用例
a 用例は語義のあとをコロン (:) で区切って示し, 用例と用例の区切りは斜線 (/) で示した.
   例: **green** : *green* movement 環境運動 / *green* fashion 環境にやさしいファッション
b 用例中の one's, oneself は, その位置に文の主語と同一の人を表わす名詞または代名詞がはいることを示す. また sb (=somebody) は, その位置に文の主語と異なる人を表わす名詞または代名詞がはいることを示す.
   例: **eyelash** : flutter one's *eyelashes*《実際には, たとえば She fluttered her eyelashes となる》
   　　shampoo : give sb a *shampoo*《たとえば I gave her a shampoo となる》

6 固有名
a 人名・地名・雑誌名などの固有名の場合，見出し語の前に§を付した．
b 人名の性別を，男性 (male) は (*m*)，女性 (female) は (*f*)で示した．
c 人名の生没年は (1912-99) のように示し，生年は (b. 1958)，没年は (d. 1984) のように示した．

7 語源
語源は各語の最後に【　】かっこに囲んで示した．

8 ジャンル表示
　〔アート・デザイン〕
　〔衣服〕
　〔色〕
　〔感覚〕
　〔靴〕
　〔小物〕
　〔手芸〕
　〔商標〕
　〔ソーイング〕
　〔ディテール〕
　〔バッグ〕
　〔ビジネス〕
　〔美容〕
　〔ファッション〕
　〔ヘア〕
　〔宝飾〕
　〔ボディ〕
　〔マテリアル〕

A
1 〔靴〕A ワイズ，A 幅《足囲を示す記号；幅が狭い A から幅の広い E までの種類があり，A と E はさらに AA, AAA, AAAA [EE, EEE, EEEE] がある》.
2 〔衣服〕A カップ《ブラジャーのカップサイズ；トップバストとアンダーバストの差の小さいものから A, B, C, D, DD, E, F, … となる；A より小さい AA もある》.

ab
[通例 **abs**]〔ボディ〕《口語》腹筋 (abdominals).

aba
アバー《(**1**)〔マテリアル〕ラクダまたはヤギの毛の織物で，縞(½)柄あるいは無地染め；〔衣服〕アラブの男女が外出時に着用する，アバー製のすっぽりかぶる服 **2**)〔マテリアル〕粗い厚手のフェルト状の織物で，もとハンガリーの農民が用いた》. ★**abba** ともつづる.

abaca
〔マテリアル〕アバカ，マニラ麻《帽子やバッグに使われる》. ★**abacá** ともつづる.

abalone
〔マテリアル〕アワビ《ミミガイ科の貝の総称；貝殻はボタン・装飾品の材料》.

abdomen
〔ボディ〕腹部 (⇨ stomach).

abdominal
形 腹部 (abdomen) の，腹の．
名 [通例 **abdominals**]〔ボディ〕腹筋 (abdominal muscles).

Abercrombie & Fitch
〔商標〕アバクロンビー & フィッチ《米国 Abercrombie & Fitch 社のカジュアル・ファッションブランド；同社は 1892 年ニューヨークに David T. Abercrombie がアウトドア用品の店として創業；顧客のひとりであった Ezra H. Fitch が加わり，1904 年に Abercrombie & Fitch となった；アバクロンビー，ホリスター，ルールナンバー 925 などの姉妹ブランドを幅広い年齢層に展開している》.

abolla
〔衣服〕アボラ《古代ローマで軍人や下層の男子が着用したウールのコート》.

absorbent cotton
《米》脱脂綿，コットン (《英》cotton wool). ★absorbent は「吸収性のある」の意.

abstract
形 抽象的な；抽象主義の，抽象派の．
名 **1**〔アート・デザイン〕抽象主義の作品，抽象絵画，抽象デザイン．
2 要約，摘要.

abstract art
〔アート・デザイン〕アブストラクトアート，抽象美術.

abstract print
〔マテリアル〕アブストラクトプリント《非写実的で幾何学模様のようなデザイン》.

academic costume [dress]
〔衣服〕《大学の》式服式帽. ★academic は「学校の，大学の」の意.

accent
〔アート・デザイン〕強調，引き立て；《色彩・明暗の対比による》強調，アクセント

: the *accent* is on luxury 豪華さ重視です / *accent* color アクセントカラー《装いに変化を与え，新鮮な効果を生み出すために使われる強調色》.

accessoiriste
アクセソワリスト《ファッションショーや雑誌の写真撮影などで，アクセサリーを専門に扱うスタイリスト》.
【フランス語より】

accessory /アクセサリー/
[通例 accessories]〔小物〕アクセサリー，装身具；小物類.

accord
調和；《色などの》融和.

accordion pleats
[複数形]〔ディテール〕アコーディオンプリーツ《楽器のアコーディオンの蛇腹のように細かく立体的なプリーツ》.

account
〔ビジネス〕**1** 顧客，得意先.
2 銀行預金口座.
3 説明，報告；計算書，請求書.
4 《Eメールなどの》アカウント.

account payable
〔ビジネス〕支払勘定，買掛金勘定，未払金勘定.

account receivable
〔ビジネス〕受取勘定，売掛金勘定，未収金勘定.

acetate
〔マテリアル〕アセテート《合成繊維》.

Achilles tendon
〔ボディ〕アキレス腱. ★Achilles は，ギリシア伝説でトロイ戦争におけるギリシア軍の英雄. Achilles が赤子のときに，わが子の体を不死身にしようと考えた母が，冥府の川に浸したが，母がつかんでいたかかとだけが水につからず，かかとの部分のみが生身のまま残る. 長じてトロイ戦争で活躍するが，ついに敵に弱点のかかとを射抜かれて命を落とす. この伝説から「アキレス腱」は「致命的弱点」の代名詞となる.

achkan
〔衣服〕アチカン《インドの男性が着る七分丈の詰襟のコート；前をボタンがけする》.
【ヒンディー語より】

achromatic color
〔色〕無彩色《白・黒・グレーのように色みをもたない色のこと；⇔ chromatic color》.

acid dye
〔マテリアル〕アシッド染料，酸性染料《主に羊毛・絹の染色用》. ★**acid dye color** ともいう. acid は「酸」の意.

acid wash
アシッドウォッシュ《1980 年代に登場した(新感覚の)洗い加工のこと；脱色の際に酸化剤を使用する》.

acne
〔美容〕アクネ，にきび，痤瘡(ざそう).

acromion
〔ボディ〕肩峰(けんぽう)，肩先(かたさき)《肩甲骨の外端》.

acrylic fiber
〔マテリアル〕アクリル繊維《合成繊維》.

action glove
〔小物〕アクショングラブ《手の甲の部分を切り取って指を動きやすくした手袋；もとはゴルフなどのスポーツ用であったが，1960 年代中ごろには日常用に使われるようになった》.

active wear
〔衣服〕アクティブウェア，スポーツウェア《ショーツ，スエットスーツ，ジョギングウェア，レオタードなど》.

Adam's apple
〔ボディ〕のどぼとけ《アダムが禁断の木の実を食べたときにのどにつかえたという言い伝えから》.

adaptation

アダプテーション《オートクチュールなど高価なものをヒントに、価格的にも一般向けに改作した服；単なるコピーではない》. ★adaptaion は「(適合するように)つくりかえること，改作」の意.

adhesive tape /アドヒースィヴ/
接着テープ，粘着テープ. ★adhesive は「粘着性の」の意.

adidas
〔商標〕アディダス《ドイツ adidas 社のスポーツウェア，スポーツ用品》.

adjustable
形 調節できる，調整できる；順応できる，適応できる
: an *adjustable* belt フリーサイズのベルト. ★「フリーサイズ」は和製英語.

adjustment
1 〔ソーイング〕補正《衣服を製作する過程で行なう》.
2 〔ビジネス〕《汚損商品などの》値引き.

adolescence /アドレスンス/
青年期，未成年期，思春期，年ごろ.

§**Adolfo**
アドルフォ (*m*) (b. 1933)《キューバ生まれの米国の帽子デザイナー，ファッションデザイナー；本名 Adolfo Sardiña》.

adorn
動 飾る，装飾する；引き立たせる，…に光彩を添える.

adornment
飾ること，飾るもの，装飾(品).

§**Adri**
エイドリ (*f*) (1934-2006)《米国のファッションデザイナー；本名 Adrienne Steckling》.

§**Adrian**
エイドリアン (*m*) (1903-59)《米国の映画衣裳デザイナー；Gilbert Adrian とクレジットされることもあるが本名は Adrian Adolph Greenberg; Greta Garbo の衣裳を長年にわたり担当し、黄金時代のハリウッドで250以上の作品の衣裳を手掛けた》.

adult
形 おとなの，成人(用)の；成熟した.
名 おとな，成人，アダルト.

adult casual
〔ファッション〕アダルトカジュアル《おとな向けのカジュアルファッション》.

advance
〔ビジネス〕前払い，前金；《商品の》前渡し，前渡し商品.

advertise /アドバタイズ/
動 広告する，宣伝する.

advertising
〔ビジネス〕広告すること；広告《集合的》
: an *advertising* agency 広告代理店 / an *advertising* campaign 宣伝キャンペーン / TV *advertising* テレビ広告.

aerobics
(単数・複数同形)〔美容〕エアロビクス《有酸素性運動の代表的なもので、酸素消費量の増大による循環・呼吸機能の活化をはかる健康法》.

aerosol /エ(ア)ロサル/
〔美容〕エアゾール，噴霧器，スプレー.

Aertex
〔商標〕エアテックス《英国 Aertex 社の織物；薄地の綿織物で，主にシャツ・下着に用いられる》.

aesthetic /エスセティク/
形 美の，美的な；審美的な. ★esthetic ともつづる.

Aesthetic Dress
〔衣服〕芸術至上主義ファッション，美と官能のための衣裳，耽美主義の服. (⇒ 次ページコラム).

aesthetician /エスセティシャン/
〔美容〕エステティシャン《美顔・メイクアップ・痩身・脱毛・マニキュアなど

体全体に美容を施す美容師》. ★esthetician ともつづる.

afghan
1 〔マテリアル〕幾何学模様.
2 〔小物〕アフガン編みの毛布[ショール]《美しい幾何学模様をもつ毛糸編み》.
3 〔衣服〕毛皮で縁取りをしたシープスキンのコート.

Afghan stitch
〔手芸〕アフガン編み《アフガン針(かぎ型の針)を用いる手編みの一種》.

African
形 アフリカの; アフリカ人[文化]の.

Afro
〔ヘア〕アフロ《細かく縮れさせた毛髪を丸いシルエットに形づくったヘアスタイル》. ★「アフリカの」の意の連結形 Afro- から.

after-dark
形 アフターダークの, 夕方[夜]の(ための)《ファッションでは夕方以降に着る装いの》.

afternoon
形 午後の, 午後に用いる
: *afternoon* dress アフタヌーン(ドレス)《昼間の女性の礼装; イヴニングドレスよりも控えめなドレス》.

aftershave
〔美容〕アフターシェーブローション《ひげそり後に使うローション》.
★aftershave lotion ともいう.

agal
〔小物〕アガール《アラブ人がかぶり物を押さえるのに使うひも》.

agate /アゲット/
〔宝飾〕瑪瑙(めのう), アゲート.

age
名 年齢, 経年数, 年.
動 年をとる, 老化する, 加齢する.

age-defying
形 老化に抵抗する, 老化をものともしない, エイジディファイングの
: *age-defying* diet 加齢にうち勝つ日々の食事.

age spots
[複数形]〔美容〕老年性色素斑, 老人斑《露出した肌にできやすい暗色の平

― **Aesthetic Dress** ―

1880 年代から 1900 年代にかけての英国の芸術至上主義運動に関わるファッション. ミレー, ホルマン・ハント, ロセッティ, その他のラファエル前派の画家たちの作品に描かれた衣裳からヒントを得ている. コルセットをゆるめたり, あるいはまったくはずしたりしても美しく着こなすことが可能な, 中世のローブ風のゆったりとした服で, アクセサリーや装飾もほとんどない. 当時の女性服の主流をなしていた細いウエストと豊かなバストという人工的スタイルに異を唱え, 自然でシンプルな美しさを体現しようとした. このスタイルは知識層や芸術関係者を魅了し, 女性解放運動にもつながっていく. 20 世紀初頭のポール・ポワレによる「女性の身体にやさしい」柔らかなシルエットの服を先取りしているようにも見える. 女性服ばかりでなく, リバティ百貨店が展開した子供服のスモックや, オスカー・ワイルドが 1882 年のアメリカ講演旅行の際に着用したベルベットのジャケットにひざ丈のズボンという反時代的な衣裳も, 広く「芸術至上主義ファッション」に含まれる.

らな斑点; cf. liver spots》.
aglet
〔小物〕《靴ひも・飾緒(しょ)などの先端の》先金具, アグレット; 《鋲・ひも・ピンなど》衣服に付ける装飾品. ★aiglet ともいう.

§Agnès B
アニエス・ベー (*f*) (b. 1941)《フランスのファッションデザイナー; 本名 Agnès Andrée Marguerite Troublé; ブランド名は agnès b と小文字》.

agraffe
〔小物〕鉤(かぎ)ホック式の留め金, (特に)甲冑・衣裳用の装飾留め金. ★《米》では agrafe ともつづる.
【フランス語より】

aiglet
〔小物〕=aglet.

aigrette
〔小物〕エイグレット《(**1**) 白サギなどの羽毛の髪飾り, 飾り毛 2)〔宝飾〕(宝石の)羽形飾り》.

air
態度, そぶり, 風采, 気配, 様子;《物事の》外見, 体裁, 姿.

air brush
〔美容〕エアブラシ《塗料・えのぐなどを霧状に吹き付ける器具》.

airing
〔衣服〕空気にさらすこと, 干すこと, 風当て, 虫干し;《英》熱気などですっかり乾かすこと.

Akubra
〔商標〕アクーブラ《オーストラリア製のつばの広いウサギ革の帽子; オーストラリア文化の象徴にもなっている》.

alabaster skin
〔美容〕白くなめらかな肌, 透き通るように白い肌. ★ alabaster は「雪花石膏(せっこう)」の意.

§Alaïa
アライア Azzedine Alaïa (*m*) (b. 1940)《チュニジア生まれのフランスのファッションデザイナー; ボディコンシャスなスタイルの流行を先導した》.

à la mode
形 流行の, 今ふうの. ★ a la mode ともつづる.
【フランス語より】

alb
〔衣服〕長白衣(ちょうはくい), アルバ《教会のミサに聖職者などが着用する白麻の長い祭服》.

Albert coat
〔衣服〕アルバートコート (frock coat)《19世紀後半に人気のあった男性用フロックコート; 襟がベルベット》.
【Edward 7世(1841-1910)が皇太子 (Prince Albert) 時代に着用したことより】

§Albini
アルビーニ Walter Albini (*m*) (1941-83)《イタリアのファッションデザイナー》.

Alençon lace
〔手芸〕アランソンレース《レース編みの模様を6辺形の網目でつなぎ合わせた, 精巧かつ豪華な手づくりの針編みレース; 類似の機械編みレース; フランス北西部のアランソンでつくられた》.

§Alexandra
アレクサンドラ (*f*) (1844-1925)《英国王 Edward 7世の妃; 皇太子妃時代から, ドッグカラーとも呼ばれる幅広のチョーカーを常につけていた》.

§Alexandre
アレクサンドル (*m*) (1922-2008)《アレクサンドル・ドゥ・パリとしても知られるフランスのヘアスタイリスト; 本名 Alexandre Louis de Raimon; Elizabeth Taylor, Grace Kelly など黄金期のハリウッド女優のヘアスタイルを数多く手掛け, 「結髪王子」の異名をとる; 1990年代には高級ヘアアクセサリーのブランド, 「アレクサ

ンドル・ドゥ・パリ」(Alexandre de Paris) も設立》.
alexandrite
〔宝飾〕アレキサンドライト《クリソベリル[金緑石]の一種; 太陽光では濃緑色に, 白熱灯の下では赤から紫色に変化して見える宝石》.
【ロシア皇帝アレクサンドル2世にちなむ】
Alice band
〔小物〕アリスバンド《幅の広い布製のヘアバンド》.
【ルイス・キャロル(1832-98)作『鏡の国のアリス』(1871) の主人公 Alice がつけていたことから】
A-line
形 A ラインの《上部が小さく下方に向けてゆるやかに広がっていく衣服についていう》.
all-cotton
形 綿[コットン] 100% の, オールコットンの.
alligator
1 アリゲーター《アリゲーター属のワニの総称》.
2 〔マテリアル〕わに革.
all-in-one
〔衣服〕オールインワン (corselet).
allover lace
〔手芸〕オールオーバーレース《全幅にわたり模様が繰り返されるレース》.
all-silk
形 純絹の, オールシルクの.
all-weather
形 全天候型の, 晴雨兼用の, あらゆる天候に適した, オールウェザーの.
almond eye
〔美容〕アーモンド形の目, アーモンドアイ.
aloe
アロエ《ユリ科アロエ属の多肉植物; 葉は薬用, 繊維は衣服・小物用》.
aloha shirt
〔衣服〕アロハシャツ《日系人が持ち込んだ着物の生地をつくり直してシャツを仕立てたのが始まりとされる; ハワイでは男性の正装とみなされている》. ★**Hawaiian shirt** ともいう.
【aloha とはハワイ語で「こんにちは」「さようなら」「ごきげんよう」「元気でね」などを表わす挨拶のことば】
alpaca /アルパカ/
1 アルパカ《南米アンデス高地のラクダ科の家畜》.
2 〔マテリアル〕アルパカの毛; アルパカの毛でつくった薄い毛織物; 羊毛と綿糸で織ったアルパカ様の毛織物; アルパカの服.
alpargatas
[複数形]〔靴〕アルパルガータ (espadrilles).
alter /オールター/
動 1 変える, 変更する.
2 〈衣服などを〉(体に合うように)直す, 仕立て直す.
alteration /オールタレイション/
1 変更, 改変.
2 〔衣服〕寸法直し, 仕立て直し.
alum tanning
〔マテリアル〕明礬(みょうばん)なめし.
Amazon
〔マテリアル〕アマゾン《紡毛糸を用いた薄地のしゅす; 女性の服地用》.
【ギリシア神話の女武者のみからなる部族名から】
amazonite /アマゾナイト/
〔宝飾〕天河石(てんがせき), アマゾナイト《青緑色の微斜長石の一種》.
amber
1 〔宝飾〕琥珀(こはく).
2 〔色〕アンバー《くすんだ赤みの黄》.
ambivalent
形《婉曲的に》両性愛の(bisexual).
American
形 アメリカ (America) の; アメリカ合衆国の; アメリカ人の; アメリカ的な.

American shoulders
〔ソーイング〕⇨ shoulder pad.

amethyst
1〔宝飾〕紫水晶，アメシスト[アメジスト]《2月の誕生石；⇨ birthstone 表》．★宝飾関連では最近，英語の発音に近い「アメシスト」の言い方が増えている．
2〔色〕アメジスト《強い紫》．

amice /アミス/
〔小物〕肩衣(かたぎぬ)，アミス，アミックス《カトリックの司祭が首から肩にかける長方形の白い麻布》．【ラテン語より】

§Amies /エイミーズ/
エイミズ，エイミス Sir (**Edwin**) **Hardy Amies** (*m*)(1909-2003)《英国のファッションデザイナー；1945年にロンドンのサヴィルロウにオートクチュールの店を開いた；英国王室付きデザイナーとしても名高い》．

amino acid
〔美容〕アミノ酸．

ample line
〔ファッション〕アンプルライン《ゆったりとしたシルエット》．★ample は「豊富な」の意．

amulet
〔宝飾〕アミュレット，お守り《魔よけのために身に付ける小さな宝石などの装身具》．

anadem
〔小物〕《女性の頭飾りの》花かずら，花の冠．

anchor tenant
アンカーテナント《ショッピングセンターに買い物客をひきつける有名店舗や他店舗の出店を誘う一流店》．

ancient
形 **1** 古代の．
2 古来の，古くからの，時代ものの，古びた，旧式の．

§Andrevie
アンドレヴィ France Andrevie (*f*) (1950-84)《フランスのファッションデザイナー》．

androgynous /アンドラジナス/
形《服装や行動の点で》男女の区別がつかない，両性具有的な；〈衣服が〉男女共用の
: an *androgynous* figure 中性的な人物 / *androgynous* clothing 男女共用の服．

angarkha
〔衣服〕《インド》アンガルカー (⇨ achkan).

angel sleeve
〔ディテール〕エンジェルスリーブ《袖ぐりからゆったり流れるようなラインの袖；cape sleeve の一種》．★angel は「天使」の意．

angle
1 角，角度．
2《ものを見る》角度，視点，切り口．
3《写真などを撮る》アングル．

angle-fronted jacket
〔衣服〕アングルフロンテッドジャケット《前裾が斜めにカットされた，シングルまたはダブルの男性用スポーツジャケット；19世紀後半に着用された》．

angora
〔マテリアル〕**1** アンゴラヤギ[アンゴラウサギ]の毛，アンゴラウール．★**angora wool** ともいう．
2 アンゴラ織り《アンゴラヤギの毛でつくる》；アンゴラ毛糸《アンゴラウサギの毛でつくる》．

angularity
かどのある[かどばっている]こと；ぶかっこう《服装・動作などの》；[**angularities**] かどのある形[輪郭]，とがったかど，角．

aniline dye
〔マテリアル〕アニリン染料；《広く》合成染料．

animal prints
[複数形]〔マテリアル〕アニマルプリン

ト《トラ，シマウマ，ヒョウなどの動物の毛皮模様を模倣したプリント》.

animal-skin bag
〔バッグ〕アニマルスキンバッグ《動物の毛皮の模様をあしらったバッグ》.

ankh
〔宝飾〕アンク十字，輪頭十字《十字の上に伸びた部分がループ状になっている; 古代エジプトで(永遠の)生命の象徴》. ★**ansate cross, crux ansata, key of life** ともいう.

ankle
〔ボディ〕足首，くるぶし (⇨ leg さし絵)
: slim [good] *ankles* 細くしまった[形のよい]足首 / thick *ankles* 太い足首. ★英米で ankle は女性がすわった際に注目される部位のひとつ. 足首のところで軽く足を組む姿は，伝統的な行儀作法を心得たすわり方とされる.

ankle boots
[複数形]〔靴〕アンクルブーツ《くるぶしまでの短いブーツ》.

ankle bracelet
〔宝飾〕アンクレット，足輪.

anklejacks
[複数形]〔靴〕アンクルジャックス《くるぶしの上までの深靴》.

ankle-length
形〈衣服が〉くるぶしまでの長さの.

ankle socks
[複数形]〔小物〕《英》アンクルソックス，くるぶしまでのソックス(《米》anklet). ★**quarter socks** ともいう.

ankle strap
〔小物〕アンクルストラップ《女性靴などで足首に回す留めひも》.

anklet
1 〔宝飾〕アンクレット《足首の飾り[バンド，鎖]》.
2 〔小物〕《米》アンクルソックス，くるぶしまでの短いソックス(《英》ankle socks).
3 《靴の》足首まわりの留め革.

Anna Karenina
〔ファッション〕アンナカレーニナコート《1960年代半ばに流行した襟に毛皮の付いたコートのスタイル》.
【トルストイ(1828-1910)の同名の長編小説(1875-77)のヒロインの名前から】

Anna Sui
〔商標〕アナ スイ (⇨ Sui).

Annie Hall
〔ファッション〕アニーホールスタイル《米国の映画『アニー・ホール』(1977)の主人公アニー役のダイアン・キートン (Diane Keaton) のマニッシュな着こなし》.

annular brooch
〔宝飾〕リングブローチ. ★annular は「環状の; 輪状の」の意.

anorak /アノラック/
〔衣服〕アノラック (parka)《フード付き防寒服》.

ansate cross /アンセイト/
〔宝飾〕アンサタ十字 (ankh).

antelope
1 レイヨウ(羚羊)，アンテロープ《アフリカ・アジアの平原に生息するシカに似たウシ科の動物の総称》.
2 〔マテリアル〕レイヨウの革《肉面側をビロード状に仕上げた柔らかい革; 手袋用など》.

antenna shop
〔ビジネス〕アンテナショップ《新商品の試験販売による情報収集を主目的としたメーカーの直営店》.

antiaging
形 老化防止の，抗加齢の，アンチエイジングの
: *antiaging* medicine 抗加齢薬, 不老薬 / *antiaging* products 《抗加齢効果をうたった》アンチエイジング商品. ★**antiageing** ともつづる.

anti-G suit
〔衣服〕=G-suit.

antioxidant

〔美容〕酸化防止剤, 抗酸化剤[物質].

antiperspirant
〔美容〕《皮膚に塗る》発汗抑制剤, 制汗剤.

antique
〔ファッション〕骨董品, アンティーク, 時代物《古くて価値のある家具・美術品・装飾品など》.

antique lace
〔手芸〕アンティークレース《ネット地にかがった手製のボビンレースなど, 初期の技法によるレース》. ★araneum lace ともいう.

antique silk
〔マテリアル〕アンティークシルク《時代めかしたシルク地; コーティングや石を入れた釜で洗うストーンウォッシュ加工を施して古めかしい感じを出すのが普通》.

antique taffeta
〔マテリアル〕アンティークタフタ《18世紀の織物を模倣したタフタ》.

antistatic
形〈繊維などが〉静電気[帯電]防止の.

§**Antoine**
アントワーヌ (*m*) (1884-1976)《ポーランド生まれのフランスのヘアスタイリスト; 本名 Antek Cierplikowski; 1909 年に「ボブ」スタイルを考案した》.

§**Antonio**
アントニオ (*m*) (1943-87)《プエルトリコ生まれのニューヨークで活躍したファッションイラストレーター; 本名 Antonio Lopez; Charles James のデザイン画を手掛けた》.

Antwerp lace
〔手芸〕アントワープレース《ボビンレースの一種; メクリンレース (Mechlin lace) に似ているが, デザインがより大胆》.

§**Antwerp Six**
アントワープシックス《ベルギーのアントワープ王立芸術アカデミーの卒業生 6 人からなるデザイナーグループ; Ann Demeulemeester, Dirk Bikkembergs, Walter Van Beirendonck, Dirk van Saene, Dries van Noten, Marina Yee; 1986 年のロンドンでの展示会で国際的な評価を受けた》.

Anya Hindmarch
〔商標〕アニヤ・ハインドマーチ《英国 Anya Hindmarch 社のバッグブランド; 同社は 1993 年 Anya Hindmarch (b. 1968) がロンドンに設立; 2001 年にチャリティーとして始めた, 顧客の持ち込んだ写真をプリントしてつくるバッグ Be a Bag は話題を呼んだ》. (⇒ Ethical Fashion コラム).

ao dai
〔衣服〕アオザイ《ベトナム女性の着る民族服; 長衫(チャンサン)(丈長の中国服)と褲子(クーツ)(ゆったりしたズボン)からなる》.

apparel
衣裳, 服装, 衣服, アパレル; 装い. ★アメリカ英語では一般に「衣服」「衣料品」の意, イギリス英語では特に「(フォーマルな)衣裳」の意.

apparel industry
〔ビジネス〕アパレル産業《既製服の製造および流通を総称していう》.

appearance
外観, うわべ, 見かけ, 外見, 体面, 体裁, 風采.

appenzell
〔手芸〕アッペンツェル刺繍《スイスが起源の, 一般に薄青糸で白地に施す, 細かい透かし模様のある刺繍》.

apple green
〔色〕アップルグリーン《柔らかい黄みの緑》. ★青りんごの果皮の色.

appliqué /(米)アプリケイ|(英)アプリーケイ/
〔手芸〕アップリケ《土台の布に小布などの材料を重ねて縫い付ける[ステッ

チで留めつける]飾りの技法》．
【フランス語より】

appliqué stitch
〔ソーイング〕アップリケステッチ《アップリケを別布に留めつけるための各種のステッチ》．

apply /アプライ/
動 **1** 適用する，あてはめる．
2 〈化粧品・塗り薬などを〉つける，塗る
: *apply* sparingly to skin 〈クリームなどを〉少量を肌につける[すり込む]．

apprentice /アプレンティス/
《熟練技能者の下で修行中の》技能習得者，実習生，見習い; 初心者，新米．

apprenticeship
実習生[見習い]の身分，実習期間，見習い期間．

apricot
1 あんず，アプリコット《食用》．
2 〔色〕アプリコット《柔らかい黄赤》．

apron /エイプラン/
〔衣服〕**1** エプロン，前掛け．
2 エプロン《英国国教会の主教などの着用する式服の一種で，ひざまで垂れたキャソック (cassock) の短いもの》．

apron dress
〔衣服〕エプロンドレス《エプロンのように後ろあきのスカートを重ねたドレス，またはエプロンとドレスを兼ねる家庭着》．

apron skirt
〔衣服〕エプロンスカート《エプロンを掛けた感じに着用するオーバースカート》．

AQL
《略語》〔ビジネス〕acceptable quality level 合格品質水準．

aquamarine
1 〔宝飾〕藍玉(らんぎょく)，アクアマリン《3月の誕生石; ⇨ birthstone 表》．
2 〔色〕アクアマリン《強い青》．

Aquascutum
〔商標〕アクアスキュータム《英国 Aquascutum 社のファッションブランド; 同社は世界初のウールの防水コートを開発した》．
【ラテン語の aqua（水）と scutum（楯）からなる造語で「防水」をイメージしたもの】

arabesque
〔マテリアル〕アラビア風意匠，（アラビア風の）唐草模様，アラベスク《優雅な曲線のからみ合った独特な唐草模様や渦巻き模様》．

arabesque

aramid
〔マテリアル〕アラミド《耐熱性のきわめて高い合成芳香族ポリアミド; 繊維製品に使われる》．

Aran
形 アラン編み[模様]の《アイルランド西部沖のアラン諸島独特の，自然の脂肪分を保った染色しない太い羊毛で縄状の編み込みを入れて編んだ》．

araneum lace
〔手芸〕＝antique lace.

arc
弧，円弧; 弧形，弓形．

arch
〔ボディ〕弓(きゅう); 足弓，土踏まず (arch of the foot). (⇨ leg さし絵).

arch cushion
〔靴〕＝arch support.

architecture line

〔ファッション〕アーキテクチャーライン《長方形・三角形・逆三角形・台形など直線を多用して建築的イメージを構成するシルエット》.

arch support
〔靴〕踏まず芯，アーチサポート《土踏まずの部分が当たる靴底のふくらんだ箇所》. ★**arch cushion** ともいう.

arctics /アー(ク)ティックス/
[複数形]〔靴〕《米》ゴム製の防寒用オーバーシューズ.

Argentan lace
〔手芸〕アルジャンタンレース《初めフランス北西部の町アルジャンタンでつくられた，大きな花模様のついたニードルポイントレース; Alençon lace に似ているが図柄がより大胆》.

argyle
1 [しばしば Argyle]〔マテリアル〕アーガイル《ダイヤ形の色格子柄》.
2 [argyles]〔小物〕アーガイル柄のソックス.
★**argyll** ともつづる.

arisard
〔衣服〕アリサード《昔，スコットランド西方のヘブリディーズ諸島の女性が着ていた，ウエストのところでベルトを締める長めのチュニック》.

arm
1 〔ボディ〕腕《肩から手首までの部分》. ★「上腕」は upper arm,「前腕」は forearm という.
2 〔ディテール〕(服の)袖.

§Armani
アルマーニ **Giorgio Armani** (*m*) (b. 1934)《イタリアのファッションデザイナー; オートクチュールラインの "Giorgio Armani Privé" ほか，ディフュージョンラインの "Armani Collezioni"，セカンドラインの "Emporio Armani"，カジュアルラインの "Armani Exchange" など幅広い層に向けてブランド展開する》.

armband
〔小物〕腕章，アームバンド
: wear a black *armband*《弔意のしるしとして》黒い腕章を付ける.

Armenian lace
〔手芸〕アルメニアンレース《糸やひもを結びながら透かし模様をつくるレース; アルメニアで 2000 年以上前に始まった》.

armhole
〔ソーイング〕袖ぐり，袖付け，アームホール.

armlet
〔宝飾〕(二の腕に付ける)腕輪，腕飾り，アームレット.

armpit
〔ボディ〕わきの下のくぼみ，腋窩(えきか)
: *armpit* hair わき毛 / *armpit* sweating わきの下の汗.

armscye /アームサイ/
〔ソーイング〕袖ぐり《袖付け，袖ぐりの意味でアームホールの古い呼称; 一説では scythe (草刈り鎌)に形が似ているからこの名がある》.
★**armseye** ともつづる.

army jacket
〔衣服〕アーミージャケット.

army surplus
軍の余剰物資，陸軍余剰品《しばしば民間に払い下げられる》
: *army surplus* shirt サープラスシャツ.

aromatherapy
〔美容〕アロマテラピー，芳香療法《1) 香草・果実などから抽出した精油などの芳香物質を使って気分や健康状態の向上をはかる各種の療法 2) 精油などの芳香物質を皮膚にすり込む美肌術》.

arrange
動 整える，整頓する，そろえる，配列する，配置する，分類する
: *arrange* one's hair 髪を整える.

arrangement

配列，配置；取合わせ，《色の》配合，アレンジメント；《服装などの》アレンジ．

arrasene
〔マテリアル〕アラシーン《毛または絹を撚(よ)った刺繍用糸》．

Arrow collars and shirt
〔衣服〕アローカラー，アローシャツ《19世紀半ばから20世紀初めに流行した取りはずしのできる男性用シャツカラー；米国のトロイにあるCluett, Peabody & Co. という会社が，取りはずしのできる襟つきシャツを着た男を "Arrow Collar Man" として宣伝(1905-31)したことにより，この名が定着した》．

arrowhead
1 矢じり，矢の根；矢じり形のもの．
2 〔手芸〕三角かがり，アローヘッド；松葉止め《サテンステッチ (satin stitch) で矢頭[三角形]に刺す刺繍》．

art
〔アート・デザイン〕芸術，美術；芸，技芸．

art deco
[しばしば **Art Deco**]〔アート・デザイン〕アール・デコ《1920-30年代に流行した装飾様式；art nouveau の曲線的装飾に対して，機能的で力強くモダンな直線的デザインが特徴》．
【フランス語より；1925年パリで開かれた装飾・産業美術展の標題から】

art director
《劇場・映画などの》美術監督；《印刷物の》アートディレクター《デザイン・イラスト・レイアウトなどを担当する》．

artificial
形 人工の，人造の
: *artificial* leather 人工皮革．

artificial nail
付け爪《人工爪の総称；cf. nail extension》．

artificial silk
〔マテリアル〕人造絹糸，人絹，レーヨン (rayon)《1925年より以前にレーヨンを表わすのに使われていた用語；art silk ともいう》．

artisan
腕のいい職人，熟練工．
【フランス語より】

artist
〔アート・デザイン〕美術家，芸術家，アーティスト，《特に》画家，彫刻家．

artistry
〔アート・デザイン〕芸術的効果，芸術性；芸術的才能[手腕]．

art linen
〔マテリアル〕アートリネン《亜麻糸で平織りにした織物；刺繍の基布》．

art nouveau
[しばしば **Art Nouveau**]〔アート・デザイン〕アール・ヌーヴォー《19世紀末に起こり，20世紀初頭に欧米で栄えた曲線的な植物模様を特色とする装飾美術の様式；主に建築，インテリア，家具のデザインなどに表現されたが，宝飾品や布地のデザインにも見られる》．
【フランス語より；1895年に Siegfried Bing がパリに開いた店の名前 L'Art Nouveau (フランス語で「新しい芸術」の意)より】

art pattern shirt
〔衣服〕アートパターンシャツ《アートを連想させるプリント柄を特徴としたシャツ；抽象柄を原色で手描き表現したものが多い》．

arts and crafts
[複数形]〔アート・デザイン〕美術工芸，手工芸．

Arts and Crafts Movement
〔アート・デザイン〕アーツ・アンド・クラフツ運動《19世紀後半-20世紀初頭 William Morris (1834-96) の主導で推進された工業革新運動；機械による大量生産よりも手仕事の尊重を主張した》．

art silk

〔マテリアル〕アートシルク (artificial silk).

ascot
〔小物〕《米》アスコット《幅広のネクタイ[スカーフ]》. ★《英》では Ascot tie ともいう. (⇨ コラム).

asexual /エイセクシュアル/
形 性別のない, 無性の.

ash gray
〔色〕アッシュグレー《わずかに黄み, または緑によった灰色》. ★ash は「灰」の意.

§Ashley
アシュレイ Laura Ashley (*f*) (1925-85)《ウェールズ出身のデザイナー; 1953 年に夫バーナードと共に Laura Ashley を創業した》.

aspect
外観, 様相; 顔つき, 容貌.

Asprey
〔商標〕アスプレー《英国 Asprey 社のジュエリーブランド; 同社は 1781 年に細工物師 William Asprey が創業; 当初は更紗(さらさ)の捺染や, 旅行用化粧ケース・衣裳箱の製造を手掛けていた; 1862 年以来英王室御用達》.

assemblage
〔ファッション〕華麗なる集積, アサンブラージュ《雑多な要素を組み合わせて新たな次元の美を創ること》.
【フランス語】

Assisi embroidery
〔手芸〕アッシジエンブロイダリー《図案の輪郭が描かれ, 地がクロスステッチで埋められている; イタリアのアッシージ地方の伝統刺繡》.

assistant
1 アシスタント, 助手, 補佐, 手伝い; 店員《英》shop assistant).
2 〔マテリアル〕助剤.

assort
動 類別[分類]する;〈商店などに〉各種の品を取りそろえる,〈複数のものを〉うまく取り合わせる.

assortment
〔ビジネス〕類別, 分類; 各種取合せ[取りそろえ], 寄せ集め, アソートメント.

astrakhan
〔マテリアル〕1 アストラカン《ロシアのカスピ海北岸アストラハン地方産子羊の巻き毛の黒い毛皮》.

Ascot

アスコットとは, ロンドン郊外バークシャーの地名. この地にあるアスコット競馬場において毎年 6 月に行なわれるレースは, 最も貴族的な社交行事のひとつであり, ここからさまざまなファッションアイテムが生まれている. たとえば, アスコットタイ. 20 世紀初頭に登場した幅広のタイで, ゆるく結んだ結び目をふくらませ, 布の重なりの部分を宝石つきのピンで留める. 当時主流になりつつあった細長いネクタイからみれば, アスコットタイは, 17 世紀のクラヴァットが復活したかのような「復古調」のテイストが美しいタイであった. 20 世紀後半には, 女性のファッションとしても用いられている. 王室メンバーが臨席するロイヤル・アスコットにはドレスコードがある. 男性は黒またはグレーのモーニングスーツをトップハットと共に装わなければならない. 現在では, アスコットタイよりも結び下げ型タイを合わせるのが主流のようである.

2 アストラカン織り《アストラカン毛皮に似せたウールの織物; astrakhan clothともいう》.

astringent
形 収斂(しゅうれん)性の《組織の収縮を促したり、皮脂などの分泌や出血を抑制する》.
名 収斂薬;〔美容〕アストリンゼン《肌を引き締める化粧水》.

asymmetric
形 非対称の, アシンメトリックな《ファッション用語としては左右対称でないデザインに使う》.

asymmetry
〔アート・デザイン〕非対称(性), アシンメトリー.

atef
〔小物〕アテフ冠《古代エジプト美術で、オシリス神などがかぶっている高い冠; 両側に長い羽毛がついている》.
【エジプト語より】

atelier /《米》アトリエイ;《英》アテリエイ/
アトリエ, 仕事場, 制作室, 工房, 画室.
【フランス語より】

athletic
形 運動選手の, スポーツ競技者(用)の; 運動(競技)の.

athletic shoes
[複数形]〔靴〕スポーツシューズ, 運動靴; スニーカー.

athletic supporter
〔衣服〕=jockstrap.

at-home
形 自宅用[向き]の; 自宅での
: *at-home* wear 部屋着, 家着.

atomizer
〔美容〕アトマイザー, 噴霧器, 香水吹き.

attach
動 付ける, 取り付ける, 貼付する, 接着する, 結びつける.

attaché case
〔バッグ〕アタッシェケース, アタッシュケース《書類用のトランク型の手提げかばん; cf. briefcase》.

attached collar
〔ディテール〕アタッチトカラー, 替え襟《身ごろに縫い付けられていない取りはずしのできる襟の総称》.

attachment
付属品, アタッチメント
: *attachments* for a sewing machine ミシンの付属品.

attifet
〔小物〕アティフェ《16世紀の女性の頭飾り; 額の中央がハート型》.
【フランス語より】

attire
動 装う,《特に》正装させる.
名〔衣服〕装い, 服装,《特に》美装, 正装
: Casual *Attire* Requested 平服でお越しください《招待状で》/ dressed in interview appropriate *attire* 面接にふさわしい服装をして.

attractive
形 人をひきつける, 魅力的な
: *attractive* smile [eyes] 魅力的な微笑[目].

A-2 jacket
〔衣服〕エーツージャケット《1931年に米国空軍で採用された夏用のボマージャケット; cf. bomber jacket》.

aubergine /オウバジーン/
《英》=eggplant.

auburn
形〈髪が〉とび色の, 赤褐色の.
名〔色〕とび色《暗い黄みの赤》, 赤褐色.

aumônière
〔バッグ〕オモニエール《現在のハンドバッグの前身; もともとは布施袋として使われていた》.
【フランス語の aumône「お布施, 施し」から】

authentic /オーセンティック/

形 真正の, 本物の; 本物と変わらない, 原物に忠実な
: actors dressed in *authentic* medieval costumes 中世そのままの服装をした俳優たち.

available
形 入手できる, 利用[使用]できる; 求めに応じられる.

avant-garde
名 〔アート・デザイン〕前衛, アヴァンギャルド《新しい(芸術)運動の指導者たち; ファッションでは独創的なスタイルで, 遊びのある大胆なデザインを指していうことが多い》.
形 前衛的な, 前衛の.
【フランス語より】

§Avedon
アヴェドン Richard Avedon (*m*) (1923-2004)《米国の写真家; *Vogue* 誌や *Harper's Bazaar* 誌に感情と動きにあふれたファッション写真を掲載し成功をおさめたのち, 広く社会に切り込む写真を撮り, 作品を芸術の域まで高めた》.

average
名 平均, 並み; 平均値, アベレージ.
形 平均の; 平均的な, 並の, 普通の.

aviator jacket
〔衣服〕アビエータージャケット《丈がやや短めのジップアップ型のジャケット》. ★aviator は「飛行家, パイロット」の意.

Avon
〔商標〕エイボン《米国 Avon Products 社製の化粧品; 女性セールス員 'Avon lady' による訪問販売で売る》.

AWI
《略語》〔ビジネス〕Australian Wool Innovation オーストラリアン・ウール・イノベーション《旧称 IWS》.

awl /オール/
突き錐(きり), 千枚通し《靴用の革などに穴をあけるためのもの》.

awning /オーニング/
《甲板上・窓外・店先などの》天幕, 日よけ, 雨よけ.

awning stripe
〔マテリアル〕オーニングストライプ《テントや日よけなどに見られるような幅の太いストライプ》.

Ayrshire embroidery /エアシア, エアシャー/
〔手芸〕エアシャーエンブロイダリー《スコットランド南西部のエアシャーで始まったアイレット(ワーク)の一種》.

§Azagury
アザグリー Jacques Azagury (*m*) (b. 1958)《モロッコ生まれのファッションデザイナー》.

azlon
〔マテリアル〕アズロン《人造蛋白質繊維の総称》.

Aztec print
〔マテリアル〕アズテックプリント《アステカ[メキシコ]風の幾何学模様のプリント》. ★Aztec は「アステカ族(メキシコ先住民)」の意.

B

1 〔靴〕B ワイズ, B 幅《足囲を示す記号; ⇨ A 1》.
2 〔衣服〕B カップ《ブラジャーのカップサイズ; ⇨ A 2》.

babouches
[複数形]〔靴〕バブーシュ《中東・北アフリカなどのスリッパ状のはき物》.

babushka
〔小物〕バブーシュカ《頭にかぶってあごの下で結ぶ女性用スカーフ》; バブーシュカ風のかぶりもの.
【ロシア語で「おばあさん」; 現在の意味はロシア老婦人の典型的な服装からで, 英語で生まれた】

baby
赤ちゃん, 乳児.

baby blue
〔色〕ベビーブルー《明るい灰みの青》. ★ベビー服の色に好んで用いられる. (⇨ Blue コラム).

baby doll
[しばしば baby dolls]〔衣服〕ベビードール《女性用のリボンやレース飾りがついた, 胸元に切替えのある, 丈の短いスリープウェア; 子供服や人形の服から考えられたもので, 1956 年の同名の映画『ベビィドール』をきっかけに流行した; 今はベビードール風のトップスやワンピースもある》.

baby pink
〔色〕ベビーピンク《うすい赤》. ★ベビー服の色に好んで用いられる.

back
1 〔ボディ〕《人・動物の》背, 背中;《手の》甲.
2 後ろ, 背後; 後部;〔ボディ〕後頭部.
3 〔衣服〕背, バック;〔ソーイング〕後身ごろ.

backless
形 背部のない;《ドレスなど》背中の部分が広くあいた.

backlog
1 注文残高, 受注残.
2 手持ち, たくわえ.

back neck label
〔ビジネス〕バックネックラベル《襟もとのタグ; 既製服のほとんどに付いていて, ブランド名やサイズ表示がある; ⇨ label, tag》.

backpack
〔バッグ〕バックパック, 《フレーム付きの》リュックサック《《英》rucksack》, ザック.

backstay
〔靴〕《靴のかかとの上部の》市革(いちかわ), バックステイ. (⇨ shoes さし絵).

backstitch
图〔ソーイング〕返し針, 返し縫い;〔手芸〕バックステッチ《刺繍のステッチの一種》.
動 返し針で縫う, 返し縫いする.

backstrap
〔靴〕《靴の後ろの》つまみ革.

back-to-school
形《9 月の》新学期の
: *back-to-school* buys 新学期のための買い物.

backwash
動《羊毛を》再洗する《梳毛(そもう)工程で, 一度加えた油脂を除く》.

Badgley Mischka
〔商標〕バッジェリー・ミシュカ《Mark Badgley (b. 1961) と James Mischka

(b. 1960) の男性二人による，グラマラスでエレガントなニューヨークのファッションブランド》.

bag
1 〔バッグ〕袋，バッグ；かばん，スーツケース；ハンドバッグ；財布.
2 《目の下・服などの》たるみ
: have *bags* under one's eyes 目の下にたるみがある.
3 [bags] 〔衣服〕《主に英口語》《ぶかっとした》ズボン.

baggage
〔バッグ〕《米》手荷物，バゲージ，旅行荷物《バッグ・スーツケース・トランクなど；《英》では luggage ということが多いが，空の旅の場合は baggage が普通；⇨ luggage》.

baggy
图 [baggys または baggies，複数扱い] 〔衣服〕《米》バギーパンツ《**1**) ゆったりしたショートパンツ；水泳・サーファー用　**2**) 裾の折り返しが幅広の長ズボン》.
形 だぶだぶの，ぶかぶかの〈ズボンなど〉.

bagh
〔小物〕バーグ《インド人女性が儀式のときなどにつける刺繍入りのショール》.

bagheera
〔マテリアル〕バギラ(布)《けばの先を切らない耐圧縮性ビロード；ショールなどに用いられる》.

bagpipe sleeve
〔ディテール〕バグパイプスリーブ《中世に流行したバグパイプ形の袖；肩口が狭く，ひじのあたりでふくらみ，袖口が細くなる》.
★bagpipe は「スコットランド高地人が愛用する皮袋でつくった吹奏楽器」.

bag-sleeve
〔ディテール〕バッグスリーブ《14-15世紀に流行した広い袖で，袖口にギャザーを入れて絞ったもの》.

baguet(te)
〔宝飾〕バゲット《**1**) 宝石のカットの一種で，長方形のすっきりとしたイメージのカット　**2**) 角カットの小型の宝石》.
【フランス語で「細長い棒」が原義】

§Bailey
ベイリー **David Bailey** (*m*)(b. 1938)《英国の写真家；*Vogue* 誌や *Glamour* 誌のファッション写真家として 1960 年代に活躍》.

baize
〔マテリアル〕ベーズ《フェルトに似せてけば立てた通例緑色のフランネルの一種；ビリヤード台・テーブル掛け・カーテン用》；ベーズ製品.

baju
〔衣服〕バジュ《マレーシアなどの男性用の長袖のシャツ・上着》.

§Baker
ベイカー **Josephine Baker** (*f*)(1906-75)《米国生まれのフランスのダンサー・歌手；父はスペイン人，母はアフリカ系アメリカ人；バナナを腰にぶら下げるだけのエロティックな衣裳と踊りでセンセーショナルな話題をふりまいた》.

§Bakst
バクスト **Léon Bakst** (*m*) (1866-1924)《ロシアの画家・舞台美術家；本名 Lev Samoylovich Rosenberg；ロシアバレエ団 (Ballets Russes) の舞台装置・衣裳を担当》.

balaclava
[時に **Balaclava**]〔小物〕バラクラバ帽《頭から肩の一部まですっぽり入る毛糸の帽子；主に軍隊用・登山用》.
【Balaclava は黒海に臨むクリミア半島の海港・村で，クリミア戦争の古戦場；英軍兵士が同戦争時に防寒用にかぶったことから】

balance
1 釣合い，平衡，バランス；《美的見

地からみた)調和，バランス．
2〔ビジネス〕《貸借の》差引勘定，差額．

balance sheet
〔ビジネス〕貸借対照表，バランスシート．

balbriggan
〔マテリアル〕バルブリガン《平織り綿メリヤス》; [balbriggans]〔小物〕バルブリガン製の長靴下;〔衣服〕バルブリガン製の下着，パジャマ．
【アイルランドの原産地の名から】

baldric
〔小物〕《肩から腰へかけて，斜めに掛ける帯・刀剣・角笛などを吊る》飾帯(しょくたい)，綬帯(じゅたい)．

§Balenciaga
バレンシアガ Cristóbal Balenciaga (*m*) (1895-1972)《スペイン生まれのファッションデザイナー; 没後，ビジネスは次々と引き継がれ，2001年クリエイティブディレクターのNicholas Ghesquière (b. 1971) とのパートナーシップのもと，Gucciグループ傘下に入る》．

balkan blouse
〔衣服〕バルカンブラウス《バルカン戦争 (Balkan Wars, 1912-13) のころ流行した，丈の長めのゆったりとしたブラウス》．

ball-dress
〔衣服〕《英》ボールドレス《舞踏会などの正式な場合に着用するスーツ・ドレス》; 正装．★ball は「舞踏会」の意．

ballerina neckline
〔ディテール〕バレリーナネックライン《バレエの衣裳のように，胸元が深く開いたネックライン》．★**ballet neckline** ともいう．

ballerinas
[複数形]〔靴〕バレリーナシューズ《ヒールの低いしなやかな女性靴》．
★**ballerina shoes, ballet flats, ballet slippers, skimmers** ともいう．

ballerina skirt
〔衣服〕バレリーナスカート《1950年代に流行したバレエダンサーのスカートからヒントを得た，くるぶし丈のふんわりとしたスタイルのスカート》．

ballet boots
[複数形]〔靴〕バレエブーツ《トウシューズが立った様子を連想させる，ヒールの高いブーツ》．

ballet flats
[複数形]〔靴〕バレエシューズ，バレリーナシューズ (ballerinas)．

ballet neckline
〔ディテール〕= ballerina neckline.

ballet slippers
[複数形]〔靴〕バレエシューズ，バレエスリッパ (ballerinas)．

§Ballets Russes
[the Ballets Russes] バレエリュス，ロシアバレエ団《1909年 Sergey Diaghilev がパリに設立したバレエ団; 西欧における芸術としてのバレエの近代化に貢献し，バレエコスチュームのデザインはファッションに大きな影響を与えた》．

ball fringe
〔ディテール〕ポンポン (pompom) 付きのふさ飾り．

ballgown
〔衣服〕ボールガウン《舞踏会用の衣裳》．★ball は「舞踏会」の意．

balloon skirt
〔衣服〕バルーンスカート《第二次大戦後に登場した，風船のようにふくらんだスカート; 2006年ごろにも流行》．

balloon sleeve
〔ディテール〕バルーンスリーブ《1890年代に流行した，ひじから手首までは細く，肩からひじまでが風船のように大きくふくらんだ袖》．

Bally
〔商標〕バリー《スイスの老舗シューズ

ブランド》.

balm /バーム/ ★発音に注意.
《一般に》香油, 香膏(ミョウ); 芳香, かぐわしさ; バルム剤, 鎮痛剤.

balmacaan
〔衣服〕バルマカーン《ラグラン袖の男子用ショートコート; もとは目の粗いウール製》.
【Balmacaan はスコットランドのインヴァネス付近の地名】

§**Balmain**
バルマン Pierre(-Alexandre-Claudius) Balmain (*m*) (1914-82)《フランスのファッションデザイナー; 没後, アシスタントなどがブランドを引き継ぐ; 2005 年以降, Chistophe Decarnin がデザイナーとなり, 最先端ブランドとして高い人気を集める》.

Balmoral
1 [しばしば **balmoral**]〔小物〕バルモラル《一部のスコットランド連隊で用いる平らな青い縁なし帽》.
2 [しばしば **balmorals**]〔靴〕バルモラル《1) 一種の編上げ靴 2) オックスフォードタイプの靴》.
3 〔衣服〕バルモラル《19 世紀の後半に着用されたウール製のペティコート》.
【スコットランドにある英国王室の城 Balmoral Castle (バルモラル城) より】

bamboo
〔マテリアル〕タケ; 竹材, 竹ざお.

§**Banana Republic**
バナナ・リパブリック《Gap 社の傘下にあるブランドのひとつ; サファリルック専門店だった旧 Banana Republic ブランドを買収し, 高級志向のカジュアル服を扱う》.

band
1 〔小物〕バンド, 帯状のひも, 帯; ハットバンド (⇨ hatband).
2 〔宝飾〕《厚みが一様の》指輪 (ring)

: a wedding *band* 結婚指輪.
3 〔ディテール〕《17 世紀に着用された, 時にレースで縁取った》幅広の白い襟; [**bands**]《大学教授・聖職者の式服, 弁護士服などの》幅広の白いたれ襟.

bandanna /バンダナ/
〔小物〕バンダナ《絞り染めの大型ハンカチーフ; **pullicat** ともいう》.
★**bandana** ともつづる.

bandeau
(複数形 **bandeaux**, **bandeaus**) バンドー《1)〔小物〕女性の髪・頭に巻く細いリボン 2)〔小物〕女性用帽子の内帯 3)〔衣服〕幅の狭いブラジャー》; 《一般に》リボン状のもの.
【フランス語で「バンド」の意】

bandeau dress
〔衣服〕バンドードレス《バストを帯状の布でおおったドレス》.

bandeau suit
〔衣服〕バンドースーツ《上部はストラップレスのブラジャー形のセパレーツ型水着》.

bandolier
〔小物〕弾(薬)帯, 負い革《弾薬筒などを吊るすため, また 時に制服・礼服の一部として肩からかける》;《小囊式弾薬帯の》小囊. ★**bandoleer** ともいう.

bang
[通例 **bangs**]〔ヘア〕《米》バング《《英》 fringe》《短くカットして額に垂らした前髪》.

bangle
〔宝飾〕**1** バングル《1) 金・銀・ガラスなどでつくられた丸い形状の腕輪 2) 足首飾り》.
2 腕輪などから下げた円板状の飾り.

bangle watch
〔小物〕=bracelet watch.

§**Banks**
バンクス Jeff Banks (*m*) (b. 1943)《英国のファッションデザイナー》.

Ban-Lon
〔商標〕バンロン《伸縮性ナイロン糸》.

§Banton
バントン Travis Banton (*m*) (1894-1958)《米国の映画衣裳デザイナー; 特に1920年代にパラマウントピクチャーズで多くの映画女優の衣裳を手掛けたことで知られる》.

banyan
1 バンヤンノキ, ベンガルボダイジュ《インド産クワ科イチジク属の常緑高木; 枝から多数の気根を生じ, それが根づいて一本の木で森のように大きくなる; ヒンドゥーの聖木》. ★**banyan tree** ともいう.
2 〔衣服〕《インド人の着る》ゆるいシャツ[ガウン, 上着], バンヤン.

barathea /《米》ベラシーア; 《英》バラシーア/
〔マテリアル〕バラシャ《羊毛・絹・綿・レーヨンで織る破(ぷん)うね織りの服地》.
【商標名より】

barber
1 〔ヘア〕理容師, 理髪師, 床屋.
2 [barber's]《英》理髪店.

barbershop
《米》理容店《《英》では通例 barber's という》.

§Barbier
バルビエ George Barbier (*m*) (1882-1932)《フランスのイラストレーター・舞台衣裳デザイナー; *Gazette du bon ton* 誌や *Vogue* 誌などにイラストを描いた》.

Barbour
〔商標〕バーブァー《オイル引き防水コットン仕様のアウトドア用衣類の英国のブランド; 英国王室御用達》.

§Bardot
バルドー Brigitte Bardot (*f*) (b. 1934)《フランスの映画女優; モデルから女優になった; 映画『素直な悪女』(1956)で, 世界的なセックスシンボルとなった; 動物愛護運動家としても知られる; 愛称 BB(べべ)》.

bare
形 おおいのない, 裸の, むきだしの, 露出した
: *bare* feet 素足 / with *bare* head 無帽で.

bare bra
〔衣服〕ベアブラ《肩ひもの付いていないブラジャー》.

barege
1 〔マテリアル〕バレージ《ウールで織った半透明の薄い女性服用生地; フランスのピレネー地方 Barège 原産》. ★**barège** ともつづる.
2 〔小物〕バレージ《19世紀中ごろにフランスで流行したプリントのショール》.

bare look
〔ファッション〕ベアルック《大胆なカットなどで体を部分的に露出するようにデザインされた装い; たとえば bare midriff》.

bare midriff
〔ファッション〕ベアミドリフ《バストの下からウエストまたはヒップまでを露出したへそ出しルック; 1930-40年ごろに流行し, 1960年代に復活した》.

bargain
バーゲン, 安い買物, 買い得品, 掘出し物, 特価品
: a good *bargain* 割安の買物 / a *bargain* sale 特売 / a *bargain* price of 3000 yen 3000円の特価.

bargain counter
特価品売場.

bargello
〔手芸〕バージェロステッチ《ジグザグ模様の刺繡のステッチ》.
【フィレンツェの美術館の名から; この17世紀の椅子張りにこの縫い方が見られた】

bark cloth

〔マテリアル〕バーククロス《樹皮布に似せた織物で, 室内装飾品・ベッドカバー用》. ★bark は「樹皮」の意.

§Baron
バロン Fabien Baron (*m*) (b. 1959) 《フランスのデザイナー・クリエイティブディレクター; Madonna の写真集のアートディレクターほか, 香水ボトルや家具などのデザインを手掛け, 活躍は多方面にわたる》.

barong tagalog
[時に **barong Tagalog**]〔衣服〕バロンタガログ《通気性のよい軽い生地でつくる, フィリピンの男性用のゆったりした長袖シャツ; 精巧な刺繍をしたものが多い》.

baroque
形 [しばしば**Baroque**] バロック様式の; バロック時代の.

图 **1** [the baroque, しばしば the Baroque] バロック様式; バロック(様式)時代《およそ 1550-1750 年》.

2 飾りたてたもの《動的で力強い印象を与える, 過剰なほどに凝った趣味のもの》.

3〔宝飾〕バロック《形のいびつな真珠》.

【フランス語から: 原義はおそらく「ゆがんだ真珠」】

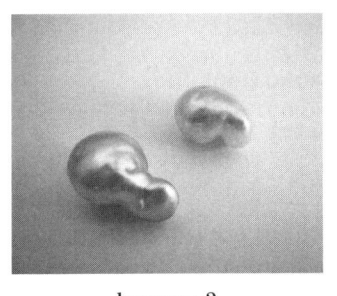

baroque 3

bar pin
〔宝飾〕《細長い》飾りピン《ブローチの一種》.

barrel bag
〔バッグ〕バレルバッグ《樽のような円筒形のバッグ》. ★barrel は「樽」の意.

barrel cuff
〔ディテール〕バレルカフ《通例 ボタンで留める折り返しのない袖口; シングルカフ; cf. French cuff》.

barrel shape
〔衣服〕バレルシェイプ《布を束ね, 樽の形のように上下がつぼまり, 腰の部分がふくらんだスカートの型》.

barrette
〔ヘア〕《米》バレッタ《《英》hairslide》《髪の毛をはさんで留めるヘアアクセサリー》.

【フランス語より】

barrister's wig
〔ヘア〕バリスターズウィグ《英国の法廷弁護士が法廷でかぶったかつら; ⇒ wig さし絵》.

barrow (coat)
〔衣服〕バロー(コート)《襟・袖・裾をしぼった乳児の防寒用おくるみ》.

bar tack
〔ソーイング〕バータック《縫い止まりやポケット口にする補強ステッチ》.

§Barthet
バルテ Jean Barthet (*m*) (b. 1930) 《フランスの帽子デザイナー》.

§Bartley
バートリー Luella Bartley (*f*) (b. 1974) 《英国のファッションデザイナー; ファッションジャーナリスト出身で, 1999 年のデビュー以来, 蛍光色の落書き, パンク, 架空の女学校の制服などで話題をさらい, ロンドン発の最先端ブランドとなる》.

barvel
〔衣服〕《ニューイングランド・ニューファンドランド》漁師が魚を加工するときに着る皮製[防水布製]エプロン

《胸からひざまである》.

base
1〔宝飾〕＝pavilion.
2〔マテリアル〕顕色剤《染色を行なうときに，ジアゾ化しナフトール類と結合させ，不溶性アゾ染料や顔料をつくる成分》.

baseball cap
〔小物〕野球帽，ベースボールキャップ.

baseball jacket
〔衣服〕スタジアムジャンパー《野球の選手がユニホームの上に着る腰丈のジャンパー》.

basic block
〔ソーイング〕《型紙の》原型.

basic dress
〔衣服〕ベーシックドレス《アクセサリーの合わせ方しだいでいろいろな装いを楽しむことができる，シンプルなドレスの総称；普通は黒が多い；1930-40年ころに流行し70年代初期にリバイバルした》. ★**L. B. D.** (**little black dress**) ともいう. (⇨ Little Black Dress コラム).

base note
〔美容〕《香水の》ベースノート, ラストノート《つけてから数時間後まで残る持続性のある香り; cf. top note》.

§Basile
バジレ，バジーレ《イタリアのファッションブランド；1969年にミラノで設立；最初は紳士服メーカーであったが，1970年以降紳士服地を使用した婦人スーツを発表し，圧倒的な支持を得る》.

basket
〔バッグ〕《竹・柳枝・藺(い)などを編んでつくった》バスケット，かご.

basket stitch
〔手芸〕バスケットステッチ《かご状に連続的に重ねて刺す刺繍のステッチ》.

basket weave
〔マテリアル〕バスケット織り，斜子(ななこ)織り，かご織り.

basketweave stitch
〔手芸〕バスケットウィーブステッチ《キャンバス地に上下に刺すステッチ》.

basque
〔衣服〕バスク《1) バスク (Basque) 地方の衣裳をまねた，体にぴったりしたボディス 2) ボディスに続いた短いスカート》.

Basque beret
〔衣服〕バスクベレー《バスク地方の農民がかぶる帽子；ベレー帽の元の形と考えられている》.

basque waist
〔ディテール〕バスクウエスト《V字形にくびれたウエストライン》. ★**V-waist** ともいう.

Bass Weejuns
〔靴〕バスウィージャン《米国 G. H. Bass 社が製造したモカシン (moccasins) の一種；同社は1876年創業》.

bast
〔マテリアル〕篩部(しぶ)繊維，靱皮(じんぴ)繊維. ★**bast fiber**ともいう.

basting /ベイスティング/
〔ソーイング〕仮縫い；しつけ; [**bastings**] しつけ糸(の縫い目).

bat
[通例 **bats**]〔ソーイング〕《キルトなどの》芯 (batting).

bateau neckline
〔ディテール〕＝boat neckline.

§Bates
ベイツ John Bates (*m*) (b. 1938)《英国のファッションデザイナー；1960年代に活躍した》.

bathing costume [dress]
〔衣服〕《英》水着 (bathing suit).

bathing suit
〔衣服〕水着.

bathing trunks
[複数形]〔衣服〕《英》トランクス型水泳

パンツ.

bathrobe
〔衣服〕《米》バスローブ《入浴の前後に着るラップ式のガウン; 共地のベルト付きが多い》; 化粧着 (dressing gown).

bath towel
〔小物〕バスタオル.

batik
〔マテリアル〕蠟(ろう)染め(法), バティック; 蠟染め布(の模様).

batiste
〔マテリアル〕バチスト《薄手で軽い平織りの綿布[レーヨン, ウール など]》.
【フランス語より: Baptiste (これを最初に製造した13世紀フランス北部の都市カンブレの織物業者)】

batt
〔ソーイング〕《キルトなどの》芯 (batting).

§Battelle
バッテル Kenneth Battelle (*m*) (b. 1927)《米国のヘアスタイリスト; Marilyn Monroe, Jacqueline Kennedy (Onassis) などのヘアスタイルを担当した》.

Battenberg lace
〔手芸〕バッテンバーグレース《ルネッサンスレースより柄の大きいテープレースの一種; cf. Renaissance lace》.
【Battenberg: ドイツヘッセン州の村の名前】

batting
〔ソーイング〕《キルトなどに詰める》綿[ウールなど]の芯; 断熱素材の毛布. ★batt は「《キルトなどの》芯」の意.

battle jacket
〔衣服〕バトルジャケット《戦闘服の上着(に似たジャケット)》.

batwing sleeve
〔ディテール〕バットウイングスリーブ《袖ぐりが深くゆったりして, 手首で細く詰まった袖; 腕を広げると翼のように見える》. ★batwing は「コウモリの翼」の意.

Bausch & Lomb
〔商標〕ボシュロム《米国 Bausch & Lomb 社 (1862年創業) 製の双眼鏡・望遠鏡・眼鏡・コンタクトレンズ》.

bayadere
〔マテリアル〕《色彩の対照のあざやかな》横縞(よこじま)模様(の織物). ★bayadere は「《インド南部のヒンドゥー教の》踊り子」のこと.

beach bag
〔小物〕ビーチバッグ《ビーチ用品を入れる大きな袋》.

beachwear
〔衣服〕ビーチウェア《水着などの上にはおるもの》.

bead
〔宝飾〕**1** ビーズ, 数珠(じゅず)玉; [beads] ビーズのネックレス
: a glass *bead* ガラスのビーズ, トンボ玉.
2 [beads] 数珠, ロザリオ (rosary).

beaded
形 ビーズを付けた[で飾った]; 玉縁の
: a *beaded* handbag [dress] ビーズのハンドバッグ[ドレス].

beading
〔手芸〕ビーズ, ビーズ細工[飾り]; ビーディング《1) ループでレースのような感じを出した縁飾り 2) リボンを通せる抜きかがり刺繡》.

beadwork
〔手芸〕ビーズ細工, ビーズ飾り.

beanie
〔小物〕ビーニー(帽)《フードのようなまるい縁なし帽》.

beard
〔ボディ〕《口からほお・あごにかけての》ひげ, あごひげ (cf. mustache, whiskers).

bearskin
〔マテリアル〕熊の毛皮; 熊皮製品[服];

《オーバーコート用の》粗い毛織り地; 〔小物〕ベアスキン《英国近衛兵がかぶる黒い毛皮帽》.

§Beatles
[the Beatles] ビートルズ《英国のロックグループ(1962-70); デビュー当時はマッシュルーム・カットのヘアスタイルと細身のスーツにブーツというモッズルックで人気を博すが, 中期以降サイケデリックなヒッピースタイルで時代を先導した》.

§Beaton
ビートン Sir Cecil (**Walter Hardy**) **Beaton** (*m*) (1904-80)《英国の写真家・ファッションデザイナー; *Vogue* 誌のファッション写真やポートレートで知られる》.

beau /ボウ/
(複数形 beaux, beaus /ボウズ/) しゃれ男, ダンディー (dandy).
【フランス語より】

Beau Brummell
1 だて男ブランメル《英国人のしゃれ男 George Bryan Brummell (1778-1840); George 4 世のお気に入りで, 紳士服の流行の範を示した; ダンディズムの祖》.
2 しゃれ男 (dandy).

beautiful
形 美しい, きれいな; 上流の, 上品な, 優雅な.

beauty
美しさ, 美; 美人, 美女.

beauty parlor
〔ヘア〕美容院, 美容サロン (beauty shop). ★《英》では **beauty parlour** とつづる.

beauty salon
〔ヘア〕=beauty parlor.

beauty shop
〔ヘア〕美容院, ビューティーショップ. ★**beauty parlor** ともいう.

beauty spot
〔美容〕付けぼくろ; ほくろ, あざ.

beaver
1 ビーバー《北米・ユーラシア産の齧歯(げっし)類の動物》.
2 〔マテリアル〕ビーバーの毛皮.
3 〔マテリアル〕ビーバークロス《強度に縮充した厚地の毛織物あるいは厚地の綿織物で, 両面を起毛したもの》. ★**beaver cloth** ともいう.

Becks
《英俗語》ベックス《サッカー選手 David Beckham のあだ名; 特に英国のタブロイド紙では, ベッカムと彼の妻 Victoria を指して 'Posh & Becks' と呼ぶのが一般的》.

Bedford cord
〔マテリアル〕ベッドフォードコード《一種のコーデュロイ; 洋服地・ベスト・乗馬服などに用いる》.

bed jacket
〔衣服〕ベッドジャケット《女性がスリープウェアなどの上にはおる, 軽くゆったりした部屋着》.

bedroom slippers
[複数形]〔靴〕寝室用スリッパ (cf. house slippers).

beehive
ビーハイブ《(1)〔ヘア〕ドーム形に高く結った女性の髪型; 1950 年代に流行 (2)〔小物〕ドーム型の帽子》. ★**beehive** はもともとは「(ドーム形の)ミツバチの巣箱」の意.

§Beene
ビーン Geoffrey **Beene** (*m*) (1927-2004)《米国のファッションデザイナー》.

beetling
1 槌(つち)で打つこと.
2 〔マテリアル〕ビートリング, ビートル仕上げ《織物を槌状のもので繰り返したたき, 光沢を出す仕上げ》.

beggar's lace
〔手芸〕ベガーズレース《トーションレースに似たボビンレースの一種; 安価な縁飾り用; cf. torchon》.

★beggar は「こじき」の意.

beige
1 〔マテリアル〕《無染色・無漂白の》羊毛の地の色のままの毛織物.
2 〔色〕ベージュ《明るい灰みの赤みをおびた黄》.

belcher
〔小物〕ベルチャー《派手に染めわけた首巻; もとは紺地に白の水玉模様に染め出し, その水玉の中に小さな紺の水玉をつけたネッカチーフを指した》.
【Jim Belcher (1781-1811) このスタイルを編み出した英国のボクサー】

bell-bottoms
[複数形]〔衣服〕ベルボトムパンツ, ベルボトムのパンタロン《裾がベルの形に広がったもの》.

Belle Epoque
美しき優雅な時代, ベルエポック《特にフランスにおける 1871 年から第一次大戦が勃発する 1914 年までの好景気と経済の安定による優雅で華やかな時代; 百貨店に象徴される都市の消費文化が栄え, パリのオートクチュールが最新モードを提案するシステムが発展した》.
【フランス語より】

bellflower
1 ホタルブクロ属[カンパニュラ属]の各種植物(の花).
2 〔色〕ベルフラワー《濃い青紫》.

bellows pocket
〔ディテール〕ベローズポケット, アコーディオンポケット《広がるようにまちをとったポケット》. ★bellows は「ふいご」の意.

bell skirt
〔衣服〕ベルスカート《ウエストにギャザーをとってベル状になったもの》.

bell sleeve
〔ディテール〕ベルスリーブ《袖口にフレアが入ったベル状のもの》.

belly
〔ボディ〕腹, 腹部 (⇨ stomach)
: lie on one's *belly* 腹ばいになる / a large beer *belly* 大きなビール腹.

belly button
〔ボディ〕《口語》へそ (navel).

belly shirt
〔衣服〕ベリーシャツ, へそ出しシャツ《丈が短く, 着るとへそが出る女性用のシャツ》.

belt
〔小物〕ベルト, バンド, 帯.

belt bag
〔バッグ〕ベルトバッグ《ベルトに通して腰につける》.

belt loops
[複数形]〔ソーイング〕ベルトループ, ベルト通し.

Benetton
〔商標〕ベネトン《イタリア Benetton 社のカジュアル・ファッションブランド; 正式名は United Colors of Benetton; 同社は 1965 年に Luciano Benetton (b. 1935)らベネトンファミリーが創業; カラーバリエーションの豊富な若者向け商品が主体; 衝撃的な広告キャンペーンで世間の注目を集める》.

bengaline
〔マテリアル〕ベンガル織り, ベンガリン《絹[レーヨン]と羊毛あるいは木綿との交織; もともとはインドのベンガル産の生糸からつくられた》.

§Benito
ベニト **Edouard Benito** (*m*) (1891-1953)《スペイン生まれのフランスで活躍したイラストレーター; 本名 Eduardo García Benito; 1920 年代に *Vogue* 誌の表紙のイラストを描いた》.

§Bérard
ベラール **Christian Bérard** (*m*) (1902-49)《フランスの画家・舞台芸術家; 1930 年代・40 年代の舞台芸術に重要な役割を果たす; 代表作のひとつ

に Jean Cocteau 監督の映画『美女と野獣』(1946) がある》.

§Berardi
ベラルディ Antonio Berardi (*m*) (b. 1968)《英国のファッションデザイナー》.

beret
〔小物〕ベレー帽.
【フランス語より】

§Beretta
ベレッタ Anne-Marie Beretta (*f*) (b. 1937)《フランスのファッションデザイナー》.

bergère
〔小物〕ベルジェール《つばが幅広の女性用のストローハット; cf. straw hat》.
【フランス語で「羊飼い」の意】

§Berhanyer
ベランエール Elio Berhanyer (*m*) (b. 1931)《スペインのファッションデザイナー; スペインの闘牛士を思わせる女性用の黒のパンツスーツは有名》.

Bermuda shorts
[複数形]〔衣服〕バミューダショーツ《ひざ上までのショートパンツ; もとは英国の植民地だったバミューダにおいて, 長ズボンに代わる正装として長いソックスと共に着用された》.

Bermuda skirt
〔衣服〕バミューダスカート《丈が Bermuda shorts と同じスカート》.

berretta
〔小物〕=biretta.

bertha
〔ディテール〕バーサ《ネックラインから肩までをおおって垂れ下がる, 前中心に切れ目のない大きな襟》.

besom pocket
〔ディテール〕玉縁ポケット, ビーザムポケット《入口のまわりに縫取り[縁取り]のあるポケット》. ★besom は「枝ぼうき」のこと; 玉縁をほうきの先にたとえての命名.

bespoke /ビスポウク/
形《英》〈衣服などが〉注文の, あつらえの (⇔ ready-made); 注文専門の〈業者〉.

Bettina blouse
〔衣服〕ベッティーナブラウス《1952年に Givenchy が発表した, 襟の開きが大きいシャツ地のブラウスで, 袖にはひだが付いている》.
【Bettina Graziani 当時のパリのトップモデルの名より】

bezel
〔宝飾〕ベーゼル《(1) カットした宝石, 特にブリリアントカットの テーブル (table) と ガードル (girdle) の間のファセット面 2) =crown 2》.

§Biagiotti
ビアジョッティ Laura Biagiotti (*f*) (b. 1943)《イタリアのファッションデザイナー; ニットウェアで知られる》.

bias
〔ソーイング〕バイアス《斜め方向に裁断した布地》.

bias binding
〔ソーイング〕バイアステープ (bias tape).

bias-cut
〔ソーイング〕バイアスカット《バイアスに裁断すること, またはバイアスに裁断した布地; 伸縮性が出るので, 体にフィットした美しいシルエットができる》.

bias tape
〔ソーイング〕バイアステープ《バイアスにカットした細い布; 縁取り・玉縁・縫いしろのしまつに利用》. ★**bias binding** ともいう.

bib
〔小物〕よだれ掛け;《前掛け・オーバーオールなどの》胸当て; ビブ《サッカーの練習試合のときなどに身につける背番号のついた簡単な上衣》.

§BiBa
ビバ《英国のファッションブランド;

Barbara Hulanicki が設立；1960 年代末から 70 年代にかけて一時代を築くが 75 年に破産；2006 年，Bella Freud をデザイナーに迎え，ブランドが復活した》.

bib overalls
[複数形]〔衣服〕《米北部》胸当て付き作業ズボン，オーバーオール (overalls).

bicep
〔ボディ〕二頭筋 (biceps),《大まかに》上腕.

bicorne
〔小物〕バイコーン，ビコルヌ，二角帽《へりの両側を上に曲げた帽子；あみだ，または片側に傾けてかぶる；フランス革命期に着用した》.

bicycle shorts
〔衣服〕=cycling shorts.

bifocal
〔小物〕二焦点レンズ；[bifocals]《遠近両用の》二焦点眼鏡.

biggin
〔小物〕ビギン《1) 16-17 世紀ごろ主に子供がかぶった帽子，キャップ 2) 16-17 世紀ごろの大人用のナイトキャップ (night cap)》.

big hair
〔ヘア〕ビッグヘア《長い髪を立ててふくらませたヘアスタイル；18 世紀に流行し 20 世紀に入ってからも何度か流行した》.

Big Look
[しばしば big look]〔ファッション〕ビッグルック《1974 年ごろ流行；ゆとり，タック，ギャザー，フレアなどを過度に思えるほど多くしたスタイル》.

big toe
〔ボディ〕《足の》親指 (great toe).

bijou
〔宝飾〕ビジュー，宝玉，珠玉《宝石や貴金属の細工》.
【フランス語より】

biker jacket
〔衣服〕バイカージャケット《バイカーが着る革製のジャケットなど》. ★biker は「バイクに乗る人」の意.

bike shorts
〔衣服〕=cycling shorts.

bikini /ビキーニ/
〔衣服〕**1** ビキニ《女性用のツーピース型の水着の一種；フランスのエンジニア Louis Réard が 1946 年に発表；裸に近い水着の威力が，ちょうどその年行なわれたビキニ環礁での戦後初の原爆実験の衝撃にたとえられてこのように命名された；同じころ，フランスのデザイナー Jacques Heim が同様の水着を考案し，アトム (Atome) と名付けている》.
2 ビキニパンツ《1) 股上のごく浅い男子用水泳パンツ 2) ビキニ型ブリーフ》.

bikini briefs
[複数形]〔衣服〕ビキニブリーフ，ビキニパンツ《短い下着》.

bikini line
〔ボディ〕ビキニライン《脚の付け根の，ビキニの下端に沿った部分》.

bikini waxing
〔美容〕ビキニワックス処理《ビキニラインに沿った部分のむだ毛処理》.

§Bikkembergs
ビッケンバーグ **Dirk Bikkembergs** (*m*) (b. 1962)《ドイツ生まれのファッションデザイナー；Antwerp Six のひとり；機能的で型崩れしない靴が人気を集める》.

bill
〔小物〕《米口語》《帽子の》ひさし. ★もともとの意味は「くちばし」.

billfold
〔小物〕《米》《折りたたみ式の》札(さつ)入れ，紙入れ (wallet).

billiment
〔小物〕ビリメント《宝石やビーズで飾った頭飾り》.

billycock
〔小物〕《英》《まれ》山高帽 (cf. bowler).

Binche lace
〔手芸〕バンシュレース《フランドル製のボビンレース; 渦巻形で飾った花模様と雪片に似た散らし模様が特色》.
【Binche: 最初に製造されたベルギー中南部の町】

bindi
〔美容〕ビンディ《特にインドのヒンドゥー教の女性が, 飾りとして額の中央に付ける点状のもの》.

binding /バインディング/
1 製本, 装丁, 綴じ.
2 〔マテリアル〕《布などの》縁飾り, 縁取り.

binding off
〔手芸〕バインディングオフ, バインドオフ《編物で端または縁をつくるために編み目を抜くこと》.

bind off
動《編物で端または縁をつくるために》〈編み目を〉抜かす.

bingle
〔ヘア〕ビングル《bob と shingle との中間の刈上げボブ》.
【bob+sh*ingle*】

bird's-eye
〔マテリアル〕《織物の》鳥目模様, 鳥目織り, バーズアイ.

biretta
〔小物〕ビレッタ《カトリックの聖職者の用いる四角形の帽子; 教皇は白, 枢機卿は緋色, 司教は紫, その他は黒と, 位階によって色が違う》. ★berretta ともつづる.

Birkenstocks
〔商標〕ビルケンシュトック《ドイツ Birkenstocks 社製の平底の革製サンダル; 足を痛めないデザインで定評がある》.

birthstone
〔宝飾〕誕生石《生まれ月を象徴する宝石で, かつて霊力があるとされた; ⇒ 表》.

§Birtwell
バートウェル Celia Birtwell (*f*) (b. 1941)《英国のテキスタイルデザイナー; Picasso や Matisse から影響を受けた大胆でロマンティックなデザインで知られ, とりわけ 1960-70 年代のヒッピー文化を象徴するプリントが有名; 2006 年にはハイストリートチェーン Topshop のためにデザインしたコレクションが大成功を収めた》.

bisexual
形《男女》両性の.

bishop sleeve
〔ディテール〕ビショップスリーブ《下方が広く, 手首でギャザーを寄せてしぼった袖》. ★bishop は「主教」の意.

black
1 〔色〕黒, ブラック.
2 [しばしば Blacks] 黒人. ★複数形で用いるほうが一般的. 単数形で使うのはしばしば侮蔑的とされる.

black pearl
〔宝飾〕ブラックパール, 黒真珠, 黒蝶真珠《黒蝶貝(くろちょうがい)から採取された真珠をいう; 七色に輝く美しい黒色で, 真珠の中でもっとも希少価値が高く, 高価》.

black tie
〔小物〕ブラックタイ《黒の蝶ネクタイ; ディナージャケット[タキシード]と共に着用する; 転じて「男性の略式礼装」の意; cf. white tie》
: wear *black tie* ブラックタイを着けている, 礼服[タキシード]を着ている.

blackwork
〔手芸〕ブラックワーク《白いまたは淡い色の布に黒糸で刺した刺繍》.

blade
〔美容〕刃, 刀身; かみそりの刃 (razor blade).

§Blahnik
ブラニク **Manolo Blahnik** (*m*) (b. 1943)《スペインのカナリア諸島出身の靴デザイナー;「マノロ」とも愛称される靴は美術品のように扱われることもある高級靴で, しばしば収集の対象となっている》.

blanket stitch
〔手芸〕ブランケットステッチ《ボタンホールステッチよりも目の広い刺繍; 毛布の縁のしまつに使われたことからこう呼ばれる》.

§Blass
ブラス **Bill Blass** (*m*) (1922-2002)《米国のファッションデザイナー》.

blazer
〔衣服〕ブレザー《背広型でカジュアルなジャケットの総称》.

bleach
漂白剤; 漂白(処理); 漂白度.

bleeding
〔マテリアル〕ブリーディング, 色泣き《染色された色がにじみ出すこと》.

bleeding Madras
〔マテリアル〕ブリーディングマドラス《ストライプの色が色泣きしてにじみ出したマドラス布》.

blend(ed) yarn
〔マテリアル〕ブレンド繊維《2種類以上の繊維を組み合わせた複合繊維》.

blind stitch
〔手芸〕ブラインドステッチ, 隠し縫

◆birthstone◆

	日 本	アメリカ	イギリス
1月	garnet	garnet	garnet
2月	amethyst	amethyst	amethyst
3月	aquamarine	bloodstone	aquamarine
	coral		bloodstone
4月	diamond	diamond	diamond
			crystal
5月	emerald	emerald	emerald
	jade		
6月	pearl	pearl	pearl
		moonstone	moonstone
7月	ruby	ruby	ruby
			carnelian
8月	peridot	peridot	peridot
		sardonyx	sardonyx
9月	sapphire	sapphire	sapphire
10月	opal	opal	opal
		tourmaline	
11月	topaz	topaz	topaz
12月	turquoise	turquoise	turquoise
		lapis lazuli	

★ 誕生石は1912年に米国宝石商組合によって定められた. 国によって少し異なる. 日本の誕生石は1958年に選定, 英米のものに珊瑚(coral)と翡翠(jade)をプラスして, 我が国特有の誕生石が定められた.

い《針目の隠れたステッチ》.

bling-bling
《口語》キンキラ宝石類; 高価[派手]な装飾品[服装]など《ヒップホップ発の, 光りものを誇示するトレンド》. ★単に bling ともいう.

block
〔ヘア〕かつら台.

blocking
〔ソーイング〕ブロッキング《1) ニット地を蒸気にあてるなどして, 型を決める仕上げ法 2) 帽子を型にはめて形をつけること》.

blogger
ブログ作者, ブログを書く人.

blond, blonde
形〈毛髪が〉金髪の, ブロンドの, うすいとび色の;〈人が〉金髪で肌の白い (⇔ dark) (cf. brunet, brunette). ★blond は男性形, blonde は女性形.
: *blonde* hair 金髪.
图 ブロンドの人;〔色〕ブロンド《柔らかい黄》.

blond(e) lace
〔手芸〕ブロンドレース《フランス製の繊細な絹レース》.

bloodstone
〔宝飾〕ブラッドストーン, 血石《3月の誕生石; ⇨ birthstone 表》.

§Bloomer
ブルーマー Amelia Jenks Bloomer (*f*) (1818-94)《米国の女権拡張運動家》.

bloomers
[複数形]〔衣服〕ブルーマー, ブルマー《1) 女性のスポーツ用半ズボン 2)《口語》女子用パンツ; 下着 3) 元来 短いスカートと足首でギャザーにしたゆるいズボンからなる女性服; **Turkish pants** ともいう》
: a pair of *bloomers* ブルーマー 1 着.
【Amelia Jenks Bloomer これを推奨した 19 世紀米国のフェミニストの名前より; 1850 年代に, 機能的な女性服としてブルマースーツを提唱した】

blouse
〔衣服〕ブラウス《肩から腰まわり線, または胴まわりまでの女性・子供用衣類の総称》;《欧州の農民などが衣服を汚さないために着る》上っ張りのようなゆるく長い上着;《米》《軍隊・警察などの》制服の上着;《船乗りの》ジャンパー.

blouson
〔衣服〕ブルゾン《ジャンパーのこと》.
【フランス語より】

blow-dry
動〈髪を〉ヘアドライヤーでブローして整える.
图 (髪を)ヘアドライヤーでブローして整えること.

blow-dryer
〔ヘア〕ヘアドライヤー.

bluchers
[複数形]〔靴〕ブルーチャーズ《1) 舌革と爪革とが一枚革の, ひもで締める外羽根式の靴 2) 古風な編上げのハーフブーツ》.
【プロイセンの元帥 Gebhard Leberecht von Blücher (1742-1819) が軍靴として考案した】

blue
〔色〕青, ブルー《あざやかな青》(cf. red, green). ★加法混色における色光の三原色のひとつ. (⇨ コラム).

bluebonnet
〔小物〕ブルーボンネット(帽)《tam-o'-shanter に似た大きな円形の平らな縁無し帽; もとスコットランドで用いられ, 青のウール地製》.

blue jeans
[複数形]〔衣服〕《米》ブルージーンズ, ジーンズ (jeans)《青のデニム製のズボン・オーバーオール》. (⇨ Jeans コラム).

§Blumenfeld
ブルーメンフェルト Erwin Blumen-

feld (*m*) (1897-1969)《ドイツ生まれの写真家; フランスと米国の *Vogue* 誌や *Harper's Bazaar* 誌などのファッション写真家として活躍した》.

blush
〔美容〕ほお紅. ★blusher ともいう.

BO
《略語》《口語》body odor.

B/O
《略語》〔ビジネス〕brought over 繰越し.

boa
1 ボア《獲物を締め殺す各種の大型ヘビ》.
2〔小物〕ボア《女性用の羽毛や毛皮,またはレースなどでつくった柔らかい襟巻き; ヘビのように長いことから》.

board shorts
[複数形]〔衣服〕ボードショーツ《幅広の七分丈のパンツ; 最初サーファーがはいたことから》.

boater
〔小物〕ボーター, かんかん帽《主に男性用で帽子の頂とブリムが平らなのが特徴》. ★船遊びのときかぶったことから.

boating shoes
[複数形]〔靴〕ボーティングシューズ (deck shoes). ★boat shoes ともいう.

boat neckline
〔ディテール〕ボートネックライン《ゆるやかなラインで, やや横広に開いた浅い舟底型の襟》. ★bateau neckline ともいう.

bob
〔ヘア〕《女性・子供の, 肩までくらいの長さに切りそろえた》ショートヘア, 断髪, おかっぱ, ボブ.

bobbin
〔ソーイング〕糸巻き, ボビン.

bobbinet
〔マテリアル〕ボビネット《メッシュが六角の機械製網織物》.

bobbin lace
〔手芸〕ボビンレース《枕台などの上にピンでしるしをした模様の上をボビンを使って編む》. ★bone lace, pillow lace ともいう.

bobble
〔小物〕《衣服の飾り・縁取り用の》毛糸などの小玉; 毛玉.

bobble hat

— Blue —

現代においては,「ピンクは女の子の色で, ブルーは男の子の色」とする慣習が一般的に受容されているが, これは1950年代になって定着したジェンダーシンボルである. それ以前には, 女の子の色といえばブルーであった. 1918年のある雑誌には, 次のような記事が載る.「一般的に受容されているルールは男の子にピンク, 女の子にブルーである. 理由はピンクがより決然として強い色で男の子にふさわしい色であるのに対し, ブルーはデリケートではかなげゆえに, 女の子にふさわしいからである」. 血の色である赤を薄めたピンクは血気盛んなジェンダーにふさわしく, 抑制のあるブルーは, 忠実で誠実なジェンダーに似つかわしい色, というわけである.「トゥルー・ブルー (true blue)」といえば, 志操堅固な人のこと. 50年代以降, 血気盛んなジェンダーが女の子になった, と考えれば, シンボルカラーの意味じたいは変わっていないともいえるのだが.

〔小物〕ポンポンの付いたぴったりした毛糸の帽子.

bobby pin
〔ヘア〕《米》ボビーピン(《英》hair clip, 《英》hairgrip)《金属を二つに折ったようなシンプルな形のピン》.

bobby socks
[複数形]〔小物〕《米》ボビーソックス《くるぶしの上までの女性用ソックス; 1940-50年代にティーンエージャーの間で流行した》.

bob wig
〔ヘア〕ボブウィグ《英国宮廷で用いられたショートヘアの短いかつら; ⇨ wig さし絵》.

bodice
〔衣服〕**1** ボディス《15世紀ごろの女性用の胴着》; コルセット, ボディス (stays, corset)《本来は鯨鬚(げいしゅ)製》.
2《女性・子供服の》上半身の部分《前身ごろと後身ごろ》.

body
1〔ボディ〕身体, 体.
2〔衣服〕胴部, 胴衣.

body clothes
[複数形]〔衣服〕ボディクローズ《体にぴったりフィットするシャツやドレス》.

body-con
形 ボディコンの (⇨ body-conscious)
: a *body-con* dress ボディコンのワンピース.
【body-conscious の短縮形】

body-conscious
形 ボディコンシャスの, ボディコンの《女性の服が体の線を出すように意識して; 体にぴったりした》
: *body-conscious* look ボディコンシャスルック.

body-hugging
形 体にぴったりした.

body odor
体臭《特にわきが; 略 BO》.

body painting
〔ファッション〕ボディペインティング《裸の人体をキャンバスにして, 絵や模様を描くファッション》.

body-piercing
〔宝飾〕ボディピアス《へそや舌など, 耳たぶ以外の部位に行なうピアス》.

bodyshaper
〔衣服〕ボディシェイパー《補整下着》.
★**shapewear** ともいう.

body shirt
〔衣服〕ボディシャツ《1) シャツとパンティーがひと続きの女性用衣服 2) 体にぴったりフィットするシャツまたはブラウス》.

body stocking
〔衣服〕ボディストッキング《脚部[つまさき]から上半身までつながった, 体にフィットするボディウェア》.

bodysuit
〔衣服〕ボディスーツ《股下に留め具の付いた, ブラジャーとガードルがひと続きになった補整下着; cf. all-in-one》.

body warmer
〔衣服〕ボディウォーマー《キルティングまたは中に詰め物をした袖なしの防寒着》.

§Bohan
ボアン **Marc Bohan** (*m*) (b. 1926)《フランスのファッションデザイナー; 本名 Roger Maurice Louis Bohan; 1960年より Dior のチーフデザイナーをつとめた》.

Bohemian
形 ボヘミアの; [しばしば **bohemian**] 放浪的な, 伝統や慣習にとらわれない, 奔放な
: *bohemian* style ボヘミアンスタイル《ボヘミア地方の民族衣裳》.
图 ボヘミア人; [しばしば **bohemian**] 自由奔放に生きる人《特に 作家・芸術家》, 放浪者. ★Bohemia はチェコ西部の地方.

boilersuit
〔衣服〕ボイラースーツ《第二次大戦中に労働者が着用したつなぎ服; cf. overalls 2》.

boiloff
〔マテリアル〕精練, ボイリングオフ《1) 絹練り織物から糊・蠟・脂肪などの不純物を除去すること 2) 生糸を湯につけてゴム質を除く '絹練り' 'デガミング' のこと》. ★boiling-off ともいう.

bolero
〔衣服〕ボレロ《女性用の打ち合わせなしの短い上着》.

bolo tie
〔小物〕ボロタイ, ループタイ《飾りのすべり具で留めるだけのひもタイ》.【bola (石のついた投げ縄)に形が似ていることから】

bombazine
〔マテリアル〕ボンバジーン《経糸が絹, 緯糸がウステッドの綾織り; 黒色に染め以前はしばしば女性用喪服地にした》. ★bombasine ともつづる.

bomber jacket
〔衣服〕ボマージャケット《ウエストと袖口をゴム編みでしぼった革製ジャンパー; 第二次大戦の爆撃機隊員 (bomber) のジャケットに似せたもの》.

bonded-fiber fabric
〔マテリアル〕=non-woven.

bone lace
〔手芸〕ボーンレース (bobbin lace)《もともとは骨製のボビンを使ったことから》.

boning
〔マテリアル〕ボーニング《コルセットなどに入れて張らせる骨》.

bonnet
〔小物〕ボンネット《つ

bonnet

けひもをあごの下で結ぶ女性・幼児用帽子》; 《スコットランドの男子用の》縁なし帽 (Scotch cap).

boob tube
〔衣服〕《英口語》チューブトップ《《米》tube top》《肩ひもなしのぴったりした女性用胴着》.

boot-cut
形 ブーツカットの〈ズボン〉《ブーツをはけるように裾の少し広がった》: *boot-cut* jeans ブーツカットジーンズ.

bootees
[複数形]〔靴〕ブーティー《1) 赤ちゃん用の毛糸編み[布製]の靴 2) くるぶしあたりの丈の短い女性[子供]用ブーツ 3) ダイビングなどで保温[保護など]用に足[靴]をすっぽり包むようにはく, 柔らかい素材のはき物》. ★booties ともつづる.

boothose
〔小物〕ブーツホーズ《ブーツをはくときの長靴下; 15世紀から18世紀ごろ, 男性が着用したもの》.

bootjack
〔靴〕ブーツジャック《ブーツをはく際に足をかける台で, 靴のかかとがはまるV字形の切り込みがある》.

bootlace tie
〔小物〕《英》ブーツレースタイ《1950年代に流行した細いネクタイ》.

bootmaker
靴屋, 靴職人.

boots
[複数形]〔靴〕ブーツ, 深靴, ハーフブーツ《通例くるぶし以上の深さのある各種の靴; 《英》ではサッカーシューズ・バスケットシューズなども boots の範疇に入る》.

bootstrap
〔靴〕ブーツストラップ《ブーツをはくときに引っ張り上げるためのつまみ革》.

boot tree

〔靴〕ブーツツリー《形をくずさないため脱いだ靴の中へ入れる靴型》.

border
《女性服などの》縁飾り
: decorate the neck with a lace *border* 襟にレースのへり飾りをつける.

Borsalino
〔小物〕ボルサリーノ《広縁の柔らかいフェルト製の男子帽》. ★**Borsalino hat** ともいう.
【イタリアの製造者の名から】

Botany wool
〔マテリアル〕ボタニーウール《オーストラリア産の極上メリノ羊毛; もとはオーストラリア東南部 Botany Bay 産のもののみがこの名で呼ばれた》.

Botox
〔商標〕ボトックス《ボツリヌス毒素; 皮下に注射してしわを取るのに用いる》.

bottega
(複数形 bottegas, botteghe) 工房, ボッテーガ《助手・門人も制作に参加する大美術家の仕事場》.
【イタリア語より】

Bottega Veneta
〔商標〕ボッテガヴェネタ《イタリア Bottega Veneta 社の皮革製品のブランド; 同社は 1966 年に設立; イントレチャート (intrecciato) と呼ばれる編込みレザーが有名; 2001 年 Gucci グループ傘下に入る》.

bottines
[複数形]〔靴〕ボティーヌ《女性用の深靴で, はき口がボタンやひもで開閉できるもの》.
【フランス語より】

bottle green
〔色〕ボトルグリーン《ごく暗い緑》.

bottom
1 底, 底部, 底面; 基部.
2〔ボディ〕(口語) お尻.
3〔衣服〕ボトム《スカートやズボンなど, 下半身に着ける衣服; ツーピースの下半分》, [bottoms]《パジャマなどの》ズボン.

boubou
〔衣服〕ブーブー《マリ・セネガルなどアフリカ諸国の, 布を巻きつけたような長い服》.

§Bouché
ブーシェ René Bouché (*m*) (1906-63)《フランスの画家・イラストレーター; 1940 年代に *Vogue* 誌にイラストを描いた》.

Boucheron
〔商標〕ブシュロン《フランス Boucheron 社のジュエリーブランド; 同社は 1858 年に Frédéric Boucheron (1830-1902) が創業; 腕時計やフレグランスも扱う》.

bouclé
〔マテリアル〕わなより糸, ブークレ《細い芯糸に太い糸をからませた糸》; ブークレ織り. ★**bouclé yarn** ともいう.
【フランス語より】

boudoir cap
〔小物〕ブドワーキャップ《女性が寝室で髪をおおうためにかぶる, レースなどが付いたもの》. ★boudoir はフランス語で「女性の寝室」の意.

§Bouët-Willaumez
ブエ・ウィロメズ René Bouët-Willaumez (*m*) (1900-79)《フランスのイラストレーター; 1930-40 年代に *Vogue* 誌にイラストを描いた》.

bouffant
形〈袖・ひだ・ヘアスタイルなど〉ふくらませた, ふくれた, ブッファンの.
名〔ヘア〕ブッファン《逆毛を立てて頭髪全体をふくらませたヘアスタイル》.
【フランス語より】

bound buttonhole
〔ソーイング〕バウンドボタンホール, 玉縁穴《ボタン穴の両側にバイアス布

や革を縫い付けたもの》.

bound pocket
〔ディテール〕バウンドポケット，両玉縁ポケット《ポケットの口の両側にバイアス布や革を縫い付けたもの》.

bound seam
〔ソーイング〕バウンドシーム《縫いしろの端をバイアス布で包むしまつ》.

§Bourdin
ブルダン Guy Bourdin (*m*) (1928-91)《フランスの写真家；Charles Jourdan の靴の広告を手掛けたことでよく知られる》.

bourette
〔マテリアル〕ブレット《織糸が不規則なために，表面にこぶのできた織地》. ★**bourrette** ともつづる.
【フランス語より】

bourrelet
〔小物〕ブルレ《15 世紀ごろ見られた，頂が輪型になってベールなどを押さえるためにかぶった頭飾り》. ★bourrelet の一般義は「隙間ふさぎ」の意.
【フランス語より】

§Boutet de Monvel
ブテ・ド・モンヴェル Bernard Boutet de Monvel (*m*) (1884-1949)《フランスの画家・イラストレーター；*Gazette du bon ton* 誌や *Vogue* 誌にイラストを描いた》.

boutique
〔ビジネス〕《小規模の》専門店，ブティック《特に高価な流行の女性服やアクセサリーなどを売る洋品店やデパート内の売場》; 小規模の専門会社[専門部門].
★ブティックの始まりは 1920 年代，オートクチュールの店の一角に設けられた．初めは服ではなく，宝飾品などを扱っていたが，第二次大戦後はデザイナーやブランドのセレクト商品を売る形で世界に広まった．60 年代からは，若者向けの廉価なファッションや古着専門のブティックが登場した.
【フランス語より】

boutonniere
〔小物〕《主に米》ブトニエール(《英》buttonhole)《男性用スーツの上着やジャケットの襟穴に挿す花のこと》.
【フランス語より】

bow
〔小物〕**1**《リボンなどの》蝶結び，蝶形リボン，蝶ネクタイ，ボウ(タイ). **2**《米》《眼鏡の》フレーム，つる.

bowler
《英》山高帽子(《米》derby)《山の部分が低いドーム型でつばが短い男性用の帽子》. ★**bowler hat** ともいう.
【William Bowler 1850 年に考案したロンドンの帽子屋】

bow tie
〔小物〕蝶ネクタイ，ボウタイ.

box calf
〔マテリアル〕ボックスカーフ《クロムなめしを施した子牛革の一種》.
【J. Box 19 世紀末のロンドンの靴屋】

box coat
〔衣服〕ボックスコート《1) ボックス型で，ウエストが絞られず，ストレートなシルエットのコート 2) もとは御者の着た厚い毛織り地製のコート》. ★box は「箱」の意.

boxer shorts
[複数形]〔衣服〕ボクサーショーツ《ウエストにゴムバンドを縫い付けた，ボクシングの選手がはいているようなゆったりしたパンツ；男性用の下着》. ★**boxers** ともいう.

box jacket
〔衣服〕ボックスジャケット《肩が角張っていて，ウエストをしぼらない全体に四角いボックス型のゆったりしたジャケット》; ボックスコート (box coat).

box pleat
〔ディテール〕ボックスプリーツ，箱

ひだ《2本のひだの折山がつき合うように折られたひだ》.

boyfriend jeans
〔複数形〕〔衣服〕ボーイフレンドジーンズ《ゆったりした大きめのシルエットで,「ボーイフレンドに借りたジーンズのように見える」という意味》.

boyfriend look
〔ファッション〕ボーイフレンドルック《ボーイフレンドから借りたようなサイズの大きめの男性服を, 魅力的に見せる着こなし》.

bra
〔衣服〕ブラ《ブラジャー (brassiere) の略》
: sports *bra* スポーツブラ / maternity *bra* マタニティー用ブラ / put on [take off] a *bra* ブラをつける[はずす].

bracelet
〔宝飾〕腕輪, ブレスレット.

bracelet watch
〔小物〕《特に女性用の》ブレスレットウォッチ, 小型腕時計《飾りのついたアクセサリー感覚の時計兼用のブレスレット; **bangle watch** ともいう》.

braces
[複数形] [通例 a pair of braces] 〔小物〕《英》ズボン吊り (《米》 suspenders).

braid
1 [しばしば **braids**] 〔ヘア〕《米》編んだ髪, 三つ編み, おさげ髪 (《英》plait)
: She wears her hair in *braids*. 彼女は(髪を)おさげにしている.
2 〔小物〕組みひも, 打ちひも, モール《服の縁飾りに用いる》; ブレード《髪に用いるリボン, バンド》.

braless
形 ブラジャーをつけない, ノーブラの.

brand
〔ビジネス〕商標 (trademark), 銘柄, ブランド; 《特定の》銘柄品.

§Braque
ブラック Georges Braque (*m*) (1882-1963)《フランスの画家; Picasso と共にキュビスムを創始; その作風は 1920 年代から 30 年代のテキスタイルデザイナーたちに影響を与えた》.

bra-slip
〔衣服〕ブラスリップ, ブラジャー付きスリップ.

brass
1 〔宝飾〕真鍮(しんちゅう), 黄銅; [通例 **brasses**] 真鍮製飾り.
2 〔色〕真鍮色.

brassard
〔小物〕《よろいなどの》腕甲(わんこう); 腕章, ブラサード.

brassiere
〔衣服〕ブラジャー《胸の形を整え, 支えるための下着; ⇨ bra》.
【フランス語より】

brat
〔衣服〕ブラット《(1) 目の粗い外衣, エプロン, 仕事着; 中世に見られた 2) 幼児用のラップ, おくるみ》.

Braun
〔商標〕ブラウン《ドイツ Braun GmbH 社製の小型電気製品; 電気かみそりが特に知られる》.

break-even
〔ビジネス〕損益分岐点. ★**break-even point** ともいう.

breast
1 〔ボディ〕胸 (chest), 前胸部; 《女性の》乳房.
2 〔衣服〕胸部.

breast enlargement
〔美容〕豊胸(術). ★**breast augmentation** ともいう.

breasting
〔靴〕ブレスティング《靴のかかとの土踏まずに続く側面をおおう皮; ⇨ shoes さし絵》.

breast pocket
〔ディテール〕ブレストポケット, 胸

ポケット.

breechcloth
〔衣服〕=loincloth.

breeches
[複数形]〔衣服〕ブリーチズ《乗馬用[宮廷儀式用]のズボン; ぴったりとした半ズボン》; 《口語》ズボン, 半ズボン.

breton
〔小物〕ブレトン, ブルトン《前のつばが後ろより幅広で折れ返った女性用の帽子; ブルターニュ地方 (Breton) の農民が男女の区別なくこの型の帽子をかぶっているのでこの名で呼ばれる》.

brick stitch
〔手芸〕ブリックステッチ《レンガを積んだように刺す刺繍のステッチ》.
★brick は「レンガ」の意.

bridal
形 花嫁の, 新婦の; 婚礼の
: a *bridal* shower 《米》ブライダルシャワー《花嫁へのお祝い品贈呈パーティー》.

bridal gown
〔衣服〕=wedding dress.

bridal veil
〔小物〕=wedding veil.

bridal wear
〔衣服〕ブライダルウェア, 花嫁衣裳.

bride
1 花嫁, 新婦.
2 〔手芸〕《刺繍・レース編みの》ブライド《輪型・棒型または結び目型にした, 模様間のつなぎの糸》. ★tie ともいう.
3 〔小物〕《ボンネットの》飾りあごひも.

bridge
1 橋, 橋梁(きょうりょう).
2 〔小物〕《眼鏡の》ブリッジ《左右のレンズをつなぐ部分のこと》.

brief
形 短時間の, しばらくの; 短い.
名 [通例 briefs]〔衣服〕ブリーフ《短いぴったりしたパンツまたはパンティー》.

briefcase
〔バッグ〕ブリーフケース《主に革製の平たい折りかばん》.

bright
形 1 輝いている; 明るい.
2 《色の》あざやかな, さえた (⇔ dull)
: *bright* colors あざやかな色彩.

brilliant cut
〔宝飾〕ブリリアントカット《ダイヤモンドを中心とした宝石研磨のスタイルのひとつ; 屈折率がもっとも高い研磨法; 入射光線が底面で全反射し, 再び表面から出るよう, 58 面にカットされる》. ★brilliant は「〈宝石などが〉光り輝く」の意.

brilliantine
〔マテリアル〕《米》ブリリアンティン《綿・毛交織の光沢仕上げの織物; 夏服・裏地用》.

brim
1 《コップ・皿などくぼみのある器物の》縁, へり.
2 〔ディテール〕《帽子の》つば, ブリム.

briolette
〔宝飾〕ブリオレット《表面全体に三角形や長菱形の切子面 (facet) をつけた涙滴状のダイヤモンド》.
【フランス語より】

bristle /ブリッスル/
名〔ヘア〕《ブラシなどの》荒毛.
動〈毛髪など〉逆立つ, 〈毛を〉逆立てる.

britches
[複数形]〔衣服〕《米口語》=breeches.

British warm
〔衣服〕ブリティッシュウォーム《第一次大戦中, イギリス軍の士官が着ていた厚地のオーバーコート》.

broad
形 幅の広い, 広い (⇔ narrow)

: *broad* shoulders 広い肩幅.

broadbrim
〔小物〕ブロードブリム《つばの広い帽子》.

broadcloth
〔マテリアル〕ブロード(クロス)《1) 各種の広幅織物; cf. narrow cloth 2) 広幅の高級黒毛織物で, もと男子服用》.

brocade
〔マテリアル〕ブロケード, 金襴(きんらん)《綾地・しゅす地に多彩なデザインを浮織りした紋織物》.

brocatelle
〔マテリアル〕ブロカテル《浮織りのbrocade》.

brodequins
[複数形]〔靴〕**1** ブロードキン《中世に, ブーツの中にはいた靴》.
2 半長靴《18世紀ごろに見られた男性用のハーフブーツ》. ★**brodekins**, **brodkins** ともつづる.

broderie anglaise
〔手芸〕ブロードリアングレーズ《目打ちをしてまわりを刺繍するアイレットワーク (eyelet) のこと》.
【「英国ふうの刺繍」の意のフランス語より】

brodkins
〔靴〕=brodequins.

§Brodovitch
ブロドーヴィチ Alexey Brodovitch (*m*) (1898-1971)《ロシア生まれの写真家・アートディレクター; 1934年から24年間 *Harper's Bazaar* 誌のアートディレクターをつとめた》.

brogues
[複数形]〔靴〕ブローグ《1) ウイングチップで穴飾りの付いた堅牢な革靴 2) もとアイルランド人やスコットランド高地人がはいた粗革製の靴》.

brolly
〔小物〕《英口語》こうもり (umbrella). ★brolly は umbrella のぞんざいな発音をつづったもの.

bronze
图 ブロンズ, 青銅; 〔色〕ブロンズ《暗い赤みの黄》.
形 ブロンズ製の; ブロンズ色の.

bronzer
〔美容〕ブロンザー《肌を日焼けしたように見せる化粧品》.

brooch
〔宝飾〕ブローチ.

§Brooks
ブルックス Donald Brooks (*m*) (1928-2005)《米国の舞台・映画衣裳デザイナー》.

Brooks Brothers
〔商標〕ブルックスブラザーズ《米国 Brooks Brothers 社のファッションブランド; 同社は 1818 年 Henry Sands Brooks が H. & D. H. Brooks & Co. として創業, 1850年に現在の名に改称; 米国最初の紳士既製服店であり, Ralph Lauren などと並んで'アメリカントラディショナル'を代表するブランドとして位置づけられている; 1900年ころ, ボタンダウンシャツを最初に製品化した》.

broomstick skirt
〔衣服〕ブルームスティックスカート《細かいしわのあるゆったりした綿のスカート; 1940年代にスクエアダンス用に流行した》.

brow /ブラウ/
1 [通例 brows]〔ボディ〕まゆ, まゆ毛 (eyebrow); 眉上弓(びじょうきゅう)《まゆ毛が生えている眼窩上の隆起部》
: thick *brows* 濃いまゆ.
2 ひたい, 額 (forehead).

brown
图〔色〕褐色, 茶色, ブラウン《暗い灰みの黄赤》.
形 褐色の, 茶色の; 〈肌が〉褐色の, 浅黒い; 日焼けした.

§Bruce
ブルース Liza Bruce (*f*) (b. 1955)

《米国のファッションデザイナー》.
Bruges lace
〔手芸〕ブリュージュレース《ベルギー北西部, ブリュージュでつくられるボビンレース》.
§Brunelleschi
ブルネレスキ Umberto Brunelleschi (*m*) (1879-1949)《イタリアのイラストレーター・舞台衣裳デザイナー; *Journal des dames et des modes* 紙などにイラストを描いた》.
brunet, brunette
形 ブルネットの《黒みがかった肌・髪・目の; 特に白人女性の髪の色についていう; cf. blond, blonde》.
★brunet は男性形, brunette は女性形.
名 ブルネットの人.
brush
名 ブラシ, はけ.
動 〈...に〉ブラシをかける, 〈ブラシで〉磨く
: *brush* one's hair 髪にブラシをかける / *brush* one's teeth 歯を磨く.
brush dyeing
〔マテリアル〕ブラッシュダイイング《獣皮の毛のあった側にはけで染料をつけて毛皮や革を染める方法》.
brushed
形 けば立て加工[処理]の〈毛織物など〉.
Brussels lace
〔手芸〕ブリュッセルレース《アップリケの付いた, もと手編み, 今は機械編みの高級品; 花と植物の柄が特徴; もとはベルギーの Brussels でつくられたことから》.
bubble dress
〔衣服〕バブルドレス《1957 年に Pierre Cardin が発表し, 大ヒットしたドレス; 泡のように丸みをもってふくらんだシルエットの服》.
bubble skirt
〔衣服〕バブルスカート《ふっくらと泡だったような丸みをもたせた短いスカート》.
bucket bag
〔バッグ〕バケットバッグ《バケツのような形で口が広く物が出し入れしやすい》.
bucket hat
〔小物〕バケットハット《バケツを逆さまにした形の広縁のカジュアルな帽子; 男性・女性用》.
Buckinghamshire lace
〔手芸〕バッキンガムシャーレース《英国中南東部の Buckinghamshire で最初につくられた繊細なボビンレース》.
buckle
〔小物〕《ベルト・かばん・靴などの》バックル, 留め金, 締め金, 尾錠(びじょう).
buckram
〔ソーイング〕バックラム《糊・にかわなどで固くした亜麻布; 衣服の芯や製本用》.
buckskin
1 〔マテリアル〕バックスキン, 鹿革《羊の黄色のなめし革にもいう》.
2 [**buckskins**] 〔衣服〕バックスキンの半ズボン[靴].
budget /バジャット/
予算; 予算額.
buff
〔マテリアル〕淡黄褐色のもみ革, バフ; 〔衣服〕《牛・水牛の》もみ革製軍服.
buff coat
〔衣服〕もみ革服, バフコート.
Bulgari
〔商標〕ブルガリ《イタリア Bulgari 社のジュエリーブランド; 1884 年, 銀細工師 Sotirio Bulgari (1857-1932) がローマに創業; 現在は時計, バッグ, 香水, ホテルなどを扱うブランドとして名高い; BVLGARI と表記される》.
bulky

形 かさのある，かさばった，かさ高な，分厚い；〈織物などが〉厚い，〈糸などが〉太い (thick)，かさ高加工した；〈衣類が〉弾力性のある厚い織地[太い糸]の，かさ高な，バルキー．

bullion
〔手芸〕ブリオンレース《金糸または金銀糸のコードでつくった刺繍[レース]》．★bullion は「金塊，銀塊」の意．

bullion stitch
〔手芸〕ブリオンステッチ《針に刺繍糸を 6-7 回巻きつけてから布に刺し通すステッチ》．

bum bag
〔バッグ〕《英》ウエストバッグ（《米》fanny pack）．★bum は「尻」の意．

bum roll
〔小物〕バムロール《16-17 世紀にスカートをふくらませるために腰に付けた，三日月形の詰めもの》．

bun
〔ヘア〕束髪，お団子ヘア《女性が頭の後方で束ねた髪型》
: wear one's hair in a *bun* 髪をお団子ヘアにしている．★bun は「まるいパン」のこと．

bunad
〔衣服〕ブーナ《ノルウェーの伝統的な民族衣裳；地方によってデザインが異なる》．

bunting
〔小物〕《米》〈赤ちゃんの〉おくるみ．★bunting のもとの意味は「《薄い》旗布」．

Burberry
〔商標〕バーバリー《英国 Burberry 社のファッションブランド；同社は Thomas Burberry (1835-1926) が 1856 年，ハンプシャーで T. Burberry & Sons という洋服店を開業したのが始まり；耐久性や防水性にすぐれた素材「ギャバジン (gabardine)」の開発で知られ，第一次大戦中に英国陸海軍に正式採用されたコートは，塹壕(ざんごう) (trench) 戦で着用され，トレンチコートとして世界的に広まった》．

Burgundy
〔しばしば burgundy〕〔色〕バーガンディ《ごく暗い紫みの赤》．★Burgundy は本来，「フランス東部のブルゴーニュ地方産の(赤)ワイン」の意．

burka
〔衣服〕 1 ブルカ《イスラム教徒の女性が人前で着る頭からつまさきまですっぽりおおう外衣；目の部分だけ細く開いている； burqa ともつづる》．2 ブルカ《フェルト地またはヤギの毛でつくったカフカス地方の長いコート；男性用》．

burl
〔マテリアル〕《糸・毛布などの》節玉(ふしだま)，バール．

burlap
〔マテリアル〕《米》バーラップ（《英》hessian）《1）黄麻繊維の目の粗い布；袋・包装用など 2）これに似た衣料・室内装飾用の軽い布》．

burnous(e)
〔衣服〕バーヌース《アラブ人などの毛織りのフード付き外衣》．★burnoose ともつづる．

burnt orange
〔色〕バーントオレンジ《強い黄赤》．

burqa
〔衣服〕＝burka 1．

busby
〔小物〕バズビー《頂が高い毛皮製の帽子；英国軽騎兵または騎砲兵の礼装帽》．

bush jacket
〔衣服〕ブッシュジャケット《パッチポケット 4 個・ベルト付きの長いシャツふうの綿のジャケット； 狩猟探検用から一般着になった》．★bush は「茂み」「未開地」の意．

business suit

〔衣服〕《米》ビジネススーツ, 背広(《英》lounge suit).

busk
〔ディテール〕《コルセットの》胸部の張り枠, バスク《鯨鬚(げいしゅ)・木・はがね製》.

buskins
[複数形]〔靴〕《昔の》編上げブーツ, 《古代ギリシアの悲劇役者がはいた》底の厚い編上げブーツ (cothurnus).

bust
〔ボディ〕《女性の》胸, 胸囲, バスト.

bust bodice
〔衣服〕バストボディス《ブラジャーが一般的になる前の 1920 年代まで女性が着ていた, キャミソールに胸の形をつけた骨入りの下着》.

Buster Brown collar
〔ディテール〕バスターブラウンカラー《かどが丸い, 糊づけされた襟の一種; 女性用で, 肩の上に平らになるようにつくる》.
【Buster Brown は 20 世紀初頭の米国の同名漫画の主人公で, たいへんないたずら小僧】

bustier
〔衣服〕ビュスチェ, ビスチェ《ストラップレスのぴったりした短い女性用下着で, 丈の長いブラジャーのような形; 現在は下着としてよりも装飾性のあるアウターウェアとして着る》.
【フランス語より】

bustle
〔ディテール〕バスル《**1**) スカート[ドレス]の後ろを張り出させるのに用いるパッド・枠などの腰当て　**2**) 腰当てで張り出させた, または たっぷりした布を腰の後ろにまとめてつくったふくらみ》.

bustline
バストライン《**1**) 女性の胸の輪郭[形状], 胸の線　**2**) 衣服の胸をおおう部分》.

busty
形 バストの大きい.

butcher linen
〔マテリアル〕ブッチャーリネン《レーヨンまたはレーヨンと綿でつくった丈夫な厚手の手織りの服地; もとは肉屋がエプロンに用いた亜麻布》.
★butcher は「肉屋」の意.

butcher's boy cap
〔小物〕ブッチャーズボーイキャップ《19 世紀の商人のつばの広い大きな帽子》.

butt
〔ボディ〕《米口語》尻 (buttocks).

butter cloth
〔マテリアル〕《英》バタークロス (⇨ butter muslin). ★**cheesecloth** ともいう.

butterfly collar
〔ディテール〕バタフライカラー《1970-80 年代に流行した大きく開いた襟》.

butterfly headdress
〔小物〕バタフライヘッドドレス《15 世紀に女性がベールを押さえるためにかぶった, 蝶の形のかぶり物》.

§Butterick
バタリック Ebenezer Butterick (*m*) (1826-1903)《米国の仕立屋; 標準型紙の発明者》.

butter muslin
〔マテリアル〕《英》バターモスリン《目の粗い薄い綿布》. ★**cheesecloth** ともいう.

buttocks
[複数形]〔ボディ〕臀部(でんぶ), 尻. (⇨ leg さし絵).

button
〔マテリアル〕《服の》ボタン; 《折り襟などに付ける》記章, バッジ; 《時計の》竜頭(りゅうず)
: do up a *button* ボタンを留める / undo a *button* ボタンをはずす.

button-down

形 **1** ボタンダウンの〈襟・シャツ〉《襟の先端をボタンで身ごろに留める》
: a *button-down* shirt ボタンダウンのシャツ.
2 《米》《服装・行動などの面で》型にはまった，独創性のない，保守的な《**buttoned-down** ともいう》.

buttonhole
1 〔ソーイング〕ボタンホール.
2 〔小物〕《英》ボタンホールに挿す飾り花《《米》boutonniere）.

buttonhole stitch
〔手芸〕ボタンホールステッチ《ボタンの穴かがり》；飾り縫い．★**close stitch** ともいう．

buy
《口語》買物，掘出し物
: fall fashion *buy* 秋ものファッションの買物 / That jacket was a really good *buy*. あのジャケットはまさにお買い得です / best *buys* this week 今週のお買い得品.

buyer
〔ビジネス〕**1** 買手，買方，消費者（⇔ seller）.
2 仕入係，バイヤー；仕入部長，購買部長.

buzz cut
〔ヘア〕丸刈り.

byssus
[複数形 **byssuses, byssi**] 〔マテリアル〕ビュッソス《古代人が用いた》目の細かい布，《特に》（上等な）亜麻布.

Byzantine stitch
〔手芸〕ビザンチンステッチ《キャンバス地に斜めにジグザグに刺すステッチ；斜めのジグザグのストライプ模様になる》.

C

1 〔靴〕C ワイズ，C 幅《足囲を示す記号; ⇨ A 1》．
2 〔衣服〕C カップ《ブラジャーのカップサイズ; ⇨ A 2》．

c

《略語》〔宝飾〕carat.

cabbage

〔マテリアル〕《英》盗み布《仕立て屋がごまかす服地の余り》．

cable knit

〔衣服〕ケーブルニット《縄編み (cable stitch) のニット製品》．★cable は「太索(ふとづな)」の意．

cable stitch

〔手芸〕**1** 縄編み《縄目模様をなす棒針編み》．
2 ケーブルステッチ《立体的な線刺しの刺繡のステッチ》．

cable yarn

〔マテリアル〕ケーブルヤーン《2 本以上の糸を縄のように撚(よ)った糸》．

cabochon

〔宝飾〕カボション《石を半球状に丸く磨いた宝石》; カボションカット《宝石のカット方法の一種》．
【フランス語で「(ぼうず)頭」の意】

cabretta

〔マテリアル〕《米》カブレッタ(レザー)《南米産直毛羊の皮; 他の羊の皮よりも丈夫; なめして主に手袋や靴に使う》．

§Cacharel

キャシャレル **Jean Cacharel** (*m*)(b. 1932)《フランスのファッションデザイナー; 1960 年代に Liberty Print を使ったブラウスやシャツで有名になった》．

cache cœur

〔衣服〕カシュクール《着物風に前で打ち合わせて着るトップスの一種》．
【「胸を隠す」の意のフランス語より】

CAD

《略語》〔ビジネス〕computer-aided design コンピューター援用設計．

caddis

〔マテリアル〕**1** ウーステッドの糸; 《特に，ガーター用の》ウーステッドのリボン[打ちひも]．
2 カディス《サージに似た織物; スコットランドで用いる》．

cadet cloth

〔マテリアル〕カデットクロス《起毛仕上げをした紡毛コート地; 米国の士官学校の制服に用いる》．★cadet は「士官学校の生徒」の意．

caffeine

カフェイン《茶・コーヒーなどに含まれるアルカロイド; 興奮剤》．

caftan

〔衣服〕カフタン《トルコ人・アラブ人が着る帯の付いた長袖の長衣》; カフタン調ドレス．★**kaftan** ともつづる．

cagoule

〔衣服〕《英》カグール《風を通さない薄くて軽いアノラック; もとは 11–13 世紀のフランスの農民が着用していた》．★**kagoule** ともつづる．
【フランス語より】

cake makeup

〔美容〕固形[ケーキ]ファンデーション．★cake は「固いかたまり，《固形物の》1 個」の意．

Cal

《略語》calorie(s).

calamanco
〔マテリアル〕キャリマンコ《18世紀ごろに人気のあった，光沢のある毛織物》；〔衣服〕キャリマンコ製の服．

calash
1 カラッシュ《幌付きの軽二輪馬車》．
2〔小物〕カラッシュ帽子《18世紀に流行したカラッシュ馬車の幌のように，折りたためる骨が入れてある》．

calash 2

【フランス語の calèche 「カレーシュ馬車(幌の付いた軽二輪馬車)」から; このフランス語はポーランド語あるいはチェコ語に由来】

calceus
(複数形 **calcei**)〔靴〕カルケウス《古代ローマ人のはいた，革ひもで編み上げたサンダル》．

calendering
〔マテリアル〕カレンダー掛け《布を織物整理機械の一種であるカレンダー機 (calender) のローラーに通してつやを出したり，薄くしたり，平たく滑らかにする仕上げの加工》．

calf¹
1 (複数形 **calves**) 子牛．
2 (複数形 **calfs**)〔マテリアル〕子牛革 (calfskin)．

calf²
(複数形 **calves**)〔ボディ〕ふくらはぎ，こむら．(⇒ leg さし絵)．

calfskin
〔マテリアル〕子牛革，カーフスキン．

calico
〔マテリアル〕《英》キャリコ，平織りの白木綿；《米》サラサ．
【インド南西部の原産地 Calicut より】

calico printing
〔マテリアル〕サラサ捺染，キャリコプリント．

§Callot Sœurs
キャロ スール《1895年に4人姉妹によって創業されたパリのオートクチュール店; イヴニングウェア用に初めてラメ使いのドレスをデザインした; 1937年閉店》．

§Calman Links
カルマンリンクス《ロンドンにある英国最古(1893年創業)の毛皮店》．
【Calman Links (1868-1925) ハンガリー生まれの創業者】

calorie
〔美容〕カロリー《(1) キロカロリー (kilocalorie) に相当する食品の栄養価・新陳代謝の大きさなどを表わす単位 2) 1キロカロリーの熱量を産する食物の量; 略 Cal》
: burn off (the) *calories* カロリーを消費する[燃やす] / count one's *calories* 《体のためなどに》カロリーを計算する．

calotte
〔小物〕カロット，キャロット《頭にぴったりした縁のない小さな帽子》．
★カトリックの聖職者がかぶるものは **zucchetto** という．
【フランス語より】

cambric
〔マテリアル〕キャンブリック《亜麻糸・綿糸で織った薄地の平織物》．
【フランス北部の原産地 Cambrai より】

Cambridge blue
1〔色〕ケンブリッジ ブルー《ケンブリッジ大学の校色であるライトブルー; cf. Oxford blue》．
2 大学からケンブリッジブルーの制服を与えられた人，ケンブリッジ大学代表[選手]．

camel
1 ラクダ．

2〔色〕キャメル《くすんだ赤みの黄》.

camel's hair
〔マテリアル〕ラクダの毛; ラクダの毛の代用品《リスの尾の毛など》; ラクダ毛, キャメルヘア《羊毛を混ぜることもある; 黄褐色で軽く, 肌ざわりが柔らかい》.

cameo
图 1〔宝飾〕カメオ《縞目(しま)を利用して浮彫りを施した瑪瑙(めのう)・琥珀(こはく)・貝殻など》; カメオ細工 (cf. intaglio).
2《名優が端役として演じる》短いが味わいのある演技[役柄].
動 1 …にカメオ細工を施す; 浮彫りにする.
2《映画などに》短時間出演する, カメオ出演する.

cami
〔衣服〕《口語》キャミ (camisole).

camikini
〔衣服〕キャミキニ《上がキャミソール, 下がビキニのセパレーツの水着》.

camiknickers
[複数形]〔衣服〕《英》キャミニッカーズ, キャミニックス《キャミソールとショーツのつながった女性用下着》. ★camiknicksともいう.

camisole
〔衣服〕キャミソール《女性用の上半身用の短いスリップ状の下着; 元来は胸まであるコルセットを隠すためのカバーであった; 現在はジャケットの下に着るインナーや, トップスとしても用いられる》.
【フランス語より】

camlet
〔マテリアル〕キャムレット《1) 中世のアジアでラクダ毛やアンゴラ山羊毛からつくられた織物 2) ヨーロッパでこれに似せて絹・羊毛からつくられた織物 3) 光沢のある薄地平織りの毛織物》; キャムレットの衣服.

camouflage
图 カムフラージュ, 偽装; ごまかし, 変装《ファッションにおいては, 着る人の欠点を隠し, 美しく見せるためのトリックの技術》.
形 迷彩の, カムフラージュの.
(⇒ Military コラム).

camp shirt
〔衣服〕キャンプシャツ《通例2つの胸ポケットの付いた, オープンカラーの半袖のシャツ》.

canary yellow
〔色〕カナリーイエロー《明るい緑みの黄》. ★カナリアの羽毛のような色.

candlewick
〔マテリアル〕キャンドルウィック《1) 粗く撚(よ)った太くて柔らかい木綿の刺繍糸 2) その刺繍を施した無漂白のモスリンで, ベッドカバーなどに使われる; **candlewicking** ともいう》. ★ろうそくの芯(candlewick)に似た糸であることからこの名がついた.

cane
〔小物〕籐(とう)製のステッキ;《英》軽い細身のステッキ.

cannon sleeve
〔ディテール〕キャノンスリーブ《16-17世紀の女性服の大砲(cannon)のように上部がふくらんだ袖》.

canotier
〔小物〕カノティエ, キャノティエ, かんかん帽 (boater)《麦わらを軽く編んでつくった帽子; 頂が浅く平らで, 水平なブリム[つば]が特徴》.
【「ボートを漕ぐ人」の意のフランス語より】

canton crepe
[しばしば Canton crepe]〔マテリアル〕広東クレープ《絹または人絹; もとは中国の広東省産》.

canton flannel
[しばしば Canton flannel]〔マテリアル〕=cotton flannel.

canvas

〔マテリアル〕キャンバス, ズック, 粗布《麻・木綿製の厚地の丈夫な布; 帆・テント・日よけなどに用いる; cf. duck); キャンバス《刺繡およびタペストリー用の堅く粗い平織布》.

canvas shoes
[複数形]〔靴〕ズック靴, キャンバスシューズ《キャンバス地でつくられたもの》.

canvas work
〔手芸〕キャンバスワーク《キャンバス地に刺す刺繡》.

cap
〔小物〕キャップ, (縁なし)帽子 (cf. hat); 《階級・職業・所属団体などを示す》特殊帽, 制帽; 《枢機卿の》法冠 (biretta); 《大学生の》式帽 (mortarboard).

cape
〔衣服〕ケープ《肩からゆったり下がる袖なしのコート》.

cape collar
〔ディテール〕ケープカラー《ケープのように肩と上腕部をおおう, 大きめの襟》.

capelet
〔衣服〕ケープレット《肩に掛けるだけの小さめのケープ》.

capeskin
ケープスキン《1)〔マテリアル〕もと南アフリカ産の羊の皮 2) 軽く柔かな羊皮製品; 手袋・コートなど》.
【Cape of Good Hope (喜望峰)より】

cape sleeve
〔ディテール〕ケープスリーブ《ケープをかけたように肩から袖にかけてゆったりとした袖》.

Capezio
〔商標〕カペジオ《米国 Capezio Ballet Makers 社のバレエ用品のブランド; 同社は 1887 年にイタリア人の Salvatore Capezio (1871–1940) がニューヨークのブロードウェイに創業した; バレエシューズとダンスシューズで有名》.

capote
1〔衣服〕カポート《フードの付いたコート》.
2〔小物〕カポート《女性用のひも付きボンネットの一種》.
3〔小物〕カポート《闘牛士が競技の際に着るカラフルなケープ》.
【フランス語より】

capri pants
[複数形][しばしば **Capri pants**]〔衣服〕カプリパンツ《全体に細身の七分丈の女性用パンツ》. ★Capri はイタリア南部の島.

cap sleeve
〔ディテール〕キャップスリーブ《肩先が隠れる程度のごく短い袖》.

§Capucci
カプッチ Roberto Capucci (*m*) (b. 1930)《イタリアのファッションデザイナー》.

capuche /カプーシュ/
〔衣服〕《クロークの》フード, 《特に》カプッチョ《カプチン会修道士 (Capuchin) が用いる長いとがったフード》.

capuchin /キャピュシン, キャピュチン/
〔衣服〕カプチン《17-18 世紀ごろ見られた女性用フード付き外衣; もとはカプチン会修道士 (Capuchin) のフードから》.

caracul
〔マテリアル〕=karacul.

carat
〔宝飾〕**1** カラット《宝石の重量単位で 1 カラットは 0.200 g; 略 c, ct》.
2〔英〕=karat.

carbatina
〔靴〕カルバティナ《古代ローマのサンダル; 1950 年代から夏用のサンダルとしてコピーされている》.

carcaille
〔ディテール〕カルカイエ《14-15 世紀に見られた高さのある立ち襟の一種;

女性のドレスなどに用いられた》.
car coat
〔衣服〕カーコート《七分丈のドライブ用のコート》.
card
《紡績で繊維の毛並をそろえる工程中の》すきぐし, 梳(そ)綿[毛]機.
card case
〔小物〕名刺入れ; カードケース《クレジットカード入れ》.
cardigan
〔衣服〕カーディガン. ★**cardigan sweater** ともいう. (⇨ Military コラム).
【第 7 代 Cardigan 伯爵 (1797-1868) 英国の軍人; クリミア戦争のときに着用したウールのケープに由来】
§Cardin
カルダン Pierre Cardin (*m*) (b. 1922)《フランスのファッションデザイナー; ブランドの世紀, 20 世紀を先導したデザイナー; オートクチュールのメゾンとして初めて手ごろな価格のプレタポルテを手掛け, ライセンス・ビジネスにいち早く踏み込んだ; 百貨店で買えるプレタポルテ, ブランド名が冠されたタオルやスリッパにより, 生活全般にブランドを浸透させ, 世界でもっとも認知度の高いブランドとなる; また, 文化施設「エスパス・カルダン」などの事業により, 文化人, 事業家としても高く評価される》.
cardinal
〔衣服〕カーディナル《フードの付いた本来緋色の女性用の短いコート》. ★cardinal はカトリック教会の枢機卿のことで, 緋色の帽子と法衣を着ていたことから.
cardinal red
〔色〕カーディナルレッド《濃い黄みの赤》. ★カトリック教会の枢機卿のまとう衣服の色.
carding
〔マテリアル〕梳綿(めん), 梳毛, カーディング《羊毛・綿を紡ぐ前に繊維を機械で梳(す)く工程》.
cardio
《口語》心臓強化運動《心臓を強くするための, ランニングなどの有酸素運動》.
care label
〔ビジネス〕《衣料品などに付したアイロンがけやクリーニングに関する》取扱い注意表示ラベル.
cargo pants
[複数形]〔衣服〕カーゴパンツ《厚手の綿製で cargo pocket が付いたゆったりしたパンツ》. ★cargo は「積荷, 貨物」の意で, 貨物船の船員がはいていた作業パンツに由来する.
cargo pocket
〔ディテール〕カーゴポケット《容量の大きい大型ポケット; 通常 フラップ付きでまちが付いている》.
cargo shorts
[複数形]〔衣服〕カーゴショーツ《cargo pocket が付いたショートパンツ》.
carmine
1 カルミン, 洋紅《コチニールからつくる紅色の色素》.
2〔色〕カーマイン《あざやかな赤》.
§Carnaby Street
カーナビーストリート《ロンドンのソーホー地区にあるショッピング街; 1960 年代に若者のファッションの中心だった》.
§Carnegie
カーネギー Hattie Carnegie (*f*) (1889-1956)《オーストリア生まれの米国のファッションデザイナー; パリのモードを米国人好みに置き換え, 既製服のコレクションを発表し続けた》.
carnelian
〔宝飾〕カーネリアン, 紅玉髄(こうぎょくずい)《7 月の誕生石; ⇨ birthstone 表》.

§Carosa
キャロサ《1947 年に Princess Giovanna Caracciolo がローマに設立したイタリアのファッションハウス; 良質の素材で高品質なファッションを提供した; 1974 年閉店》.

carpenter pants
[複数形][衣服] カーペンターパンツ《もとは大工用につくられた, 工具用のポケットやループが付いたゆったりとしたジーンズ》. ★《英》では carpenter jeans という.

carpetbag
[バッグ] カーペットバッグ《カーペット地の旅行かばん》.

carpet slippers
[複数形][靴] カーペットスリッパ《毛織り地の室内用スリッパ; cf. house slippers》.

carpincho
[マテリアル] カルピンチョ《南米産の水棲の齧歯動物カピバラから採ったなめし革》.

Carrickmacross
[手芸] カリックマクロス(レース)《アイルランド北東部の町 Carrickmacross 近辺でつくられるニードルポイントレース; 通例 花や葉の模様をあしらっている》. ★**Carrickmacross lace** ともいう.

carrier bag
[バッグ]《英》買物袋, ショッピングバッグ (《米》shopping bag).

carryall
[バッグ]《米》キャリーオール (《英》holdall)《大型バッグのこと》.

carry-on
《飛行機の乗客の》機内持込み手荷物, キャリーオン.

Cartier
[商標] カルティエ《フランス Cartier 社製のジュエリー・時計・喫煙具・タバコ・装飾品・革製品・筆記具など; 同社は 1847 年に宝石細工師 Louis Cartier (1819-1904) が創業》.

cartridge pleat
[ディテール] カートリッジプリーツ《15-16 世紀に流行した弾薬筒 (cartridge) のように細長い筒状のプリーツ》.

cartwheel
[小物] カートホイール《つばの広い女性用帽子》. ★本来は「荷車の車輪」の意.

§Carven
カルヴァン《小柄で, 自分に似合う服がなかった Mme Carven Mallet がデザイナーを志し, 1945 年に自身の名を冠して創業したパリのオートクチュールの店》.

cascade
[手芸] カスケード《滝のようにひらひらとした感じに垂れた飾り布のこと》. ★cascade は「階段状に落ちる滝」の意.

case
[小物] ケース, 箱, 外箱, 容器, …入れ
: a jewel *case* 宝石箱.

§Casely-Hayford
ケイスリー・ヘイフォード **Joe Casely-Hayford** (*m*) (b. 1956)《英国のファッションデザイナー; 伝統的なテーラード技術や素材使いに定評があるほか, ミュージシャンやバレエ団のスタイリングやデザインも手掛ける》.

cashgora
[マテリアル] カシゴラ《カシミヤヤギとアンゴラヤギをかけ合わせた「カシゴラ山羊」からとった毛; 毛は柔らかく滑らかで丈夫》.

§Cashin
カシン **Bonnie Cashin** (*f*) (1915-2000)《米国のファッションデザイナー》.

cashmere
[マテリアル] カシミヤ《**1**》インド北

部カシミール地方産のヤギの毛・毛糸・毛織物　2) 柔らかい綾織りの織物); カシミヤ製ショール《など》.

cashmerette
〔マテリアル〕カシミレット《カシミヤを模した, 表面がなめらかで光沢のある女性服用織物》.

cash on delivery
〔ビジネス〕代金引換え渡し, 現金払い, 代引き《(米) collect on delivery》《略 COD》.

casquette
〔小物〕カスケット《ひさしがあり, 丸い上部をもつ縁なし帽》.
【フランス語より】

cassimere
〔マテリアル〕カシメール, カシミヤ《平織りまたは綾織りの高級毛織物服地》.

§Cassini
カッシーニ Oleg Cassini (*m*) (1913-2006)《フランス生まれの米国のファッションデザイナー・実業家; 本名 Oleg Loiewski; Jacqueline Kennedy (Onassis) がファーストレディー時代の専属デザイナーをつとめた》.

cassock
〔衣服〕**1** 司祭平服, カソック《聖職者や聖歌隊員, また教会業務を助ける平信徒が着用する足首まで達する長衣》.
2 カソック《16-17世紀のゆったりとしたコート; 最初は兵士が着た》.

§Castelbajac
カステルバジャック Jean-Charles de Castelbajac (*m*) (b. 1949)《フランスのファッションデザイナー》.

§Castillo
カスティヨ Antonio Castillo (*m*) (1908-84)《スペインのファッションデザイナー; 本名 Antonio Cánovas del Castillo del Rey; Lanvin のデザイナーをつとめた (1950-62)》.

§Castle
キャッスル Irene Castle (*f*) (1893-1969)《米国のダンサー; ショートヘアやダンスの動きを制約しないドレスを流行させたほか, 夫 Vernon Blythe Castle (1887-1918) と共に社交ダンスに革命をもたらした》.

cast off
動《編物の》目を止める
: *cast off* stitches《編物の》目を止める.

cast on
動《編み始めの》目を立てる
: *cast on* stitches《編み始めの》目を立てる.

casual
形〈衣服が〉略式の, ふだん着の, カジュアルな.

casual Friday
〔ファッション〕(米) カジュアルフライデー《会社が社員にふだんよりもカジュアルな服装で出勤することを認めている金曜日》. ★ dress-down Friday ともいう.

catalog | catalogue
カタログ, 目録.

catch stitch
〔ソーイング〕千鳥がけ, キャッチステッチ《厚地の裾のしまつや裁ち目かがりに用いる; cf. herringbone stitch》.

catsuit
〔衣服〕(英) キャットスーツ《猫を思わせるような体・腕・足全体にぴったりフィットするジャンプスーツ型の服》.

catwalk
(英) キャットウォーク, 張出し舞台《ファッションショーでモデルが歩く細長い舞台通路; cf. runway》.

caul
〔小物〕コール《ぴったりした女性用のヘッドドレス; またその後ろについているヘアネットの一種》.

§Caumont
コーモン Jean-Baptiste Caumont (*m*) (b. 1932)《ニットウェアで知られるフランスのファッションデザイナー》.

cavalier boots
[複数形][靴] キャバリアブーツ《17世紀の騎士がはいた上部が広がったブーツ》. ★Cavalier は「騎士党員(17世紀英国の Charles 1 世時代の王党派)」の意.

cavalier hat
[小物] キャバリアハット《広いつばに, ダチョウの羽根を付けた男性用の帽子; 初めは英国の Charles 1 世の支持者がかぶった》.

§Cavalli
カヴァリ Roberto Cavalli (*m*) (b. 1940)《イタリアのファッションデザイナー》.

cavalry twill
[マテリアル] キャバルリーツイル《ズボンなどに用いられる堅い撚(よ)り糸の丈夫な毛織物》. ★cavalry (騎兵)のズボンの素材に使われていた.

§Cavanagh
キャヴァナー John Cavanagh (*m*) (1914-2003)《アイルランド生まれのファッションデザイナー》.

CB
《略語》[ソーイング] center back《型紙の》後ろ中心.

CD
《略語》creative director.

Cecile cut
[ヘア] セシルカット《映画『悲しみよこんにちは』(1958)で, 主人公 Cecile を演じた Jean Seberg (1938-79) の髪型から名付けられたショートヘアの一種》.

ceinture
[小物] サンチュール《腰のベルト》.
【フランス語より】

ceinture fléchée
[小物] サンチュールフレッシェ《小さな矢じり模様の入ったカラフルなサッシュ; カナダのケベック州の民族衣裳で使われる》. ★fléchée はフランス語で「矢印で示された」の意.

celadon
1 青磁釉《青緑色のうわぐすり》; 青磁《青磁釉を施して焼いた磁器》.
2 [色] セラドン《緑みの明るい灰色》. 【オノレ・デュルフェの小説『アストレ』(1607-20) に出てくる乙女 Astrée の恋人である羊飼いの Céladon にちなむ】

celeb
《口語》有名人, セレブ (celebrity).

celebrity
名声, 高名; 有名人, 名士, セレブ.

Céline
[商標] セリーヌ《フランス Céline 社のファッションブランド; 同社は 1945 年, Céline Vipiana 夫妻が子供の靴専門店から始めた》.

cellulite
[美容] セルライト《脂肪・水・老廃物からなる物質で, 女性の殿部や腿の皮下に見苦しい不均一な凸凹(でこぼこ)を形成するとされる》.

cellulose
[マテリアル] 繊維素, セルロース.

cellulosic
形 セルロースの, セルロースでできた
: *cellulosic* fiber セルロース系繊維.

center-parting
[ヘア] センターパート.

§Central Saint Martins College of Art and Design
セントラル・セント・マーティンズ校《ロンドンにあるアート・デザイン専門カレッジ; 正式名 University of the Arts London Central Saint Martins College of Art and Design; ⇨ Design Schools コラム》.

ceramic

形 窯業の，製陶の，セラミックスの: *ceramic* fiber セラミック繊維.

§Cerruti
セルッティ **Nino Cerruti** (*m*) (b. 1930)《イタリアのファッションデザイナー; 本名 Antonio Cerruti》.

cerulean blue
〔色〕セルリアンブルー《あざやかな青》. ★cerulean は「空色の」の意.

CF
《略語》〔ソーイング〕center front《型紙の》前中心.

CFDA
《略語》Council of Fashion Designers of America アメリカファッション協議会.

chador
〔小物〕チャードル《インド・イランで女性がベールやショールとして用いる大きな布; **chuddar** ともいう》. ★**chadar** ともつづる.

chain
〔宝飾〕鎖, チェーン; チェーンのネックレス.

chainbelt
〔小物〕チェーンベルト《金属製の鎖のベルト》.

chain strap
〔バッグ〕チェーンストラップ《ハンドバッグの鎖状の肩ひも》.

chain stitch
1〔手芸〕チェーンステッチ《鎖状の線刺しの刺繍のステッチ》.
2〔ソーイング〕糸ループ, 鎖縫い《スカートの表布と裏布の裾を留める方法》.
3〔手芸〕鎖編み《編物でかぎ針でつくった編目》.

§Chalayan
チャラヤン **Hussein Chalayan** (*m*) (b. 1970)《キプロス生まれの英国のファッションデザイナー》.

chalk
〔ソーイング〕チャコ《布地に印をつけるためのチョーク; 鉛筆型のものはチャコペンシル (chalk pencil)》.

chalk stripe
〔マテリアル〕チョークストライプ《服地の縦縞模様; グレーや紺・黒の地に白墨で線を引いたようなストライプ; ペンシルストライプよりも太い線; 男性のビジネススーツではクラシックな柄とされる》.

challis
〔マテリアル〕シャリー織り《軽く柔かい女性服地の一種》.

chambray
〔マテリアル〕シャンブレー《白緯糸と色つき経糸で霜降り効果を出した織物》.

chamois /シャミ/
(複数形 **chamois, chamoix**)〔マテリアル〕セーム革, シャミ革, シャモア《シャモア・羊などから取る柔らかい革》; シャモアクロス《セーム革に似せて起毛した綿織物》.
【フランス語より】

champagne /シャンペイン/
1 シャンパン《フランス北東部 Champagne 地方産の特に白のスパークリングワイン》.
2〔色〕シャンパン《明るい灰みの赤みを帯びた黄》.

chandelier earring
〔宝飾〕シャンデリアイヤリング《シャンデリアのように, 飾りを長くぶら下げたタイプのイヤリング》.

§Chanel
シャネル **Gabrielle Chanel** (*f*) (1883-1971)《フランスのファッションデザイナー; 通称 Coco; 20世紀有数の女性デザイナーにして起業家; 貧しい素材とされていたジャージーの採用, メンズ素材であったツイードの採用, あらゆる装飾を排したリトルブラックドレスの「発明」, 模造品を使ったコスチュームジュエリーのデザインなど, 古い常識を覆しな

がら時代感覚に合ったスタイルを次々と世に出した; シャネルスーツ, 香水(特に5番)は永遠の定番として定着している》. (⇨ Costume Jewelry コラム).

Chanel bag
〔バッグ〕シャネルバッグ《シャネルが考案したバッグ; キルティングの革, チェーンストラップなどが特徴》.

changeable
形 **1** 〈天候・価格など〉変わりやすい, 定まらない.
2 (光線の具合で)色がいろいろに変化して見える
: *changeable* silk 玉虫織り(など).
(⇨ shot).

change pocket
〔ディテール〕《(大きなポケット内の小さな)小銭用ポケット, チェンジポケット. ★change は「つり銭, 小銭」の意.

changeroom
《米》更衣室.

changing room
更衣室, 《英》ロッカールーム (locker room); 《英》《店内の》試着室.

Chantilly lace
〔手芸〕シャンティイ(レース)《絹などの糸で縁取ったボビンレース; ドレス・掛け布用》.
【フランス北部の地名より】

chaparajos
〔衣服〕=chaps.

chapeau /《米》シャポウ; 《英》シャパウ/
(複数形 chapeaux, chapeaus) 帽子; 《特に》軍帽.
【フランス語より】

chaperon
〔小物〕シャプロン《15世紀ごろ用いられたターバンのような帽子; 帽子の山の部分から長い布が下がる》.
【フランス語より】

chaps
[複数形]〔衣服〕チャップス《カウボーイがはく尻の部分がない革のオーバーズボン》. ★**chaparajos, chaparejos** ともいう.

charcoal gray /チャコールグレイ/
〔色〕チャコールグレー《紫みの暗い灰色》. ★charcoal は「炭」「木炭」の意.

§Charles
チャールズ Caroline Charles (*f*) (b. 1942)《エジプト生まれの英国のファッションデザイナー》.

Charleston
〔ファッション〕チャールストン《1920年代に米国で流行したダンス; ひざから下を強く外側に蹴って踊ることから女性服の丈が短くなったという》.
【米国サウスカロライナ州の市】

charm
〔小物〕魔よけ, お守り; チャーム《ネックレスやブレスレットなどの鎖の部分にぶらさげる小さな飾り》.

charm

Charmeuse
〔商標〕シャルムーズ《しゅすに似た絹織物》.

charm necklace
〔宝飾〕チャームネックレス《charm の付いたネックレス》.

charm ring
〔宝飾〕チャームリング《charm の付いた指輪》.

Chartreuse green

〔色〕シャルトルーズグリーン《明るい黄緑》. ★Chartreuse はフランスのグルノーブルの近くのカルトゥジオ会修道院 La Grande Chartreuse のことで，ここでつくられた (Chartreuse と呼ばれる) うす緑または黄色の香水入りリキュールにちなむ.

Chartreuse yellow
〔色〕シャルトルーズイエロー《あざやかな黄緑》.

charvet
〔マテリアル〕シャルベ《つやのある柔らかいネクタイ用の生地》.

§Chase
チェース Edna Woolman Chase (*f*) (1887-1957)《米国のファッション誌編集者; *Vogue* 誌のチーフエディターとして 40 年近く活躍した》.

chasuble
〔衣服〕カズラ, チャズブル, 上祭服《キリスト教のミサの式服; 司祭がアルバ (alb) の上に着る袖のない祭服》.

chatelaine
〔小物〕シャトレーヌ《帯[ベルト]飾りの鎖; もと女性が鍵などをつけて腰に下げた》.
【フランス語より】

Chaumet
〔商標〕ショーメ《フランスのジュエリーブランド》.

chausses
[複数形]〔小物〕ショース《中世に脚をおおったタイツのようなもの》.
【フランス語より】

chav
《英俗語》チンピラ, チャブ《反社会的な行動で目立つ英国の貧困層の若者; スポーツウェアに金のアクセサリーをつけ, しばしばフェイクのブランド物をまとう》.

cheap
形 費用[金]のかからない, 安い, 安価な; 割安の;〈店など〉安売りの.

chechia
〔小物〕シェシア, シェーシャー《飾りふさの付いた円筒形の縁なし軍帽; もと北アフリカのフランス軍が使用したもの》.
【中世にこの帽子がつくられたペルシアの町シャーシュ (Shash) から】

check
〔マテリアル〕市松模様, チェック(柄の一目); チェックの織物.

checkbook
〔ビジネス〕小切手帳.

cheek
〔ボディ〕ほお, チーク
: rosy *cheeks* ばら色のほお.

cheekbone
〔ボディ〕ほお骨, 頬骨(きょう); チークボーン. ★high cheekbones「高いほお骨」は英米では特に女性の気品や威厳を感じさせる立派な美人顔の一特徴とされる. 女優でいえば, Sophia Loren や Audrey Hepburn の顔だち.

cheesecloth
〔マテリアル〕チーズクロス(《英》butter cloth, butter muslin)《もともとチーズを包んだ目の粗い薄地の綿布で, 衣類・カーテンなどにも用いられる》.

cheetah
1 チーター《アジア南西部・アフリカ産のヒョウに似た動物》.
2 〔マテリアル〕チーターの毛皮.

§Chelsea
チェルシー《ロンドンの中心部の住宅地区; 1960 年代にこの地区のキングズロードにブティックが立ち並び, ミニスカートやサイハイブーツからなる「チェルシールック」というファッションを生み出した》.

Chelsea boots
[複数形]〔靴〕チェルシーブーツ《側面にゴム布の入ったブーツで, 1960 年代に Chelsea 地区に住む芸術家たちがはいたことにちなむ》.

chemise
〔衣服〕**1** シュミーズ, スリップ《女性用下着》.
2 シフトドレス《胴はぎのないドレス; chemise dress ともいう》.

chemisette
〔衣服〕シュミゼット《以前ドレスの前襟ぐりをふさぐために着用したレース飾りの下着》.

chenille
〔マテリアル〕シュニール糸, 毛虫糸《1) ビロード状に毛を立てた再織の飾り糸 2) シュニール糸に似せてつくった糸》; シュニール織物《カーテン・カーペット用など》.
【フランス語より】

cheongsam
〔衣服〕チョンサン(長衫)《ハイネックで, スカートの脇裾にスリットの入った中国の伝統的な女性服》.

chest
〔ボディ〕胸部, 胸.

chesterfield
〔衣服〕チェスターフィールド《シングル前の比翼仕立てで, ベルベット襟の男性用コート》.
【英国の George Stanhope, 6th Earl of Chesterfield (1805-66) より】

cheviot
〔マテリアル〕チェビオット《(1) スコットランド産のチェビオット羊毛織物 2) 粗い紡毛または梳毛織物》.

chevron
1 〔小物〕《軍服・警官服の》山形袖章《∧, ∨; 勤務年数や階級などを示す》.
2 〔マテリアル〕シェブロン《山形模様》.

chevron stitch
〔手芸〕シェブロンステッチ《∧, ∨形を繰り返す刺繍のステッチ》.

chic
形 シックな, しゃれた, いきな, あかぬけした
: dress in a casual *chic* sytle カジュアルでシックなスタイルで着こなす.

chiffon
〔マテリアル〕**1** シフォン《きわめて薄い柔らかな生地の織物; 絹または人絹織物で, ベール・帽子飾りなどに用いる》.
2 [chiffons] 女性服の飾り《リボン・レースなど》.
【フランス語より】

chignon
〔ヘア〕シニョン《後頭部に束ねてつくるお団子ヘア》.
【フランス語より】

chimere /チミア/
〔衣服〕シミアー《英国国教会の主教が着用する黒の袖なしの長い法衣》.

chin
〔ボディ〕下あごの先端部, あご先.

China silk
〔マテリアル〕チャイナシルク《平織りの軽い絹織物; もとは中国産》.

chinchilla
1 チンチラ《南米産の齧歯類》.
2 〔マテリアル〕チンチラの毛皮《柔らかい高級毛皮》;《米》チンチラ織り《ふさふさした毛織物; コート用》.

Chinese jacket
〔衣服〕チャイニーズジャケット《中国の人民服に似た上着》.

chino
1 〔マテリアル〕チノ《軍服・ユニホーム用などのカーキ色の木綿》.
2 [chinos] 〔衣服〕チノ地のズボン, チノパンツ《**chino pants**, **chino trousers** ともいう》.

chintz
〔マテリアル〕チンツ《花柄などをプリントした光沢のある平織り綿布; カーテン・家具カバー・服地用》.

chip
1 切れはし, かけら; 小片, 細片.
2《食器などの表面の》欠け, 傷, 爪の欠け.

chiton

〔衣服〕キトン《古代ギリシアで男女共に用いたチュニック風の衣服; 一枚のウール布を体にまとうドーリス式のものや, ウール地または麻地で脇や袖を縫製したイオニア式のものとがあったが, その後さまざまな素材やデザインのものに発展した》.

chitterlings
[複数形]〔ディテール〕チターリングス《16-19 世紀に流行したひだ飾り, ラッフル, シャツの胸などのフリル》.

chlamys
(複数形 chlamys, chlamydes)〔衣服〕クラミス《古代ギリシアの男性用の, 主に兵士が着用した長方形の短いマント; 前または肩のところをブローチで留める》.

Chloé
〔商標〕クロエ《フランスの既製服ブランド》.

chocolate brown
〔色〕チョコレートブラウン《暗い灰みの茶色》.

chogori
〔衣服〕チョゴリ《韓国の女性が着用する胸丈くらいのジャケット》.

choir dress
〔衣服〕クワイアドレス《聖職者が祈禱式で着用する服一式; cassock, rochet, cappa などのひとそろい》.

choker
〔宝飾〕チョーカー《首にぴったり巻きつけるネックレス》; チョーカー《首飾りの長さで, 普通は 14 インチ(約 35 cm); 本来真珠のネックレスの長さに用いられる》. ★choke は「首を絞める」の意.

choli
〔衣服〕チョリ《ヒンドゥー教徒の女性が着用する, 襟ぐりが大きく袖の短いブラウス; サリーの下に着る》.
【ヒンディー語より】

§Chong
チャン Monica Chong (*f*) (b. 1957)《香港生まれのファッションデザイナー》.

§Choo
チュウ Jimmy Choo (*m*) (b. 1961)《マレーシア生まれの英国の靴デザイナー; 1996 年, 自身の名を冠したブランド, Jimmy Choo (ジミー・チュウ)を設立; 機能性を重視しながらもエレガントなデザインで知られる; Diana 元皇太子妃が愛用したことを契機に, ブランドイメージが一気に高まった》.

chopines
[複数形]〔靴〕チョピン《16-17 世紀に女性がはいた, コルクや木などで底を厚くした高靴; pattens の一種》.

chou
〔小物〕**1** シュー《ネックラインに付けるキャベツの形をした, 柔らかい布製の結び飾り》.
2 ロゼット (rosette)《ベルベット・サテン・リボンでつくられ, 女性の服や帽子の装飾に使われる》.
【フランス語で「キャベツ」の意】

Christmas
クリスマス, キリスト降誕祭《略 Xmas》. (⇒ Xmas コラム).

chroma
〔色〕彩度, クロマ《色の三属性のひとつで, 色みの強弱の度合いのこと; cf. hue, value》.

chromatic color
〔色〕有彩色《赤・黄・緑などのように何らかの色みをもっている色のこと; ⇔ achromatic color》.

chrome tanning
〔マテリアル〕クロムなめし《皮革を重クロム酸カリウムなどのクロム塩で処理してなめす方法》.

chuddar
〔小物〕《インド》= chador.

chukkas
[複数形]〔靴〕チャッカブーツ《2-3 対

の鳩目(はとめ)穴あるいはバックルとストラップがあるくるぶしまでのブーツ; もとはポロの選手が着用》. ★**chukka boots** ともいう.
【chukka はヒンディー語でポロ競技の一回のこと】

chunky
形 **1** 短くて太い; ずんぐりした.
2 〈布・衣服など〉厚ぼったい, ずっしりした
: *chunky* knit 厚ぼったいニット / *chunky* chains ずっしりしたチェーンのネックレス.

chunni
〔小物〕=dupatta.

churidars
[複数形]〔衣服〕チュリダルス《インドで男女ともに着用する足にぴったりしたスラックス》.
【ヒンディー語より】

§Cierach /チュラーク/
チュラーク Lindka Cierach (*f*) (b. 1952)《アフリカのレソト生まれのファッションデザイナー; 1986年, 英国のヨーク公妃 (Duchess of York) のウェディングドレスをデザインして脚光を浴びた》.

cigarette pants
[複数形]〔衣服〕シガレットパンツ《紙巻きタバコのように細身で折り目のないパンツ》.

cilice /シラス/
〔マテリアル〕=haircloth.

CIM
《略語》〔ビジネス〕computer integrated manufacturing [manufacture] コンピューター統合生産.

cinch
名 鞍帯(くらおび).
動《ベルトなどで》〈…を〉きつく締める.

cinch belt
〔小物〕シンチベルト《前に大きなバックルなどを付けたしなやかな革製[布製]の幅広のベルト; きつく締めてウエストを細く見せる》.

cincture
〔小物〕帯, ひも,《特に》チングルム《聖職者がアルバ (alb) などの祭服を腰のところで締めるひも状の帯》.

cinnamon
1 シナモン, 内桂(ないけい)《香味科》.
2 ニッケイ《クスノキ科の常緑高木》.
3〔色〕シナモン《くすんだ赤みの黄》.

circular knitting
〔手芸〕輪編み, 丸編み, サーキュラーニッティング《円筒の編み地をつくる編み方》. ★**tubular knitting** ともいう. circular は「円形の, 丸い」の意.

circular skirt
〔衣服〕サーキュラースカート《生地をたっぷり使いフレアを最大限に出したスカート; 裾を広げると円形になるデザインが特徴》.

ciré /(米)スィレイ; (英)スィーレイ/
形《ワックスをかけて加熱・加圧し》光沢を与えた, シレ加工を施した.
名〔マテリアル〕シレ(**1** シレ加工をした表面 **2** シレ加工をした織物》.
【フランス語より】

ciselé velvet
〔マテリアル〕シズレベルベット《サテン地にベルベットの模様を浮き立たせて織り出した素材》. ★ciselé はフランス語からで「彫金風の」の意.

citrine /シトリーン/
〔宝飾〕黄水晶(きすいしょう), シトリン《黄色に色づいた水晶》. ★**topaz quartz** ともいう.

civilized
形 文明化した, 開化した; 洗練された, 教養のある.

§Claiborne
クレイボーン Liz Claiborne (*f*) (1929-2007)《ベルギー出身の米国のファッションデザイナー》.

clam diggers

[複数形]《米》クラムディガーズ《ふくらはぎの途中くらいまでの長さのズボン；もとは潮干狩り用ズボン》.

§Clark
クラーク Ossie Clark (*m*) (1942-96)《英国のファッションデザイナー；ホットパンツやマキシコートなど，1960-70年代のさまざまな流行をつくった》.

clash
1 衝突，ぶつかり合い．
2《色・柄が》調和しないこと，不調和
: a *clash* of colors 色彩の不調和．

clasp
〔宝飾〕留め金，クラスプ《ネックレスやブレスレットなどの端と端をつなげ（て輪状にす）るアクセサリーの留め金のこと》．

classic
形 古典的な，クラシックな；伝統的な；〈服装など〉流行に左右されない，クラシックの．

classless
形〈社会など〉階級（差別）のない；〈個人など〉どの階級にも属さない．

claw
〔宝飾〕《宝石を金具類に留める》爪．

claw-hammer coat
《口語》クローハンマーコート (tailcoat). ★claw hammer は「釘抜きの付いたハンマー」のこと．

cleansing cream
〔美容〕クレンジングクリーム《メイクした化粧品などを溶かし出し，肌から取り除くクリームタイプの洗浄料》．★同種のもので　クレンジングミルク (cleansing milk: 乳液状)，クレンジングオイル (cleansing oil: オイル状)，クレンジングジェル (cleansing gel: ジェル状) などがある．

clearance sale
〔ビジネス〕クリアランスセール，在庫一掃セール，棚ざらえ，特売．

cleat
〔靴〕《靴底などの》すべり止め，クリート；[**cleats**]〔靴〕スパイクシューズ．

cleavage /クリーヴィッジ/
《口語》《襟ぐりから見える》女性の胸の谷間．

§Clements Ribeiro
クレメンツ・リベイロ《Suzanne Clements (b. 1968) と Inacio Ribeiro (b. 1963) 夫妻が手掛ける英国のファッションブランド；1993年にロンドンの Fashion Week でデビューした》. (⇒ Fashion Week コラム).

§Clergerie
クレジュリー Robert Clergerie (*m*) (b. 1934)《フランスの靴デザイナー；1981年みずからのブランド Robert Clergerie を設立》．

clerical collar
〔ディテール〕聖職者用カラー，クレリカルカラー《襟の後部で留める細く堅い白のカラー》．★**Roman collar** ともいう．

client
〔ビジネス〕**1**《弁護士などの》依頼人，クライアント．
2《美容院・商店などの》顧客，得意（客），クライアント．
3《福祉機関などの》サービス利用者，クライアント
: a welfare *client* 福祉サービスを受ける人．

clientele /《米》クライアンテル；《英》クリーアーンテル/
〔ビジネス〕《集合的に》クライアント，顧客，依頼人．

clip
图 **1**《クリップ留めの》装身具．
2〔美容〕はさみ，バリカン，爪切り (clippers).
動〈ものを〉クリップで留める
: *clip* on a pair of earrings イヤリングをつける．

clip-on
形 クリップで留めた
: a *clip-on* tie クリップオン式のネクタイ.
名 クリップで留めるアクセサリー[ネクタイなど]; [**clip-ons**] 眼鏡にクリップで留めるサングラス.

clippers
[複数形]〔美容〕はさみ, バリカン, 爪切り.

cloak
〔衣服〕《袖なしの》ケープ型コート, マント, クローク.

cloak room
クローク《ホテル・劇場などで客のコートや携帯品などを預かる所》.

cloche
〔小物〕クロシュ《ベル型の女性帽》. ★**cloche hat** ともいう.
【フランス語で「ベル, 釣鐘」】

clogs
[複数形]〔靴〕クロッグ《木靴の一種で, 木やコルクの厚底のサンダル状の靴》.

cloque
〔マテリアル〕クロッケ, 膨(ﾌｸ)れ織り《表面ででこぼこの浮き出し模様になった織物》. ★**cloqué** ともつづる.
【フランス語より】

close-fitting
形 ぴったり合う, ぴっちりした〈服など〉(⇔ loose-fitting).

close stitch
〔手芸〕クローズステッチ (= buttonhole stitch).

closure
〔小物〕閉じるもの《ボタン・ファスナー・キャップなど》.

cloth /クロ(ー)ス/
〔マテリアル〕布, 布地, 生地, 織物, 服地; 一枚の布, 布きれ
: cotton [wool] *cloth* 綿布[ウール地] / coarse [fine] *cloth* 目の粗い[詰んだ]布 / woven *cloth* 織物.

cloth cap
〔小物〕《英》布製の帽子《労働者階級の象徴》.

clothes /クロウズ/
[複数形]〔衣服〕着る物, 衣服, 服; 衣類, 衣料.

clothier
洋服屋《紳士服の仕立てまたは販売をする》; 服地屋; 《米》織物仕上げ工.

clothing
〔衣服〕衣類 (clothes).

cloth yard
布ヤール《1) 中世では 37 inches で, 矢の長さの単位としても用いられた 2) 現在は 1 標準ヤール (= 36 inches)》.

Cluny lace
〔手芸〕クリュニーレース《フランスで始められた手編みのボビンレース; それをまねた機械編みレース》.
【パリのクリュニー美術館に展示されたことから】

clutch bag
〔バッグ〕クラッチバッグ《持ち手やショルダーストラップのないかかえ式の小型ハンドバッグ》. ★**clutch purse** ともいう.

Coach
〔商標〕コーチ《米国 Coach 社の高級皮革ブランド; 同社は 1941 年設立》.

coat
〔衣服〕上着, ジャケット; (オーバー)コート.

coat dress
〔衣服〕コートドレス《コートのように前開きで, ボタンが裾まで付いている, 普通やや厚手のドレス》. ★**coat frock** ともいう.

coatee
〔衣服〕コーティー《女性・子供用の短いコート; 体にぴったりした短い上着》.

coat frock
〔衣服〕= coat dress.

coat room
《米》コート類[携帯品]預かり室，コートルーム．

coattail
[coattails]〔ディテール〕《特に，燕尾服・フロックコート・モーニングなどの》上着[コート]の後ろ裾．

cobalt blue
〔色〕コバルトブルー《あざやかな青》．★cobalt は金属元素のひとつ．

cobbler
靴(直し)職人，靴屋．

cocked hat
〔小物〕大礼帽，コックトハット，三角帽，トリコルヌ；二角帽，バイコルヌ《海軍将校などの正装用；3方[2方]のへりを上に曲げた帽子；cf. tricorne, bicorne》．

cockscomb
〔小物〕＝coxcomb．

cocktail dress
〔衣服〕カクテルドレス《カクテルパーティーに着るドレス；アフタヌーンとイヴニングの中間にあたる準礼装》．

cocoa brown /コウコウブラウン/
〔色〕ココアブラウン《暗い灰みの黄赤》．★ココアのような色．

§Cocteau
コクトー Jean Cocteau (m) (1889-1963)《フランスの詩人・作家；前衛作家として文学・映画・絵画など広く芸術界に活躍した》．

COD
《略語》〔ビジネス〕cash [《米》collect] on delivery 代金引き換え渡し，代引き
: send a thing *COD* 代金引換えで送る．

code number
〔ビジネス〕コード番号，コードナンバー《個々の名前の代わりにつけられた番号》．

codpiece
〔小物〕コッドピース，股袋《15-16世紀の男子のズボン (breeches) の前空きを隠すための袋；しばしば装飾がしてあった》．

coif
〔小物〕コイフ，コワフ《頭にぴったりした帽子の総称》．

coiffure /クワーフュア/
〔ヘア〕髪型，ヘアスタイル；髪飾り (headdress).
【フランス語より】

coiffured
形 手入れをされた，整った；ブラシを入れた髪の，髪がカールした．

coiffurist
〔ヘア〕《特に女性の髪をセットする》美容師，ヘアスタイリスト．

coin dot
〔マテリアル〕コインドット《10セント硬貨(コイン)くらいの大きさの水玉》．★dot は「水玉模様」のこと．

coin pocket
〔ディテール〕コインポケット《ズボンの上部の小銭を入れるための小さなポケット》．

coin purse
〔バッグ〕《米》小銭入れ，コインパース．★purse は「財布」の意．

collagen /カラジェン/
〔美容〕膠原(質)，コラーゲン《体の中で皮膚や骨，臓器などの部位にある繊維性蛋白質；肌の張りや弾力性を維持するはたらきをもつ》．

collar
1〔ディテール〕カラー，襟．
2〔靴〕《靴のはき口のまわりに付ける》飾り革[毛皮]，カラー．

collarbone
〔ボディ〕鎖骨．

collar button
〔ディテール〕《米》カラーボタン (《英》collar stud)《カラーをワイシャツに留める小さなボタン》．

collaret
〔ディテール〕カラレット《レース・毛

皮などの，取りはずしのできる女性服のカラー》.

collarless
形 カラーの付いていない，襟のない，襟なしの.

collar stay
〔ソーイング〕襟芯.

collar stud
〔ディテール〕《英》カラーボタン(《米》collar button).

collection
コレクション《デザイナーによってあるシーズンに向けて創作される一群の衣服; ⇨ Fashion Week コラム》.
★もとは「集めること，集めたもの，収集(品)」の意.
: Missoni's new summer *collection* ミッソーニの春夏コレクション.

collect on delivery
〔ビジネス〕《米》=cash on delivery.

college cap
〔小物〕大学制帽，角帽;《米国・カナダの大学のロゴ入り》野球帽.

collet
〔宝飾〕コレット《宝石の受座》.

colobium
(複数形 colobia)〔衣服〕コロビウム《初期キリスト教会の聖職者が着た，袖なしまたは半袖のチュニック》.

cologne
〔美容〕オーデコロン (eau de cologne).

color | colour
图 1 色，色彩
: warm *colors* 暖色 / complementary *colors* 補色 / a sense of *color* 色彩感覚.
2 着色料[剤]，染色剤.
3 皮膚の色《特に人種の違いを示す皮膚の有色》.
動 〈...に〉色をつける，色を塗る; 顔を赤くする.

colorful | colourful
形 色彩に富んだ，多彩な，カラフルな.

colorist | colourist
1 〔アート・デザイン〕彩色を得意とする画家，カラリスト.
2 〔ヘア〕毛染め専門の美容師.

color scheme
〔色〕《室内装飾・服飾などの》配色，色彩設計，カラースキーム《色のイメージから具体的な色を選び，配色を決める色彩計画のこと》.

colourway
《英》色の組み合わせ，配色
: a black/white *colourway* 黒と白の配色.

column dress
〔衣服〕コラムドレス《円柱 (column) のようにぴったりしたまっすぐな形のドレス》.

comb /コウム/ ★発音に注意.
〔ヘア〕くし.

combat boots
[複数形]〔靴〕コンバットブーツ，戦闘用ハーフブーツ.

combed yarn
〔マテリアル〕コームドヤーン《綿糸または梳毛(そもう)糸で，コーマーにかけて短い繊維を除きすきそろえた糸》.

combination lock
〔小物〕文字合わせ錠，コンビネーションロック《文字・数字・記号などの組み合わせで開く錠》.

combinations
[複数形]〔衣服〕コンビネーション，コンビネゾン《1) シャツとズボン下がつながった男性用下着 2) 上下ひと続きの女性用下着》.

combing
1 〔ヘア〕すく[くしけずる]こと，コーミング.
2 [combings]〔マテリアル〕《梳毛紡績製造工程で出る》不要な短い繊維.

comfortable
形 快適な，気持のよい;〈衣服など〉着心地のよい

: a *comfortable* pair of shoes はき心地のよい靴.

comforter
〔小物〕ウールの長いスカーフ; 《米》掛けぶとん, コンフォーター.

commission
〔ビジネス〕代理(権), 取次; 手数料, 歩合, コミッション;《芸術作品制作などの》委嘱.

commode
〔小物〕コモード《17-18世紀に流行した女性の髪飾り》.

communion dress
〔衣服〕コミュニオンドレス《カトリックで, 最初の聖体拝領のときに着用する子供用ドレス》.

compact /カンパクト/
〔美容〕コンパクト《携帯用フェイスパウダーケース》.

competitor
競争者, 競争相手, 商売がたき.

complexion
〔美容〕肌色, 顔色, 顔の色つや
: a fair [dark] *complexion* 色白[色黒].

composite stitch
〔手芸〕コンポジットステッチ《いろいろなステッチの要素を合成したステッチ》.

composition
構成, 組立て, 配合, 配置; 構図.

concealer
〔美容〕コンシーラー《しみ・しわなどを隠すメイク用品》.
★conceal は「隠す」の意.

concentrate
〔美容〕美容液. ★もとは「濃縮液」のこと.

conditioner
コンディショナー《1)〔ヘア〕ヘアコンディショナー 2)《衣服の》柔軟仕上げ剤》.

confection
凝ったデザインの[飾りの多い]女性服.

congress boots
[複数形] [しばしば Congress boots]〔靴〕コングレスブーツ《くるぶしまでの深靴》. ★congress gaiters [shoes] ともいう.

conk
〔ヘア〕コンク《縮れ毛を伸ばして平たくした[軽くウェーブをかけた]ヘアスタイル》. ★process ともいう.

§Connolly
コナリー, コノリー Sybil Connolly (*f*)(1921-98)《アイルランドのファッションデザイナー》.

§Conran
コンラン (**1**) Jasper Alexander Thirlby Conran (*m*) (b. 1959)《英国のファッションデザイナー; Sir Terence の息子》.
(**2**) Sir Terence (Orby) Conran (*m*) (b. 1931)《英国のデザイナー・実業家; 家具デザイナーとして成功したあと Habitat 社を設立》.

conservative
形 **1** 伝統的な, 保守的な.
2〈服装などが〉地味な, おとなしい
: a *conservative* black suit 地味な黒のスーツ.

consignment /コンサインメント/
〔ビジネス〕委託(販売); 委託販売品; 託送; 委託貨物, 積送品.

consumer
〔ビジネス〕消費者, 需要家 (⇔ producer).

consumption
〔ビジネス〕消費(⇔ production), 消費高, 消費額.

contemporary
形 現代の,〈美術・作品など〉現代的な, (超)モダンな
: *contemporary* art 現代美術, コンテンポラリーアート.

continental
形 大陸の[に関する, に特有の];

[Continental]《英国風の，に対して》ヨーロッパ大陸の，ヨーロッパ大陸風[式]の.

continental stitch
〔手芸〕コンチネンタルステッチ《地の部分を埋めるために目を大きくひろって刺す刺繡のステッチ》.

contour /カントゥア/
[しばしば **contours**] 輪郭，外形；輪郭線，コントゥアー
: the *contours* of the body 体の輪郭，体の線[曲線].

contour bra
〔衣服〕コントゥアブラ《胸のシルエットを美しく見せるブラジャー》.

contractor
〔ビジネス〕契約者，契約人.

control slip
〔衣服〕コントロールスリップ《ハーフスリップ (half-slip) 型の女性用補整下着》.

Converse
〔商標〕コンバース《米国 Converse 社 (1908 年 Marquis M. Converse が創業) 製のスポーツシューズ・スポーツウェア；特に Converse All-Stars というバスケットシューズは 1918 年より生産されているロングセラー》.

convertible
形 変えられる，改造できる
: *convertible* cuffs コンバーチブルカフ / *convertible* pants コンバーチブルパンツ. ★ファッションでは「好みによって着方が変えられる」の意.

§Conway
コンウェー Gordon Conway (*m*) (1894-1956)《米国のイラストレーター・衣裳デザイナー；1920 年英国に渡り，ファッション雑誌のイラストレーターと映画と舞台の衣裳デザイナーとして活躍した》.

cool
形 **1** 涼しい，少し寒い，冷たい；涼しそうな；〈色が〉冷たい感じの (⇔ warm)
: *cool* colors 寒色《青を中心とした色》.
2 すばらしい，かっこいい；クールな《主流の価値観から少し距離を置く態度》；人気のある
: a really *cool* guy すごくかっこいいやつ.

coolie coat
〔衣服〕=coolie jacket.

coolie hat
〔小物〕クーリーハット《平べったい円錐形の麦わら帽》. ★coolie は「《かつてのインド・中国などの》日雇い労働者」の意.

coolie jacket
〔衣服〕クーリージャケット《キルティングのジャケット；もとクーリー (coolie) が着用した上着に似ていたので》. ★**coolie coat** ともいう.

coordinate
動 調和[協調]させる；〈洋服を〉コーディネートする.
名 [**coordinates**] コーディネート《ファッションでは，服やアクセサリーの色・素材・デザインなど，全体の調和を考えた装い》.

coordinator
〔ビジネス〕コーディネーター，調整をはかる人，まとめ役，統括者.

cope
〔衣服〕コープ，大外衣，カッパ《高位の聖職者が特別な礼拝や行列の際に着用するマント形の法衣；美しい縫い取りがしてある》.
【ラテン語の cappa「帽子」から: cap「帽子」，cape「ケープ」と同語源；また日本語の合羽(カッパ)はこのラテン語に由来するポルトガル語 capa より】

copy
名 コピー，そっくりなもの，模造品.
動 **1** コピーする，模造する.

2 そっくりまねる,そのまま使う.

coral
〔宝飾〕珊瑚(さんご), コーラル《3月の誕生石; ⇨ birthstone 表》.

coral pink
〔色〕コーラルピンク《濃い黄みのピンク》.

cord
1 〔マテリアル〕《太くて丈夫な》ひも, 細引, 撚(よ)り糸, コード《string より太く, rope より細い》
: dressing gown *cord* ドレッシングガウンの帯ひも.
2 〔マテリアル〕《うね織りの》うね; うね織り布, コーデュロイ; [cords]〔衣服〕コーデュロイのズボン.
3 電気コード.

corded seam
〔ソーイング〕コーデッドシーム《コードをはさみ込んで縫うシーム》.

cording
〔マテリアル〕コーディング《縁飾りなどをつくるため, バイアス布でくるんだコード》.

cordonnet
〔マテリアル〕コルドネ《レースのモチーフ・フリンジ・縁飾りなどに使う糸・ひも》.

cordovan
1 〔マテリアル〕コードバン革《馬の臀(でん)部の組織の緻密な皮を植物タンニンでなめした光沢のある革; やぎ皮, 豚皮も用いる; 靴の甲革・ベルト・時計バンドなどに用いる; **cordwain** ともいう》.
2 [通例 cordovans]〔靴〕コードバンの靴, コードバンシューズ.
【スペインの地名 Córdoba より】

Cordura
〔商標〕コーデュラ《米国 Invista 社製の耐久性にすぐれた繊維; 高機能の衣服や用具などに使われている》.

corduroy
1 〔マテリアル〕コーデュロイ, コールテン.
2 [corduroys]〔衣服〕コーデュロイのズボン.

cordwain
〔マテリアル〕= cordovan 1.

core
《通例周囲の部分と違った, ものの》中心部分, 芯.

corespondent shoes
[複数形]〔靴〕《英》ツートーンの紳士靴《焦げ茶色・黒などと白のツートーンの革靴で, つまさきや wing tip の部分とかかとに焦げ茶・黒・濃紺などの革を用い, 飾り穴があいている》.
★**corespondents** ともいう.

corespun yarn
〔マテリアル〕コアスパンヤーン《芯糸に弾性糸などを使った糸》.

Corfam
〔商標〕コルファム《靴の上革などに用いる人造皮革》.

cork
〔マテリアル〕コルク《スペインその他地中海産のブナ科の常緑樹であるコルクガシ (cork oak) の樹皮から採れる》.

cornerpiece
〔マテリアル〕隅の部分を保護[装飾]するための補強金具[おおい《など》], コーナーピース.

Corolle line
〔ファッション〕コロルライン《スカートが花冠のように広がったライン; ⇨ New Look》.
【フランス語で corolle は花冠のこと】

coronation cord
〔マテリアル〕コロネーションコード《縁取り用の木綿のコード[平ひも]》.
★**coronation braid** ともいう.

corporate identity
〔ビジネス〕企業識別, コーポレート・アイデンティティー, CI《企業がみずからの特質・全体像を明確に打ち出すこと; 企業のシンボルマーク・ロゴな

どだけでなく，経営理念や社員の意識革命を含む）．

corsage /コーサージュ/
〔小物〕コサージュ《女性服の胸や肩に付ける，小さな花飾り》．★もとは「《女性服の》胴の部分」の意．

corselet
〔衣服〕コースレット，オールインワン《ガードルとブラジャーがひと続きの下着》．★**all-in-one** ともいう．

corset
〔衣服〕コルセット《1) 女性用の胸部からウエストを補整する下着 2) 整形外科用の装具 3) 中世から 18 世紀ごろまで衣服の上に着用された，ひもで締めるぴったりした胴衣》．(⇨ Aesthetic Dress コラム)．

corsetiere
コルセット職人[着付人，販売業者]．
【フランス語より】

cosmetic /カズメティック/
图 [通例 cosmetics]〔美容〕化粧品，コスメチック
: put on *cosmetics* 化粧する．
形 化粧用の，美顔[髪]用の
: *cosmetic* contact lenses おしゃれ用コンタクトレンズ．

cosmetic surgery
〔美容〕美容外科．

cosplay /カスプレイ/
コスプレ《マンガ・アニメのキャラクターとそっくりに装うこと》．★和製英語「コスチューム・プレイ」の略．

co-spun yarn
〔マテリアル〕＝filament blend yarn．

Cossacks
[複数形]〔衣服〕コサック風スラックス《Yves Saint Laurent が 1960 年代にロシアのコサックからインスピレーションを得て発表したデザインのもの; 他にスカート，コートなど》．

cost
代価，値段; 原価，費用，コスト．

cost performance
〔ビジネス〕コストパフォーマンス，単位原価当たり性能，費用対効果比《投入した費用と得られた効果の比》．

costume
〔衣服〕1《特定の国民・階級・時代・地方などに特有の》服装; 風俗《ヘアスタイル・服装・装飾なども含める》．
2《特定の季節・目的に適した》服
: a summer *costume* 夏服 / a winter *costume* 冬服 / in academic *costume* 大学の式服を着て．
3《演劇・映画などで役者が付ける》衣裳; コスチューム; 扮装．
4《装身具を含めた》身なり，外出着《たとえばワンピースとジャケットのコーディネート》．
【元来は「風俗，習慣」の意で，custom と同語源】

costume designer
コスチュームデザイナー《映画・演劇・バレエなどの作品で使われる衣裳全般を扱う》．

costume jewelry
〔宝飾〕コスチュームジュエリー《本物の貴金属や宝石を使わない，デザイン性を重視した安価なアクセサリー; ⇨ fine jewelry》．★舞台用のコスチュームに合わせて製作されたことに由来する．(⇨ コラム)

costumer
衣裳屋; 衣裳方[係];《舞台衣裳などの》貸衣裳屋．★**costumier** ともいう．

cotehardie
〔衣服〕コトアルディ《ヨーロッパ中世の長袖衣服; 男物はももくらいまで，女物は床まであり，ボタンやひもで締め合わせた》．

cothurnus
(複数形 cothurni)〔靴〕コトルヌス《古代ギリシア・ローマの悲劇俳優がはいた底の厚い編上げのブーツ》．★**buskins**, **cothurns** ともいう．

cotta

〔衣服〕《キリスト教徒の着る》小[短]白衣, コッタ.
【イタリア語より】

cottage bonnet
〔小物〕コテージボンネット《19世紀前半に英国で流行した, 麦わら製のボンネット》.

cotton
〔マテリアル〕綿(めん)(わた), 木綿, コットン; 綿布, 綿織物; 綿糸, 木綿糸, カタン糸;《米》脱脂綿. ★「カタン糸」(木綿の縫い糸)は cotton の発音つづりにちなむ.

cotton bud
〔美容〕《英》綿棒(《米》cotton swab).

cotton flannel
〔マテリアル〕綿ネル, コットンフランネル《片面だけにけばのある平織りまたは綾織りの織物》. ★canton flannel, または単に flannel ともいう.

cotton print
〔マテリアル〕コットンプリント, 捺染(なっせん)綿布.

cotton swab
〔美容〕《米》綿棒(《英》cotton bud).

cotton wool
1〔マテリアル〕生綿(きわた), 原綿.
2《英》脱脂綿, コットン(《米》absorbent cotton,《米》cotton).

cotton yarn
〔マテリアル〕綿糸(わん), 木綿糸.

§Coty American Fashion Critics Awards
〔ファッション〕コティ・アメリカン・ファッション・クリティックス・アウォード《1943年から84年まで, すぐれたファッション・デザインに贈られた賞》.

couching /カウチング/
〔手芸〕コーチング《太い金糸などを前後左右一定間隔ごとに細糸で留めてつくる刺繍のこと》.

count
〔マテリアル〕番手, カウント《糸の太さを表わす単位》. ★もともとの意味は「数える, 計算, 勘定」.

counted-thread embroidery
〔手芸〕カウンテッドスレッド刺繍《クロスステッチ刺繍など, 針を刺す前に布の目数を数える刺繍の総称》.

counter
〔靴〕《靴の》かかと革.

coupon
〔ビジネス〕《広告に添付した》クーポン, 切取り申込み券;《商品添付の》優

Costume Jewelry

模造宝石でつくられた装身具のこと. 発達したのは18世紀以降, 貴族が旅行時などにつける, 本物を模した宝飾品として需要が高まった. 万一, 盗難にあっても, 模造品ならば損害の心配はなかったためである. そのように, 「にせもの」として, 本物の宝石よりも劣る地位にずっと甘んじていたコスチュームジュエリーだったが, 1920年代にその地位が逆転する. 都市化・工業化がすすみ, 天然100％よりもなにか人工物が混じることが「洗練」の証となった20年代, シャネルの模造宝飾品が, 本物の宝石よりも高い名声を得る, という現象が起きたのである. 富の誇示は品のないことである, と考えたシャネルは, 大胆華麗な模造宝飾品や, 本物とにせものをミックスした装身具を流行させ, 宝石に対する世の中の考え方を一変させて, コスチュームジュエリーに独自の確たる地位を与えた.

待券，景品引換券.

courier bag
〔バッグ〕クーリエバッグ (⇨ messenger bag). ★courier は「急使,特使」の意.

§Courrèges
クレージュ André Courrèges (m) (b. 1923)《フランスのファッションデザイナー；ミニスカートや Space Age ファッションで知られる》.

Courrèges boots
[複数形]〔靴〕クレージュブーツ《André Courrèges のコレクションの白いふくらはぎ丈のブーツ》.

court shoes
[複数形]〔靴〕(英) コートシューズ，パンプス (《米》pumps).

coutil
〔マテリアル〕クーティル《丈夫な綿の綾織り；(外科用) コルセットやブラジャーに使う》. ★coutille ともつづる.

couture /《米》クトゥア；《英》クテュア/
1 クチュール；女性服飾業；ドレスメーカー，ファッションデザイナー《集合的》
: *couture* collection クチュールコレクション.
2〔衣服〕デザイナー仕立ての女性服.
【フランス語で「裁縫」の意】

couturier /クートゥリアー, クートゥリエイ/
ドレスメーカー，ファッションデザイナー《男性》. ★女性は couturière という.
【フランス語より】

coveralls
[複数形]〔衣服〕カバーオールズ，カバーロールズ《服の上に重ねて着用する上衣とズボンがひと続きになった衣服》.

coverchief
〔小物〕カバーチーフ《中世の頭にかぶる四角い布》.

covered button
〔ソーイング〕カバードボタン，くるみボタン《芯になる素材の表面を，共布などで包んでつくったボタン》.

§Coveri
コーヴェリ Enrico Coveri (m) (1952-90)《イタリアのファッションデザイナー》.

covert
〔マテリアル〕カバート《綾織りの毛または綿織物；スーツ・コート用；covert cloth ともいう》. ★本来は「隠れ場所」《(鳥の)雨(あま)おおい羽根》の意.

cover-up /カヴァラップ/
1 隠すこと，もみ消し，隠蔽(いんぺい).
2〔衣服〕カバーアップ，カバーラップ《水着や運動着の上にはおるもの；日本語でいうビーチコートなど》.

cowboy boots
[複数形]〔靴〕カウボーイブーツ《かかとの高い意匠を凝らした縫い目のある革のブーツ》.

cowboy hat
〔小物〕カウボーイハット《つばが広く上が大きくて柔らかい》. ★ten-gallon hat ともいう.

cowhide
〔マテリアル〕牛皮，牛革；[cowhides]〔靴〕《米》牛革の靴.

cowl
〔衣服〕カウル《修道士のフード付き外衣；そのフード》.

cowl neckline
〔ディテール〕カウルネックライン《襟元にゆるやかなドレープの入ったネックライン》. ★cowl のフードのようにひだが垂れ下がったもの.

§Cox
コックス Patrick Cox (m) (b. 1963)《カナダ生まれの靴デザイナー；1991年ロンドンに店を開いた》.

coxcomb /カックスコウム/
〔小物〕《中世の道化の》とさか状の赤

帽子《**cockscomb** ともつづる》. ★もともとは「おんどりのとさか」(cockscomb) から.

crabbing
〔マテリアル〕クラッビング《毛織物の湯伸(法); 布がぬれたときに, 小じわがよらないように施す処理》.

craftsmanship
職人の技能, 職人の手腕, 職人芸.

craftwork
1 クラフトワーク《特殊な技術を要する仕事, 芸術的な仕事》.
2 工芸品.

§Crahay
クラーエ Jules-François Crahay (*m*) (1917-88)《ベルギー生まれのファッションデザイナー》.

crakows
[複数形]〔靴〕クラコー《14-15世紀に流行したつまさきが長くとがった靴またはブーツ》.
【ポーランドの発祥地より】

crape
1 〔マテリアル〕クレープ, ちりめん (crepe).
2 〔マテリアル〕黒色のクレープ《喪服・喪章用》;〔小物〕黒のクレープの喪章《帽子や腕に巻く》.

cravat
〔小物〕1 クラヴァット《レースなどの縁飾りのあるスカーフやバンド状のネッククロス; 17世紀に男子が首に巻きつけて蝶結びにした》.
2 ネクタイ (necktie). (⇨ Ascot コラム, Military コラム).
【フランス語でクロアチア人のこと; もとフランス傭兵のクロアチア人がつけた首ひもから】

Cravenette
〔商標〕クレバネット《元来は純毛ギャバジンに防水加工を施した布; 現在では綿ギャバジンに防水加工を施した布》.

cream
1 〔美容〕《化粧用・医薬品の》クリーム.
2 〔色〕クリーム《ごく薄い黄》.

crease
〔ソーイング〕ひだ, 折り目, たたみ目, クリース; [**creases**]《スラックスの》折り目.

creative
形 創造的な, 創造力ある, 独創的な, クリエーティブな
: *creative* talent 創作的才能 / a *creative* book 創造[想像]力を刺激する本.
名《口語》創造的な職業の人, クリエーター《広告制作者・作家・芸術家など》.

creative director
クリエーティブディレクター《広告制作の統括者で, 最終的責任者; 略 CD》.

creativity
創造性; 独創力.

credit card
〔ビジネス〕クレジットカード.

credit crunch [crisis]
〔ビジネス〕信用危機[逼迫], クレジットクランチ《金融機関全体に貸ししぶりが広がり, 資金需要の充足が極端に困難になった状態》.

§Creed
クリード Charles Creed (*m*) (1909-66)《フランス生まれのファッションデザイナー》.

crepe
〔マテリアル〕クレープ, ちりめん《表面にしぼを出した織物の総称; **crêpe** ともつづる》. ★**crape** も, もとは同じフランス語からだが, crape は喪服や喪章用の黒クレープに用いることが多い.

crepe-back satin
〔マテリアル〕クレープバックサテン《片面がクレープ, 片面がサテンになった織物》.

crêpe de chine

(複数形 crêpes de chine, crêpe de chines)[しばしば crêpe de Chine]〔マテリアル〕(クレープ)デシン《柔らかい薄地の,特に絹のクレープ》.
【「中国のクレープ」の意のフランス語より】

crepe georgette
〔マテリアル〕クレープジョーゼット《薄手のブラウス・ドレス用ちりめん》.
★ georgette は「薄地の絹のクレープ」.

crepe lisse
〔マテリアル〕クレープリッス《非常に薄くきめの細かなちりめん;特にルーシュ (ruche) 飾りに使われる》.
【フランス語で「つやのあるクレープ」】

crepe yarn
〔マテリアル〕強撚糸,縮緬糸,クレープ糸.

crepon
〔マテリアル〕クレポン《ドレス用の厚地のクレープ様の織物;地の表面のしわが特徴》.
【フランス語より】

crest
1 《物の》頂上.
2 〔小物〕羽毛飾り;盾形の紋章,クレスト.

cretonne
〔マテリアル〕クレトン《大きな花柄などをプリントした綿織物》.
【フランスのノルマンディーの村の名前から】

crew cut
〔ヘア〕(短い)角刈り,クルーカット.
【航空機・ボートの乗員 (crew) などの髪の刈り方から】

crewel
〔マテリアル〕クルーエル(ヤーン)《刺繡毛糸・甘撚(ネム)り梳毛糸; ⇨ crewel work》.★crewel yarn ともいう.

crewel work
〔手芸〕クルーエル刺繡《刺繡毛糸 (crewel) で刺した刺繡;室内装飾などに用いられる》.

crew neck
〔ディテール〕クルーネック《セーターなどの襟のない丸首のネックライン》.

crewneck (sweater)
〔衣服〕クルーネックのセーター.

crew socks
[複数形]〔小物〕クルーソックス《ふくらはぎの下まで伸ばしてはく,うねのある厚手のソックス》.

crimp
動 〈髪を〉縮らせる,カールさせる;〈靴革などに〉癖[形]をつける;…にひだ[しわ]を寄せる.
图 1 [crimps]〔ヘア〕縮らせた毛.
2 〔マテリアル〕《毛糸などの》捲縮(けんしゅく),クリンプ(ス).

crimson
〔色〕クリムソン《あざやかな赤紫》.
★米国のハーバード大学の校色がクリムソンである.

crinkle
〔マテリアル〕クリンクル,しわ;《織物の》縮れ.

crinoline
クリノリン《1)〔マテリアル〕馬毛・綿などで織った粗目の織物;堅くして芯地・女性用帽子などに用いる 2)〔衣服〕クリノリンのペティコート 3)〔衣服〕張り広げたフープスカート》.

crochet /《米》クロウシェイ; 《英》クレウシェイ/
〔手芸〕かぎ針編み,クロシェ編み
: a *crochet* hook かぎ針.
【フランス語より】

crochet lace
〔手芸〕クロシェレース《かぎ針で編んだレース》.

crochet

crocodile
1 クロコダイル《クロコダイル属のワニ類の総称》.
2 〔マテリアル〕わに革.

Cromwell
〔靴〕クロムウェル《英国の政治家 Oliver Cromwell (1599-1658) と彼の支持者がはいたバックル付きの靴; 19 世紀後半から 20 世紀初頭には女性靴としても流行した》. ★Cromwell shoesともいう.

crop
名〔ヘア〕刈り込み, 短髪
: have a *crop* 五分刈りにする.
動 切り取る, 〈頭髪などを〉刈り込む.

crop-haired
形 髪の毛を刈り込んだ, 短髪の.

cropped pants
[複数形]〔衣服〕クロップトパンツ《裾を途中で切り落としたようなパンツ》. ★cropped は「〈衣服が〉短い」の意.

crop top
〔衣服〕クロップトップ《おなかの部分が露出するよう短くカットした女性用のカジュアルなトップス》.

cross
1 十字架.
2 十字(形), 〔宝飾〕十字(架)飾り, クロス.

cross dyeing
〔マテリアル〕クロス染め《染色性の違う繊維で織った織物をあとから染めること》.

cross-gartered
形 ひざで交差するガーターをした《16-17 世紀にかけて流行したスタイル》. ★シェイクスピアの喜劇「十二夜」で, 気取り屋の執事マルヴォリオがニヤニヤ笑いを浮かべて, 黄色いストッキングと cross-gartered の格好でオリヴィアの前に現われるのがよく知られる.

cross-grain
〔ソーイング〕クロスグレイン《布の横地の目》.

cross-stitch
〔手芸〕クロスステッチ《X 形に糸を交差させて刺す刺繍のステッチ》;〔ソーイング〕千鳥がけ《糸を斜めに交差させる縫い方で, 折りしろのしまつなどに用いる》.

cross trainers
[複数形]〔靴〕クロストレーナー《多種目対応のスポーツシューズ》.

crotch
1 〔ボディ〕《人体の》股(また).
2 〔衣服〕《スラックス・パンツなどの》股下の縫い目, クロッチ.
★《英》では crutch ともつづる.

crown
1 〔小物〕王冠, 宝冠;《帽子の》山(の部分), クラウン.
2 〔宝飾〕クラウン, 冠部《ファセットされた宝石のガードルより上の部分; bezel ともいう》.

crow's foot
(複数形 crow's feet) 1 [通例 crow's feet]〔美容〕目尻のしわ, からすのあしあと. ★crowfootともいう.
2 〔ソーイング〕松葉止め《補強と装飾のため三角形にかがったもの》.
3 〔マテリアル〕クローズフィート《仕上がった織物をたたんだときにできるしわ》.

crucifix
1 キリストのはりつけ像の付いている十字架.
2 《キリスト教の象徴としての》十字架 (cross).

crunch
1 バリバリかみ砕く音.
2 [the crunch]《口語》緊張状態, ピンチ.
3 〔美容〕腹筋(運動), クランチ.

crushed velvet
〔マテリアル〕クラッシュトベルベッ

ト《表面にややしわのある仕上げ加工したビロード》. ★crush は「押しつぶす, しわくちゃにする」の意.

crutch
《英》=crotch.

crux ansata
(複数形 cruces ansatae)〔宝飾〕輪頭十字, エジプト十字 (ankh).

§Cruz
クルツ Miguel Cruz (*m*) (b. 1944)《キューバ生まれのファッションデザイナー》.

crystal
〔宝飾〕水晶, クリスタル; 水晶製品.《4月の誕生石; ⇨ birthstone 表》.
【ギリシア語 Krustallos に由来,「氷」を意味する】

crystal pleat
〔ディテール〕クリスタルプリーツ《同方向にきっちりプレスしてひだ山をきれいに出した細かいプリーツ》.

ct
《略語》〔宝飾〕carat.

Cuban heel
〔靴〕キューバンヒール《全体に太く, 底に向かって自然に細くなっていく安定感のある中ヒール》.

cubic zirconia
〔宝飾〕立方晶ジルコニア, キュービックジルコニア《模造ダイヤモンドに使われる》.

Cubism
〔アート・デザイン〕立体派, キュビスム《Picasso, Braque が主唱した, 抽象派美術; その幾何学的図形は, テキスタイルのデザインに大きな影響を与えた; また camouflage 服を生み出したのも Cubism である》.

cuff
1〔ディテール〕《装飾用の》袖口; 袖カバー;《長手袋の》腕まわり《手首より上の部分》;《ワイシャツの》カフ; [しばしば **cuffs**]《米》《スラックスの》折り返し《《英》turn-up》.
2〔宝飾〕カフ《メタルバンドのブレスレット》.

cuff button
カフボタン《袖口のボタン》.

cuffless
形 カフのない, 折り返しのない〈ズボン〉, カフレスの.

cuff links
[複数形]〔宝飾〕カフボタン, カフリンク.

culotte dress
〔衣服〕キュロットドレス《スカート部分がキュロットになったワンピース》.

culottes
[複数形]〔衣服〕キュロット《外見上はスカート型の女性用スラックスの一種》.

cultured pearl
〔宝飾〕養殖真珠.

cummerbund
〔小物〕カマーバンド《男性用夜会服などのウエストバンド; もとはインド人などの飾り腰帯; cf. dinner jacket》.

cup
〔衣服〕《ブラジャーの》カップ.

cuprammonium rayon
〔マテリアル〕銅アンモニアレーヨン, キュプラ《再生セルロース繊維》.

curl
〔ヘア〕《頭髪の》カール, 巻き毛; [**curls**] 巻き毛の頭髪,《一般に》頭髪.

curler
〔ヘア〕《髪を巻く》カーラー.

curling iron
[しばしば **curling irons**]〔ヘア〕ヘアアイロン, カール用アイロン.

curly
形 巻き毛の (wavy), カールした: *curly* hair カールした髪, カーリーヘア.

curve
曲線; [**curves**]〔美容〕《女性の》曲線美.

curvy
形 《口語》〈女性が〉曲線の美しい, 曲線美の
: a *curvy* figure 曲線美の体つき.

customer
〔ビジネス〕《主に売買業の》顧客, 得意先, 取引先 (patron).

custom-made
形 注文製の (made-to-order), あつらえの, オーダーメードの (⇔ ready-made), 特別注文の〈車など〉.

cut
動 〈宝石を〉切り磨く; 〈石・像・名を〉刻む, 彫る; 〈布・衣服を〉裁断する.
名 《衣服の》裁ち方, 《髪の》刈り方, 型, 格好 (shape, style), 種類; 〔宝飾〕《宝石の》カット.

cut and sewn
〔衣服〕カットソー《裁断してそのまま縫製した綿ジャージ素材などの薄手のニットウェア; 形状ではなく製法の名称; **cut and sew** ともいう》. ★ cut and sewn は「裁断され縫製された」の意.

cutaway
〔衣服〕 **1** モーニングコート (morning coat). ★前裾が斜めに裁ってあることから.
2 [**cutaways**] カッタウェイズ (⇒ cutoffs).

cuticle
〔美容〕《爪の付け根の》あま皮; 〔ヘア〕《髪の》キューティクル, 毛小皮.

cuticle nippers
[複数形]〔美容〕《マニキュア用の》あま皮切り.

cuticle pusher
〔美容〕《マニキュア用の》あま皮押し.

cutoffs
[複数形]〔衣服〕カットオフス《ジーンズなど, ひざ上で切りっぱなしのもの》.

cutout
[しばしば **cutouts**] カットアウト《1)〔ディテール〕ドレスの胴の部分などにカットした穴; 肌や下に着ているものを大胆に見せるためのもの　2)〔靴〕靴の甲の部分にあけた装飾的な穴》.

cutting edge
1 《刃物の》刃, 切刃(きりは)(きれは).
2 〔ファッション〕《芸術などの》最先端, 前衛; 流行の先端を行く人.

cut velvet
〔マテリアル〕カットベルベット《1) シフォン, ジョーゼット, ボイルなどを地組織として, 立体的な柄を織り出したベルベット　2) パイルの輪を切ってあるベルベット》.

cutwork
〔手芸〕切り抜き刺繍, カットワーク《刺繍をした布の一部を切り取って, 透かし模様をつくる技法のこと》.

CWAGs
《略語》cricket wives and girlfriends《有名クリケット選手の美人妻・恋人連; WAGs のクリケット版》.

cyan /サイアン/
〔色〕シアン《明るい青》(cf. yellow, magenta). ★減法混色における色料の三原色のひとつ.

cycling shorts
[複数形]〔衣服〕サイクリングショーツ《サイクリングやスポーツをするときにはくひざまでの丈のショーツ》. ★**bicycle shorts**, **bike shorts** ともいう.

cymar
〔衣服〕=simar 1.

D

D
1 〔靴〕Dワイズ，D幅《足囲を示す記号; ⇨ A 1》.
2 〔衣服〕Dカップ《ブラジャーのカップサイズ; ⇨ A 2》.

§Daché
ダシェ Lilly Daché (*f*) (1904-89)《フランス生まれの米国の帽子デザイナー》.

Dacron
〔商標〕ダクロン《米国製のポリエステル繊維; 英国での商標は Terylene》.

dagging
〔ディテール〕ダッギング《中世の衣服の装飾的な縁取り; 袖や裾を木の葉型に切り込んだもの》.

§Dagworthy
ダグワーシー Wendy Dagworthy (*f*) (b. 1950)《英国のファッションデザイナー》.

§Dahl-Wolfe
ダール・ウォルフ Louise Dahl-Wolfe (*f*) (1895-1989)《米国の写真家; ポートレートや野外ロケによる写真が有名で, *Harper's Bazaar* 誌で多くの表紙を飾った》.

§Dalí
ダリ Salvador Dalí (*m*) (1904-89)《スペイン生まれのシュールレアリスムの画家; Schiaparelli と親交が深く, 靴の形を帽子にした「シューハット」など奇抜なモードを生み出した》.

dalmatic
〔衣服〕ダルマティカ《1) 古代ローマ時代から中世まで男女が着たゆったりとした服 2) カトリックの聖職者の法衣の一種 3) 国王の戴冠式衣》.

damask
〔マテリアル〕ダマスク(織り)《しゅす地の紋織物; テーブルクロスなどに使用される》.
【シリアの地名 Damascus より】

damassé
形 ダマッセ織りの.
名 ダマッセ織りの生地[(特に) リネン]《damask に似せた紋織物》.
【フランス語より】

dandruff
〔ヘア〕(頭の)ふけ; ふけ症
: a *dandruff* shampoo ふけ用シャンプー.

dandy
しゃれ者, だて男, ハイカラ男, ダンディー, めかし屋.

dandyism
おしゃれ, 伊達(だて)好み(の気風); 〔ファッション〕ダンディズム.

Danskin
〔商標〕ダンスキン《米国 Danskin 社製のレオタード・タイツ・ファンデーションなど; 同社は 1882 年創業》.

dark
形 **1** 暗い, 闇の.
2 〈皮膚・眼・毛髪が〉黒い (⇔ fair, blond(e))
: *dark*-eyed 黒い目 / *dark*-haired 黒髪の.
3 〈色が〉濃い, 暗い (⇔ light, pale)
: *dark* green ダークグリーン.

darning
〔ソーイング〕ほころび穴の繕い, かがり, ダーニング; かがり物.

darning needle
〔ソーイング〕ダーニングニードル, かがり針《目が大きい長針》.

darning stitch
〔手芸〕ダーニングステッチ《刺繡の模様を埋めたり繕いものに用いたりする縫い方》.

dart
〔ディテール〕ダーツ《立体的な人体に合わせて丸みやふくらみを出すために，布の一部をつまんで縫い消したつまみのこと》. ★dart はもともとは「投げ矢」の意.
: how to sew *darts* in clothing 服のダーツのつくりかた.

dashiki
〔衣服〕ダシーキ《ゆったりとした丈が長めのプルオーバー；ボタンや襟がなくひざ丈くらいのものもある；もとアフリカの部族衣裳》.

§David
ダヴィッド Jules David (*m*) (1808-92)《フランスのイラストレーター；英国やドイツでも，数多くの雑誌などでイラストを手掛けた》.

Day-Glo
〔商標〕デイグロー《顔料に加える蛍光着色剤》.

daywear
图 デイウェア《ふだん着やナチュラルメイクのこと》.
形 昼間用の，デイウェアの
: *daywear* dresses ふだん着.

dead stock
〔ビジネス〕デッドストック，売れ残り品，死蔵品.

dealer
〔ビジネス〕ディーラー，商人，売買業者，《特に》卸売業者.

deck shoes
[複数形]〔靴〕デッキシューズ《ヨットやボートのデッキの上ではく，底が滑らないようになっている革製の浅靴》. ★boating shoesともいう.

décolletage
デコルタージュ (1) 首と肩をあらわにすること 2)〔ディテール〕肩が出るほど深いネックライン 3)〔衣服〕ネックラインを肩下まで下げた女性服》.
【フランス語より】

décolleté
形 デコルテの，肩が出るほどネックラインの深い；デコルテの服を着た
: a robe *décolleté* ローブデコルテ《女性の正装用夜会服》.
【フランス語より】

deconstructionist /ディーコンストラクショニスト/
〔ファッション〕アンチモード派，常識破壊主義者《古着をほどいて服を再構成したり，表面を意図的にぼろぼろに演出したりする，前衛的なデザイナーのことで 1990 年代に話題となった；ベルギーの Martin Margiela が代表格で，ショーの会場も墓地や廃屋を使ったりと，それまでのファッション界の常識を覆した》.

decorative /デコラティヴ/
形 装飾(用)の，装飾的な，飾りの，はなやかな；〈女性服など〉派手な.

deep
形 深い，底深い；〈色などが〉濃い，深い.

deep mourning
〔衣服〕正式喪服《第一期の服喪中に着る全部黒で光沢のない布地の喪服；cf. half mourning》；《それを着る》正式忌服(きふく).

deerstalker
〔小物〕ディアストーカー《前後にひさしのある一種の鳥打帽；deerstalker hat [cap] ともいう》. ★deerstalker は「《忍び寄って仕留める》鹿猟家」の意.

deft
形 腕が確かで仕事の速い，〈手先が〉器用な，手際のよい，じょうずな.

degum
動 〈絹繊維などから〉セリシン (sericin) を除く，デガミングする.

§de la Renta
デ・ラ・レンタ Oscar de la Renta (m) (b. 1932)《ドミニカ共和国生まれの米国のファッションデザイナー》.

§Delaunay
ドローネ Sonia Delaunay (f) (1884-1979)《ロシア生まれのフランスの画家; テキスタイルデザインも手掛けた》.

delineate
動《線で》…の輪郭を描く[たどる], 線引きする; 絵[図]で表わす.

delineator
〔ソーイング〕自在型紙.

§Delineator
[*The Delineator*]『デリニエーター』《米国のファッション雑誌》.

§Delman
デルマン Herman B. Delman (m) (1895-1955)《米国の靴製造業者》.

§de Luca
ド・リュカ Jean-Claude de Luca (m) (b. 1948)《フランスのファッションデザイナー》.

deluxe
形 デラックスな, 豪華な, ぜいたくな, 特別上等[高級]な. ★de luxeともつづる.

§Demeulemeester
ドゥムルメステール Ann Demeulemeester (f) (b. 1959)《ベルギーのファッションデザイナー; Antwerp Six のひとりで, 一貫してモノトーンの服をつくり続けている》.

§de Meyer
ド・メイヤー Baron Adolphe de Meyer (m) (1868-1949)《フランス生まれの写真家; 米国とフランスで *Vogue* 誌や *Harper's Bazaar* 誌のファッション写真家として活躍した》.

demi-boots
[複数形]〔靴〕デミブーツ《くるぶし丈のブーツ》.

demi-bra
〔衣服〕ハーフカップブラ, デミブラ《カップがバストの半分をおおうブラジャー》.

denier /デニヤー/
〔マテリアル〕デニール《生糸・合成繊維などの太さの慣用単位: 万国式では 450 m の糸が 0.05 g であるとき 1 デニール》.

denim
1〔マテリアル〕デニム《1) 経糸に色糸, 緯糸に細目のさらし糸などを用いた斜文織りの厚地綿布; 作業衣・運動着用; ジーンズの素材 2) これに似たより軽い織物; 家具用》
: *denim* dresses デニムのワンピース.

2 [denims] デニムの作業服《特に(胸当て付き)ズボン》, G パン, ジーパン. (cf. jean 2; ⇨ Jeans コラム).
【フランス南部の都市 Nimes 原産の布地 serge de Nîmes が略されて denim となった】

denim jacket
〔衣服〕G ジャン, デニムジャケット《G ジャンは「ジーンズ素材(デニム地)のジャンパー」の略》.

deodorant /ディーオウドラント/
〔美容〕デオドラント, 脱臭薬[剤], 匂い消し《特に わきが止めの類》.

department store
百貨店, デパート.

§de Rauch
ドゥ・ローク Madeleine de Rauch (f) (1896-1985)《フランスのファッションデザイナー》.

Derby
1 [the Derby] ダービー《イングランドのエプソム競馬場で毎年 6 月に行なわれるクラシックレース; 1780 年に第 12 代 Derby 伯爵 (d. 1834) が創設》.

2 [derby]〔小物〕《米》=derby hat.

derby hat

[時に **Derby hat**]〔小物〕《米》山高帽，ダービーハット(《英》bowler hat).
★単に **derby** ともいう.
【Derby 伯爵が好んでかぶっていた】

dermatologist
皮膚科医，皮膚病学者.

dermatology
皮膚科学.

desert boots
[複数形]〔靴〕デザートブーツ《砂漠を歩くのに適したゴム底でスエード革製の編上げ靴》. ★desert は「砂漠」の意.

deshabille
〔衣服〕=dishabille.
【フランス語 déshabillé より】

design
デザイン，意匠；図案，下絵，素描；設計図；模様，ひな型.

designer
图 デザイナー，意匠図案家；設計者.
形 有名デザイナーのネーム[ロゴ]入りの，デザイナーブランドの，特注の，特製の；《口語》ファッショナブルな，かっこいい，はやりの，人気の
: *designer* brand デザイナー(ズ)ブランド / *designer* water ブランド(もの)ミネラルウォーター.

designer label
⇨ label.

designer scarf
〔小物〕デザイナースカーフ (⇨ signature scarf).

design schools
⇨ 次ページコラム.

§Dessès
デセー **Jean Dessès** (*m*) (1904-70)《エジプト生まれのファッションデザイナー；本名 Jean Dimitre Verginie》.

detachable
形 取りはずしのできる
: a *detachable* collar 取りはずしのきく襟.

detail
細部，細目；〔衣服〕細部，ディテール《服飾の場合，襟やポケットや袖などの細部のデザインや技術のことを指す》.

detergent
洗浄剤，洗剤，《特に》合成[中性]洗剤，界面活性剤.

detox
图〔美容〕《口語》解毒，デトックス
: spent two weeks in *detox* 2 週間解毒治療を受けた.
動 〈人が〉解毒する；〈体を〉解毒する.
★ detoxification の省略形.

devoré
〔マテリアル〕デボレ《パイルを酸で焼いて模様を付けたビロード》.

dhoti
〔小物〕《インドの》ドーティー《男子の腰布(をつくる綿布)；cf. sari》.
【ヒンディー語より】

§Diaghilev
ディアギレフ **Sergey (Pavlovich) Diaghilev** (*m*) (1872-1929)《ロシアのバレエ興行主・美術評論家；⇨ Ballets Russes》.

diagonal
対角線[面]；〔マテリアル〕綾織り，ダイアゴナル《**diagonal cloth** ともいう》.

diagonal stitch
〔手芸〕ダイアゴナルステッチ《キャンバス地に斜めに刺す刺繡のステッチの総称》.

diamanté
图 **1** ディアマンテ《ガラスの小粒などのキラキラ光る模造ダイヤをちりばめた装飾》.
2 ディアマンテ《その装飾を施した織物[ドレス]；イヴニングドレスなど》.
形 ディアマンテの，(ディアマンテで)キラキラ光る
: a *diamante* brooch キラキラ光るブローチ.

【フランス語より】
diamond
图 **1**〔宝飾〕ダイヤモンド,金剛石《4月の誕生石; ⇨ birthstone 表》.
2 ダイヤモンド形,菱形.
圏 **1** ダイヤモンド(製)の,ダイヤモンド入りの.
2 (結婚)60 [時に 75] 周年の,ダイヤモンド婚の.
【ギリシア語の adamas (「征服されないもの,非常に硬いもの」の意) より】

§**Diana**
ダイアナ (*f*) (1961-97)《英国皇太子妃 (Princess of Wales); もとの名は Lady Diana Frances Spencer; 1981 年 Charles 皇太子と結婚, 96 年離婚; パリで自動車事故死; エレガントで洗練されたファッションが, 常に世間の注目を集めた》.

§**Diane von Fürstenberg**
⇨ von Fürstenberg.

diaper
1〔マテリアル〕ダイアパー《元来 菱形などの幾何学模様のある亜麻織物; 水分吸収のよい綿織物などにもいう》.
2〔マテリアル〕菱形模様,寄せ木模様.

diaper 2

3《米》おむつ (《英》nappy).

§**di Camerino**

Design Schools

ファッション界で活躍する人材を育てる学校の中でも,とりわけ著名なデザイナーを数多く輩出することで有名な三大スクールがある.ロンドンの「セントマーティンズ」こと University of the Arts London Central Saint Martins College of Art and Design,ニューヨークの「パーソンズ」こと Parsons The New School for Design,そしてベルギーの「アントワープ王立芸術アカデミー」すなわち Royal Academy of Fine Arts Antwerp である.「セントマーティンズ」はロンドン芸術大学がもつカレッジのなかのひとつ.このカレッジが脚光を浴びたのは,1995 年,卒業生のジョン・ガリアーノがジヴァンシーのデザイナーに抜擢されたころから.その後も,アレキサンダー・マックイーン,ステラ・マッカートニー,クレメンツ・リベイロなどがパリの名門を席巻する.「パーソンズ」は 1896 年創立の芸術系の大学で,出身者にはアナ・スイ,トム・フォード,マーク・ジェイコブズ,ダナ・キャランはじめ,ファッション界の中心で活躍を続ける錚々たるデザイナーがいる.「アントワープ王立芸術アカデミー」は,1990 年代に「アントワープの 6 人」と呼ばれたアン・ドゥムルメステール,ドリス・ヴァン・ノッテンらが一気に名声をとどろかせたことで有名になった.入学もむずかしいが,卒業はさらにむずかしい名門校として世界的なデザイナーを数多く生み出している.

ディ・カメリーノ **Roberta di Camerino** (*f*) (1920-2002)《イタリアのファッションデザイナー; 本名 Giuliana Coen Camerino; ⇨ Roberta di Camerino》.

dickey
〔小物〕《取りはずしのできる》シャツの胸当て, 飾り胸当て; 《米》《シャツの》高いカラー; 《英》蝶ネクタイ《**dickey bow** ともいう》.

Diesel
〔商標〕ディーゼル《イタリア Diesel 社のカジュアル・ファッションブランド; 同社は 1978 年, Renzo Rosso (b. 1955)らが設立, 多彩な国籍をもつデザインチームによるデニム展開で知られる》.

diet
图 **1** 日常の食事[飲食物], 食餌
: a balanced *diet* バランスのとれた食事.
2〔美容〕《治療・体重コントロールのための》規定食, 食事制限, 低カロリー食(品); 食餌[食事]療法, ダイエット
: a low-fat *diet* 低脂肪食 / be on a *diet* ダイエットしている.
形 ダイエット用の〈食品〉, カロリーオフの
: a *diet* drink ダイエット飲料.

§Dietrich
ディートリヒ **Marlene Dietrich** (*f*) (1901-92)《ドイツ生まれの米国の映画女優・歌手; 彼女のものうい官能性と脚線美はファッションの世界にも影響を与えた》.

diffusion line [range]
〔ビジネス〕ディフュージョンライン (secondary line). ★diffusion は「普及」の意.

dimity
〔マテリアル〕ディミティー《太い糸を使って細いうねを縞($\frac{1}{2}$)または格子状に表わした地の薄い軽目の織物》.

dinner dress
〔衣服〕ディナードレス《女性用略式夜会服; 男性の dinner jacket に相当》.

dinner jacket
〔衣服〕《主に英》ディナージャケット, タキシード ((米) tuxedo)《男子用略式夜会服; 上着・両サイドに絹のすじの通ったスラックス・蝶ネクタイ・カマーバンド (cummerbund) を含めたひとそろい; 略 DJ》.

§Dior
ディオール **Christian Dior** (*m*) (1905-57)《フランスのファッションデザイナー; 活躍した時期は 1947-57 年までの 10 年間であったにもかかわらず, あらゆるラインを模索して流行を先導し, 伝統的なエレガンスの継承者としての地位を確立した; さらにブランド産業を確立することで, 20 世紀後半において最も影響力を及ぼしたクチュリエであった》.

dip dyeing
〔マテリアル〕後染め《織物製品などを編んでから染めること》. ★dip は「ちょっと浸す」の意.

direct marketing
〔ビジネス〕直接販売, ダイレクトマーケティング《ダイレクトメールやクーポン広告を用いた通信販売, 訪問販売, 直営店販売などによって中間流通業者を通さずに直接購買者に売ること》.

Directoire
形 〈服装など〉総裁政府時代風の, ディレクトワールの《女性の服装はウエストラインが極端に高いのが特徴》. ★総裁政府とは, 1795-99 年に存続したフランスの政府.
【フランス語より】

dirndl
〔衣服〕ダーンドゥル《アルプスのチロル農婦風の服; ぴったりとした胴衣とギャザースカート》; ダーンドゥルスカート《たっぷりしたギャザー[プ

リーツ]のスカート; **dirndl skirt**ともいう》.

disco
名《口語》ディスコ; ディスコミュージック; ディスコダンス.
動 ディスコで踊る. ★突拍子もないスタイルが現れた1960年代のディスコファッションも, 70年代にはBetsey JohnsonやNorma Kamaliらのデザインしたディスコダンス用の服から, 動きやすいTシャツやストレッチ素材のものなど, 日常的に着られる服が広まった.

discolor
動 変色[退色, 色あせ]させる[する].

discount
〔ビジネス〕ディスカウント, 割引, 値引き, 減価; 割引額; 割引歩合[率].

dishabille /ディサビール/
〔衣服〕服を(一部しか)まとわない状態, 肌をあらわにした姿《下着姿など》; 略装; ふだん着; 部屋着
: in *dishabille* 〈特に, 女性が〉肌をあらわにした姿で. ★**deshabille**ともつづる.

display
展示, 陳列, ディスプレー; 展示物, 陳列物
: on *display* 陳列[展示]して.

distressed
形 傷をつけて年代物めかした; 〈服・布地など〉しわをつけ[色をあせさせ]て古く見えるようにした.
: *distressed* denim ディストレストデニム. (⇨ Jeansコラム).

distributor
〔ビジネス〕配給業者, 《特に》卸売業者; 販売代理店.

dittos
[複数形]〔衣服〕《英》《生地も色も同じ》上下そろいの服, ディトーズ
: a suit of *dittos* 上下そろいのスーツ.

§di Verdura
ディ・ヴェルドゥーラ **Fulco di Verdura** (*m*)(1898-1978)《イタリア生まれのジュエリーデザイナー; 本名Fulco Santostefano della Cerda, duke of Verdura》.

divided skirt
〔衣服〕ディバイデッドスカート, キュロットスカート《二股に分かれたスカート》.

DJ
《略語》dinner jacket.

djellaba(h)
〔衣服〕ジャラバ《アラブ人が着用するゆったりした長い外衣; 袖が広くフードが付いている》.

dobby
〔マテリアル〕ドビー《織機の開口装置》; ドビー織り《ドビー装置を使って小柄の地模様を表わした織物; **dobby weave**ともいう》.

Doc Martens
=Dr Martens.

doeskin
〔マテリアル〕雌鹿の皮; 雌鹿[羊, 子羊]のなめし革; [**doeskins**]〔小物〕羊皮手袋;〔マテリアル〕ドスキン《鹿のなめし革まがいの紡毛織物・綿織物・ナイロンなどの織物》.

§Doeuillet
ドゥイエ《Georges Doeuilletがパリに1900年に開いたクチュールハウス; 1937年閉店》.

dog collar
1〔ディテール〕《口語》ドッグカラー《牧師の白い立ち襟》.
2〔宝飾〕ドッグカラー《首にぴったりと巻く幅広のチョーカー》. ★もとの意は「犬の首輪」.

dog's-tooth
〔マテリアル〕= houndstooth [hound's-tooth] check.

doily
〔手芸〕ドイリー《レースなどでつくっ

た花瓶敷きなどの小さい敷物》.
【Doiley, Doyley 18世紀ロンドンの布地商】

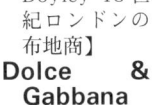

doily

Dolce & Gabbana
〔商標〕ドルチェ & ガッバーナ《イタリア Dolce & Gabbana 社のファッションブランド; 同社は Domenico Dolce (b. 1958) と Stefano Gabbana (b. 1962) の2人により1982年に創業された; しばしばデザインのルーツは「シチリアの女」; 官能的でパワフルな女をイメージさせるデザインで,「モダンバロック」とも称されてきた》.

Dolly Varden
〔ファッション〕ドリー・ヴァーデン《女性用の花模様のサラサ服と帽子; 19世紀のスタイル》.
【ディケンズ(1812-70)の小説『バーナビー・ラッジ』(1841)中の人物から】

dolman
〔衣服〕ドルマン《1) 女性用のケープ式袖付きマント 2) トルコの長外衣 3) 軽騎兵の垂れ袖コート[マント式ジャケット]》.
【トルコ語より】

dolman sleeve
〔ディテール〕ドルマンスリーブ《袖付けが広く, 手首の方へだんだん狭くなる女性服の袖》.

domestic
形 自国の, 国内の, 内地の (⇔ foreign); 国内産[製]の, 自家製の
: *domestic* production 家内[国内]生産.

domet(t)
〔マテリアル〕ドメット《綿フランネルに似た織物》.

domino
1 〔衣服〕ドミノ仮装衣《舞踏会で用いるフードと小仮面付き外衣》.
2 〔小物〕《顔の上半部をおおう》ドミノ仮面.

Donegal tweed
〔マテリアル〕ドニゴールツイード《色のついたスラブの平(ひら)または杉綾(すぎあや)に織ったツイード》. ★単に Donegal ともいう.
【Donegal: アイルランド北西部の県】

donkey jacket
〔衣服〕《英》ドンキージャケット《厚地の防水ジャケット; しばしば革などの肩当てが付いている; 元来は作業着》. ★donkey は「ロバ」の意.

Donna Karan New York
〔商標〕ダナキャランニューヨーク《米国 Donna Karan 社のファッションブランド; 同社は Donna Karan が夫 Weiss と共に設立した;「仕事先からパーティーに直行できる服」というコンセプトで, ニューヨークのキャリアウーマンの支持を得る》.

§Donovan
ドノヴァン Terence Donovan (*m*) (1936-96)《英国の写真家; 1950年代から80年代にかけて活躍した》.

do-rag /ドゥーラグ/
〔小物〕《conk した髪型をまもるための》スカーフ.

§Dorothée Bis
ドロテビス《1962年にデザイナーの Jacqueline Jacobson と夫 Elie がパリに設立したニットウェアのブランド》.

Dorothy bag
〔バッグ〕《英》ドロシーバッグ《口をひもで絞って手首にかけるハンドバッグ》.
【1880年ごろ英国で人気のあった A. J. Munby の劇 *Dorothy* の同名の主人公より】

dot

1 点, 小点.
2 〔マテリアル〕水玉模様, ドット
: a white dress with red *dots* 白地に赤い水玉模様のドレス.

dotted swiss
〔マテリアル〕ドッティドスイス《点々模様のある透き通ったモスリンで洋服・カーテン用の生地》.

double-breasted
形 両前の, ダブルの〈上着・スーツなど〉 (cf. single-breasted)
: a *double-breasted* coat ダブルのコート.

double cloth
〔マテリアル〕二重織り, ダブルクロス《2 枚の織物からなり, リバーシブルに使える》.

double cuff
〔ディテール〕ダブルカフ《袖口を折り返してカフボタンで留める形のワイシャツなどの袖; cf. French cuff》.

double-entry pocket
〔ディテール〕ダブルエントリーポケット《ポケットの口が上と横の 2 か所についている》.

double-faced
形 両面[二面]のある; 〈織物が〉両面表の, ダブルフェイストの. ★double-face ともいう.

double knit
〔手芸〕ダブルニット《二重編みの編物》. ★double jersey ともいう.

double running stitch
〔手芸〕ダブルランニングステッチ《ランニングステッチをし, 糸が表に出ていない部分をもう一度ランニングステッチで刺すもの》. ★Holbein stitch ともいう.

double stitch
〔ソーイング〕ダブルステッチ《2 本並べて縫うミシンのステッチのこと》.

doublet
〔衣服〕ダブレット《ウエストのくびれた胴衣で, 15-17 世紀ごろの男性の軽装》.

§Doucet
ドゥーセ Jacques Doucet (*m*) (1853-1929)《フランスのファッションデザイナー》.

douppioni
〔マテリアル〕《玉繭(たままゆ)から製した》玉糸, ドゥピオーニ, ドゥピオン; 玉糸の布; 玉繭. ★doupioni, dupion ともつづる.
【イタリア語より】

dowlas
〔マテリアル〕ダウラス《16-17 世紀の太糸の亜麻[綿]織物》.

down
〔マテリアル〕《鳥の》綿毛(わた), ダウン; 綿羽(わたばね)(めんう); 《綿毛に似た》柔毛, 軟毛.

down jacket
〔衣服〕ダウンジャケット《ダウン入りのジャケットの総称》.

down vest
〔衣服〕ダウンベスト《ダウン入りのキルティングのカジュアルなベスト》.

drainpipes
[複数形]〔衣服〕《口語》ドレーンパイプス《1950 年代のテディボーイ (Teddy boy) の細いぴったりしたズボン》. ★drainpipe trousers [jeans] ともいう. drainpipe とは「排水管」のこと.

drape
1 [しばしば drapes]〔マテリアル〕掛け布; [drapes] カーテン.
2 〔ディテール〕ドレープ《服・カーテンなどの装飾ひだ》; 男性用上着などの優美なゆとり; ひだのつきぐあい[つけぐあい].
3 [しばしば drapes]《俗語》ドレープ《長くゆるいジャケットと細いズボンとの取合わせ; zoot suit の発展形》;《俗語》ドレープを着た男; [しばしば drapes]《俗語》スーツ, 服, 服装.

draper

《主に英》布地屋，生地屋，服地屋；衣料品商

: a *draper*'s (shop) 布地屋，生地商店.

drapery

1 [しばしば draperies]〔ディテール〕《掛け布・垂れ幕などの》柔らかい織物の優美なひだ；ひだのよった掛け布[垂れ幕，服など]；[draperies]《米》厚地のカーテン類.

2〔マテリアル〕《英》布地，生地，服地，織物(《米》dry goods);〔ビジネス〕《英》布地販売業，布地[生地]屋.

3 衣文(えもん)，ドラペリー《絵画・彫刻などに表現される優美な着衣のひだ，またその手法》.

draping

〔ソーイング〕立体裁断，ドレーピング《型紙を製図するのではなく，人台に布をかけて服を製作すること》.

drawers /ドローズ/ ★発音に注意.

[複数形]〔衣服〕ズボン下，ズロース，パンツ (underpants)

: a pair of *drawers* ズボン下一着.

drawn-thread work

〔手芸〕ドロンスレッドワーク《布の経糸か緯糸を抜き取り透かし模様をつくるもの》.

drawnwork

〔手芸〕ドロンワーク《drawn-thread work の略称》.

drawstring

〔ディテール〕《袋の口などを締める》引きひも，ドローストリング.

dreadlocks

[複数形]〔ヘア〕ドレッドロックス《黒人がアフリカに回帰することで救われると説く，ジャマイカの宗教・政治的運動の信奉者，ラスタファリアン (Rastafarian) のように髪を細く束ねて縮らせたヘアスタイル》.

§Drécoll

ドレコール《1900-25 年ごろ名高かったパリのクチュールハウス；もとはウィーンにあった》.

dress

图〔衣服〕**1** 婦人服，ドレス，ワンピース.

2《一般的に》服装，衣服.

3 [形容詞的に] 衣服の；正装の(必要のある)

: a *dress* shoe [suit] 正装用の靴[スーツ].

動 服を着る，身支度を整える

: She always *dresses* in black. 彼女はいつも黒い服を着ている / *dress* stylishly おしゃれする.

dress clip

〔小物〕ドレスクリップ《ドレス・ブラウスの両肩の下あたりに留める宝石付きのクリップ；1930-40 年代のアクセサリー》.

dress code

〔ファッション〕《学校・職場・社交の場での》服装規定，ドレスコード《服装のエチケットで，その時，その場所で適した服装のこと；⇨ 次ページコラム》. ★code は「規律，慣例」の意.

dress-down

形 平服(用)の，略装(用)の，略礼装(用)の.

dress-down Friday

〔ファッション〕= casual Friday.

dresser

1 [前に形容詞をつけて] 服装[着こなし]が...の人；着こなしのいい人，おしゃれ

: a smart *dresser* おしゃれな人.

2〔美容〕《米》鏡台，鏡付き化粧だんす，ドレッサー.

dress form

〔ソーイング〕人台(じんだい)，ドレスフォーム，ボディー《服の製作過程で使用される頭のない人体モデル》. ★**dress-maker form** ともいう.

dressing gown

〔衣服〕《パジャマの上に着る》化粧着，部屋着，ドレッシングガウン.

★**nightgown** ともいう.

dressing room
化粧室《普通は寝室の隣り》; 更衣室.

dressing table
化粧テーブル, 鏡台(《米》dresser,《米》vanity table).

dressmaker
ドレスメーカー《女性服の仕立てをする人; cf. tailor》.

dressmaker form
〔ソーイング〕=dress form.

dress sense
着こなしのセンス
: have a good *dress sense* 服のセンスがよい.

dress shirt
〔衣服〕《ビジネス用の》ワイシャツ;《礼装用の》ドレスシャツ.

dress up
動 正装する, フォーマルな服装をする.

dress-up
形 〈時・場所など〉正装するべき
: a *dress-up* dinner 正装のディナー.

dressy
形 服装に凝る;〈服装が〉粋な, しゃれた, ドレッシーな.

§**Drian**
ドリアン Etienne Drian (*m*) (1885-1961)《フランスのイラストレーター; *Gazette du bon ton* 誌に描いた最新のモードで人気を博した》.

drill
〔マテリアル〕ドリル《太綾の織物; 主に作業服用》.

D ring
D リング, D 環《ひもやロープを通すための D 字形の金属環; 登山靴や衣服などに用いられる》.

Dr Martens
〔商標〕ドクターマーテンス《英国製の頑丈で重量感のある靴・ブーツ; 靴底にエアクッション構造を使い, 疲れが少ないので特に警官などの実用靴とされる》.
★**Doc Martens** ともいう.

Dress Code

　仕事や人間関係をスムーズにするための, あるいは場の雰囲気を一定の基準に保つための, 服装規定のこと. 現代のドレスコードは, 大きく4種に分けられる. 1. 礼儀作法としてのルール. 冠婚葬祭の装いには宗教上・慣習上のルールがある. また, 外務省が編集する『国際儀礼に関する12章』のなかのガイドラインには, 外交儀礼としてのフォーマルな装いの基準(燕尾服着用の「ホワイトタイ」, タキシード着用の「ブラックタイ」など)が定められる. 2. 軍隊や学校, プロスポーツが定める, 規律・秩序を守るための成文化された服装規則. 破れば罰則もある. 3. 場の雰囲気を演出するために, 主催者側が指定する服装の基準. 「スマートカジュアル」「平服」といった抽象的な基準のほか, 「金色をどこかに着用」といった場の連帯感を強めるための約束事も含まれる. 4. ある社会において成員が自発的に編み上げる暗黙のおきて. 母と子の公園デビューや PTA の会合などにも, 多かれ少なかれ, これが存在し, 慣例を大幅に逸脱すると社会的制裁にあいかねない. 1から4までのすべての場合において, ドレスコードは社会の変化や流行の波を受けて刻々と変わり続けている.

drop
〔宝飾〕滴状のもの; ドロップ《ペンダントにはめた宝石など》,《イヤリングの》飾り玉 (eardrop).

drop earrings
[複数形]〔宝飾〕《装飾部分が下に長く垂れ下がるようにした》ドロップイヤリング.
★単に drops ともいう.

drop shoulder
〔ディテール〕ドロップショルダー《袖付けが肩の部分ではなく上腕にあるスタイル》. ★dropped shoulderともいう.

drop waist
〔ディテール〕ドロップウエスト《縫い目がウエストではなくヒップにあるスタイル》. ★dropped waist ともいう.

drugget
〔マテリアル〕ドラゲット《1) 粗毛にジュートなどを混ぜて織ったインド産の粗製じゅうたん; 床に敷いたりテーブルクロスなどに用いる 2) 昔の衣服用毛織物》.

dry
形 1 乾いた, 湿っていない, 乾燥した.
2 うるおい[なめらかさ]を欠く, 乾いた, かさかさした
: *dry* skin 乾燥肌, ドライスキン.

dry cleaning
ドライクリーニング; ドライクリーニングした洗濯物.

§Dryden
ドライデン Helen Dryden (*f*) (1887-1981)《米国のイラストレーター; 1920年代に *Vogue* 誌の表紙のデザイナーとしてよく知られるようになった》.

dry goods
[複数形]《米》布地, 織物, 服地, 布製品, 衣料品 (《英》drapery)
: a *dry goods* store 布地屋; 衣料品店.

duchesse
〔マテリアル〕ダッチェス(サテン)《光沢があり手触りの柔らかい高級しゅすの一種》. ★**duchesse satin** ともいう.
【フランス語より】

duchesse lace
〔手芸〕ダッチェスレース《ベルギーのフランドル地方原産の高級な手編みのボビンレース》.

duck
1 〔マテリアル〕ズック, 帆布《丈夫な厚地の綿または亜麻布で, 帆・袋・衣類などに用いる》.
2 [ducks]〔衣類〕《口語》ズック製のスラックス(など).

ducktail
〔ヘア〕ダックテール《髪をバックにしてなでつけ, 両側の毛先が後頭部で合わさってリッジ(稜)をつくるようにした男子の髪型》. ★後頭部の合わさり具合をカモの尾に見たてた呼称.

duds
[複数形]《口語》服, 衣類. ★dud は「だめなもの」の意.

duffel [duffle] bag
〔バッグ〕ダッフルバッグ《軍隊用・キャンプ用のズック製の円筒型バッグ》. ★duffel は「厚いけばを立てた毛織物」のこと. (⇒ Military コラム).
【ベルギーの地名 Duffel より】

duffel [duffle] coat
〔衣服〕ダッフルコート《duffel などの毛織物でつくられた, ひざ丈くらいのコート; 通例フードがつき, 前をトグル (toggle) で留める》.

§Dufy
デュフィ **Raoul**(-**Ernest-Joseph**) **Dufy** (*m*) (1877-1953)《フランスの画家・デザイナー; Paul Poiret などとも活動し, テキスタイルデザインにもたずさわった》.

dull
形 **1** おもしろくない，単調な，退屈な．
2 〈色など〉鈍い，ぼんやりした，くすんだ (⇔ vivid, bright)
: a *dull* color くすんだ色．

dummy
1 〔ソーイング〕人台(じんだい)，マネキン，ダミー《ディスプレー用；cf. dress form》．
2 〔ヘア〕《髪型などの》模造台 (block).

§**Duncan**
ダンカン Isadora Duncan (*f*) (1877-1927)《米国の舞踊家；ギリシア風の衣裳をまとい素足でバレエを踊り，即興的なダンスをつくりだした》．

dungaree
〔マテリアル〕ダンガリー《目の粗い丈夫な綾織り綿布》，《特に》ブルーデニム；[**dungarees**]〔衣服〕ダンガリー製のズボン[オーバーオール] (《米》overalls).
【ヒンディー語より】

Dunhill
〔商標〕ダンヒル《英国 Alfred Dunhill 社製のパイプ・ライターなどの喫煙具およびタバコ，香水・男性用化粧品・革小物・バッグ・紳士服(地)・ネクタイ・筆記具・腕時計など》．

dupatta
〔小物〕ドゥパッタ《インドのヒンドゥー教徒とイスラム教徒の男女が着用するスカーフ》．★**chunni** ともいう．
【ヒンディー語より】

dupion
〔マテリアル〕= douppioni.

duplex printing
両面印刷．

Du Pont
〔商標〕デュポン《米国の総合化学メーカー；1802 年に Éleuthère Irénée Du Pont (1771-1834) が設立した；20 世紀初めより合成繊維の製造を手掛ける》．

durable press
〔マテリアル〕パーマネントプレス加工，パーマネントプレス(した生地) (permanent press).

dustcoat
〔衣服〕《英》ダスターコート (《米》duster)《屋根のない自動車に乗るときなどに，ほこりよけに着るコート》．★dust は「ほこり，ちり」の意．

duster
〔衣服〕《米》ダスター(コート) (《英》dustcoat)(**1**) ほこりよけコート **2**) 女性の家着として着られるような，軽いコート；1950 年代に流行した》．★**duster coat** ともいう．

duvetyn(e)
〔マテリアル〕デューベチン《ビロードに似たしなやかな織物》．★**duvetine** ともつづる．

dye
名〔マテリアル〕染料，色素《固体・液体を問わない》；染色，色合い．
動〈布などを〉染める，着色する；〈色を〉加える．

§**Dynasty**
『ダイナスティ』《米国 ABC のテレビドラマ(1981-89)；デンバーに住む石油王ブレーク・キャリントン (Blake Carrington) 一族の家庭生活と人間模様を描く物語；番組中に使われる豪華な衣裳で有名で，1980 年代の流行を取り入れながらも，30 年代のハリウッドの衣裳を彷彿させた》．

E

1 〔靴〕Eワイズ, E幅《足囲を示す記号; ⇨ A 1》.
2 〔衣服〕Eカップ《ブラジャーのカップサイズ; ⇨ A 2》.

ear
〔ボディ〕耳.

earclip
〔宝飾〕イヤクリップ《はさんで耳たぶに留めるクリップ式イヤリング》.

eardrop
〔宝飾〕イヤドロップ《垂れ下がって揺れるタイプのイヤリング》. ★drop はもとは「しずく」の意で,「しずくの形をしたもの」.

earlobe
〔ボディ〕耳たぶ, 耳垂, 耳朶(じだ).

Early American
图㓉 アーリーアメリカン様式(の)《植民地時代の米国の建築・家具様式; ファッションでは開拓時代の仕事着やカウボーイの服が特徴》.

earmuffs
〔複数形〕〔小物〕イヤマフ《防寒・防音用の耳おおい》.

earpiece
〔小物〕《帽子などの》耳おおい;《眼鏡の》つる.

earring
〔宝飾〕《耳たぶの部分につける》イヤリング, 耳飾り《留め方にクリップ式, ねじ式, ピアス式などがある; ⇨ pierced》
: wear pierced *earrings* ピアスをしている.

ear-stud
〔宝飾〕《ピアス式の》鋲型の耳飾り(stud).

earth color
〔ファッション〕アースカラー《大地の色; cf. earth tone》.

Earth shoes
〔商標〕アースシューズ《かかとがつまさきより低く, フラットな靴; はきごこちがよく疲労が少ない》.

earth tone
〔ファッション〕アーストーン《淡い系統のナチュラルカラーに対し, ブラウン系を中心とした暖色の色域; cf. earth color》.

ease
《衣服・靴などの》ゆるさ, ゆとり.

easy-care
㓉 手入れの簡単な, アイロンがけの要らない〈シャツなど〉.

eau de cologne
(複数形 eaux de cologne)〔美容〕オーデコロン《香りの持続時間が香水やオードトワレと比較して短いフレグランス; ドイツのケルン (Cologne) 原産; 単に **cologne** ともいう》.
【フランス語より】

eau de toilette
(複数形 eaux de toilette)〔美容〕オードトワレ《香りの持続時間がオーデコロンと香水の中間くらいのフレグランス》.
【フランス語より】

ebony
1 黒檀(こくたん)《家具用材; またこれを産するカキノキ科の各種の木》.
2 〔色〕エボニー《緑みをおびた黄みの黒》.

eco /イーコウ, エコウ/
⇨ ecology.

eco bag

〔バッグ〕エコ(ロジカル)バッグ《小売店などのレジ袋を使わないために消費者が買い物時に持参するバッグ》.

eco-fashion
〔ファッション〕エコファッション (⇨ Sustainable Fashion コラム).

eco-friendly
形 環境にやさしい，エコフレンドリーな
: *eco-friendly* fiber 環境にやさしい繊維《eco fiber ともいう》.

ecology
生態学，エコロジー;《生体との関係でみた》生態環境.

eco-textiles
[複数形]〔マテリアル〕環境にやさしいテキスタイル《オーガニックコットンやマニラ麻などを用いる》.

ecrase /エイクラーゼイ/
形〈革など〉表面がざらざらになるようにもまれた，圧扁された.
【フランス語より】

ecru
〔色〕エクル，エクリュ《薄い黄みの赤》. ★日本語の「生成(きなり)」に相当.
【フランス語より】

eczema /エクセマ/
〔美容〕湿疹.

edge
1 〔ソーイング〕縁，へり，かど，エッジ.
2 〔靴〕へり，エッジ
: a sole *edge*《靴の》こば《靴底と縫い合わせている部分》.

edging
〔ソーイング〕縁[へり]をつけること，エッジング; 縁[へり]を形成するもの; 縁[へり]飾り.

§Edward VIII
エドワード 8 世 Duke of Windsor (*m*) (1894-1972)《英国王・インド皇帝 (1936); 米国女性 Mrs. Wallis Simpson との結婚のため退位; ファッションでは plus fours, Panama hat, Fair Isle, Windsor knot などで有名》.

Edwardian
形 1《建築が》エドワード(1 世から 3 世時代)(の様式)の.
2 エドワード 7 世(在位 1901-10)時代のような《第一次大戦開戦(1914)以前まで含んで Edwardian と呼ぶことが多い; 同時代をフランスでは La Belle Epoque という; 上流階級のはなやかな社交に色どられた時代》.
3 エドワード 7 世時代の《女性の服装はコルセットで締め上げた細いシルエットで，羽根飾りのついた大きな帽子と手袋を着用; 男性の服装ではスポーティーな雰囲気を取り入れつつ，エレガンスを失わない「機能的優雅」という美意識に支えられたスーツスタイルが完成した; ベストの一番下のボタンを留めない，トラウザーズの裾を折り返してダブルにするなどの着こなしは，この時代に生まれている》.

eggplant
《米》ナス;〔色〕《米》エッグプラント《《英》aubergine》《ごく暗い紫》.

eggshell
〔色〕エッグシェル《ニワトリの卵の殻の色》.

Egyptian cotton
〔マテリアル〕エジプト綿《主としてエジプトのナイル川流域で栽培される繊維の長い良質の綿》.

Egyptian fashion
〔ファッション〕エジプシアンファッション《エジプトの遺跡発掘調査が始まった 19 世紀終わりから流行した，エジプト風をまねたヘッドドレスや宝石類のファッション》.

eight cut
〔宝飾〕エイトカット (single cut).

§Eisen
アイゼン **Mark Eisen** (*m*) (b. 1960)《南アフリカ生まれの米国のファッションデザイナー; ミニマリズムに傾

倒したデザインで知られる》.

Eisenhower jacket
〔衣服〕アイゼンハワージャケット《米陸軍で用いる battle jacket のこと；ベルト付きの短い上着》.
【Dwight D. Eisenhower (1890-1969) 米国第 34 代大統領 (1953-61)】

elastane
〔マテリアル〕エラステン《伸縮性ポリウレタン素材[繊維]；下着などぴったりした衣類に用いられる》.

elastic
形 伸縮性のある．
名〔マテリアル〕《ひも状[帯状]の》弾性ゴム；伸縮性のある布地(でつくったガーターなど)．

elasticated
形《英》=elasticized.

elasticized
形《米》〈織物が〉伸縮性のある；ゴム入り布を用いた
: a skirt with an *elasticized* waist ウエストゴムのスカート．

elastomer
〔マテリアル〕エラストマー《常温でゴム状弾性を有する物質》.

elbow
1 〔ボディ〕ひじ，肘．
2 〔衣服〕ひじの部分．

elbow-length
形〈袖・衣服が〉ひじまでの長さの
: *elbow-length* sleeve ひじ丈の袖．

electric shaver
〔美容〕電気かみそり，電気シェーバー．

electronic tag
電子タグ．★単に **tag** ともいう．

elegant
形 エレガントな，上品な，優雅な，しとやかな；《米》上質の，みごとな，すばらしい．

Elizabeth Arden
〔商標〕エリザベスアーデン《米国 Elizabeth Arden 社系列の美容サロンチェーン店，および関連の Elizabeth Arden Sales 社製の化粧品》.

§Ellis
エリス **Perry Ellis**(*m*)(1940-86)《米国のファッションデザイナー；スポーツウェアのデザインで知られる》.

§Emanuel
エマニュエル **David**(*m*)(b. 1953) and **Elizabeth**(*f*)(b. 1953) **Emanuel**《英国の夫婦のファッションデザイナー；Diana 元皇太子妃のウェディングドレスをデザインしたことで知られる》.

emblem
〔小物〕しるし，記章，エンブレム；紋章に類するもの．

emboss
動〈金属・紙・革などに〉浮き彫り細工[エンボス加工]を施す；〈模様・図案を〉浮出しにする．

embossing
空押し模様；空押し，型押し，エンボス加工．

embroidery
〔手芸〕刺繡(法)，縫取り(の技術)；刺繡品．

emerald
1 〔宝飾〕エメラルド，翠玉(すいぎょく)《5月の誕生石；⇒ birthstone 表》．
2 〔色〕=emerald green.

emerald cut
〔宝飾〕エメラルドカット《四隅を切り落とされた長方形が特徴のカットで，エメラルドによく用いられる》.

emerald green
〔色〕エメラルドグリーン《強い緑》．
★単に **emerald** ともいう．

emery board
〔美容〕エメリーボード《ボール紙板に金剛砂を塗った爪やすり》．★emery は「金剛砂《粉末状研磨剤》」．

empiecement
〔ソーイング〕《レース・毛皮などの》差

し込み.

Empire
形〈家具・服装など〉フランス第一帝政様式の.

empire line
〔ファッション〕エンパイアライン《大きく開いた襟ぐりとハイウエストを特徴とする細身で直線的な女性の服のスタイル；最初はフランス第一帝政時代 (1804-14) に流行した》.

enamel /イナメル/
1 エナメル《金属・陶磁器・ガラスなどの表面に熔融してかぶせるガラス質の被覆・釉》；エナメル加工品，琺瑯(ほう)，琺瑯製品，七宝.
2 エナメル塗料，光沢剤.
3 〔美容〕マニキュア液 (nail polish).

engageantes
[複数形]〔ディテール〕アンガジャント《女性のローブの袖に付けるひだ飾りのカフ》.
【フランス語より】

engagement ring
〔宝飾〕婚約指輪，エンゲージリング.
★「エンゲージリング」は和製英語.

enhancement
1 高揚，増大，増進，向上.
2 〔宝飾〕エンハンスメント《宝石そのものに本来備わっている性質を人工的に強める加工》.

enhancer
《外観・質などを》高めるもの，向上させるもの.

ensemble
〔衣服〕アンサンブル《(1) アクセサリーとの調和までを含めたトータルな装い　2) コートとワンピース，コートとスーツなど，2 種類以上の服をコーディネートさせて一緒に着用するもの》.
【フランス語より】

envelope bag
〔バッグ〕エンベロープバッグ《封筒のふたのような，かぶせぶたがついたデザインのバッグ》.

§Envol
アンヴォル《Dior の 1948 年のコレクションの名前；後ろの腰をバッスルのように持ち上げたり，脇の片方をすくい上げたりしたスカートを，短いジャケットと合わせて着用する》.
【フランス語で「飛翔」の意】

éolienne
〔マテリアル〕エオリエンヌ《絹と羊毛[レーヨン，綿]との交ぜ織りの軽い服地》.
【フランス語より】

eonism
〔ファッション〕《特に男性の》服装倒錯 (transvestism)，エオニズム.
【'Chevalier d'Éon', 本名 Charles Éon de Beaumont (1728-1810) フランスのスパイ；諜報活動のためにたびたび女装した】

epaulet(te)
1 〔小物〕《各種制服，特に将校制服の》肩章，エポーレット；《トレンチコートの》肩飾り，エポーレット.

epaulet 1

2 〔宝飾〕エポーレットカット《三角形の両角を切った 5 面状のカット》.

ephod
〔衣服〕エポデ，エフォド《古代のユダヤ教大祭司が肩から吊るして着た刺繡飾りのあるエプロン状祭服》.
【ヘブライ語より】

epoch-making
形 画期的な，エポックメーキングな.

eponge
〔マテリアル〕エポンジュ《節玉のある

目の粗い柔らかな平織り地; 服地用》.
【フランス語で sponge の意】

EPOS
〔ビジネス〕イーポス《electronic point of sale》《POS の一種で, バーコードによる商品管理システム》.

ergonomics
エルゴノミックス, 人間工学《人間の能力に作業環境・機械などを適合させる研究; 服のデザインにも応用される》.

§Eric
エリック (m) (1891-1958)《米国のイラストレーター; 本名 Carl Oscar August Erickson; 1916 年より 50 年代まで *Vogue* 誌にイラストを描いた》.

ermine
1 オコジョ, エゾイタチ, ヤマイタチ, アーミン.
2〔マテリアル〕アーミンの白い毛皮《詩語では純潔の象徴》.
3〔衣服〕アーミン毛皮のガウン[外套]《王侯・貴族・裁判官用》.

erogenous zone theory
エロジェナスゾーンセオリー《英国の服飾史家 James Laver (1899-1975) が唱えた理論; 女性服における強調点は, 性感帯から他の場所へ移行していくという考え方》. ★レーバーの説では, 興味の対象となる部位が移行するサイクルは約 7 年とされる.

§Erté
エルテ (m) (1892-1990)《ロシア生まれのフランスのイラストレーター, ファッションデザイナー; 本名 Romain de Tirtoff; 米国版 *Harper's Bazzar* 誌の表紙のイラストを描いた (1916-26); Josephine Baker の衣裳のデザインも手掛けた》.

espadrilles
[複数形]〔靴〕エスパドリーユ《甲が布で底(しばしば縄を編んだもの)が柔らかい靴》. ★alpargatas ともいう.

esprit
〔感覚〕精神 (spirit); 機知, 才気, エスプリ.
【フランス語より】

Esprit
〔商標〕エスプリ《米国 Esprit 社のカジュアル・ファッションブランド》.

essence
本質, 真髄, 精髄, エッセンス.

essential oil
精油, エッセンシャルオイル《植物由来の強い芳香のある揮発性オイル; 香水, 化粧品, 芳香剤の原料, またアロマテラピーに使われる》.

Estée Lauder
〔商標〕エスティローダー《米国 Estée Lauder 社の化粧品ブランド; 同社は 1946 年に Estée Lauder 夫人と夫の Joseph が化粧品の製造を開始したのが始まり》.

§Estevez
エステヴェス Luis Estevez (m) (b. 1930)《キューバのハバナ生まれの米国のファッションデザイナー; 豪華なイヴニングウェアのデザインで知られる》.

esthetic
=aesthetic.

esthetician
〔美容〕=aesthetician.

etamine
〔マテリアル〕エタミン《粗目の細糸平織りの綿布・梳毛織物》.
【フランス語より】

etched-out print
〔マテリアル〕エッチトアウトプリント《化学的処理を施して模様の一部を色抜きするプリント手法》.

ethical fashion
〔ビジネス〕エシカルファッション (⇒ 次ページコラム). ★ethical は「道徳上の, 倫理的な」の意.

ethical trading
〔ビジネス〕エシカルトレーディング

《fair trade, sustainable fashion など，倫理にかなった取引の総称》.

ethnic
形 〈服装・料理などが〉少数民族(特有)の，エスニック(風)の.

Eton cap
〔小物〕イートンキャップ《まびさしの短い男子用の帽子》.
【英国のパブリックスクールイートン校の制服より】

Eton collar
〔ディテール〕イートンカラー《上着の襟にかける，白いリネン製の堅い幅広のカラー》.
【イートン校の制服より】

Eton crop
〔ヘア〕《女性の》刈り上げ断髪.
【イートン校の男子生徒の髪型より】

Eton jacket
〔衣服〕イートンジャケット《イートン校式の黒の短いジャケット；燕尾服に似ているが，尾がなく前開きのまま着用する》.

Eton suit
〔衣服〕イートンスーツ《Eton jacket, 黒または縞(しま)のズボンおよび黒のベストからなる主に少年用のスーツ》.

Eton jacket

§Eugénie
ウジェニー Eugénia Maria de Montijo de Guzmán, Comtesse de Teba (f) (1826-1920)《ナポレオン3世の妃；スペイン生まれ；フランス皇后(1853-70)；当時のファッションリーダー》.

Ethical Fashion

　ファッションは本来，世間が押しつける「倫理」や「常識」あるいは「正しさ」に対して，抵抗ないしそこから逸脱してみせることで，発展してきたようなところがある．ところが，2000年代，ファッションが「倫理的(ethical)」であることを目指しはじめた．良心的な取引を行ない人道的な支援を惜しまず，地球環境問題に配慮を払い，持続可能であること．こうした「倫理的」な姿勢をアピールして提案および消費されるファッションが，エシカルファッションである．

　始まりは，2005年，ロックグループU2のボノが妻とともに，地球環境と人道的支援に配慮していることをうたうEDUNを立ち上げたころである．セレブカルチャーの流行に後押しされて，2007年には「良心的消費」がファッション界のキーワードとなる．同年，菜食主義者のステラ・マッカートニーが皮革を使わないファッションラインを提案して人気を博し，ブランドが提供する各種のエコバッグが社会現象となる．なかでも，アニヤ・ハインドマーチの「私はレジ袋ではない (I'm Not A Plastic Bag)」と書かれたエコバッグは，限定個数で発売されたため，夜間から行列ができるなど世界の都市部でニュースになるほどだったが，バッグはその日のうちにインターネット上で数十倍の価格で取引された．その行為が「倫理的」かどうかは，問われていない．

Eugénie hat
〔小物〕ウジェニーハット《目深にかぶる羽毛の付いた帽子;もとは Eugénie 皇后が好んだもので,1930年代に流行した》.

evening bag
〔バッグ〕イヴニングバッグ《装飾の付いた小型高級ハンドバッグで,女性がフォーマルな夜会・パーティーなどに持って行くもの》.

evening coat
〔衣服〕イヴニングコート《イヴニングドレスの上にはおる豪華なコート》.

evening dress
〔衣服〕《女性用の》イヴニングドレス,夜会服 (evening gown);《男性用の》夜会服 (⇒ evening wear).

evening emerald
〔宝飾〕イヴニングエメラルド,ペリドット (peridot).

evening glove
〔小物〕=opera glove.

evening gown
〔衣服〕《女性用の》イヴニングガウン,夜会服《ゆるやかで長いドレスのことで,夜間の礼装としてはもっとも格調が高い》. ★**evening dress** ともいう.

evening wear
〔衣服〕《男性用の》イヴニングウェア,夜会服《正装は燕尾(えんび)服,略式正装はタキシード》.

evenweave
〔マテリアル〕イーブンウィーブ《経糸と緯糸の太さと張りが均等の織物;クロスステッチ刺繍用》.

ever green
1 常緑樹,ときわ木.
2 〔色〕エバーグリーン《暗い灰みの緑》. ★常緑樹の葉のような深い緑.

everlasting
形 永久の;耐久性のある.
名 〔マテリアル〕エバーラスチング《丈夫で緻密な毛織・綿毛織で,ゲートル・靴表地用》.

exclusive
形 独占的な,排他的な;限定的な,限られた;他にない,唯一の
: *exclusive* designer clothes 手に入れにくいデザイナーものの服.

executive
〔ビジネス〕執行役員,管理職,エグゼクティブ.

exercise
〔美容〕《体の》運動,エクササイズ
: lack of *exercise* 運動不足.

exfoliator
〔美容〕皮膚摩擦材,剥脱布,エクスフォリエーター《古い皮膚細胞をこそげ落として新細胞の発生を促す化粧品[道具]》.

exhibit /イグズィビット/
動 展示する,出品する.

exhibitor /イグズィビター/
出品者,出展者.

exotic /イグザティック/
形 異国情緒の,異国風の,エキゾチックな.

exoticism /イグザティスィズム/
〔感覚〕《芸術上の》異国趣味;異国風,異国情緒,エキゾチシズム.

expense
〔ビジネス〕支出;費用;[通例 expenses] 所要経費,実費,…費,手当
: clothing *expenses* 衣料費.

expensive
形 費用のかかる;高価な.

export
/イクスポート/ 動 輸出する.
/エクスポート/ 名 〔ビジネス〕輸出;[しばしば exports] 輸出品;[通例 exports] 輸出(総)額.

exporter /エクスポーター/
〔ビジネス〕輸出者,輸出商,輸出業者.

expressionism
[しばしば Expressionism]〔アート・デ

ザイン〕表現主義《19世紀末から,印象主義や自然主義の反動として起こった,作家の主観的感情表現を追求しようとする芸術思潮》.

extension
1 広げること,伸長,拡張;拡大.
2 [extensions]〔ヘア〕つけ毛,エクステンション
: hair *extensions* ヘアエクステンション.

extra-large
形〈服など〉特大サイズの,エクストラララージの《略 XL》.

extra-small
形〈服など〉特小サイズの,エクストラスモールの《略 XS》.

eye
〔ボディ〕1 目,眼.
2 虹彩,ひとみ;眼球;目のまわり,目もと
: *eye* wrinkles 目もとのしわ / *eye* bag 目袋.

eyebrow /アイブラウ/
〔ボディ〕まゆ;まゆげ
: shaved *eyebrows* 剃ったまゆげ.

eyebrow pencil
〔美容〕アイブロウペンシル《ペンシル状のまゆずみ》.

eye-catcher
〔ビジネス〕人目をひくもの,アイキャッチャー,目玉商品.

eye cream
〔美容〕アイクリーム《目もと専用のクリーム》.

eyeglass
〔小物〕眼鏡のレンズ;単眼鏡,片めがね;[eyeglasses] 眼鏡.

eyelash /アイラッシュ/
〔ボディ〕まつげ《1本・ひと並び》;[通例 eyelashes] まつげ《全部》
: flutter one's *eyelashes* まつげをパチパチさせる / false *eyelashes* つけまつげ.

eyelash curler
〔美容〕ビューラー,まつげカーラー《まつげをカールさせる道具》.

eyelash extensions
[複数形]〔美容〕アイラッシエクステンション《地まつ毛1本に対し1本ずつ人工毛で増毛すること》.

eyelet
1〔小物〕《ひもなどを通すためまたは装飾としての》円い小穴,アイレット;鳩目(金). (⇨ shoes さし絵).
2〔手芸〕アイレット(ワーク)《目打ち穴を巻縫いでかがったもの》;アイレットエンブロイダリー《アイレットワークの刺繍物》.

eyelid /アイリッド/
〔ボディ〕まぶた,眼瞼(がんけん)
: the upper [lower] *eyelid* 上[下]まぶた.

eyelift
〔美容〕美容眼瞼(がんけん)形成,アイリフト.

eyeliner
〔美容〕アイライナー《アイラインを描くときに使用する化粧道具で,目の輪郭を際立たせる》.★「アイライン」は和製英語.
: put on *eyeliner* アイラインを引く.

eye shadow
〔美容〕アイシャドー《目のまわりに陰影や色をつける化粧品》
: put on [apply] *eye shadow* アイシャドーをつける.

eye socket
〔ボディ〕眼窩(がんか).

eyestrain
〔美容〕目の疲労,疲れ目,眼精疲労.

eyewear
〔小物〕アイウェア《視力改善や眼の保護のための用具;眼鏡・コンタクトレンズ・ゴーグルなど》.

§Fabiani
ファビアーニ Alberto Fabiani (*m*) (b. 1910)《イタリアのファッションデザイナー; 1950-60 年代に活躍した》.

fabric
〔マテリアル〕織物, 生地, ファブリック《織物・ニット地・フェルト地など各種の布地》; 織方, 織地
: silk [woolen] *fabrics* 絹[毛]織物.

fabric softener [conditioner]
柔軟仕上げ剤, 柔軟風合剤《洗濯した生地・衣服を柔らかくふんわりした仕上がりにする》.

fabulous
形《口語》すばらしい, すてきな
: have a *fabulous* time 楽しい時間を過ごす / She looked absolutely *fabulous* in her black dress. ブラックドレス姿がとてもすてきだった.

face
名 1 〔ボディ〕顔, 顔面; 顔色, 顔つき, 顔貌.
2《物の》表面, 外面, 表側.
3《布・皮などの》表.
動〈服に〉見返し(facing)を付ける.

face cream
〔美容〕フェイスクリーム, 化粧クリーム.

face-lifting
〔美容〕フェイスリフティング, 顔の若返り術, 美容整形《皮膚のたるみやしわを取ったり, 筋肉を引き締める》
: have a *face-lifting* フェイスリフティング術を受ける.

face mask
〔美容〕《米》フェイスマスク《美顔用マスクや美顔用シートマスク》.

face massage
〔美容〕フェイスマッサージ《顔のマッサージ》.

face pack
〔美容〕フェイスパック《美顔用パック》.

face painting
フェイスペインティング《顔に扮装やカムフラージュのため, えのぐをぬること; ハロウィーンやサッカーの応援などで見られる》.

face powder
〔美容〕フェイスパウダー《ファンデーションのあとに付ける仕上げ用の粉おしろい》.

facet
〔宝飾〕名《結晶体・宝石の》小面, 彫面, ファセット《切子のようにカットされた一つ一つの面; ⇒ 次ページさし絵》.
動 …に切子面を刻む; ファセットをつくる.

face towel
フェイスタオル《小型のタオル》.

facial
〔美容〕美顔術, フェイシャル《クレンジング・マッサージ・パックを含む》.

facial cake
〔美容〕固形ファンデーション.

facing
〔ソーイング〕見返し, フェーシング《コントラストまたは補強のために衣服などの一部に重ねて当てた素材; ヘムやカフなどの折り返した部分の裏布など》.

faconne
形〈織物が〉細かく精巧な模様を出した, ファソネの.
名 ファソネ《細かく精巧な模様を出

した織物; その模様》. ★façonné ともつづる.
【フランス語より】

factor
1 要素, 要因, ファクター.
2 〔ビジネス〕問屋(とんや), 仲買人, 委託販売人.

factory
〔ビジネス〕工場, 製造所.

factory outlet
〔ビジネス〕工場直販店.

fad
〔ファッション〕一時的流行[熱狂], ブーム, ファド
: a passing *fad* 一時のはやり/the current *fad* 今の流行.

faddism
一時的流行を追う傾向, 流行かぶれ.

fade
動〈色が〉あせる;〈容色が〉衰える, うつろう.

faded
形 色あせた; 衰えた
: *faded* denim 色あせたジーンズ.

fading
《容色・気力などの》衰え; 退色.

fagoting
〔手芸〕ファゴティング《布と布を糸などでかがり合わせること; 布レースの飾り接(は)ぎ, また布を千鳥がけでつなぎ合わせることもいう》. ★faggoting ともつづる.

fagot-stitch
〔手芸〕ファゴットステッチ《fagoting に用いるステッチ》.

faille
〔マテリアル〕ファイユ《衣服または室内装飾用の軽いつや消しうね織り生地》.
【フランス語より】

fair
形 色白の; 金髪の, ブロンドの (⇔ dark)
: a boy with *fair* hair 金髪の少年. ★白人の皮膚・髪の色についていう.

§Fairchild
フェアチャイルド John Fairchild (*m*) (b. 1927)《米国のファッションジャーナリスト; *Women's Wear Daily* 紙の発行人をつとめた (1960-71)》.

fair-faced
形 色白の; 美しい.

fair-haired
形 金髪の.

Fair Isle
[しばしば **fair isle**] フェアアイル《1)〔マテリアル〕スコットランド北東沖のシェトランド諸島にあるフェア島で始まった多色の幾何学的模様 2)〔衣服〕フェアアイルのセーターなど》. ★1920 年代, 英国皇太子時代の Edward 8 世が, ゴルフのプレイの際にフェアアイルセーターを愛用したことから広まった.

fair trade
〔ビジネス〕公正取引《公正取引協定 (fair-trade agreement) に従った取

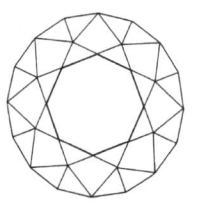

facet

引》，フェアトレード《途上国の産品の輸入において，適正価格で取引するのみならず，途上国の社会発展に資するよう継続性などの面でも配慮する貿易形態》.

fair-trade agreement
〔ビジネス〕公正取引協定《不当競争を避けるため，商標のついた商品は所定価格未満では売らない，という生産業者と販売業者との協定》.

fake
图 模造品，にせもの，フェイク，まやかしもの；いんちき.
形 にせの，まやかしの，模造の
: *fake* pearls 模造真珠.

fake fur
〔マテリアル〕フェイクファー，模造毛皮.

falbala
〔ディテール〕《女性服の》裾飾り，裾ひだ，ファルバラ.
【フランス語より】

falling band
〔ディテール〕フォーリングバンド《17世紀に男性の服に見られた豪華な幅の広い平らな折返し襟》.

falling collar
〔ディテール〕フォーリングカラー《17世紀の男性が着用した幅広の折返し襟；これが豪華になったのが falling band》.

falling ruff
〔ディテール〕フォーリングラフ《17世紀に流行した肩に沿って落ちるようなラフ》. ★ruff は「ひだ襟」の意.

fan
〔小物〕おうぎ，扇子.

fancy
形 風変わりな，奇抜な，おかしな，装飾的な，手の込んだ (⇔ plain)
: *fancy* buttons 飾りボタン.

fancy dress
〔衣服〕仮装服，ファンシードレス.

fancy yarn
〔マテリアル〕ファンシーヤーン，意匠糸《太さ，色，繊維など違う糸を撚(ょ)り合わせた糸》.

fanny pack
〔バッグ〕《米》ウエストバッグ，ウエストポーチ (《英》bum bag). ★fanny は《米口語》で「お尻」の意.

§Farhi
ファーリ Nicole Farhi (*f*) (b. 1946)《フランスのファッションデザイナー・彫刻家》.

farthingale
ファージンゲール (**1**)〔小物〕16–17世紀にスカートを円錐形に広げるのに用いた鯨鬚(ひげ)などでつくった腰まわりの張り輪 **2**)〔衣服〕それで広げたスカートまたはペティコート》.

fascinator
〔小物〕ファシネーター《昔の女性が頭などに巻いたかぎ編みのかぶりもの；21世紀に羽根や花などのついたヘッドドレスとして復活》.

fashion
1《服装・髪型などの》流行，はやり，ファッション
: come into *fashion* 流行してくる / go out of *fashion* 流行遅れになる / This is the latest *fashion*. これが最新の流行です.
2 ファッション業，ファッション研究
: a *fashion* magazine ファッション雑誌.

fashionable
形 流行の，今ふうの，はやりの，今人気の，おしゃれな，ファッショナブルな
: a *fashionable* color 流行色.

fashion-conscious
形 ファッション意識の高い，最新の流行に敏感な.

fashion coordinator
ファッションコーディネーター《企業内で商品企画の立案や情報の分析や

収集，また販売促進計画など全体を調整する人》．

fashion cycle
〔ビジネス〕流行周期，ファッションサイクル《衣類その他の非耐久財のデザイン・柄・色・スタイルなどが，はやり始めから流行のピークに達し，やがて飽きられ姿を消すサイクル》．

fashion designer
ファッションデザイナー．

fashion director
ファッションディレクター．

fashion forecast
ファッション予測，ファッションフォーカスト《衣料品や宝飾品において，大多数の人がどのような色やファッションスタイルを求めるかを予測して提案すること》．★forecast は「予想，予測する」の意．

fashion house
ファッションハウス《流行の服をデザイン・製作・販売する会社》．

§**Fashion Institute of Technology**
ファッション工科大学《ニューヨークにある服飾品製作技術学校; 略 FIT》．

fashionista
最新のファッションのデザイナー[仕掛け人]; 最新ファッションを追いかける人，ファッションに敏感な人，ファッショニスタ．

fashion press
ファッションプレス《ファッション関連の情報を報道する，新聞，雑誌，テレビなどのメディアを指す》．★press は「報道機関，マスコミ」の意．

fashion promotion
〔ビジネス〕ファッションプロモーション《小売店でのファッション商品の販売促進; 新聞・雑誌広告，ウインドーディスプレーなど》．★promotion は「販売促進」の意．

fashion research
ファッションリサーチ《ファッション商品について予測するために，消費者調査や各品目の過去の実績を調べること》．

fashion show
ファッションショー．

fashion trend
ファッショントレンド《ファッションのスタイル・色・素材・デザインなどの傾向》．

fashion victim
《口語》ファッションヴィクティム《トレンド情報に影響されやすく，すぐに流行ものに飛びつくため，ファッション産業のいいカモにされていると，哀れみの目で見られている人》．★victim は「被害者」「えじき」の意．

fashion week
ファッションウィーク（⇨ コラム）．

fastener
留め金具，締め金具，ファスナー（ジッパー・クリップ・スナップなど）．

fast fashion
〔ビジネス〕ファストファッション《そのシーズンの流行をすばやく取り入れ，低価格で販売するチェーン業態》．

§**Fath**
ファット Jacques Fath (m) (1912-54)《フランスのファッションデザイナー; 1948 年より米国で既製服をデザインした》．

fatigues /ファティーグ/
[複数形] 作業服，野戦服．★fatigue clothes, fatigue uniform ともいう．

Fauntleroy
形〈服装が〉フォーントルロイに似た，小公子風の《1886-1914 年に米国であらたまった服として着用された男児服; カラーとカフに幅広の白いレースのラッフルが付いた黒のベルベットのチュニック・膝丈のズボン・黒のストッキングにパンプスをは

き，髪は肩まで垂れている; ⇨ Little Lord Fauntleroy》．

fauvism
[しばしば **Fauvism**]〔アート・デザイン〕野獣主義，フォーヴィスム《20 世紀初頭 Matisse, Rouault, Dufy などによる絵画運動; 原色と荒々しい筆触を用いて野獣にたとえられ，ファッション分野にも大きな影響を与えた》．

faux /フォー/
形 虚偽の，にせの，人造の
: *faux* leather 人工皮革．
【フランス語より】

feather
1 〔小物〕《帽子などの》羽根飾り．
2 《宝石・ガラスの》羽状のきず，フェザー．

featherbone
〔マテリアル〕羽骨(うこつ)《ニワトリ・アヒルなどの羽の茎からつくった '鯨骨' (whalebone) の代用品》．

feather cut
〔ヘア〕フェザーカット《1940 年代に流行したショートヘア; 鳥の羽毛のようにカールをセットしたもの》．

feather stitch
〔手芸〕フェザーステッチ《羽のような装飾的デザインの V 字形ステッチ》．

fedora
〔小物〕フェドーラ《(バンド付きの)フェルトの中折れ帽》．
【サルドゥーの戯曲 *Fédora* (1882) より】

fell
動〈縫い目のへりを〉伏せ縫いにする (⇨ welt seam)．
名〔ソーイング〕伏せ縫い．

fell seam
〔ソーイング〕= flat felled seam.

felt
名〔マテリアル〕フェルト《再生羊毛などに蒸気熱と圧力を加えて縮絨(じゅうじゅう)した布地》; フェルト製品[帽]．
形 フェルト製の
: a *felt* hat フェルト帽，中折帽．
動 フェルト状にする，フェルトでおおう．

Fashion Week

ファッションウィークとは，各都市においてほぼ一週間かけて行なわれるファッション業界のイベントである．四大ファッションウィークが行なわれる都市として，ニューヨーク，ロンドン，ミラノ，パリが名高い．このイベントは日本語で「コレクション」と呼ばれることも多いが，英語では「ファッションウィーク」という呼び名が定着している．ファッションデザイナーやブランド，あるいは「メゾン」が，バイヤーやジャーナリストを中心とする観客に対し，モデルに服を着せてランウェイを歩かせるショー形式で，最新の作品を提示する．主要ファッション都市においては，ファッションウィークが行なわれるのは一年に二度．1 月から 3 月にかけて，その年の秋冬シーズン (A/W) のための作品が，9 月から 11 月にかけては，翌年の春夏シーズン (S/S) のための作品が発表される．シーズンが到来するまでの半年間という期間で，ブランドはバイヤーや上顧客向けのショーやプロモーションを行ない，ジャーナリストは流行を予測，あるいは創出するような情報を伝え，ファッション業界全体でトレンドを浸透させていく．

felting
〔マテリアル〕フェルト製法，縮充(じゅう); フェルト地，フェルト製品.

feminine
形 (⇔ masculine) 女の，女性の，婦人の; 女性特有の，やさしい，かよわい; 〈男が〉女みたいな，めめしい，軟弱な.

fence net
〔小物〕フェンスネット《網目が金網フェンスのように大きい網目織物 (fishnet)》
: *fence net* stockings 編目の大きいストッキング.

Fendi
〔商標〕フェンディ《LVMH社傘下のイタリアのファッションブランド; 毛皮製品で知られる》.

§Féraud
フェロー Louis Féraud (*m*) (1921-99)《フランスのファッションデザイナー; 繊細な色使いを特徴とし，オートクチュールと既製服を手掛けた》.

§Ferragamo
フェラガモ Salvatore Ferragamo (*m*) (1898-1960)《イタリアの靴デザイナー; 米国でハリウッドの女優の靴を手掛けた後，1927年にフィレンツェに大きな工房を開いた; はき心地と斬新なデザインを両立させたデザイナーとして名を確立した》.

§Ferré
フェレ Gianfranco Ferré (*m*) (1944-2007)《イタリアのファッションデザイナー; パリのDiorのデザイナーもつとめた (1989-96); 知的で高級感のある機能的な服をつくり続ける》.

§Ferretti
フェレッティ Alberta Ferretti (*f*) (b. 1950)《イタリアのファッションデザイナー; 1985年ミラノに店を開いた》.

ferrule /フェルル, フェルール/
〔小物〕《杖・傘などの》石突き;《ナイフの柄などの》金輪(かな), フェルール.

§Feuillets d'art
[*Les Feuillets d'art*]『レフォイエダール』《1919-22年刊行されたフランスのファッション・アート評論誌》.

fez
〔小物〕フェズ，トルコ帽《バケツを伏せた形の赤いフェルトの帽子で，黒いふさが付いている; cf. tarboosh》.【モロッコの地名より】

fez

fiber | fibre
1《一本の》繊維，ファイバー《1)植物体の組織をつくる 2)神経繊維・筋繊維など 3)紡いで糸・織物をつくる天然・人工のもの》.

2 繊維製品《布など》; 繊維質，繊維組織.

3〔美容〕食物繊維，繊維食物《腸の蠕動(ぜんどう)を促す不消化物，またそうしたものを多く含む食物》.

fiber dyeing
〔マテリアル〕= stock dyeing.

fiberfill
〔マテリアル〕《ふとんなどの》合成繊維の詰め物.

fibula
(複数形 fibulae, fibulas)〔小物〕留針，フィビュラ《古代ギリシア・ローマ人が布を巻いて着用するときに用いた装飾ピン》.

fichu
〔小物〕フィシュ《1)三角形のスカーフまたはショールで，肩にかけ胸の位置で結ぶ 2)ブラウスやドレスのフィシュに似

fichu 1)

せた胸飾り》.
【フランス語より】
§Figueroa
フィゲロア Bernard Figueroa (*m*) (b. 1961)《フランスの靴デザイナー；1992年ニューヨークに注文靴の店を開いた》.
figurative
形 比喩的な，形容的な；表象的な，象徴的な
: a *figurative* design 象徴的な意匠.
figure
1 人の姿；《絵画・彫刻などの》人物，絵姿，肖像；《人や動物をかたどった》像，フィギュア；《特に女性の》体型，スタイル，姿，容姿，風采.
2 数字.
Fila
〔商標〕フィラ《イタリア Fila 社のスポーツウェアのブランド》.
filament
〔マテリアル〕長繊維，フィラメント.
filament blend yarn
〔マテリアル〕混織糸《2種類以上の長繊維を混ぜ合わせた糸》．★**co-spun yarn** ともいう．
filet /フィレイ，フィレイ/
〔手芸〕メッシュレース，フィレレース《メッシュ地をダーニングステッチ (darning stitch) で埋めながらさまざまなパターンをつくり出すレース》．
★**filet lace** ともいう．
【フランス語より】
filigree
〔宝飾〕金銀線細工，フィリグレ《細かい金細工のこと；金を細く伸ばした針金状のものを編み合わせたりしてつくられる芸術的な作品》．
fillebeg
〔衣服〕＝kilt.
fillet /フィレット/
〔小物〕細長いひも，髪ひも，リボン，ヘアバンド；《ひも状の》帯．
filling
1〔マテリアル〕《織物の》横糸，緯糸 (weft).
2 フィリング《(1)〔手芸〕レース・刺繍の模様内を埋めるステッチ 2) 布に肉付けする詰物》.
filling knitting
〔手芸〕横編み.
filling stitch
〔手芸〕フィリングステッチ《刺繍の模様内を埋めるステッチ》．★単に **filling** ともいう．
fine
形 **1** 細い，ほっそりした；《粒子の》細かい (⇔ coarse), 《織り目などの》細かい，緻密な；薄い
: a *fine* thread 細糸．
2 美しい；美貌の，端麗な；《米俗語》魅力的な，セクシーな．
fine jewelry
〔宝飾〕ファインジュエリー《宝石と貴金属で構成されるジュエリー；costume jewelry と対極をなす；⇨ Costume Jewelry コラム》．
finger
〔ボディ〕手の指；《手袋の》指．
fingerless glove
〔小物〕指出し手袋，フィンガーレスグラブ．(⇨ Glove コラム).
fingernail
〔ボディ〕指の爪．
fingertip
名〔ボディ〕指先．
形《コートなどが》フィンガーティップ丈の《腕を下げたときの肩から指先までの着丈》．
finger wave
〔ヘア〕フィンガーウェーブ《水やセットローションなどで湿らせた髪を指先で巻きながらつくるウェーブ》．
finishing
〔マテリアル〕〔ソーイング〕最後の仕上げ；《特に各種製品・細工品などの》仕上げ工程，フィニッシング．
finnesko

(単数・複数同形)〔靴〕フィネスコ《外側が毛皮のトナカイ革のブーツ》.【ノルウェー語 finnsko「フィンランド人のはく靴」より】

§**Fiorucci**

フィオルッチ Elio Fiorucci (*m*) (b. 1935)《イタリアのファッションデザイナー; 1967 年よりミラノで既製服ブランドを展開; ターゲットを若年層にしぼり, ビニール製の靴やバッグやジーンズも手掛ける》.

first finger

〔ボディ〕人差し指 (forefinger).

fishbone stitch

〔手芸〕フィッシュボーンステッチ《魚の骨の形に刺す刺繡のステッチ》.

§**Fisher**

フィッシャー Harrison Fisher (*m*) (1875-1934)《米国のイラストレーター; 1900 年代から *Cosmopolitan* 誌の表紙のイラストを描いた》.

fishnet

图〔マテリアル〕目の粗い網目織物, フィッシュネット.
形 網目織りの〈布・衣類〉
: *fishnet* stockings 網目[フィッシュネット]のストッキング.
★fishnet は「魚網」の意.

fit

動 …に適合する, 合う, フィットする
: These gloves *fit* me well. この手袋はぴったりだ.
图 適合; 《衣服などの》合いぐあい, フィット感; [通例 **a fit**] 体に合う衣服
: *a* perfect *fit* ぴったりフィットする服 / The coat is *an* easy [*a* poor] *fit*. このコートは体によく合う[合わない].

§**FIT**

《略語》Fashion Institute of Technology.

fit-and-flare

形 フィットアンドフレアの《上半身はぴったりとし, ボトムにはフレアの入ったシルエットのことをいう》.

fit model

〔ファッション〕フィットモデル《アパレルメーカーが服を製品化する前にサンプルサイズのものを試着させて検討する男女のモデル》.

fitness

〔美容〕良好な体調[健康状態], フィットネス.

fitness ball

〔美容〕フィットネスボール《エクササイズ用のバランスボール》.

fitness club

〔美容〕フィットネスクラブ.

fitted

形 〈服が〉体に合わせてつくられた, フィッテッド
: a *fitted* shirt 体の線にぴったりしたシャツ.

fitter

衣服[靴]を合わせる人, 補整師, フィッター
: a shoe *fitter* シューフィッター / a garment *fitter* ガーメントフィッター.

fitting

〔ソーイング〕合わせること; 仮縫い(の試着), 寸法合わせ; 《英》《服の》型, 大きさ.

fitting room

《洋服屋・仕立屋の》仮縫い室; 《服飾品店などの》試着室, フィッティングルーム.

flagship store

〔ビジネス〕母店, 旗艦店《本店または中心街の店舗で他の支店に比べて重要性の高いもの; 通例 幹部職員が常駐する》.

flak jacket

〔衣服〕防弾チョッキ. ★**flak vest** ともいう. flak は「高射砲」の意.

flame stitch

〔手芸〕フレームステッチ《火炎状のジ

グザグ模様をつくる刺繡のステッチ》.

flammeum
〔小物〕フラメウム《古代ローマの花嫁のベール; 魔除けのため炎の色だった》.

flannel
〔マテリアル〕フランネル,フラノ,本ネル《紡毛糸を用いた柔らかくて軽い織物》; 綿(ﾒﾝ)ネル (cotton flannel); [flannels] フランネルの衣類《肌着・ズボンなど》; [flannels]《口語》毛織の厚い肌着;《英》浴用タオル《《米》washcloth》
: a warm *flannel* skirt 暖かいフランネルのスカート.

flannelette
〔マテリアル〕フランネレット《片面または両面をけばだてた軽量の綿(ﾒﾝ)ネル》.

flap
〔ディテール〕《ポケットの》フラップ,雨ぶた,《つば広帽子の》垂れぶち, フラップ.

flapper
〔ファッション〕《口語》《奔放な》現代娘, フラッパー《1920年代に服装や行動などで伝統的価値を逆なでするような態度をとった若い女性》.

flap pocket
〔ディテール〕フラップポケット《スーツの上着の雨ぶたの付いたポケット》.

flare
〔ディテール〕《スカートの》フレア; [flares] フレア型のズボン[スラックス], フレアパンツ. ★flare のもとの意味は「ゆらめく炎」.

flat
形 平らな, 平たい,〈靴が〉かかとの低い, フラットな.
名 [flats] ヒールのない[低い]靴[スリッパ];〔小物〕《英》麦わら帽子《女性用で扁平》.

flat cap
〔小物〕フラットキャップ《16-17世紀にロンドン市民が着用した浅い縁なし[細縁]帽》.

flat felled seam
〔ソーイング〕フラットフェルドシーム, 折伏せ縫い《縫いしろしまつの一種でジーンズなどで使われる》.
★fell seam ともいう.

flat-front pants [trousers]
[複数形]〔衣服〕フラットフロントパンツ[トラウザーズ]《プリーツ[タック]の入らないズボン》.

flaw
1 きず, 欠点.
2《宝石・磁器などの》きず, ひび, 割れ目
: *flaws* in a gem 宝石のきず.

flax
1 アマ(亜麻)《中央アジア原産のアマ科の一年草》.
2〔マテリアル〕亜麻の繊維, 亜麻, フラックス《織物・麻糸用》; 亜麻布, リネン (linen).
3〔色〕フラックス《明るい灰みの赤みをおびた黄》.

flea market
フリーマーケット, ノミの市(ｲﾁ), 古物市
: *flea market* clothes 古着.

fleece
〔マテリアル〕**1**《羊・アルパカなどの》毛被, 羊毛; フリース《一頭一刈り分の羊毛》.
2 フリース《1) 毛あしの長いけばでおおわれた柔らかい毛織物または合成繊維の生地; 裏地・服地用 2) そのけば》.

flesh
〔色〕フレッシュ《ごく薄い黄赤》.
★flesh の基本的な意味は「肉」「肉体」「肌」など.

flesh side
〔マテリアル〕肉面 (⇔ grain side)《獣

皮の肉の付いた側)).

flight jacket
〔衣服〕フライトジャケット《チャック式の革製上着；前部にポケットが付き，腰と袖口は毛糸編み》.
【第二次大戦の飛行服に似ていることから】

flight suit
〔衣服〕飛行服，フライトスーツ《軍用機搭乗者が着用する；耐火性がある》.

flip-flops
[複数形]〔靴〕ビーチサンダル，ゴムぞうり.

float
〔マテリアル〕浮糸《錦織にみられるように模様をつくり出すために数本の経糸[緯糸]を飛び越えて織り込まれる経糸[緯糸]》.

flock
〔マテリアル〕一ふさの羊毛[毛髪]；毛くず，綿くず，ぼろくず，フロック；《フロック加工に用いる》毛くず・綿くずの粉末.

flocking
〔マテリアル〕フロッキング，フロック加工《着色した毛くず・綿・レーヨンなどを接着剤塗布面にふりかけ，型付けして出した特殊な模様；壁紙などに施される》.

floor-length
形〈衣服など〉床に届く長さの，床まで届く.

floral
形 花模様の，花柄の
: a *floral* dress 花柄のワンピース / *floral* prints 花柄プリント，フローラルプリント.
名 花模様，花柄；花模様の生地[壁紙，家庭用品など].

flounce
〔ディテール〕《スカートの》ひだ飾り，フラウンス.

fly
[《英》ではしばしば **flies**]〔ソーイング〕《ファスナー・ボタン列などを隠す》比翼(あき)，フライ，《特にズボンの》前あき.

fly front
〔ソーイング〕比翼(あき)，フライフロント《コート・シャツ・ズボンなどの前あきの前面を二重仕立てにしてボタン列[ファスナー]を隠すようにしたもの》.

flying suit
〔衣服〕《つなぎの》飛行服《軍用機のパイロットなどが着用する》.

fly stitch
〔手芸〕フライステッチ《Y字形またはV字形に刺す刺繍のステッチ》.

foam
〔美容〕泡，フォーム.

fob
1〔ディテール〕時計隠し，フォブ《ズボン上部・チョッキの懐中時計入れの切りこみポケット》.
2〔小物〕《ズボンのポケットから垂らす》懐中時計の小鎖[ひも，リボン].★**fob chain** ともいう.
3〔小物〕《米》fob chain の先に付ける飾り《メダル・キーなど》.

FOB, f. o. b.
《略語》〔ビジネス〕free on board.

fob chain
〔小物〕=fob 2.

§Fogarty
フォガーティ **Anne Fogarty** (*f*) (1919-80)《米国のファッションデザイナー；ジュニアサイズのドレスのデザイナーとして知られた》.

fold
1〔ディテール〕折りたたみ；折り目；折りたたんだ部分，ひだ，重なり.
2〔ボディ〕ひだ，皺襞(しゅうへき).

folded yarn
〔マテリアル〕撚(よ)り糸《繊維の束に撚りをかけて糸にしたもの》.

folkloric
形〈服のスタイルが〉農民の服を連想

させる，フォークロア調の．★もともとは「民間伝承の」の意．

§Fontana
フォンタナ《ローマで1943年に創業したファッションハウス》．

fontange
〔ヘア〕フォンタンジュ《1700年前後に流行した丈の高い女性の髪型》．★fontanges ともつづる．
【フランス語より; Louis 14世の寵愛をうけた Duchess of Fontanges (d. 1681) にちなむ】

foot
(複数形 feet) **1** 〔ボディ〕足《足首から下》．(⇨ leg さし絵).
2 フィート《長さの単位: = 12 inches, $1/3$ yard, 30.48 cm; 足の長さに由来する名称; 略 ft》．
3 足部《靴下の足の入る部分など》．

footbed
〔靴〕《靴・ブーツの》中底．

footcare
形 足の手入れの，足美容の．

footgear
〔靴〕= footwear．

footlet
〔小物〕《女性用の》短靴下《くるぶしから下の部分あるいはつまさきだけをおおう》．

footwear
〔靴〕はき物，フットウェア《靴・ブーツ・靴下など》．★footgear ともいう．

fop
しゃれ者，めかし屋，かっこをつける男．

forage cap
〔小物〕《通常軍装のときの歩兵の》略帽．★forage は「《牛馬の》まぐさ，かいば」の意．

§Ford
フォード **Tom Ford** (*m*) (b. 1962)《米国のファッションデザイナー; 1994年 Gucci のクリエイティブディレクターに就任; 数々の賞を受賞し，2001年イヴ・サンローラン・リヴゴーシュのクリエイティブディレクターに就任; 2004年 Gucci 及び Yves Saint Laurent のクリエイティブディレクターを辞任後，2005年 Tom Ford 社を設立》．

forearm
〔ボディ〕前腕《ひじから手首まで》．

forefinger
〔ボディ〕人差し指 (first finger, index finger).

forehead /フォーヘッド，ファレッド/
〔ボディ〕ひたい，額，前頭
: a high [low] *forehead* 広い[狭い]額．

foreign
形 外国の，異国の (⇔ domestic); 対外の; 在外の; 外国産の
: *foreign* goods 外国製品 / *foreign* students 外国人学生，留学生 / *foreign* investment 海外投資．

foresleeve
〔ディテール〕フォアスリーブ《袖の手首からひじまでの部分》．

forest green
〔色〕フォレストグリーン《くすんだ青みの緑》．★forest は「森」の意．

Forever 21
〔商標〕フォーエヴァートゥエンティワン《米国 Forever 21 社による代表的なファストファッションブランド》．

form
形，形状，形態; 《人などの》姿(かたち)，姿態，外観; 人影，物影; マネキン(人形)．

formal
〔衣服〕《米》夜会服，イヴニングドレス．

formal dress
〔衣服〕フォーマルドレス《主に女性がフォーマルな場面で着るドレスのこと; evening gown など》．

formalwear

〔衣服〕正装用の服，式服，フォーマルウェア．

formula
《薬・飲み物などの》製法，処方，調合の仕方．

§Fortuny
フォルチュニー Mariano Fortuny (*m*) (1871-1949)《スペイン生まれのテキスタイルデザイナー，ファッションデザイナー; Isadora Duncan の衣裳をつくった; 古代ギリシアの衣裳に触発された「デルフォス」ドレスで名高い》．

foulard
〔マテリアル〕フーラール《しなやかな薄絹またはレーヨン》;〔小物〕フーラール製ハンカチーフ[ネクタイなど]．

【フランス語より】

foundation
1〔美容〕ファンデーション《化粧下として用いる化粧品; リキッド状・クリーム状・固形などがある》．

2〔衣服〕=foundation garment.

3〔ソーイング〕《衣類・帽子などの》補強材料，芯．

4〔手芸〕《編物の》編みもと《編み出しの一列》．

foundation cream
〔美容〕ファンデーションクリーム《化粧下地用のクリーム》．

foundation designer
下着デザイナー．

foundation garment
〔衣服〕ファンデーション《体形を整える女性用下着; コルセット，ガードルなど》．★単に foundation ともいう．

§Fouquet
フーケ Georges Fouquet (*m*) (1862-1957)《フランスの宝飾商; アール・ヌーヴォーのジュエリーを扱った》．

fourchette
〔小物〕フルシェット，まち《手袋の指の前後を連ねる小さな皮または布切れ》．

【「フォーク」の意味のフランス語】

four-in-hand
〔小物〕《米》フォアインハンド《幅タイ，結び下げタイ，およびその結び方(一重結び)をさす》．★ four-in-hand とは「4頭立て馬車」の意で，この御者が初めて結び目のあるネクタイをしたことから．(⇨ Necktie コラム).

fox
キツネ;〔マテリアル〕キツネの毛皮．

§Fox
フォックス Frederick Fox (*m*) (b. 1931)《オーストラリア生まれの帽子デザイナー; ロンドンに店を開き，Elizabeth 女王などロイヤルファミリーを顧客にする》．

foxing
〔靴〕フォクシング《靴の甲皮の上にあてる材料》;《靴の》腰皮の下の方を装飾する革片．

fragrance
〔美容〕フレグランス，香水，芳香剤．

fraise
フレーズ **(1)**〔ディテール〕16世紀に流行したひだ襟 (ruff) **2)**〔小物〕19世紀初頭に流行した刺繍飾りのあるスカーフ; 両端を胸で交差させてブローチなどで留めた》．

【フランス語より】

frame
1〔ボディ〕《人間・動物の》体格，体つき．

2 [frames]〔眼鏡の〕フレーム．

3〔手芸〕刺繍の製作台．

franchise
図〔ビジネス〕フランチャイズ **(1)** 製造元が，卸売[小売]業者に与える一定地域の一手販売権 **2)** ファーストフードチェーン店などののれんを用いての営業権); 一手販売地域; フランチャイズ[チェーン](加盟)店．

動 ...にフランチャイズを与える.

§Fratini
フラティニ Gina Fratini (*f*) (b. 1934)《日本生まれの英国のファッションデザイナー; フリルやレースを使ったロマンチックなドレスヘアヒイスを得意とする》.

fray
《布などの》すりきれたところ, ほつれた箇所.

free
形 自由な, 独立した, 束縛のない; 無料の; 無税の, 免税の.

free on board
形 本船渡しの《貿易の価格条件のひとつ; 貨物が積出港で本船に積み込まれるまで売り手が費用と危険を負担する; 略 FOB》.

freestanding
形 加盟会員になっていない, 系列下にない, 独立した.

freestyle embroidery
〔手芸〕自由刺繡《布の織り目に左右されずに自由に刺すもの》.

§French
フレンチ John French (*m*) (1907-66)《英国の写真家; スタイリッシュで整然としたモノクロ写真で知られた》.

French braid
〔ヘア〕《米》編み込みのお下げ髪, フレンチブレード(《英》French plait).

French cuff
〔ディテール〕フレンチカフ《折り返してカフボタンで留めるダブルカフ; cf. barrel cuff》.

French heel
〔靴〕フレンチヒール《付け根が太く中央部がくびれた高いヒール》.

French hood
〔小物〕フレンチフード《16世紀に最初はフランスで流行して後にヨーロッパに広がった女性用のかぶりもの; レースなどのひだ飾りがついた, 固い枠の入った小さなボンネット》.

French knot
〔手芸〕フレンチノット《針に2回以上糸を巻き, もとの穴に通してつくる飾り結び目; 刺繡のステッチの一種》.

French plait
〔ヘア〕《英》=French braid.

French pleat
〔ヘア〕《英》=French twist

French roll
〔ヘア〕フレンチロール《髪を後ろにひとつにまとめて縦巻きにした女性のヘアスタイル》.

French seam
〔ソーイング〕袋縫い, フレンチシーム《両切れの端をまず表で縫い合わせ, 次に裏から縫って布の端をすっかりおおってしまう縫い方》.

French sleeve
〔ディテール〕フレンチスリーブ《袖付けの切替えがなく, 身ごろとひと続きになっている袖; cf. kimono sleeve》.

French twist
〔ヘア〕フレンチツイスト《ポニーテール状の髪をねじり上げたまとめ髪の一種, 巻き上げ髪》. ★**French pleat**ともいう.

friction calender
摩擦つや出し機, フリクションカレンダー《摩圧によって紙や布などに光沢をつけるロール》.

friction calendering
〔マテリアル〕摩擦つや出し, フリクションカレンダー仕上げ《friction calender によって紙や布などに光沢を与えること》.

frieze
〔マテリアル〕フリーズ《片面を起毛した厚地のオーバー用粗紡毛織物; 昔はオランダのフリースランド, 現在はアイルランド産》.

frill
〔マテリアル〕フリル, へり飾り, ひ

だべり.

fringe
1 〔ディテール〕《肩掛け・裾などの》ふさ飾り, フリンジ.
2 〔ヘア〕《英》フリンジ (《米》bangs)《額にかかるように垂らしてカットした前髪》.

§Frissell
フリッセル **Toni Frissell** (*f*) (1907-88)《米国の写真家; 戸外でのファッション写真の撮影は, 当時としては前衛的なものだった》.

§Frizon
フリゾン **Maud Frizon** (*f*) (b. 1941)《フランスの靴デザイナー; Alaïa や Missoni などのために靴を製作した》.

frizz
〔ヘア〕縮れ, 縮れ毛.

frizzle
動 〈毛髪などを〉縮らせる.
名 〔ヘア〕細かく縮れた毛, 縮れ髪.

frizzy
形 縮れ毛の; 細かく縮れて(いる), ちりちりの; 縮れ毛におおわれた
: *frizzy* hair 縮れ毛.

frock
〔衣服〕1 フロック《いろいろなタイプのドレスのこと》; スモック《上下続きの室内用子供服》;《農作業者・労働者などの》ゆったりした仕事着, スモックフロック (smock frock);《船員の着る》ウールのジャージ服; フロックコート (frock coat); フロックコート型の軍服.
2《袖が広く裾丈の長い》修道服, 司祭服.

frock coat
〔衣服〕フロックコート《主にダブル前のひざ丈の男性用コート》. ★**Albert coat** ともいう.

frog
〔小物〕フロッグ《(1) モールや打ちひもでつくった上着やパジャマなどの飾りひもボタン 2) 軍服などの上衣の肋骨状の飾り》.

frogging
〔小物〕《衣服の》フロッグ飾り (⇒ frog).

front
1 〔衣服〕前, フロント; 〔ソーイング〕前身ごろ.
2 〔ヘア〕《女性の前髪用の》ヘアピース.

frog

frontlet
〔小物〕フロントレット《額(ひたい)を飾る帯またはリボン》.

frothy
形 細かい泡のような, 泡状の; 軽く薄い生地の.

ft
《略語》feet, foot.

fuchsia purple
〔色〕フューシャパープル, フクシアパープル《あざやかな赤紫》. ★フクシア (fuchsia) の花のような紫色.

full grain (leather)
〔マテリアル〕毛と表皮層を除去しただけの銀面を残している皮.

fulling
〔マテリアル〕《毛織物の》縮絨(しゅくじゅう)《湿らせて意図する風合を出す》.

full slip
〔衣服〕⇒ slip.

funfur
〔マテリアル〕ファンファー《毛皮に似た風合の, 特に色あざやかな人工毛皮》.

funnel collar
〔ディテール〕ファネルカラー《じょうご型に高く立ち上がった襟; コート・ジャケット用》.

fur
〔マテリアル〕《哺乳動物の》毛衣,《特

に上にかぶさる粗毛と区別して》下毛, 軟毛, 柔毛; 毛皮《被毛のある皮》;《加工した》毛皮; [しばしば furs] 毛皮製品, 毛皮服; 毛皮の襟巻[手袋, 裏, 縁取りなど]; 人造毛皮(製品).

furbelow
〔ディテール〕《スカート・ペティコートの》ひだ飾り, 裾ひだ, ファービロウ.

fused seam
〔ソーイング〕フューズドシーム《ミシンや手縫いでなく, 接着芯を使って貼り合わせた縫い目》. ★welded seam ともいう.

fustanella
〔衣服〕フスタネーラ《アルバニアとギリシアの一部で男性が着る, 白麻または木綿製の短いスカート》.

fustian
〔マテリアル〕ファスチャン《コール天・綿ビロードなど緯綿のパイル織物; 元来は綿と麻の織物》.

futurism
〔アート・デザイン〕未来派《1909年ごろイタリアに起こった美術・音楽・文学分野の運動; 近代生活のダイナミックなエネルギーや機械文明の運動感覚を表現しようとした》; 未来主義《未来を重視する態度》.

futuristic
形 未来の; [しばしば **Futuristic**] 未来派の, 超現代的な, フュチャリスティックな.

fuzz
《繊維の》けば;《米》毛玉, 綿ぼこり.

gabardine
1 〔マテリアル〕ギャバジン《堅く織ったウール・綿・レーヨンなどの丈夫な綾織物》.
2 〔衣服〕ギャバジン製のレインコート《Burberry が初めてつくった》.

Gabbana, Stefano
⇨ Dolce & Gabbana.

gaberdine
1 〔衣服〕ギャバジン《特に中世ユダヤ人のゆるやかな長い上着》.
2 〔マテリアル〕= gabardine 1.

Gainsborough hat
〔小物〕ゲインズバラ帽《英国の画家 Thomas Gainsborough (1727-88) の肖像画のモデルがかぶっていたような, つばが広く羽毛や花やリボンの飾りが付いた女性用の帽子》.

gaiters
[複数形]〔小物〕ゲートル, スパッツ《布または革製で, 靴の上から足首のみ, またはひざから足首までを包む; ボタンなどで留める》.

§Galanos
ガラノス James Galanos (*m*) (b. 1924)《米国のファッションデザイナー; さまざまな素材を生かしたイヴニングドレスで知られる》.

§Galitzine
ガリツィーネ Princess Irene Galitzine (*f*) (1916-2006)《ロシア生まれのイタリアのファッションデザイナー;「イタリアのファッション・プリンセス」と呼ばれた》.

§Galliano
ガリアーノ John Galliano (*m*) (b. 1960)《ジブラルタル生まれの英国のファッションデザイナー; ショーではファンタジーと派手なスペクタクルを見せて楽しませる; 1996 年 Christian Dior のデザイナーに就任; 自身のブランド John Galliano も手掛ける》.

galligaskins
[複数形]〔衣服〕ガリガスキンズ《だぶだぶのズボン; もとは 16-17 世紀の男性用のゆるい半ズボン》.

galloon
〔マテリアル〕ガルーン《しばしば金・銀糸を織り込んだ木綿または絹のレース; その縁取り》.

galoshes
[複数形]〔靴〕ガロッシュ《ゴム[防水布]製の長いオーバーシューズ; rubbers より深いもの》. ★goloshes ともつづる.

gamashes
[複数形]〔小物〕《英方言》きゃはん, すね当て, ゲートル《通例騎手が泥よけのために着用する》.

gambeson
〔小物〕《13-14 世紀ごろ鎖かたびらの下に着た》芯に羊毛を入れた刺し子の鎧下(よろいした).

gambroon
〔マテリアル〕ガンブルーン《毛と綿または麻との交織の綾布; 男性服のライニングに使われる》.

gamine /ギャミーン, ギャミーン/
[名][形] おてんば娘(の), ボーイッシュな少女(の), ギャミーヌ(の).
: *gamine* look ギャミーヌルック《Audrey Hepburn や Zizi Jeanmaire に代表される, キュートでボーイッシュなショートカットのヘアスタイル》/ *gamine* style ギャミーヌスタイ

ル《袖なしのプルオーバー,ニッカーボッカーズ,ツイード帽子,長いマフラーなどの装いで,François Truffautの映画『突然炎のごとく』(1962)によって流行した》.
【フランス語より】

Gap
〔商標〕ギャップ《米国 Gap 社のカジュアル・ファッションブランド; 同社は 1969 年, サンフランシスコのジーンズ専門店として創業》.

garb
〔衣服〕《(職業・時代・国柄に特有の)》服装(様式), 衣裳; 外観, 身なり, 装い.

§Garbo
ガルボ Greta Garbo (*f*) (1905-90)《スウェーデン生まれの米国の映画女優; トレンチコートにスラウチハット (slouch hat) の装いを流行させた》.

garçonne
〔ファッション〕ギャルソンヌ(スタイル)《ボーイッシュなショートカットで化粧っ気のないスタイル; フランスの作家ヴィクトル・マルグリット (Victor Margueritte, 1866-1942) の小説『ギャルソンヌ』(1922) から生まれた》.
【フランス語で「男のような女性」の意】

garibaldi
〔衣服〕ガリバルディブラウス《19 世紀半ばの女性用のゆったりした真っ赤な長袖のブラウス》.
【イタリアの愛国者 Giuseppe Garibaldi (1807-82) の '赤シャツ隊' より】

garland
〔小物〕《(頭・首などにつける)》花輪, 花冠, 花綱(はな), ガーランド.

garment
〔衣服〕《(一点の)》衣服; [**garments**] 衣服, 衣類, 衣料品《業界用語として使われる》
: waterproof outer *garments* ウォータープルーフのアウター.

garment bag
〔バッグ〕ガーメントバッグ《取っ手のついた, 衣服持ち運び用の折りたたみバッグ》.

garment technologist
ガーメントテクノロジスト《衣料の型紙から製作までを手掛ける専門家》.

garms
《英俗語》=garments.

garnet
1 〔宝飾〕ガーネット《1 月の誕生石; ⇨ birthstone 表》.
2 〔色〕ガーネット《暗い黄みの赤》.
★宝石のガーネットのような暗い赤色.

garrison belt
〔小物〕ギャリソンベルト《大きくて重いバックルの付いた幅広のベルト》.
★garrison は「守備隊」の意.

garrison cap
〔小物〕《(米軍のまびさしがなく折りたためる)》略帽 (cf. service cap).

garter
〔小物〕**1** ガーター, 靴下留め《1) 輪状のゴム布で大腿部を留めるタイプ 2) 《米》ウエストに着けるベルト状のものに付いている吊りひものタイプ(《英》suspenders)》.
2 《ワイシャツの袖を押さえる》ゴムバンド.

garter belt
〔小物〕《米》ガーターベルト(《英》suspender belt)《ウエストに着けるガーター用のベルト; ⇨ garter 1》.

garter stitch
〔手芸〕ガーター編み《平編みの表目と裏目を交互に配置する》.

garter toss
ガータートス《花婿が花嫁のウェディングドレスの中に入り, 花嫁のガーターをはずしてそれを未婚の男性に

投げるセレモニー; cf. wedding garter》.

gaskins
[複数形]〔衣服〕ガスキンズ《16-17世紀の半ズボン; cf. galligaskins》.

gather
動 1 集める, 引き寄せる.
2 …にギャザーを寄せる
: *gather* the skirt at the waist スカートのウエストにギャザーを寄せる.
图 1 集める[寄せ集める]こと.
2 [通例 gathers]〔ソーイング〕《布地につける》ひだ, ギャザー.

gathered skirt
〔衣服〕ギャザースカート.

gathering
〔ディテール〕《布地の》ギャザー(付け).

gaucho
1 ガウチョ《南米大草原のカウボーイで, 通例 インディオとスペイン人の混血》.
2 [gauchos]〔衣服〕ガウチョパンツ《ガウチョがはくようなくるぶし丈のゆったりしたズボン》. ★ gaucho pants ともいう.

gauge
〔マテリアル〕ゲージ《編み機の針の密度を示す; 編み機によって異なる》.

§Gaultier
ゴルチエ Jean-Paul Gaultier (*m*) (b. 1952)《フランスのファッションデザイナー; 1976年, 自身の名を冠したブランド Jean-Paul Gaultier を発表; 1980年代にアンドロジナス, 下着ルックなど独特な作品で脚光を浴びた; 男性が見られる存在であることを肯定し, 自身もスカートをはく》.

gauntlet
〔小物〕ガントレット《手首おおい付きの長手袋; 乗馬・フェンシング・作業用など》.

gauze /ゴーズ/
〔マテリアル〕《綿・絹などの》薄い綿織物, 紗(しゃ), ゴーズ;《包帯用などの》ガーゼ.

gauze weave
〔マテリアル〕= leno weave.

§Gazette du bon ton
『ガゼット・デュ・ボン・トン』《1912-25年に刊行されたフランスの芸術性豊かなファッション雑誌》.

gear
《特定の用途に用いる》用具(一式), 装備;《口語》衣服
: rain *gear* 雨具 / sports *gear* スポーツ用具 / riot *gear* 暴動鎮圧用装備 / wear the latest *gear* 最新流行の服を身につける.

gem /ジェム/
〔宝飾〕宝石, 宝玉《装飾用にカットして研磨した貴石[半貴石]》; 貴金属装身具.

gemstone
〔宝飾〕宝石用原石, 貴石, ジェムストーン.

gender
ジェンダー《社会的・文化的観点からみた性別・性差》.

Geneva bands
[複数形][小物]ジュネーヴバンド《スイスのカルヴァン派牧師のかけたような, 首の前に垂れる幅の狭い寒冷紗の飾り》.

Geneva gown
〔衣服〕ジュネーヴガウン《もとカルヴァン派の牧師および低教会派の牧師が説教のときに着た黒い長衣》.

§Genny
ジェニー《1961年に創業したイタリアの既製服メーカー》.

genuine /ジェニュイン/
形 本物の, 正真正銘の, 純粋の, 真の.

geometric
形〈建築・装飾・模様など〉幾何学的な
: a *geometric* pattern 幾何学模様.

georgette (crepe)
〔マテリアル〕ジョーゼット(クレープ)《薄地の絹またはレーヨンのクレープ》.
【パリの裁縫師の名から】

§**Gernreich**
ガーンライヒ Rudi Gernreich (*m*) (1922-85)《オーストリア生まれの米国のファッションデザイナー; 本名 Rudolph Gernreich; センセーションを巻き起こしたトップレス水着とノン・ブラブラのブラジャーで知られた; cf. no-bra look》.

ghagra
〔衣服〕ガーグラー《インドの女性が腰にまとう足のくるぶしまでおおう布》.
【ヒンディー語より】

ghillies
[複数形]〔靴〕=gillies.

ghillie suit
〔衣服〕ギリースーツ《軍隊や狩猟などで木の葉や草(に似せた布きれ)などで表面を厚くおおった偽装迷彩服; 狙撃兵などが森林に隠れる際に着用》.

§**Gibb**
ギブ Bill Gibb (*m*) (1943-88)《スコットランド生まれのファッションデザイナー; 本名 William Elphinstone Gibb》.

§**Gibson**
ギブソン Charles Dana Gibson (*m*) (1867-1944)《米国のイラストレーター; ⇨ Gibson girl》.

Gibson girl
図 ギブソンガール《Charles D. Gibson が *Life* 誌などに描いた 1890 年代の理想化されたキャラクター; モダンでアクティブな当時の女性を表現していた; 高い襟・ぴったりした身ごろ・たっぷりした長袖・ゆったりした長いフレアスカート・堅く締まったウエストラインが特徴; 側面から見ると S 字カーブの姿をしている》.

Gibson girl

gibus (hat) /ジャイバス(ハット)/
〔小物〕=opera hat.
【Gibus は 19 世紀パリの雑貨商で製造者】

gift
贈り物, ギフト.

gift certificate
《米》商品券, ギフト券.

gift wrap
ギフトラップ《贈り物用包装材料》, ラッピング材料《紙やリボン》.

§**Gigli**
ジリ Romeo Gigli (*m*) (b. 1951)《イタリアのファッションデザイナー; 1984 年に自身の名を冠したブランド Romeo Gigli を発表した》.

gigot
〔ディテール〕ジゴ《袖つけがふくらみ, 袖口に向かって細くなった袖; 羊の脚 (gigot) の形に似ていることから》. ★**gigot sleeve** ともいう.

gilet
〔衣服〕ジレ《「ベスト」(vest) と同義語; もともとは装飾的な袖なしの胴着のことをいった; ⇨ waistcoat》.
【フランス語より】

gillies
[複数形]〔靴〕ギリー《スコットランド起源の舌革のない, 鳩目にひもを交差させて結ぶ靴》. ★**ghillies** ともつづる.

gilt /ギルト/
〔宝飾〕被(き)せた[塗った]金, 金箔, 金粉, めっき(の金), 金泥(きんでい).

gimp
〔マテリアル〕笹縁(ささべり)(糸), ギンプ

《細幅織りのひも，または針金を芯にした撚(よ)り糸》．★**guimpe, gymp** ともつづる．

gimped embroidery
〔手芸〕ギンプトエンブロイダリー《革などを切り取って布の上に置き，金や銀糸で刺す刺繡》．

gingham
〔マテリアル〕ギンガム《通例チェックまたはストライプの平織り洋服地》．【マレー語より】

gipon
〔衣服〕=jupon．

gipsy
⇨ gypsy look．

§Girbaud
ジルボー **François Girbaud** (*m*) (b. 1945), **Marithé Girbaud** (*f*) (b. 1942)《フランスのファッションデザイナー夫妻；1969年パリにアメリカンスタイルのジーンズを中心とするブティックを開店；ストーンウォッシュのジーンズやバギージーンズなどは他のデザイナーに影響を与えた》．

girdle
1〔小物〕帯，ベルト，腰帯．
2〔衣服〕ガードル《腰や腹部，ヒップ，太ももの形を整えるための補整下着》．
3〔宝飾〕ガードル《ブリリアントカットの宝石の上面と下面の合う線》．

girly frill
ふりふりのフリル．★girlyは「女の子っぽい」の意．

§Givenchy
ジヴァンシー **Hubert de Givenchy** (*m*) (b. 1927)《フランスのファッションデザイナー；素材を重視し，エレガントなミニマリズムを追究した；女優Audrey Hepburnとは，映画『麗しのサブリナ』(1954)の衣裳をデザインして以来，生涯影響を与えあう友人であり続けた》．

glamorous
形 魅力に満ちた，魅惑的な；はなやかな．★**glamourous** ともつづる．

glamour
魔力，魅力；詩的[神秘的]な魅力，妖しい美しさ；《特に，女性の》容姿上の魅力，性的魅力．★**glamor** ともつづる．日本語の「グラマー」は女性について，体型が豊かでセクシーなことをいうが，英語の glamour は単に体型だけでなく，服の着こなしや性格なども含んだ全体的な魅力をいう．また，女性だけでなく男性にも用いられる．

§Glamour
『グラマー』《米国の女性向け月刊ファッション誌；1939年Condé Nast出版により創刊；ファッション・美容・旅行・ダイエット・車・娯楽など趣味と実用の記事が中心》．

glamourwear
〔衣服〕グラマーウェア《女性用のセクシーなドレス・下着など》．

glass
1〔宝飾〕《宝石模造の》ガラス玉．
2〔小物〕(ガラス)レンズ；[**glasses**] 眼鏡．

glazing
〔マテリアル〕《各種の》つやつけ[つや出し]材料，グレージング．

glen check
〔マテリアル〕=glen plaid．

glengarry
[時に **Glengarry**]
〔小物〕グレンガリー《スコットランド高地人がかぶる伝統的な毛織りのふちなし帽子；典型的には後部に2本のリボンを垂らす；cf. kilt さし絵》．★**glengarry bonnet** [**cap**] ともいう．

glengarry

【Glengarry: スコットランドの谷】

glen plaid
〔マテリアル〕グレンプレイド《破れチェックの綾紋様；もとは白地に黒，現在は白地に他の色も使われる；**glen check** ともいう》；グレンプレイドの服地.

glitter
1 きらめき，光り，輝き；グリッター《模造ダイヤモンド・ラメなど》.
2 《俗語》派手でギンギラのスタイル，グリッター《染めた髪，顔や衣裳に着ける宝石類，派手な衣裳など》.

globalization
〔ビジネス〕グローバル化，世界化，グローバリゼーション《1) 自由貿易，資本の自由な流れ，外国の安い労働市場の利用などに見られる世界経済の一体化　2) 大企業による製品・サービスの国際化》.

gloss
1 つや，光沢.
2 〔美容〕グロス《つや出し用化粧品》.
3 〔美容〕＝lip gloss.

glosser
〔美容〕1 グロッサー《つや出し用化粧品》.
2 ＝lip gloss.

glove /グラヴ/
〔小物〕《五指の分かれた》手袋，グラブ (cf. mitten). (⇨ コラム).

glove silk

Glove

　西洋の紳士の「悪しき」伝統に，長らく決闘というものがあった．誇りを傷つけられたと感じた男が，相手に決闘を挑むわけであるが，それは「手袋を投げる」ことから始まった．相手が拾えば「挑戦を受けた」という意思表示となる．この場合，手袋は誇りの象徴であり，手袋を持っていないことは，誇りがないことと同義であった．

　それほど重要なアイテムであったからこそ，手にぴたりと合っていることが必要とされ，職人は 8 つのパーツを精巧に縫い合わせて手袋を仕立てていた．その名残りが，革手袋の甲に走る 3 本のステッチである．

　また，女性用手袋が，ファッションアイテムとしての価値をピークに高めたのが 16 世紀で，英国の女王エリザベス 1 世は，手袋に刺繍をほどこしたり宝石を縫いこんだりする流行を生み出している．着用したりはずしたりするときに，美しい手そのものに人びとの目を留めさせることがねらいだったという．シルク製，リネン製などもあったが，当時の革製にかぎっていえば，柔らかくするために人尿でなめすことが多かったので，におい消しを目的として香水をしみこませる習慣があった．

　指出し手袋は fingerless gloves といい，19 世紀末には女性の舞踏会用手袋として流行するが，20 世紀末には指先の動きを妨げない保護手袋として復活，広く普及した．アメリカではタフネスや反抗心の象徴としてバイカージャケットとともに着用されたり，ホームレスの連想から「ホーボーグラブ」と呼ばれたりもしているが，日本では携帯メールを打つのにじゃまにならないという理由がこの手袋の定着を後押しした．

〔マテリアル〕グラブシルク《女性用の手袋・下着などに用いる経編みの絹地[ナイロン地]》.

Gobelin
〔マテリアル〕ゴブラン織り《カーテン・家具・掛け布用の美麗なタペストリー; パリ近郊で染色・織物業を営んでいた Gobelin 家が 15 世紀半ばに創立し, 1662 年から国営となった工場でつくられるものをいう》. ★Gobelin tapestry ともいう.

Gobelin stitch
〔手芸〕ゴブランステッチ《キャンバス刺繍の一種; 太い糸で織物風に糸を刺していく技法; 種類が多い》.

Gobelin tapestry
〔マテリアル〕=Gobelin.

godet
〔ソーイング〕ゴデット《スカートの裾・袖口・手袋などの'まち'のこと; ガシット (gusset) ともいう》.
【フランス語より】

gold
1 金, 黄金, ゴールド; 金製品; 金めっき, 金えのぐ; 金糸; 金モール; 金箔《など》.
2 〔色〕金色, 黄金(こがね)色, 金色(こんじき), ゴールド.

golden
形 金色の; 金のように輝く; 〈髪が〉ブロンドの.

gold leaf
金箔.

gold plate
1 金製の食器類, 金器.
2 金めっき.

gold-rimmed
形 金縁の
: *gold-rimmed* glasses 金縁の眼鏡.

golf shoes
[複数形]〔靴〕ゴルフシューズ《底にスパイクが装着してある》.

goloshes
[複数形]〔靴〕=galoshes.

§Goma
ゴマ Michel Goma (*m*) (b. 1932)《フランスのファッションデザイナー; Jean Patou の下でデザイナーとして活躍》.

goods
[複数形] 商品, 品; 物資;《米》織物, 服地.

gore
名 ゴア (1)〔ソーイング〕スカート・傘・帆・気球などの細長い三角布, 'まち' ともいう　2)〔靴〕靴の甲の両側のゴムの入ったまち》.
動 細長い三角形に切る;〈スカートに〉ゴアを入れる
: a *gored* skirt ゴアスカート《何枚かのまちをはぎ合わせたもの》.

Gore-Tex
〔商標〕ゴアテックス《米国 W. L. Gore & Associates 社の防水性と通気性にすぐれた機能素材; アウトドア衣料・靴などに使用する》.

gorge
〔ディテール〕ゴージ《襟とラペルの縫い目のところの切れ込み》.

gorgeous
形 美しく魅力的な, 華麗な, 豪華な, ゴージャスな, 目のさめるような, きらびやかな.

gossamer
〔マテリアル〕ゴッサマー《ベールなどの透き通った薄物, または 極薄の防水布》.

Goth
1 [しばしば **goth**] ゴス(ロック)《神秘的・終末論的な歌詞とうなるような低音を基調とした英国のロック; punk rock から発展》.
2 [しばしば **goth**]〔ファッション〕ゴス《顔を白く塗り, 黒のどぎついアイライナーを入れ, 黒いレザーファッションを身につけるというゴスファンの多くに見られるファッション》.

§Goût du jour

[*Le Goût du jour*]『ル・グデュジュール』《1920-22 年に刊行されたフランスのファッションとアートの評論誌》.

gown
〔衣服〕**1** ガウン《女性用の長い正装用のドレス》; ナイトガウン (nightgown), 化粧着 (dressing gown); 《外科医の》手術着.
2 《大学教授・卒業式の際に大学生・市長・市参事会員・裁判官・弁護士・聖職者などが着用する》正服, ガウン, 法服, 僧服, 文官服.
3 古代ローマの外衣 (toga).

GQ
『ジーキュー』《米国の男性向け月刊誌; 1957 年 *Gentlemen's Quarterly* の名称で季刊誌として創刊; ファッションを中心とした記事のほか, カルチャーから経済・社会問題などの読み物を載せる; 英国版, 日本版などもある》.

gradation
《色彩・色調の》グラデーション, ぼかし, 濃淡法
: subtle *gradations* in color 色の微妙なグラデーション.

grading
〔ビジネス〕等級付け, 格付け.

Graff
〔商標〕グラフ《英国 Graff Diamonds 社のジュエリーブランド; 同社は 1960 年 Laurence Graff により設立》.

graffiti
《壁などの》落書き; 落書きふうの装飾.

grain
〔マテリアル〕**1** 《皮の》銀面 (grain side); 《革などの》しぼ.
2 《木材の》木目, 木理(もくり); 《岩石の》きめ, 肌.

grain leather
〔マテリアル〕グレーンレザー, 銀面革《銀面を外にして仕上げた革》.

grain side
〔マテリアル〕銀面(⇔ flesh side)《獣皮の毛の付いた側》.

granny
名《口語・幼児語》おばあちゃん. ★**grannie** ともつづる.
形〈女性の衣服が〉グラニールックの, おばあちゃんスタイルの《1960 年代後半から 1970 年代初頭に流行したスタイル; 素朴でなつかしさのある温かみのあるファッション》
: *granny* glasses グラニー風の(丸)めがね.

grass green
〔色〕グラスグリーン《くすんだ黄緑》. ★grass は「草」の意.

gray《米》
名〔色〕灰色, グレー《黒と白の中間の色》.
形 灰色の, グレーの; 〈髪の毛が〉しらが(まじり)の.
★《英》では **grey** とつづる.

grayish
形 灰色がかった, グレイッシュの, 灰みの
: a *grayish* purple グレイッシュパープル《灰色がかった紫》/ a *grayish* blue グレイッシュブルー.

gray market goods
[複数形]〔ビジネス〕グレーマーケット商品《その国の商標権者の承諾を受けずに輸入された真正商品のこと》.

grease
〔ヘア〕グリース.

greatcoat
〔衣服〕大外套(おおがいとう), グレートコート《厚地でひざ丈まで届く防寒コート》.

great toe
〔ボディ〕《足の》親指. ★今は big toe というのが普通.

§Gréco
グレコ **Juliette Gréco** (*f*) (b. 1927)《フランスのシャンソン歌手・女優; ロ

ングのストレートヘア，黒い服，襟を立てたレインコートのファッションで有名；'シャンソンの女王'と呼ばれる》．

green
图〔色〕緑，グリーン《あざやかな緑》(cf. red, blue)．★加法混色における色光の三原色のひとつ．
形 環境保護(運動)の，環境保護に関心のある；環境にやさしい〈商品・サービスなど〉
: *green* movement 環境運動 / *green* fashion 環境にやさしいファッション．

§Greenaway
グリーナウェー 'Kate' Greenaway [Catherine Greenaway] (*f*) (1846-1901)《英国の画家・児童読物のさし絵画家；さし絵に登場する緻密に描かれたボンネットやスモックなどは多くのデザイナーに影響を与えた》．

§Greer
グリーア Howard Greer (*m*) (1886-1974)《米国の映画衣裳デザイナー；パラマウント映画では数多くの衣裳を手掛けた》．

greige
1 〔マテリアル〕《織機から取り出したままの》未漂白未染色の生地．
2 〔色〕グレージュ《グレーとベージュの中間の色》．★grège ともつづる．
【フランス語 (soie) grège「未漂白のままの(絹地)，生糸(きいと)」の省略から】

grenadine
〔マテリアル〕グレナディン《絹[人絹，毛]の薄い紗(しゃ)織り模様のもの；女性服用》．
【フランス語より】

§Grès
グレ Alix Grès (*f*) (1903-93)《フランスのファッションデザイナー；本名 Emilie Krebs; 通称 Madame Grès; ドレープやプリーツを使った芸術性の高い作品は高い評価を受けた》．

grey 《英》
〔色〕＝gray．

§Griffe
グリフ Jacques Griffe (*m*) (1917-96)《フランスのファッションデザイナー；カットとドレープで高い評価を受けた》．

§Grima
グリマ Andrew Grima (*m*) (1921-2007)《イタリア生まれの英国の宝石デザイナー；クォーツやトルマリンなどで装飾を施したゴールドのジュエリーを専門に扱った》．

§Grimm
グリム Gerd Grimm (*m*) (1911-98)《ドイツ生まれのイラストレーター；広告・雑誌のイラストを長年にわたり手掛けた》．

grisaille
〔マテリアル〕グリザイユ《布地の霜降り効果，グレーのミックス効果》．★もとの意は「灰色だけで薄肉彫りに似せて描く装飾画法」．
【フランス語より】

grogram
〔マテリアル〕グログラム《絹，絹とモヘア，または絹と毛の粗布；その製品》．

grommet /グラメット/
〔ソーイング〕綱輪；鳩目；《軍帽の形を保つための》輪形の枠[芯]．

groom
動 …の身なりをこぎれいにする，整える
: look perfectly *groomed* 完璧な身だしなみである．

grosgrain
〔マテリアル〕グログラン《絹またはレーヨンで密に織られた厚地うね織り；そのリボン》．
【フランス語より】

gross profit

〔ビジネス〕売上総利益，粗($\frac{5}{9}$)利益.
ground
〔マテリアル〕《(レースなど装飾物の)》下地；《(織物などの)》地色，地.
grown-up
成人，おとな.
§Gruau
グリュオ **René Gruau** (*m*) (1909-2004)《イタリア生まれのイラストレーター；Dior の香水の広告で知られる；*Vogue* 誌の表紙など 1940-50 年代に活躍した》.
grunge
1 《米口語》だらしなさ；《米口語》汚い物，よごれ.
2 グランジロック《ひずんだギター音を前面に出した荒々しいサウンドを特徴とするロック音楽；1990 年代にシアトルを中心に流行》.
3 〔ファッション〕グランジ《グランジロックのミュージシャンたちの装いを取り入れたファッション；古着や安価なアウトドア用カジュアルウェアをだらしなく適当に重ね着したような装い；1980 年代の華美な美学に対するアンチテーゼでもあった》.
G-string
〔衣服〕G ストリング《下腹部の最小限の部分だけをおおい，バックとサイドがひもになっている下着または水着；ソング (thong) よりも布の面積が小さい》.
G-suit
〔衣服〕耐加速度服，(耐)重力服，G スーツ《加速度の影響でブラックアウトに陥るのを防止する；⇨ anti-G》.
★G は「重力加速度 (acceleration of gravity)」の gravity から.
guayabera
〔衣服〕グワヤベラ《(1) キューバやメキシコの男性が着るゆったりしたシャツ；通例半袖で裾を出して着る 2) これを模したスポーツシャツや軽いジャケット》.

Gucci
〔商標〕グッチ《イタリア Gucci 社のバッグ・小物類 (財布など)・靴・時計・ネクタイ・香水など；同社は 1921 年 Guccio Gucci がフィレンツェで高級馬具店として創業》.
Gucci loafer
〔靴〕グッチローファー《甲部に馬具からとった金具が付いているローファー；1960 年代初めに米国で発表され，70 年代初めにかけて広くコピーされた》.
Guerlain
〔商標〕ゲラン《フランス LVMH 社傘下の化粧品ブランド；1828 年創業；「ミツコ」などのフレグランスで知られる》.
guernsey
〔衣服〕ガーンジーセーター《未脱脂の毛糸で編んだ厚手のセーター；もとは英国のチャネル諸島の Guernsey 島の漁師が着ていたことから》.
guimpe
ギンプ《(1)〔衣服〕ジャンパースカートなどの下に着るブラウス 2)〔衣服〕=chemisette 3)〔衣服〕修道女の胸元・肩などをおおう糊をきかせた白布 4)〔マテリアル〕= gimp》.
★**guimp** ともつづる.
guipure
ギピュール《(1)〔手芸〕地になる網目がなく，模様と模様を直接につなぎ合わせたレース 2)〔マテリアル〕針金に絹・綿などを巻きつけた太い飾りひも》.
【フランス語より】
§Guirlande
[*Le Guirlande*] 『ル・ギルランド』《1919-20 年に刊行されたフランスのファッション・アート・文学評論誌；Umberto Brunelleschi, George Barbier らのさし絵画家によるモード画で飾られた》.
gumboots

[複数形]〔靴〕《英》ゴム長靴.

gumshoes
[複数形]〔靴〕ゴム製オーバーシューズ；ゴム底の靴 (cf. sneakers).

gunmetal gray
〔色〕ガンメタルグレー《わずかに青みがかった暗い灰色》. ★gunmetal は「砲金(ほうきん)」の意.

gun patch
〔ディテール〕ガンパッチ《シャツや上着の肩から胸にかけてつけられた当て布；ライフルの反動を緩和する》.

gusset
〔ソーイング〕三角ぎれ，ガシット，まち，銀杏(ぎんなん)布；手袋の当て革.

Guy Laroche
〔商標〕ギラロッシュ《フランスのファッションブランド；1957 年にオートクチュールデザイナー Guy Laroche が設立》.

gymp
〔マテリアル〕＝gimp.

gypsy look
ジプシールック《カラフルな明るい衣裳；フリルスカート，ブラウス，スカーフ，ボレロ，ショール，フープイヤリングなどが特徴；19 世紀中ごろからハロウィーンでは人気のあるスタイルで，1960 年代後半に広く流行した》. ★gypsy は「もとはインドから出たといわれ，定住しなかったが，現在ヨーロッパを中心に世界各国に散在する少数民族」で，**gipsy** ともつづる.

H

haberdashery /ハバダッシャリ/
1 《米》男性用服飾品(店[売場]).
2 《英》服飾小物(店[売場]), 洋裁手芸用品(店[売場]).
★英米ともに古風な用語.

habit
1 《個人の》癖; 習慣.
2 《修道士・修道女など特定の階級・身分・職業の》衣服, ハビット; 《女性用》乗馬服
: a monk's [nun's] *habit* 修道服.

hacking jacket [coat]
〔衣服〕《英》乗馬用上着, 一般乗馬服, ハッキングジャケット[コート]《hacking pocket がついていて両脇または背にスリットがある; 色・柄に制約がなく, 普段着的な乗馬服》.
★hacking は「乗馬」の意.

hacking pocket
〔ディテール〕ハッキングポケット《斜めにつけた雨ぶた付きのポケット; 馬に乗ったときに最も都合のよい角度になっている》.

haik
〔小物〕ハイク《アフリカ北部で, 特にアラブ人が頭・衣服の上にまとう白い布》.
【アラビア語より】

hair
1 〔ボディ〕《人・動物の》毛, 体毛, 《特に》髪の毛, 毛髪, 頭髪
: face *hair* 顔毛, ひげ / arm [leg] *hair* 腕[足]の毛 / wear one's *hair* long 髪を長く伸ばしている.
2 〔マテリアル〕=haircloth.

hair artist
ヘアアーティスト, ヘアスタイリスト, 美容師.

hairband
〔ヘア〕ヘアバンド.

hairbrush
〔ヘア〕ヘアブラシ.

hair clip
〔ヘア〕《英》=bobby pin.

haircloth
〔マテリアル〕ヘアクロス (cilice)《1) 緯糸を馬・ラクダの毛で織った布, 馬巣(ば)織り; 芯地に用いる 2) ヘアクロス製品, 特に hair shirt》.

hair coloring
〔ヘア〕髪染め剤, ヘアカラー, ヘアカラリング剤.

haircut
〔ヘア〕ヘアカット, 散髪, 調髪; 《カットした》髪型, ヘアスタイル
: get [have] a *haircut* 散髪する.

hairdo
〔ヘア〕《口語》《髪の》カット, セット, スタイリング; 《特に 女性の》髪型, ヘアスタイル.

hairdresser
理容師, 美容師, ヘアドレッサー; 美容院.

hairdressing
〔ヘア〕1 理容, 理髪, 理容[理髪]業; 髪型
: a *hairdressing* salon 理容店, 美容院.
2 整髪剤.

hair dryer [drier]
〔ヘア〕ヘアドライヤー.

hairdye
〔ヘア〕毛染め剤, 白髪染め剤, ヘアダイ.

hair gel
〔ヘア〕ヘアジェル《ゼリー状の整髪

剤; 髪にぬれたような光沢を与える》.

hairgrip
〔ヘア〕《英》=bobby pin.

hairline
1〔マテリアル〕ヘアライン《細い縞(しま)模様の布》.
2〔ヘア〕《額の》髪の生え際
: a receding *hairline* 後退している生え際.

hairnet
〔ヘア〕ヘアネット《髪の乱れを防ぐゆるいネット》.

hair oil
〔ヘア〕《英》ヘアオイル, 髪油.

hairpiece
〔ヘア〕入れ毛, ヘアピース, つけ毛; かつら.

hairpin
〔ヘア〕ヘアピン《髪を留めるU字形のピン》.

hair removal cream
〔美容〕除毛クリーム, 脱毛クリーム, ヘアリムーバルクリーム.

hair restorer
〔ヘア〕育毛剤, 発毛剤, 養毛剤.

hair serum
〔ヘア〕ヘアセラム《髪の美容液》.

hair shirt
〔衣服〕ヘアシャツ《かつて修道僧が苦行のために着たhaircloth製の肌着》.

hairslide
〔ヘア〕《英》ヘアスライド(《米》barrette)《プラスチック製などの蝶番(ちょうつがい)式髪飾り》.

hair spray
〔ヘア〕ヘアスプレー.

hairstyle
〔ヘア〕髪型, ヘアスタイル (coiffure).

hairstylist
ヘアスタイリスト, ヘアドレッサー (hairdresser)《特に新しいヘアスタイルなどを提案する人》.

hair transplant
〔ヘア〕《禿頭部への》毛髪移植.

hair weave
〔ヘア〕ヘアピース
: wear a *hair weave* ヘアピースを着ける.

hairy
形 毛深い, 毛でおおわれた, 毛がたくさん生えた.

half
(複数形 halves) **1** 半分, 1/2.
2 《靴など一対のものの》片方.

half boots
[複数形]〔靴〕《ふくらはぎの半ばぐらいまでの深さの》ハーフブーツ.

half-cross stitch
〔手芸〕ハーフクロスステッチ《クロスステッチの片方だけを刺す刺繍のステッチ》.

half-face
横顔.

half-glasses
[複数形]〔小物〕半眼鏡《普通の眼鏡の下半分のような形をした, 遠視の人が読書などに使用するための眼鏡》.

half-length
形 半分の長さの; 〈コートなど〉腰までの, ハーフレングスの.

half-lined
形 半裏の, ハーフラインドの《ジャケットなど半分だけ裏地をつけること》.

half mourning
〔衣服〕ハーフモーニング《喪の第2期に着る, 黒に白を重ねた, またはグレーなどの略式喪服》; 半喪期.

half size
《米》ハーフサイズ《女性服で身長に対して幅の広い体型用の規格サイズ》; 《英》《各種の》中間のサイズ.

half sleeve
〔ディテール〕ハーフスリーブ, 五分袖《中腕ぐらいの長さの袖》.

half-slip
〔衣服〕ハーフスリップ, ペティコー

120

ト《ウエストから下だけのスリップ》.
★waist slip ともいう.

half sole
〔靴〕半底, ハーフソール《土踏まずの部分より前方》.

§Halston /ホールストン/
ホルストン (*m*) (1932-90)《米国のファッションデザイナー; 本名 Roy Halston Frowick; シンプルな美を追究した作品で知られた; 社交人士としても名高い》.

halter
〔衣服〕ホルター《前身ごろから続いた布片やひもを首の後ろで結んで留めるようにした背と袖のないデザイン; ブラウス, ワンピース, イヴニングまた, スポーツウェアにも用いられる》. ★halter は「《馬の》端綱(はづな)」の意.

halter neck
形 [halter-neck] ホルターネックの〈水着・ドレスなど〉(⇨ halter).
名〔衣服〕ホルターネックの服[水着].

§Hamnet
ハムネット Katharine Hamnet (*f*) (b. 1948)《英国のファッションデザイナー; 社会的メッセージをプリントした T シャツで知られる》. (⇨ T-shirt コラム).

hand
1〔ボディ〕手《手首より先の部分》.
2《織物・皮革などのなめらかな》手ざわり, 風合
: the luxurious *hand* of silk シルクの心地よい手ざわり.

handbag
〔小物〕ハンドバッグ (《米》purse, 《米》pocket book)《女性用》; 手さげ[旅行]かばん.

handcraft
=handicraft.

handcraftsman
手細工職人, 手工芸家.

hand cream
〔美容〕ハンドクリーム.

hand glass
手鏡.

handicraft
1 手細工, 手工, 手芸; 手仕事.
2 手細工品, 手芸品.
3 手先の器用さ.

handiwork
1 手細工, 手工, 手芸.
2 細工物, 手工品.
3《特定の人の特徴が表われている》作品.

handkerchief /ハンカチフ/
(複数形 **handkerchiefs**, **handkerchieves**)〔小物〕**1** ハンカチーフ, ハンカチ《柔らかい紙のものも含む》.
2 =neckerchief.

handkerchief points
[複数形]〔ディテール〕ハンカチーフポインツ《袖やスカートの裾がハンカチーフのかどを下げた形にジグザグになっていること》.

hand-knit
形 手編みの, ハンドニットの.

handle
1 ハンドル, 柄, 取っ手.
2《織物の》感触, 手ざわり.

handloom
手織り機, 手織りばた.

H&M
〔商標〕エイチアンドエム《スウェーデンのアパレルメーカー Hennes & Mauritz 社のファッションブランド; 低価格でありながらファッション性が高く, 世界的に店舗を展開している》.

handmade
形 手製の, 手細工の, 手づくりの, ハンドメイドの (⇔ machine-made).

hand mirror
手鏡.

handsewn /ハンドソウン/
形 手縫いの.

handstitch

動 手で縫う，手縫いする．
hand towel
〔小物〕ハンドタオル．
hand-washing
手洗い，手を[で]洗うこと．
handweaving
〔マテリアル〕手織り；手織りの織物．
handwork
《機械製に対して》手細工，手仕事，ハンドワーク (cf. handiwork)．
handwoven
形 手織りばたで織った，手織りの．
hang
動 **1** 掛ける，吊るす，下げる．
2 〈スカートの〉裾丈を調整する．
3 〈服が〉体にゆったりフィットする
: a dress that *hangs* well 体に合うドレス．
hanger
ハンガー，洋服掛け．
hanging sleeve
〔ディテール〕ハンギングスリーブ《袖の前の方に入れた切り込みから腕が出るようになった袖；袖が肩のあたりから垂れ下がったように見える》．★hanging は「ぶら下がった」の意．
hang tag
〔ビジネス〕《商品の》品質表示票，ハングタグ．★swing tag ともいう．
hanky
〔小物〕《口語》ハンカチ (handkerchief)．★hankie ともつづる．
hanselin
〔衣服〕ハンスリン《男性用の極端に短いダブレット (doublet)》．
happy face
ハッピーフェイス (⇨ smiley 1)．
hardanger
〔手芸〕ハルダンゲル，ハーダンガー《サテンステッチでかがったあと，布の糸を抜いてつくる精巧な対称模様を特徴とする刺繡》．
【Hardanger: この刺繡が始められたノルウェー南西部の地方】

hard hat
《作業員の》安全帽，保安帽，ヘルメット．
§Hardwick
ハードウィック Cathy Hardwick (*f*) (b. 1933)《韓国生まれの米国のファッションデザイナー；本名 Cathaline Kaesuk Sur；特に独創的なシルクの扱いで知られている》．
Hardy Amies
〔商標〕ハーディーエイミズ (⇨ Amies)．
harem pants
[複数形]〔衣服〕ハーレムパンツ《ゆったりした女性用パンツで，通例裾口を絞ったスタイル》．
§Haring
ヘリング Keith Haring (*m*) (1954-90)《米国の画家；ストリートアートの先駆者；漫画風の幼児やオオカミの輪郭だけの絵で知られる；1980年代初頭からTシャツや服に絵をプリントするようになった》．
harlequin
1 [通例 Harlequin] アルレッキーノ，アルルカン，ハーレクイン《コンメディア・デラルテに登場する道化役の下男；菱形の多色のまだらのはいった衣裳と黒い仮面を着けている；英国のパントマイムではパンタローネの下男で コロンビーナの恋人》．

harlequin 1

2 〔マテリアル〕まだら模様．
harmony
調和，一致，融和，ハーモニー．
§Harp
ハープ Holly Harp (*f*) (1939-95)《米

国のファッションデザイナー》.

§**Harper's Bazaar**
『ハーパーズ バザー』《米国の女性向けファッション誌; 1867 年創刊; ファッションと美容の記事が中心で, ほかに旅行記事や有名人の横顔・インタビューなどの読物, 実用記事にも力を入れている; 英国版は *Harpers and Queen*》.

Harris tweed
〔商標〕[しばしば Harris Tweed] ハリスツイード《スコットランドアウターヘブリディーズ諸島の特にルイスウィズハリス島産の手紡ぎ・手織り・手染めのツイード》.

Harry Winston
〔商標〕ハリーウィンストン《米国 Harry Winston 社のジュエリーブランド》.

§**Hartnell**
ハートネル Sir **Norman** (**Bishop**) **Hartnell** (*m*) (1901- 79)《英国のファッションデザイナー; ロンドンのデザイナーとして初めてファッションショーとドレスコレクションをパリで発表; 有名女優の衣裳をはじめ, 陸軍婦人部隊の制服, エリザベス女王の成婚式および戴冠式の式服などを手掛けた; ロンドンファッションデザイナー協会会長 (1947-56)》.

hasp
掛け金, 止め金.

hat
〔小物〕**1** 帽子《特に縁のあるもの; cf. cap》; 制帽, ヘルメット《など》
: put on [take off] one's *hat* 帽子をかぶる[脱ぐ]. ★hat はまわりに縁があるもの, cap はひさしはあるが, 縁がないものをいう. ただし cap も含めて帽子全般を hat で表わすことができる.
2 =red hat.

hatband
〔小物〕ハットバンド《帽子の山の下部に巻いたリボン・革帯・細ひもなどの環帯》; 帽子に巻いた喪章.

hatbox
〔小物〕帽子箱[入れ]; 帽子箱形の女性用旅行かばん.

hatbrush
〔小物〕帽子ばけ, ハットブラシ《シルクハット用》.

hatpin
〔小物〕ハットピン《女性帽の留めピン; 護身用にもなった》.

hatter
帽子製造人, 帽子屋.

haute couture
〔ファッション〕オートクチュール《1》流行をリードするような高級服をつくり出す店[デザイナー] 2》そこでつくり出される服[ファッション]; ⇨ 次ページコラム》.
【「高級注文仕立店」の意のフランス語より】

havelock
〔小物〕ハブロック, 軍帽の日おおい《首の後ろに垂れる》.
【Sir Henry Havelock (1795-1857) インド従軍中これを広めた英国の軍人】

haversack
〔バッグ〕《肩にかける または 背負う》雑嚢, 背負い袋, ハバサック.

Hawaiian shirt
〔衣服〕アロハシャツ (aloha shirt).

§**Hawes**
ホーズ Elizabeth Hawes (*f*) (1903-71)《米国のファッションデザイナー; 1938 年に出版された著書 *Fashion is Spinach* で有名》.

hazel
1 ハシバミ(榛)(の実)《カバノキ科ハシバミ属の落葉低木; 実はドングリに似た明るい茶色で, 食用》.
2 〔色〕はしばみ色, ヘーゼル(ブラウン)《くすんだ赤みの黄》
: *hazel* eyes はしばみ色の目.

head
〔ボディ〕頭，頭部《顔をも含んで》;頭髪．

§Head
ヘッド Edith Head (*f*) (1897-1981)《米国のファッションデザイナー；映画衣裳のデザイナーとしてアカデミー衣裳デザイン賞を8回受賞；代表的な映画に『ローマの休日』(1953)，『泥棒成金』(1955) など》．

headband
〔小物〕《髪留め用などの》ヘッドバンド，鉢巻き．

headdress
1〔小物〕頭飾り，かぶりもの，ヘッドドレス《しばしば地位や職業を示す》．
2〔ヘア〕髪の結い方，ヘアスタイル．

headgear
〔小物〕頭飾り，かぶりもの，帽子；《ボクシングなどの》ヘッドギア《選手が頭部を保護するための防具》．

heading
〔ソーイング〕ヘディング《ギャザーを寄せてしまつした布のこと》．

headrail
〔小物〕ヘッドレール《昔サクソン人の女性がかぶったかぶりもの；のちに kerchief と呼ばれる》．

headscarf
〔小物〕《帽子代わりの》ヘッドスカーフ．

Haute Couture

フランス語で，一般には，注文によりつくられる一点ものの高級仕立て服．haute は「高級」，couture は「縫製」「仕立て服」およびそれにたずさわる業者を意味する．

ファッションビジネスにおいては，1868年成立の，パリのオートクチュール組合，通称「サンディカ」(正式名は La Chambre Syndicale de la Couture Parisienne) に加盟する店がつくる服を指す．加盟店は，一年に2回のコレクション開催の義務，コレクションでの服の発表数，アトリエの常駐スタッフの人数，報道機関への発表の義務など，組合が定める規定に従わなくてはならない．年に2回開催されるパリ・オートクチュール・コレクションには，組合メンバーのほか，サンディカが招待するフランス国外メンバー(ジョルジオ・アルマーニ，ヴァレンティノ・ガラヴァーニほか)，およびゲストメンバーも参加する．

オートクチュールは非常に高価であり，顧客は一握りの大富豪に限られていることもあって，1950年代末以降，トップモードとしての発信力を徐々にプレタポルテ(既成服)に譲ってきた．とはいえ，オートクチュールの威光こそが，その普及版としてのプレタポルテ，デザイナーの名を冠した小物，バッグ，香水，化粧品などの売り上げ増加に貢献している．

デザイナーが創作し，モデルに着せて見せ，顧客に売る，というオートクチュールの形態をつくった元祖は，イギリス生まれのチャールズ・フレデリック・ワース(1825-95，フランス語読みのシャルル・フレドリック・ウォルトが定着)とされる．

headwear
〔小物〕頭にかぶるもの, 帽子(類).

hearing aid
補聴器.

heavy
形 **1** 重い.
2 厚ぼったい〈服・メークなど〉.

heavy-duty
形 過酷な使用[条件]に耐えうる, 特別丈夫な
: *heavy-duty* boots 頑丈なワークブーツ.

§Hechter
エシュテル Daniel Hechter (*m*) (b. 1938)《フランスのファッションデザイナー; ジャケットやコートなどアウターウェアを得意とする》.

heel
1 〔ボディ〕かかと. (⇨ leg さし絵).
2 〔小物〕靴下のかかと; 〔靴〕靴のかかと, ヒール; [**heels**] ヒールの靴 (high heels). (⇨ shoes さし絵).
3 〔ボディ〕《てのひら[手袋]の》手首に近い部分, 付け根.

heel lift
〔靴〕ヒールリフト, 積上(つみあ)《靴の補強のためにヒールの底に付けるもの》.

heeltap
〔靴〕かかと革.

§Heim
エイム Jacques Heim (*m*) (1899–1967)《フランスのファッションデザイナー; 初めてツーピースの水着を発表したことで知られる; cf. bikini 1》.

heliotrope
1 ヘリオトロープ《ムラサキ科; ペルー原産の小低木; 花を香水の原料にする》.
2 〔色〕ヘリオトロープ《あざやかな青紫》.

helmet
〔小物〕ヘルメット《頭部と耳を保護する》.

hem
〔ソーイング〕**1** 《布・衣服の》へり, 縁, ヘム, 《特に》縁縫い, 伏せ縫い.
2 =hemline.

hematite
〔宝飾〕ヘマタイト, 赤鉄鉱.

hemline
〔ソーイング〕《スカート・ドレスの》ヘムライン, 裾の(できあがり)線. ★単に hem ともいう.

hemmimg stitch
〔ソーイング〕まつり, ヘミングステッチ《裾などの折りしろをしまつする縫い方の総称》.

hemp
1 アサ(麻), タイマ(大麻), インドアサ.
2 〔マテリアル〕麻[大麻]繊維; 麻に似た繊維.

hemstitch
〔ソーイング〕ヘムステッチ, 糸抜きかがり飾り《数本の緯糸を抜き, 経糸の上下を数本ずつ束ねる装飾的なステッチ》.

Henley
〔衣服〕ヘンリー(シャツ)《襟なし丸首で前割れになっているプルオーバーのニットシャツ; 本来英国のヘンリーオンテムズのボートレースで漕艇者が着用したもの》. ★**Henley shirt** ともいう.

henna
1 ヘンナ, シコウカ《ミソハギ科の低木; エジプトなどに産し, 花は白く芳香があり, 葉から染料を取る》.
2 〔美容〕ヘンナ染料《頭髪などを赤褐色に染める》.
【アラビア語より】

hennin
〔小物〕エナン《15 世紀に女性が着用した円錐形の頭飾り; 次ページさし絵》. ★**steeple headdress** ともいう.

§Hepburn

ヘプバーン (1) **Audrey Hepburn** (*f*)(1929-93)《ベルギー生まれの米国の女優; 映画『ローマの休日』(1953), 『パリの恋人』(1957); 白シャツの裾を前で結んだスタイルや Sabrina pants の流行の発信者となった》.

hennin

(2) **Katharine Hepburn** (*f*)(1907-2003)《米国の映画女優;『招かれざる客』(1967), 『冬のライオン』(1968), 『黄昏』(1981); 女性のパンツスタイルがまだ一般的ではなかった 1930 年代に, メンズスーツ風スタイルやカジュアルスタイルで公の場に登場した》.

Hermès
〔商標〕エルメス《フランス Hermès International 社のファッションブランド; バッグ・革小物・ベルト・靴・スカーフ・ネクタイ・婦人服・アクセサリー・時計・香水など幅広いファッション商品を展開している; 初代社長 Thierry Hermès は馬具職人で, 1837 年の創業時 Hermès は馬具工房であった; ロゴマークは四輪馬車と前に立つ従者》.

§Herrera
ヘレラ **Carolina Herrera** (*f*)(b. 1939)《ベネズエラ生まれのファッションデザイナー; 1980 年, みずからのブランド Carolina Herrera を立ち上げ, ニューヨークを拠点に活動》.

herringbone
1 矢筈(やはず)模様, 杉綾(すぎあや), ヘリンボン《寄せ木・刺繍・織地などに用いる》.
2 〔手芸〕=herringbone stitch.
3 〔マテリアル〕ヘリンボンの綾織地(製のスーツ). ★herringbone は「ニシンの骨」の意.

herringbone stitch
〔手芸〕ヘリンボンステッチ《V 字形のステッチをダブらせながら続けて綾織りのような感じに仕上げたもの》; 〔ソーイング〕千鳥がけ. ★単に herringbone ともいう.

Hessian
1 [hessian] 〔マテリアル〕《英》ヘシアン《地厚な平織り麻布》. ★**Hessian cloth** ともいう.
2 〔靴〕=Hessian boots.

Hessian boots
[複数形] 〔靴〕ヘシアンブーツ《前方にふさの付いた軍用ブーツ; 19 世紀初め英国で流行した》. ★単に Hessian ともいう.

Hessian cloth
〔マテリアル〕=Hessian 1.

heuke
〔衣服〕ヒューケ《頭から体全体をおおうケープ; 16-17 世紀初頭にかけてヨーロッパで着用された》.

Hessian boots

high fashion
〔ファッション〕ハイファッション《オートクチュールをはじめ, コレクションで発表されたような, 一般の流行に先んじる, 限定的で高価なファッション》.

high hat
〔小物〕シルクハット, ハイハット (top hat).

high-heeled
形 ハイヒールの, かかとの高い.

high heels
[複数形] 〔靴〕ハイヒール.

Highland dress
〔衣服〕ハイランドドレス《スコットランド高地人が特別な機会に着るもので, 上着, ボウタイ, sporran を吊

るしたキルト，上の折り返しに小さな刀を差し込んである長い靴下などからなる》．

highlight
名 [通例 highlights]〔ヘア〕脱色して明るい色[ブロンド]にした一条の髪，ハイライト．

動〈髪の〉一部を明るい色に脱色する，…にハイライトを入れる．

highlighter
〔美容〕ハイライト(化粧品)，ハイライター《Tゾーンや頬骨などに使用し，顔に立体感をもたせる》．

high-necked
形 ハイネックの〈服〉《襟ぐりのラインが首の付け根より高い》．

high-profile
形 注目を集めている，脚光を浴びている．

high style
〔ファッション〕ハイスタイル《流行に敏感なごく一部の層が，一般の流行を超越して取り入れる，先鋭的であったり，高踏的であったりする装い》．

high-tech
形 高度[先端]技術の，ハイテクの: *high-tech* fabrics ハイテク織物 / *high-tech* clothes ハイテク服．

high-tops
[複数形]〔靴〕ハイトップス《くるぶしまでおおう深いスニーカー，特に足首を保護補強するパッド入りのものをいう》．

high visibility clothing
〔衣服〕ハイビジビリティ服，高視認(性)衣料《蛍光染料や蛍光塗料で目立たせた服；危険な職場で働く人やバイク・自転車に乗る人が着る》．

high waist
〔ソーイング〕ハイウエスト《ジャストサイズよりも高い位置にあるウエスト；cf. low waist》．

hijab
〔小物〕ヒジャーブ《イスラム教徒の女性が人前で顔を隠すのに用いるかぶりもの》．

hiking boots
[複数形]〔靴〕ハイキングブーツ，トレッキングシューズ，登山靴．

§Hilfiger
ヒルフィガー Tommy Hilfiger (*m*) (b. 1951)《米国のファッションデザイナー；赤，白，青からなる Tommy Hilfiger のロゴをつけたスポーツウェアを中心に幅広い年齢層に向けて商品を展開》．

himation
(複数形 himatia)〔衣服〕ヒマティオン《古代ギリシアの男女が用いた外衣の一種；左肩に掛けて腰に巻きつけ左腕に戻る長方形の布》．

hinge
〔小物〕蝶番，丁番(ちょうつがい)(ちょうばん)，ヒンジ．

hip
〔ボディ〕**1** ヒップ《腰のくびれと大腿の上部との間の骨盤に沿って，横に張り出した部分；単数形 hip は右または左の張り出しの一方を指すので，その両側をいう場合は複数形で用いる；日本語の「お尻」および「腰」と部分的に重なるが，どちらとも一致しない》；[**hips**] ヒップまわり(のサイズ): wiggle one's *hips* 《歩くとき，踊るときなど》ヒップを振り動かす / a large-*hipped* [slim-*hipped*] woman ヒップの大きい[細い]女性．

2 =hip joint.

hip boots
[複数形]〔靴〕ヒップブーツ《特に漁師・釣人用の腰まで届くブーツ》．

hip-hop
〔ファッション〕ヒップホップ《ラップソングやブレークダンス，グラフィティなどを含む，1980年代に盛んになったティーンエージャーのスト

リートカルチャー》.

hip-hugger
形 [限定的]《米》〈ズボン・スカートなど〉ヒップハガーの《ウエストラインよりも下の腰骨に引っ掛けて着用する》
: *hip-hugger* pants ヒップハガーパンツ.

名 [hip-huggers]〔衣服〕《米》ヒップハガーズ(《英》hipsters)《股上の浅いズボンを腰骨で引っ掛けてはくようなデザイン》.

hip-hugging
形 腰骨で留める, ヒップハギングの.

hip joint
〔ボディ〕股関節.

hipline
ヒップライン《腰まわりの輪郭》.

hip pack
〔バッグ〕⇨ bum bag, fanny pack.

hippie
〔ファッション〕ヒッピー《既成の価値観を拒否し, 服装や行動の自由を尊んだ特に1960年代の若者; 長髪で型にはまらないファッション, 幻覚剤の使用, 非暴力の倫理などが特徴とされる》. ★hippy ともつづる.

hip pocket
〔ディテール〕《ズボン・スカートの》ヒップポケット, 尻ポケット.

hipsters
[複数形]〔衣服〕《英》=hip-huggers.

hive
《ドーム形の》麦わら帽子, ハイブ. ★hive は「ドーム形のミツバチの巣箱」のこと.

H-line
〔ファッション〕H ライン《長方形のシルエットのウエストにベルトをしてHの文字を思わせるライン; 1954年に Dior がコレクションで発表した》.

hobble skirt
〔衣服〕ホブルスカート《ひざより裾の方が狭く歩行を妨げるようなスカート; 1910-14 年 に 流 行 し た》. ★hobble は「よたよた歩くこと」の意.

hobnail boots
[複数形]〔靴〕ホブネイルブーツ《底に鋲の打ってあるブーツ》. ★hobnail は「鋲釘」のこと.

hobo /ホウボウ/
〔バッグ〕袋形の大型ショルダーバッグ. ★hobo bag ともいう. hobo は「渡り労働者」「浮浪者」の意.

hobo glove
〔小物〕ホーボーグラブ《指出し手袋》.

Holbein stitch
〔手芸〕=double running stitch.
【Hans Holbein (d. 1543) ドイツ生まれの英国の宮廷画家; 絵に描かれた刺繍から】

holdall
〔バッグ〕《英》大型の(旅行)かばん(《米》carryall)《通例布製》.

holdup
〔小物〕ホールドアップ《ガーターを必要としないストッキング》.

holography
ホログラフィー《可干渉性の光による物体の記録再生技術; この技術でプリントした柄がファッションに使われる》.

homage /ハミッヂ/
敬意, オマージュ.

homburg
[しばしば Homburg]〔小物〕ホンブルグ《狭いつばが両側でややそり上がり, 山の中央がへこんだ男性用のフェルト帽》. ★homburg hat ともいう.
【Homburg: 19世紀末この帽子が最初に流行したドイツの温泉保養地】

homespun
〔マテリアル〕ホームスパン(1) 手で紡いだ糸を用いた手織りの平織りまたは綾織物 2) 手織り風の目の粗い

布地)).

honan /ホウナン/
〔マテリアル〕絹紬(けんちゅう)《ポンジー (pongee) に似た光沢のある絹織物; 元来 中国河南 (Honan) 省でつくられたもの》. ★**honan silk** ともいう.

honey
1 はちみつ.
2〔色〕ハニー《濃い黄》.

honeycomb /ハニコウム/
〔マテリアル〕蜂巣(はち)織り, 桝(ます)織り, ハニコーム《布面に蜂の巣状の凹凸を織り出したもの, また その織布; 織りは waffle weave, 織布は waffle cloth とも呼ばれる》.

Honiton (lace)
〔手芸〕ホニトンレース《花の小枝模様を編み込んだレース》.
【Honiton: 英国デヴォン州の町で生産地】

hood /フッド/
〔小物〕《コートなどの》フード, ずきん; フード状のおおい; 大学式服の背に垂れる布.

hoodie
〔衣服〕フーディー《フード付きのスエットシャツやジャケットなど》. ★**hoody** ともつづる.

hook
鉤(かぎ), フック;〔小物〕ホック, 留め金.

hook and eye
〔小物〕《衣類の》かぎホック《服の二つの部分を締めるホックと通し輪》.

hoop
1《たる・おけなどの》輪, たが, 金輪.
2〔宝飾〕平型の指輪.
3〔宝飾〕=hoop earring.
4〔小物〕《鯨鬚(くじらひげ)・金属など曲げやすい素材でつくられた輪形の》張り骨《もと女性服のスカートを張り広げた》;《刺繍用の》張り輪.

hoop earring
〔宝飾〕フープイヤリング《輪形のイヤリング》. ★単に **hoop** ともいう.

hoop petticoat
〔衣服〕フープペティコート《張り骨で広げたペティコート》.

hoopskirt
〔衣服〕フープスカート《張り骨で広げたスカート》.

hopsack
〔マテリアル〕ホップサック《麻・黄麻の袋地; これに似た粗い織物》. ★ビールの原料になるホップを入れた麻袋に使われたことから.

hoopskirt

hormone
ホルモン
: male [female] *hormones* 男性[女性] ホルモン.
【ギリシア語で「刺激する(もの)」】

horn
〔宝飾〕角形のもの, 角形のチャーム.

horseshoe
1〔宝飾〕蹄鉄形のもの, U 字形のもの《蹄鉄は魔除け・幸運の兆しとみなされることから》.
2〔ディテール〕《セーター, ブラウス, ドレスなどのネックラインの》U 字形.

horseshoe collar
〔ディテール〕ホースシューカラー《馬蹄形のネックラインについた襟のこと》.

§Horst
ホルスト **Horst P. Horst** (*m*) (1906-99)《ドイツ生まれの写真家; *Vogue* 誌などでの活躍のほか, Chanel, Picasso, Dietrich ら著名人のポートレートでも知られる》.

hose /ホウズ/
[複数扱い] **1**〔小物〕長靴下, ストッ

キング.
2 《昔の男子用の》タイツ; 《昔の》半ズボン.

hosiery /ホウジャリ/
〔小物〕靴下類; 〔衣服〕メリヤス[ニット下着]類.

hot
形 **1** 熱い, 暑い (⇔ cold).
2 《商品など》人気のある, 流行中の: *hottest* haircut 流行のヘアカット / a *hot* item 人気商品 / *hot* sellers 飛ぶように売れる品.

hot pants
[複数形]〔衣服〕ホットパンツ《短いぴったりした女性用ショートパンツ》.

houndstooth [hound's-tooth] check
〔マテリアル〕千鳥格子, ハウンズトゥースチェック. ★dog's-tooth ともいう.

houppelande
〔衣服〕フープランド《中世に着用した男性・女性用の長いガウン; ベルト付きで袖が広幅になっている》.
【フランス語より】

hourglass
図 **1** 《1時間用の》砂時計.
2 〔ファッション〕アワーグラス《19世紀末から20世紀初期にかけて流行した女性用ドレスのシルエットのひとつ; ウエストを締め上げバストとヒップを強調させる》.
形 《砂時計のように》ウエストのくびれた.

housecoat
〔衣服〕《女性の長い前開きの》部屋着, 家着, ハウスコート; 化粧着.

house dress
〔衣服〕ハウスドレス《簡単な普段着》.

house slippers
[複数形]〔靴〕《かかとのついている》屋内スリッパ (cf. bedroom slippers, carpet slippers).

§Howell
ハウエル Margaret Howell (*f*) (b. 1946)《英国のファッションデザイナー; 1970年, プレスされたシャツが主流だった当時, 糊のきいていないゆったりしたメンズのシャツを発表して注目された》.

§Hoyningen-Huene
ホイニンゲン・ヒューネ George Hoyningen-Huene (*m*) (1900- 68)《ロシア生まれの米国の写真家; 1920-30年代に *Vogue* 誌や *Harper's Bazaar* 誌で活躍》.

huaraches
[複数形]ワラチ《底以外が革ひもで編まれたメキシコのサンダル》.

hue /ヒュー/
1 色合い《color, tint に対する文語的な語》; 色.
2 〔色〕色相, ヒュー《色の三属性のひとつで, 赤・黄・緑のような色みの違いのこと; cf. value, chroma》.

§Hulanicki
フラニッキ Barbara Hulanicki (*f*) (b. 1936)《ポーランド生まれの英国のファッションデザイナー; Swinging London の代表的ブランド, Biba を創設した》.

hula skirt
〔衣服〕フラスカート《草の茎・ビニールなどでつくったすだれ状のフラダンス用スカート》. ★hula は「フラダンス」の意.

humeral veil
〔小物〕肩衣(かたぎぬ), ヒュメラルベール《カトリックの司祭がミサで用いる》.
★単に veil ともいう; humeral は「上腕骨の」「肩の」の意.

hunter green

〔色〕ハンターグリーン《暗い緑》.
★狩猟服に見られる色.

hunting cap
〔小物〕狩猟帽《いわゆる鳥打ち帽、ハンチングとは違い、競馬の騎手がかぶるものと同型でビロード製》.

hunting cap

Hunting World
〔商標〕ハンティングワールド《米国 Hunting World 社のバッグブランド; 同社は 1965 年に探検家・狩猟家・写真家の Robert [Bob] Lee (b. 1929) が創業; 耐久性のあるバチュークロスを素材としたくすんだ緑色のバッグ類が代表的商品; ロゴマークのモチーフはきばのない子象》.

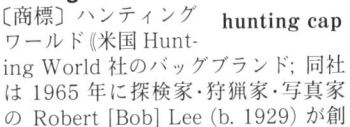

Hush Puppies
〔商標〕ハッシュパピー《米国のシューズブランド; 1958 年創設; ブランドキャラクターはバセットハウンド》.

hyaluronic acid
ヒアルロン酸《硝子体液、臍帯(さい)(へその緒)、関節滑液、皮膚などに存在するムコ多糖の一種; 多量の水と結合してゲル状となり、関節の潤滑作用や皮膚の柔軟性に関係する》.

IACDE
《略語》International Associations of Clothing Designers and Executives 国際衣服デザイナー＆エグゼクティブ協会《米国を中心とした既製服メーカーの所属デザイナーで構成されている》.

ID
〔ビジネス〕身分証明書 (identity card); 本人[身元]確認.
【identification または identity の略】

identification bracelet
〔小物〕ネームブレスレット, 本人証明用ブレスレット[腕輪].

identity card
〔ビジネス〕身分証明書. ★ID card ともいう.

ihram
〔衣服〕イフラーム《イスラム教徒のメッカ巡礼の衣服; 男性用は白木綿製の2枚の布からなり, 1枚は腰のまわりにもう1枚は左の肩に掛け; 女性用は裾が刺繍された, 上半身をカバーするくらい大きな白木綿製の布を頭から掛けてあごの下で留める》.
【アラビア語より】

ikat
〔マテリアル〕くくり染め, くくり絣(がすり), イカット《織糸の一部を糸でくくって防染し染め分け, これで布を織る技法, またその織物》.

【マレー語より】

illusion
1 幻覚, 幻影.
2〔手芸〕極薄地のチュール (tulle), イリュージョン《女性用ベール・縁飾り用》.

image
《消費者がブランドや商品, 広告などにいだく》イメージ, 印象.

imitation
模倣, まね, 模造; 模造品, まがいもの, 偽造品, にせもの, イミテーション
: *imitation* leather 模造皮革 / *imitation* pearls イミテーションパール.

imperial
〔ボディ〕皇帝ひげ《ナポレオン3世のひげにならった下あごのとがりひげ》.

import /インポート/
動 輸入する
: *imported* goods 輸入品.
/インポート/ 图 〔ビジネス〕輸入; [しばしば imports] 輸入品, [通例 imports] 輸入(総)額.

imperial

importer /インポーター/
〔ビジネス〕輸入者, 輸入商, 輸入業者.

impulse buying
《特に消費財の》衝動買い. ★impulse は「衝動, はずみ」の意.

index finger
〔ボディ〕人差し指 (forefinger). ★index は「指示するもの」の意.

indigo
〔色〕インディゴ, インジゴ《暗い青》. ★藍(あい)の色を表わす色名.

infant
幼児, 小児, インファント.

inkle

〔マテリアル〕《縁飾り用の》広幅リネンテープ(に用いるリネン糸)，インクル．

inlay
象眼，はめ込み(細工)．

inlay knit
〔手芸〕インレイ編み《編み地に別の糸を挿入する飾り用のステッチの一種》．

inner wear
〔衣服〕インナーウェア，肌着，下着《肌にじかに触れるもの》．

innovation
〔ビジネス〕新機軸，新方式，革新的な製品，イノヴェーション．

innovative
形 革新的な，斬新な．

inseam
名〔ソーイング〕《ズボンの》股から裾までの縫い目；《米》インシーム(《英》inside leg)《股の下から裾までの長さ，股下丈》；《靴・手袋などの》内側の縫い目．
形〈ポケットが〉サイドの縫い目の合わせ目に配置された，インシームの《そのため完全に衣服の内側に隠れる》．

inset
〔ソーイング〕はめ込み，インセット《装飾などのために縫い込んだ布》．

inside leg
《英》《人・ズボンの》股下(寸法)(《米》inseam)．

insole
〔靴〕中底，中敷，インソール．(⇒ shoes さし絵)．

inspiration
霊感，ひらめき，インスピレーション；霊感による着想
: have a flash of *inspiration* 妙案がひらめく．

inspire
動 1〈人に〉インスピレーションを与える，触発[刺激]する，発奮させる
: *inspire* young designers to launch innovative collections 若いデザイナーを刺激して革新的なコレクションを世に送り出させる．
2《インスピレーションによって》生み出す，もたらす
: The book *was inspired* by his travels in Africa. その本はアフリカ旅行の感興を受けて書かれた / The decor *was inspired* by Italian frescoes. その装飾はイタリアのフレスコ画に霊感を得て生まれた．
3〈思想・感情を〉起こさせる，いだかせる，吹き込む，鼓吹する
: Their track record does not *inspire* confidence. 彼らのこれまでの実績では信頼する気になれない．

installation
インスタレーション《物体・音・動き・空間を用いて，一時的な作品をつくる新しい表現方法；新作コレクションを発表するファッションショーで用いられたりする》．★ファッションでは「デザイナーのイメージに基づき，洋服だけでなく空間全体を作品として体験させる手法」．

instep
1〔ボディ〕足の甲，足背．(⇒ leg さし絵)．
2〔靴〕靴の甲，インステップ；〔小物〕靴下の甲．

insulation /インスレイション/
〔マテリアル〕《熱の伝導の》遮断；断熱性，保温性；断熱材，保温被覆材．

intaglio
〔宝飾〕《浮彫り (relievo) に対して》沈み彫り，彫込み模様《彫りの部分が凹状に掘り下げられている》；彫込み宝石，インタリオ (cf. cameo 1)．

intarsia
〔手芸〕インターシャ《編み機で，別の色糸で象眼したように模様を編み込む方法》．
【イタリア語より】

intellectual property
〔ビジネス〕知的財産；知的財産[所有]権．

interactive kiosk
〔ビジネス〕インタラクティヴキオスク，情報キオスク(端末)《各種施設や街頭ブースに設置され，タッチパネルスクリーンなどを備えたマルチメディア端末装置；情報検索・自動発券・ATM・デジタル写真のセルフプリンターなどの用途をもつ》．

interfacing
〔ソーイング〕《折り返しなどの》芯地，接着芯．

interlining
〔ソーイング〕インターライニング《衣服の補強のための表地と裏地の間に入れる裏打ち布》．

interlock
〔マテリアル〕インターロックの織物，両面編みの織物《丈夫で伸縮性があり，下着やスポーツウェアに使われる》．

Internet /インタネット/
[the Internet] インターネット《コンピューターネットワーク》．

inventory
〔ビジネス〕《商品の》在庫目録，棚卸表；在庫品；《米》在庫品調べ，棚卸し．

Inverness
[しばしば inverness]〔衣服〕**1** インバネスコート《19 世紀中ごろに登場した，取りはずしのできるケープ付き

Ivy League

アメリカ合衆国北東部の名門 8 大学連盟に由来するスタイルに，形容詞的に使われる．INTER-VARSITY を略して IVY でもあり，その語の連想から生まれる植物の蔦 (ivy) のイメージは，伝統校連盟の象徴としてぴったりでもあるので，この呼称が定着した．

スーツにおいて「アイヴィー・リーグ・モデル」とされるのは，1950 年代前後に流行したアメリカのサックスーツである．ナチュラルショルダー，胴まわりをしぼらない直線的シルエット，細めのラペル(襟)，水平につけられたポケットを特徴とするシングル 3 つボタンの上衣と，細身の直線的トラウザーズの組み合わせ．シングルブレザー，折り目なしのチノパン，ボタンダウンのシャツ，ポロシャツ，コインローファーと呼ばれる靴もアイヴィー・スタイルを象徴するアイテムである．このスタイルを提案してきたアメリカのブランドに J・プレス，ブルックス・ブラザーズなどがある．

日本では，1960 年代に，元 VAN の石津謙介氏の提唱で「アイヴィー・ルック」が流行した．銀座のみゆき通りに「アイヴィー・ルック」の若者が集い，「みゆき族」と呼ばれる．

近年では，この進化系が「アメリカントラッド」として分類されている．1989 年，東部出身のブッシュ大統領の誕生を契機にトラッドブームが起こり，ラルフローレンを代表とするアメリカのデザイナーがブームになる．この流れを受けた，渋谷近辺に集う日本の若者の間では，紺のブレザー，ラルフローレンに象徴される「渋い」スタイルが「渋カジ」として流行した．

の男性用コート; シャーロック・ホームズのトレードマークとしても知られる; **inverness coat** ともいう)).
2 インバネスケープ((丈の長い男性用ケープ; 日本に入ってきたのは明治期で、「とんび」「二重回し」といわれた; **inverness cape** ともいう)).
【スコットランド北西部の地名より】

inverted pleat
〔ディテール〕逆ひだ、インバーテッドプリーツ((2 本のひだ山が表でつき合わせになっているプリーツ)).
★invert は「逆さにする」の意.

investment
〔ビジネス〕投資、出資; 投下資本、投資金; 投資の対象.

§Irene
イレーヌ (*f*) (1907-62)((米国の映画衣裳デザイナー; 本名 Irene Lentz; ハリウッドで活躍し、顧客には Judy Garland, Greer Garson らがいた)).

§Iribe
イリーブ **Paul Iribe** (*m*) (1883-1935)((フランスのイラストレーター; 本名 Paul Iribarnegaray; Paul Poiret のファッションのデザイン画集を手掛けたことから、名を知られるようになった)).

iris /アイ(ア)リス/
〔ボディ〕((眼球の))虹彩(こうさい).

Irish linen
〔マテリアル〕アイリッシュリネン((上質できめ細かくて軽いアイルランド産の手織りのリネン)).

Irish tweed
〔マテリアル〕アイリッシュツイード((淡色の経糸と濃色の緯糸の丈夫な織物; 男性のスーツ・コート用)).

iron /アイアン/
名 アイロン

: a steam *iron* スチームアイロン.
動 (...に)アイロンをかける
: *iron* a shirt シャツにアイロンをかける.

ironing /アイアニング/
アイロンがけ、アイロン仕上げ.

ironing board [table]
アイロン台.

irregular
形 不規則な; ふぞろいの; ((米))((商品が))多少難のある、きず物の.
名 [**irregulars**]〔ビジネス〕((米))規格はずれの商品、きず物、多少難あり品.

Italian heel
〔靴〕イタリアンヒール((Louis heel に似た女性用の靴のヒール; ヒールの後ろのほうが内側にカーブしている)).

item
〔ビジネス〕項目、品目、アイテム.

ivory
1〔宝飾〕象牙.
2〔色〕アイボリー((黄みの薄い灰色)).

Ivy League
名 [the Ivy League] アイヴィーリーグ((米国北東部の名門 8 大学: Harvard, Yale, Columbia, Princeton, Brown, Pennsylvania, Cornell, Dartmouth; この 8 大学からなる競技連盟)).
形 アイヴィーリーグの; アイヴィーリーグ的な((アイヴィーリーグ(出身)の学生が着るような、教養と育ちの良さがあり堅実で保守的なスタイル)).
(⇨ コラム).

IWS
《略語》International Wool Secretariat 国際羊毛事務局((1937 年設立; 現在は AWI)).

jabot

〔ディテール〕ジャボ《1) 女性服またはスコットランド高地服のレースの胸部ひだ飾り 2) 昔の男子用シャツの胸部ひだ飾り》.
【フランス語より】

jabot 2)

jac

〔衣服〕《口語》= jacket.

jack

〔衣服〕ジャック《1) 中世の歩兵の革製袖なし上着 2) 中世の短くぴったりした上着; 男性・女性用》.

jackboots

[複数形]〔靴〕**1**《ひざ上まである》長靴(ちょうか), ジャックブーツ《17-18 世紀の騎兵やナチスの兵士が用いた; 今は漁師などが用いる》.
2《ふくらはぎまでの》ひもなしの軍用長靴.

jacket

〔衣服〕**1**《袖付きの》上着, ジャケット《通例腰のあたりまでの丈の, 前開きのものをいう; 背広の上着のようにひとそろいの服の一部として着用するものもある》.
2 ジャンパー, ブルゾン.
★口語では jac ともいう.

§Jackson

ジャクソン Betty Jackson (*f*) (b. 1940)《英国のファッションデザイナー; 1981 年に Betty Jackson を設立》.

§Jacobs

ジェイコブス Marc Jacobs (*m*) (b. 1963)《米国のファッションデザイナー; 1986 年 Marc Jacobs を設立した》.

jaconet

〔マテリアル〕ジャコネット《薄地の平織り綿布; 片面つや出し染色綿布などがある》.

jacquard

[しばしば Jacquard]〔マテリアル〕**1** ジャカード《1) 模様に応じたパンチカードにより柄を織り[編み]出す機構 2) そうした機構を備えた織機》.
2 ジャカード織り[紋織地].
【Joseph-Marie Jacquard ↓】

§Jacquard

ジャカール Joseph-Marie Jacquard (*m*) (1752-1834)《フランスの発明家; パンチカードを利用して模様が織れるジャカード式紋織機 (jacquard) を発明し (1801), 絹織物工業に技術的革命をもたらした》.

jade

〔宝飾〕翡翠(ひすい), 玉(ぎょく), ジェイド《5 月の誕生石; ⇒ birthstone 表》.

Jaeger

〔商標〕イエーガー《英国 Jaeger 社製のウール製ニットウェアなど》.

jama /ジャーマ/

〔衣服〕《インドで》長い綿のガウン.
★jamah, jamma ともつづる.
【ヒンディー語より】

§James

ジェームズ Charles James (*m*) (1906-78)《英国のファッションデザイナー; 1930 年代に活躍し, 彫刻のように美しいフォルムのデザインで知られる》.

Jandal

〔商標〕《ニュージーランド》ジャンダル《ビーチサンダル》. ★ビーチサンダルを英国では flip-flops, 米国・カナダ・オーストラリアでは thongs という. 最近ではニュージーランドでも thongs ということがある.
【*J*apanese と *S*andal の混成語; ニュージーランド人が日本のぞうりを真似てつくったもの】

japan
图 漆, 漆器.
形 漆塗りの.
動〈木製の器などに〉漆を塗る.

Japanese
形 日本の, 日本人の.
图 日本人; 日本語.

Japanism
1 日本人の特質.
2 《芸術様式などの》日本風; 日本語の《慣用》語法.
3 日本研究; 日本好き; 日本心酔.

§Jardin des modes
『ジャルダン・デ・モード』《フランスを代表するファッション雑誌》.

jaw
〔ボディ〕あご,《特に》下あご.

jean
1 〔マテリアル〕ジーン(ズ)地, デニム地《細綾織りで丈夫な綿布》
: a *jean* jacket デニム地のジャケット.
2 [jeans]〔衣服〕ジーンズ, G パン, ジーパン《カジュアルウェア, また作業服; G パンは「ジーンズ素材(デニム地)のパンツ[ズボン]」の略》,《一般に》ズボン. (⇨ 次ページコラム).

§Jeanmaire
ジャンメール Renée 'Zizi' Jeanmaire (*f*) (b. 1924)《フランスのダンサー; ローラン・プティ・バレエ団に入り,『カルメン』(1949) で成功し, 1954 年同バレエ団の設立者 Roland Petit と結婚; ミュージックホールや映画で人気を博した; ほっそりした体型とボーイッシュなヘアスタイルは 1950 年代に流行した gamine スタイルの典型; ⇨ gamine》.

jellies
[複数形]〔靴〕ゼリーシューズ[サンダル]《ゴム・軟質プラスチック製の女子用靴; 多様であざやかな色が選べる》.

jemmy /ジェミ/
〔衣服〕《英方言》《厚手の》オーバーコート.

Jenny
〔商標〕ジェニー《フランスの貴族向けのファッションブランド; 1909 年に Jeanne Adele Bernard (1872-1962) がパリに創業; 1940 年閉店》.

jerkin
〔衣服〕ジャーキン《1) 袖なしの短い胴着 2) 16-17 世紀の男性用の短い上着; 主に革製》.

jersey
ジャージー《1)〔マテリアル〕柔らかくて伸縮性のあるメリヤス服地 2)〔衣服〕その服地でつくったスポーツウェア・セーター・下着類など》
: in a black *jersey* halter-neck dress 黒のジャージーのホルターネックドレスを着て.
【Jersey: イギリス海峡の Channel 諸島中最大の島で最初の製造地】

jersey costume
〔衣服〕ジャージーコスチューム《1870 年代に英国の女優 Lillie Langtry (1852-1929) が流行させたニット地の服》.

jet
1 〔宝飾〕ジェット, 黒玉(くろたま)《褐色褐炭の一種》.
2 〔色〕黒玉色, ジェット《つやのある黒》.

jewel
〔宝飾〕宝石; [通例 **jewels**] 宝飾品.

jeweler
宝石職人; 宝石商, 貴金属商《しばしば宝石のほかに時計・陶器・銀製品・高

価な贈り物用商品なども扱う》.
jewelry | jewellery
〔宝飾〕宝石類; 宝飾品類《指輪・腕輪・ネックレスなど》;《一般に》装身具.
jewelry designer
ジュエリーデザイナー, 宝飾デザイナー.
Jill Stuart
〔商標〕ジル スチュアート《米国のファッションデザイナー Jill Stuart (b. 1965) がプロデュースするファッションブランド》.

Jil Sander
〔商標〕ジル サンダー (⇨ Sander, Jil).
JIT
《略語》〔ビジネス〕just-in-time.
Jockey
〔商標〕ジョッキー《米国 Jockey 社製の男性用下着・スポーツウェアなど; 同社は 1935 年世界で最初にブリーフを商品化した》.
jockey boots
[複数形]〔靴〕ジョッキーブーツ《ライディングブーツの一種で, 革製のひ

Jeans

インディゴ(藍)で染めた綿織物, ジーン (jean) を用いたパンツをジーンズと呼んでいる. ジーンという織物名は, 北部イタリアの港湾都市ジェノア (Genoa) に由来する.

紛らわしい呼び名に「デニム (denim)」があるが, こちらも, もとはといえば地名にその名の起源をもつ綾織物の名称である. フランス語の「セルジュ・ドゥ・ニーム serge de Nîmes (ニーム市産の綾織物)」の地名部分を英語読みした語が, 「デニム」の由来である. ジーンとデニムの違いは, ジーンは後染め織物, デニムは糸の段階で染めた先染め織物, という点. デニムは, 経糸に藍染め糸, 緯糸に白糸を用いて織り上げる. とはいえ, 最近では工程の違いに関わらずどちらの名称も適用されている.

原型をつくったのは, 19 世紀後半にドイツからアメリカに渡ったリーヴァイ・ストラウス. ポケットにリベット(鋲)をつけて補強し, 表に目立つステッチを入れたところ, カリフォルニアのゴールドラッシュで砂金掘りにたずさわる人々の間で大人気を得た.

一般的に普及し始めるのは, 1950 年代, ハリウッド映画に「抵抗する若者」が着る服として登場するようになってから. 60 年代には反戦運動のシンボルとなり, 70 年代のユニセックス化の流れの中で一気に普及し, 80 年代にはオートクチュールのデザイナーの作品にも登場するまでになる. 20 世紀末には世界中の老若男女にとっての日用品となるまでに定着したため, 差別化を求めるあまり, 最初から破いたり, 傷をつけたり, 過度に漂白したり, ペンキで落書きをしたりするなどのダメージ加工を施したジーンズもてはやされた. 21 世紀には低価格ジーンズも続々登場する一方, 原型に近い「リーバイス 501XX」などのヴィンテージジーンズは, マニア垂涎の的として, 驚くほどの高値で取引されている.

なお, 倉敷市児島は, ジーンズの聖地として世界的に名高い.

ざ下丈のブーツ；もともとは競馬の騎手(ジョッキー)がはくロングブーツのことだが，現在はこれをアレンジしたさまざまなデザインのものがある》．

jockey boots

jockstrap
〔衣服〕《男子運動競技者用の》(局部用)サポーター．★ **jockey strap**, **athletic supporter** ともいう．

jodhpurs
[複数形]〔衣服〕ジョドパーズ，ジョッパーズ《乗馬ズボン；**jodhpur breeches** ともいう》；〔靴〕ジョドパー《乗馬用ハーフブーツ；**jodhpur boots** [**shoes**] ともいう》．
【インド北西部の地名より】

jog
動《運動のために》ゆっくり走る，ジョギングする．

jogger
ジョギングをする人．

jogging
ジョギング《軽いランニング》．

jogging pants
[複数形]〔衣服〕ジョギングパンツ．

jogging shoes
[複数形]〔靴〕ジョギングシューズ．

jogging suit
〔衣服〕ジョギングスーツ《スエットパンツとスエットシャツの組み合わせ》．

§John
ジョン (1) Augustus John (*m*) (1878-1961)《ウェールズの肖像画家・エッチング作家；1920 年代にロンドンのチェルシーで流行したボヘミアンスタイルのきっかけをつくった》．
(2) John P John (*m*) (1906-93)《ドイツ生まれの米国の帽子デザイナー；本名 John Pico Harberger》．

§Johnson
ジョンソン Betsey Johnson (*f*) (b. 1942)《米国のファッションデザイナー；1978 年ニューヨークで Betsey Johnson を設立；セクシーでキュートなデザインで知られ，映画『セックス・アンド・ザ・シティ』(2008)にも登場した》．

joint venture
〔ビジネス〕合弁事業，ジョイントベンチャー．

§Jones
ジョーンズ Stephen Jones (*m*) (b. 1957)《英国の帽子デザイナー；1980 年 Stephen Jones を設立した；Madonna や Boy George の帽子を手掛けたことでも知られる》．

§Jourdan
ジョルダン Charles Jourdan (*m*) (1883-1976)《フランスの靴デザイナー；1921 年にシューズブランドの Charles Jourdan を設立》．

§Journal des dames et des modes
『ジュルナル・デ・ダム・エ・デ・モード』《1912-14 年，3 か月に一度刊行されたパリのファッション・アート新聞》．

J. Press
〔商標〕J. プレス《米国 J. Press 社のアイヴィーリーグ・スタイルのブランド；同社は 1860 年創業；1902 年より現在名；ニューヘーヴンにある本店はイェール大学の学生・教授がよく利用する》．
【*Jacobi Press* 創業者】

judge's wig
〔ヘア〕裁判官のかつら(⇨ wig さし絵)．

Juliet cap
〔小物〕ジュリエットキャップ《花嫁などが後頭部に付ける網目の縁なし小型女性帽；映画『ロミオとジュリ

エット』(1936)でジュリエット役のNorma Shearer (1902-83) がかぶったことから流行した》.

jump boots
[複数形][靴]ジャンプブーツ《落下傘部隊員のはくブーツ》.

Juliet cap

jumper
[衣服] 1《水夫などが着る》作業用上着.
2 《米》ジャンパースカート[ドレス]（《英》pinafore）《女性・子供用の袖なしのワンピース》.
3 《英》セーター, プルオーバー. ★英米の語義の違いに注意.

jumpsuit
[衣服] 1 落下傘降下服.
2 ジャンプスーツ《降下服に似た上下つなぎのカジュアルウェア》.

jungle print
[マテリアル]ジャングルプリント《ジャングルの動物をモチーフにしたプリントデザイン；ヒョウ，トラ，ライオンなど》.

junior
年少者；ジュニア《女性服のサイズ；胴のほっそりした若い女性向きのデザイン》
: coats for teens and *juniors* ティーンエージャーの女の子や若い女性向きのコート.

junk
がらくた, くず, 廃品, ジャンク《くたびれている物や古着・リサイクル品などにも使う》.

jupon
[衣服]ジポン《1）14 世紀の胴着 (doublet) 2）14 世紀に着用されたよろいの上に着る紋章入りの綿入りの短い上っ張り》. ★gipon ともつづる.

justaucorps
(単数・複数同形)[衣服]ジューストーコール《17-18 世紀ごろ男性が着た体のラインに沿うひざ下まであるコート》. ★**justicoat** ともいう.
【フランス語より】

just-in-time
[ビジネス]ジャストインタイム《各製造段階で予測により生産・納入された材料・部品・製品を在庫しておく代わりに，必要量の直前納入により在庫費用の最小化をはかるとともに品質管理意識を高める生産システム；トヨタ自動車の'かんばん方式'に由来；略 JIT》.

jute
[マテリアル]黄麻(こうま), ジュート《ツナソの繊維；ロープ・麻袋などの材料や絹・ウールと混ぜた布地となる》.

kaffiyeh
〔小物〕カフィエ, ケフィエ《アラビアの遊牧民などが着用する四角い布; 頭から肩にかけてかぶる》. ★keffiyeh ともつづる.
【アラビア語より】

kaffiyeh

kaftan
〔衣服〕=caftan.

kagoule
〔衣服〕=cagoule.

K(A)GOY
kids (are) getting older younger 子供たちは(昔より)早い年齢で大人びつつある《玩具業界などで子供の早熟化傾向加速に伴う嗜好の大人化をいう》.

kain
〔衣服〕=sarong.
【マレー語より】

kalasiris
〔衣服〕カラシリス《古代エジプトの男女が着た長い外衣》.

§Kamali
カマリ Norma Kamali (*f*) (b. 1945)《米国のファッションデザイナー; 1978年 OMO (On My Own) Norma Kamali を設立; 70年代と80年代の革新的なデザイナーのひとり》.

kameez
〔衣服〕カミーズ《パキスタン・バングラデシュで, ゆったりしたズボンに合わせて着るゆったりしたシャツ; リネン・綿・絹製》.

kamik
〔靴〕《カナダ》カーミク《アザラシの皮でつくったブーツ》.
【アラスカ北部の先住民の言語より】

kangaroo pocket
〔ディテール〕カンガルーポケット《衣服の前面中央につける大型ポケット》.

Kangol
〔商標〕カンゴル《英国 Kangol 社の帽子ブランド; 同社は1938年創業; 特にベレー帽で知られる》.

§Kaplan
カプラン Jacques Kaplan (*m*) (b. 1924)《フランスの毛皮デザイナー; ステンシルを用いた毛皮, ファンファー, 毛皮のドレスなどで知られる》.

karakul
1 [しばしば Karakul] カラクール《ヒツジの毛皮用品種》.
2 〔マテリアル〕カラクール毛皮《カラクール種の子羊の毛皮; アストラカン毛皮中最も珍重される》.
★caracul ともつづる.
【ウズベキスタンの原産地名】

karakul cloth
〔マテリアル〕カラクールクロス《カラクール羊の毛を模した織物》.

§Karan
キャラン Donna Karan (*f*) (b. 1948)《米国のファッションデザイナー; 1985年ニューヨークに Donna Karan を設立; 女性を美しく見せるシンプルで機能的なデザインで多くの女性から支持されている》.

karat
〔宝飾〕《米》カラット, 金位 《《英》carat》《純金含有度を示す単位; 純金は 24 karats》.

Kasha

〔商標〕カシャ《1) フランスで開発された, 柔らかい手ざわりのけばのある毛織物　2) 表面起毛した綿ネル; 裏地用》.

§Kasper
キャスパー Herbert Kasper (*m*) (b. 1926)《米国のファッションデザイナー》.

Kate Greenaway dress
ケート・グリーナウェイ服《英国の絵本作家 Kate Greenaway の絵に描かれているような古風なスタイルの子供服; ハイウエストでくるぶし丈のドレスにリボンサッシュ, フリルで飾った丸首の襟元, ボンネットなどが特徴》.

Kate Spade
〔商標〕ケイトスペード《米国 Kate Spade 社のバッグブランド; 同社は 1993 年 Katherine Noel Brosnahan と夫 Andy Spade によりニューヨークで設立された》.

keffiyeh
〔小物〕=kaffiyah.

§Kelly
ケリー　(1) Grace (Patricia) Kelly (*f*) (1929-82)《米国の映画女優; 1956 年モナコの大公 Rainier 3 世と結婚; 映画『真昼の決闘』(1952), 『喝采』(1954); 自動車事故で死亡; ⇨ Kelly bag》.

(2) Patrick Kelly (*m*) (1954-90)《米国のファッションデザイナー; 米国南部生まれの黒人としてのバックグラウンドを生かしたデザインで, パリで活躍した》.

Kelly bag
〔バッグ〕ケリーバッグ《Hermès 社製のハンドバッグ; Grace Kelly が妊娠中のおなかを隠すためにもったことから, このバッグが有名になり, 「ケリーバッグ」と改名された》.

kemp
〔マテリアル〕ケンプ《羊毛からよりのけた粗毛》.

kenaf
〔マテリアル〕ケナフ, アンバリ麻, ボンベイ麻《1) アフリカ原産のフヨウ属の一年草; 繊維作物として栽培される　2) その繊維[粗布]》.

§Kennedy
⇨ Onassis.

kente
ケンテ《1) 〔マテリアル〕ガーナの派手な色をした手織り布; **kente cloth** ともいう　2) 〔衣服〕これでつくった一種のトーガ》.

kepi
〔小物〕ケピ《フランスの軍帽; 頂部が扁平》.

kerchief
〔小物〕《女性の》スカーフ, ネッカチーフ; ハンカチ.

kersey
〔マテリアル〕カージー, カルゼ《1) うね織りの粗い紡毛織物; ズボンや仕事着用　2) ウールまたはウールと木綿の綾織り生地; コート用; その衣服》.
【Kersey: 英国サフォーク州の村, かつての紡織地】

kerseymere
〔マテリアル〕カージーミア《良質梳毛糸の綾織りの服地》.

Kevlar
〔商標〕ケブラー《ナイロンより軽く鋼鉄の 5 倍の強度をもつとされ, タイヤコード・ベルト・防弾服などに用いられるアラミド繊維》.

key case
〔小物〕キーケース《折りたたみケース式のキーホルダー》.

key chain
〔小物〕キーチェーン, キーホルダー《鍵などの小物をつなげておく鎖》.

key lock
〔小物〕鍵錠, キーロック《鍵であける錠》.

key of life
〔宝飾〕=ankh.

keystoning
〔ビジネス〕キーストーニング《仕入れ価格の2倍またはそれ以上の値札をつけたうえ大幅割引きして買手に割安感を与える価格設定》. ★keystone markupともいう.

khaki
图 **1**〔マテリアル〕カーキ色服地.
2 [khakis]〔衣服〕カーキ色の軍服[衣服].
3〔色〕カーキ《くすんだ赤みの黄》. ★もとは軍服の色として使われ一般にも普及した.
形 カーキ色の.
【ヒンディー語で「ほこりっぽい, 土色の」の意】

§Khanh
カーン Emmanuelle Khanh (*f*) (b. 1937)《フランスのファッションデザイナー; オートクチュールに反発して, 安価な既製服のデザインをして有名になった》.

khurta
〔衣服〕=kurta.

§Kiam
キアム Omar Kiam (*m*) (1894-1954)《メキシコ生まれの米国の舞台・映画衣裳デザイナー; 本名 Alexander Kiam; 1935年からハリウッドで活躍》.

kick pleat
〔ソーイング〕キックプリーツ《歩きやすいように細身スカートなどの前か脇につけるひだ》.

kid
1《口語》子供, 若者
: a *kid* of 9 9歳の子供.
2 子ヤギ.
3〔マテリアル〕子ヤギ革, キッド(革);〔小物〕キッドの手袋;〔靴〕キッドの靴.

kiddie couture
〔ファッション〕キディークチュール《有名デザイナーによる高級子供服》. ★kiddyは口語で「子供, ちびっこ」の意.

kid glove
〔小物〕キッドの手袋《子ヤギの革の手袋》.

kidskin
〔マテリアル〕子ヤギの皮;《なめした》キッドスキン, キッド革.

kilt
〔衣服〕キルト《スコットランド高地人・軍人が着用する格子縞(じま)で縦ひだの短い巻きスカート》; キルト風のスカート; [the kilt] スコットランド高地人の服装. ★fillebegともいう.

kilt
1 glengarry; 2 brooch; 3 plaid; 4 sporran; 5 kilt

kilt pin
キルトピン《キルトの前の部分を留めるピン》.

kilt pleat
〔衣服〕キルトプリーツ《ひとつのひだが次のひだに半分ずつ重なる大きな片ひだ》.

kimono
〔衣服〕《日本の》着物; キモノ《着物をまねた西洋の化粧着》.

kimono sleeve
〔ディテール〕キモノスリーブ《着物のように身ごろから裁ち出した幅の広い袖; cf. French sleeve》.

king-size
形 キングサイズの, 特大の. ★king-sizedともいう.

§King's Road
キングズロード《ロンドンの通りで, もとは Charles 2 世がハンプトン

コートに行くときに使った私道であったもの; ベルグラーヴィア地区は高級住宅街になっており, チェルシー地区にはミニスカートを考案した Mary Quant の店に代表されるような若者向けの店が多い》.

kip
〔マテリアル〕キップ皮《子牛と成牛の中間の牛の皮》. ★kipskin ともいう.

kippa
〔小物〕キッパ《正統派ユダヤ教男性信者がかぶる小さな縁なし帽》.

kipper tie
〔小物〕キッパータイ《あざやかな色の幅広のネクタイ; 1960年代後半から70年代に流行》. ★kipper は「燻製ニシン」の意.
【これを流行させた英国のファッションデザイナー Michael Fish の名にちなむだじゃれから】

kipskin
〔マテリアル〕= kip.

kirtle
〔衣服〕カートル《1) 中世の男子用の短い上着 2) 女性用のガウン[スカート]》.

kitsch
图 俗悪性, 低俗で悪趣味な事物, キッチュ《毒々しい大量生産品などに見出される美的な価値》.
形 安っぽくてちゃちな, 悪趣味で俗っぽい, キッチュな《必ずしも軽蔑的に使われるわけではなく, そのさまがよい, という肯定的なニュアンスでも使われる》.
【ドイツ語より】

kitten heel
〔靴〕キトンヒール《女性靴の stiletto heel の低い型》.

§Klein
クライン (1) **Anne Klein** (*f*) (1923-74)《米国のファッションデザイナー; 本名 Hannah Golofski; 1968年 Anne Klein を設立; 米国で最もよく知られたスポーツウェアデザイナーのひとり》.
(2) **Bernat Klein** (*m*) (b. 1922)《ユーゴスラビア生まれの英国のテキスタイルデザイナーで画家; テキスタイルデザインの革新に力を注ぎ, 特に色の開発で貢献した》.
(3) **Calvin (Richard) Klein** (*m*) (b. 1942)《米国のファッションデザイナー; 1968年に Calvin Klein を設立し, 70年代後半からはジーンズ, 下着, 香水なども手掛ける》.
(4) **Roland Klein** (*m*) (b. 1938)《フランスのファッションデザイナー; 1973年 Roland Klein を設立》.

§Klimt
クリムト **Gustav Klimt** (*m*) (1862-1918)《オーストリアの画家; ファッションでは, ウィーンのクチュールハウスなどで服のデザインを手掛けた》.

knapsack
〔バッグ〕ナップサック, 背嚢.
【ドイツ語より】

knee
1 〔ボディ〕ひざ, 膝(ひざ), ひざがしら, 膝関節;《広義の》ひざ. (⇨ leg さし絵).
2 〔ディテール〕《衣服の》ひざ《ズボンなどのひざの部分》(cf. lap).
: Your jeans are torn at the *knee*.
ジーンズのひざのところが破れているよ.

knee breeches
[複数形]〔衣服〕ブリーチズ《ひざ丈またはひざ下丈で裾のところが脚にぴったりとつくようになっているズボン》.

knee-high
形 ひざまでの高さの, ニーハイの (cf. thigh-high)

knee breeches

: *knee-high* socks ニーハイソックス / *knee-high* boots ニーハイブーツ.
图 [通例 knee-highs] ニーハイズ《(1)〔小物〕ひざ下までの長さのある靴下やストッキング 2)〔靴〕ひざ下までの高さのブーツ》.

knee-length
形 ひざ丈の, ひざまでの長さの〈衣服・ブーツなど〉.

kneesocks
[複数形]〔小物〕ニーソックス, ハイソックス《特に女の子がはくひざ下までの長さの靴下》.

knee warmers
〔小物〕ニーウォーマーズ《ふくらはぎからひざ上までの長さのひざ当て様のもの》.

knickerbockers
[複数形]〔衣服〕ニッカーボッカー《ひざ下でしぼるゆったりとした半ズボン;《米》では knickers ともいう》.
【Diedrich Knickerbocker: W. アーヴィングが『ニューヨークの歴史』(1809) の著者名として用いた名】

knickers
[複数形]〔衣服〕ニッカーズ《(1)《米》= knickerbockers 2) 昔のニッカーボッカー型の女性用下着 3)《英》パンティー, ショーツ(《米》panties)》.
★英米の語義の違いに注意.

knife pleat
〔ディテール〕ナイフプリーツ《同一方向にぴしっとプレスしたひだ》.

knit
動 編む; 表編みにする
: *knit* gloves out of wool＝*knit* wool into gloves 毛糸で手袋を編む.
图 1 編むこと, 編み方, 編物, 編み目; 表編み.
2 編物の布地[衣類], ニット.

knit stitch
表目, 表編み, ニットステッチ (cf. purl stitch). ★plain stitch ともいう.

knitter
編む人, メリヤス工.

knitting
1 編むこと.
2 編み細工; 編物
: do one's *knitting* 編物をする.
3〔マテリアル〕ニット地, メリヤス地.

knitting machine
編み機, メリヤス機.

knitting needle
〔手芸〕編み棒, 棒針.

knitwear
〔衣服〕ニットウェア《毛糸編みの衣類》; メリヤス類.

knockoff
〔ビジネス〕《衣料品などの》高価なオリジナルデザインをそっくりまねて安く売る商品, 《一般に》模造品, コピー(商品), ノックオフ. (⇨次ページコラム).

knot
1〔ソーイング〕結び, 結び目; 装飾用の結びひも; ちょう[花]結び, 《肩章などの》飾り結び.
2〔ヘア〕《髪の毛などの》もつれ; まとめ髪, おだんご.

knotted lace
〔手芸〕ノッティドレース《糸を手で結んでつくるレースの総称》.

knotted stitch
〔手芸〕ノッティドステッチ《針を糸に巻き, 結び目をつくる刺繍のステッチの総称》.

§Kors
コース Michael Kors (*m*) (b. 1959)《米国のファッションデザイナー; 1981年 Michael Kors を設立; ミニマルで実用性の高い服づくりで知られている》.

krepis
〔靴〕クレピス《つまさきのない男子用のサンダル; 古代ギリシアで兵士がはいていたサンダルに由来》.

Krizia
〔商標〕クリツィア《イタリア Krizia 社のファッションブランド; 同社は 1954 年 Mariuccia Mandelli (b. 1933) がミラノに設立; 女性用既製服・ニットウェア・フォーマルウェアなど》.

kurta
〔衣服〕クルター《裾が長くゆるやかで襟のないインドのシャツ》. ★**khurta** ともつづる.
【ヒンディー語より】

── **Knockoff** ──

　有名ブランドや高名デザイナーの作品を,違法に模造した安価な粗悪品. knockoff は動詞として使われると,「盗む」「たたきのめす」などの意味ももつが,盗用する側は罪の意識が軽くても,盗用された相手側にとっては著作権を著しく侵害されるばかりか,次への活動意欲を根こそぎ奪われるほどのダメージとなる.

　高級時計,宝飾,スポーツ用品,ブランド品などの分野において,ノックオフは古くから存在したが,ファッション業界で大きな問題として浮上してきたのは,ファストファッションの影響力が著しく増し始めた 21 世紀の初めごろから.デザイナーが長期間かけて心血注いで作り上げた作品が,ランウェイで発表されるや否や,ファストファッションチェーンによってコピーされ,すばやく安価に大量に市場に出回るという事態が問題視された.ランウェイの作品を瞬時に世界に発信するインターネット動画の普及も,この事態を後押しした.

　問題に対処すべく,ヨーロッパにおいては,2002 年に「共同体未登録デザイン著作権 (Community Unregistered Design Right)」が発効し,未登録の服飾デザインでも 3 年間は自動的に著作権が守られることになった.

　アメリカでは 2006 年に「デザイン著作権侵犯防止法 (Design Piracy Prohibition Act)」案が下院に提出され,翌年,上院にも提出された.従来,ロゴや特殊な柄にのみ認められていた著作権を,服飾品のデザイン一般に拡大する法案で,デザイナーは作品の写真を撮って登録すれば,3 年間,著作権が守られる.

　訴訟資金のあるブランドは,法律を盾に闘い,実際に賠償金を支払わせることに成功したところもあるが,「盗用」なのか「インスピレーションを得た作品」なのか判断に苦しむ巧妙な模造品も現われ,泣き寝入りせざるをえないデザイナーが多いのも悲しい実情である.

L

《略語》large《サイズの記号》.

label /レイブル/

1 貼り札，貼り紙，付箋，ラベル.

2 ラベル《衣料品に付いている素材・生産国などの商品情報を記した布片》
: The washing instructions are on the *label*. 洗濯の方法はラベルに記載してある.

3《衣料品の》商標，ブランド.

lace

图 **1**〔手芸〕レース.

2〔小物〕《軍服などの》モール；《靴などの》ひも，打ちひも，組みひも (cf. shoelace).

動 **1** レースで飾る；モールで飾る
: cloth *laced* with gold 金モールで飾られた布.

2 ひもで縛る[締める]；〈ひもなどを〉通す
: *lace* up one's shoes 靴のひもを結ぶ.

lace insertion

〔手芸〕レースインサーション《レースを布と布との間にはめ込んだ帯状の飾り；ドレスやブラウスやランジェリーの縁などに使われる》. ★insertion は「(レースや縫い取りなどの)はめ込み布」.

lace stay

〔靴〕レースステイ《oxford shoes の鳩目にひもを通す部分；羽根部のこと》.

lace-up

形 ひもで締める，編み上げの
: *lace-up* shoes 編み上げ靴.

图〔靴〕編み上げ靴，編み上げブーツ.

§LaChapelle

ラシャペル David LaChapelle (*m*) (b. 1969)《米国の写真家；Andy Warhol に見出され，ファッション・広告・アートの場で活躍；独創的で，シュールなユーモアのある奇抜な作品(を撮ること)で知られる》.

lacing

〔小物〕**1** ひもで縛ること；締めひも (⇒ shoes さし絵)
: shoe *lacing* 靴ひも.

2 レース[組みひも]の装飾，金[銀]モール，レースの縁飾り.

lacis

〔マテリアル〕ラシ《網のこと；レース模様を刺すのに用いる地網を意味する古語，またそのようなネット地になされたレースのこと》.

【フランス語より】

Lacoste

〔商標〕ラコステ《フランス Lacoste 社製のテニスウェア・ポロシャツなど；同社はテニスプレーヤーであった Jean René Lacoste (1904-96) が1933年に創業；ワンポイントの右向きの緑色のワニはプレースタイルにちなんで付けられた創業者のニックネームから》.

lacquer

1〔マテリアル〕ラッカー《セルロース誘導体などを原料にした塗料；金属や木材などに光沢を与え，堅牢にする；日本または中国のうるしのこともさす》.

2〔美容〕＝nail polish.

§Lacroix

ラクロワ Christian Lacroix (*m*) (b. 1951)《フランスのファッションデザ

イナー; 大胆であざやかな色使い, 完璧な造形で際立ち, 1987 年にはニューヨークで「最も影響を与えた外国人デザイナー」として CFDA から賞を受けた》.

ladder

图《英》《(ストッキングなどの)》伝線 (《米》run).

動《英》〈ストッキングなどが〉伝線する (《米》run).

§Lagerfeld

ラガーフェルド Karl Lagerfeld (*m*) (b. 1938)《ドイツ生まれのファッションデザイナー; Chanel や Fendi などのデザインを手掛ける; 写真家としても名高い》.

§Lalique

ラリック René Lalique (*m*) (1860-1945)《フランスのアール・ヌーヴォー様式のガラス工芸・装身具デザイナー; 特にクリスタルガラスのデザインで知られる》.

lambskin

〔マテリアル〕ラムスキン《1)子羊の毛皮, 子羊のなめし革 2)子羊の毛に似せて起毛した綿織物や毛織物》.

lambswool

〔マテリアル〕ラムズウール, 子羊の毛(で織った羊毛地).

lamé

〔マテリアル〕ラメ《金糸や銀糸を織り込んだ織物》. ★日本語では金属箔そのものをラメと呼んでいる.
【フランス語より】

§Lamour

ラムーア Dorothy Lamour (*f*) (1914-96)《米国の映画女優; 本名 Mary Leta Dorothy Slaton;『シンガポール珍道中』(1940)を第一作とする喜劇映画『珍道中』シリーズで, Bob Hope と Bing Crosby とトリオを組んだ; 映画で身に付けた sarong で有名》.

§Lancetti

ランチェッティ Pino Lancetti (*m*) (1928-2007)《イタリアのファッションデザイナー; Carosa などで仕事をしたのち, 1961 年に独立》.

Lancôme

〔商標〕ランコム《フランス Lancôme 社の化粧品; 同社は 1935 年調香師の Armand Petitjean が創業》.
【フランス中部の城の名】

§Lane

レーン Kenneth Jay Lane (*m*) (b. 1932)《ニューヨークのコスチュームジュエリーデザイナー; 1963 年設立の Kenneth Jay Lane (KJL) は世界中のセレブに熱愛されている; 中でも Barbara Bush が夫の大統領就任式の際に着用した三連のイミテーションパールのネックレスが有名》.

§Lang

ラング Helmut Lang (*m*) (b. 1956)《オーストリア生まれのファッションデザイナー; ミニマリズムの旗手とされる》.

§Lanvin

ランヴァン Jeanne Lanvin (*f*) (1867-1946)《フランスのファッションデザイナー; 1890 年パリに帽子の店を開き, その後服づくりを始める; ローブドスティール, シュミーズドレスなどが有名》.

lap

1〔ボディ〕ひざ, ラップ《腰かけたときのウエストから両方のひざがしらまでの太ももの上側の部分で, 子供をすわらせたり物を置いたりするところ》.

2〔ディテール〕《(スカートなどの)》ひざの部分, ひざ; 垂れ下がり.

lapel /ラペル/

[通例 lapels]〔ディテール〕襟の折り返し, 折り襟, 下襟, ラペル.

§Lapidus

ラピドゥス Ted Lapidus (*m*) (1929-2008)《フランスのファッションデザ

148

イナー; safari jacket で人気となった》.

lapis lazuli
1〔宝飾〕ラピスラズリ, 青金石《12月の誕生石; ⇨ birthstone 表》.
2〔色〕ラピスラズリ《濃い紫みの青》.

lapped seam
〔ソーイング〕重ね縫い《布の端と端を重ねて縫う方法》.

lappet
〔小物〕《衣服・かぶりものなどの》垂れ, 垂れひだ, 垂れ飾り, ラペット.

large
形 大きな; ゆったりとした; 大きい, Lサイズの, ラージサイズの《略 L》.

lariat necklace
〔宝飾〕ラリアトネックレス, ラリエット《長いひも状のネックレス》.
★lariat は「《家畜を捕らえる》輪縄, 投げ縄」の意.

§Laroche
ラロッシュ Guy Laroche (*m*) (1921-89)《フランスのファッションデザイナー; 1957年オートクチュールのメゾンを開設; 1960年代には既製服や香水も手掛けるようになった》.

larrigans
[複数形]〔靴〕ラリガン《木材伐り出し人夫などのはく油皮のブーツ》.

§Lars
ラーズ Byron Lars (*m*) (b. 1965)《米国のファッションデザイナー; 1992年に発表した aviator jacket で有名になった》.

lash
[通例 lashes]〔ボディ〕まつ毛 (eyelash).

last
〔靴〕靴型, ラスト《木・プラスチック・金属製の靴の木型》.

Lastex
〔商標〕ラステックス《ゴム乳状液を細いゴム糸につくり, これに綿糸などをからみ付けてつくった糸; 20世紀初めにコルセットやガードルなどに使われた》.

lasting
形 永続する, 耐久力のある, 〈化粧品が〉長持ちする
: long *lasting* eyepencil 落ちにくいアイペンシル.
名〔マテリアル〕ラスティング《撚(ょ)りの強い堅い綾織り; 靴・かばんの内張り用》.

latchet
〔靴〕《特に革製の》靴ひも.

latex
〔マテリアル〕乳液, ラテックス《トウワタ・トウダイグサ・ゴムの木などの分泌する乳濁液》; ラテックス《合成ゴム・プラスチックなどの分子が水中に懸濁した乳濁液; 水性塗料・接着剤に用いる》.

laundry
洗濯屋, クリーニング屋; 洗濯物《集合的》.

Laura Ashley
〔商標〕ローラ アシュレイ《英国 Laura Ashley 社のファッションブランド; 同社は1953年 Laura & Bernard Ashley 夫妻によってロンドンで設立; 独特な花柄プリントや女性らしいシルエットが女性の心をとらえ, 世界的に広まった》.

§Lauren
ローレン Ralph Lauren (*m*) (b. 1939)《米国のファッションデザイナー; 本名 Ralf Lipschitz; 1968年メンズのファッションブランド Polo を設立; カジュアルであると同時に洗練されたアメリカンスタイルのファッションを確立した》.

lavender
1 ラベンダー《芳香のあるシソ科の常緑半低木; 花穂から精油 (lavender oil) を採る》.
2〔色〕ラベンダー《灰みの青みを帯びた紫》. ★ラベンダーの花の色から.

lavender oil
ラベンダーオイル《ラベンダーから採った無色[帯黄色]の芳香性精油；アロマテラピーなどで香りを楽しむ》.

lawn
〔マテリアル〕ローン《平織り薄地の亜麻布[綿布]》.
【Laon: 北フランスの産地】

layer
動 1 層にする；層状に(積み)重ねる.
2 〈衣服を〉重ね着する
: *layer* a tunic over a skirt スカートの上にチュニックを重ね着する.
3 〈髪を〉レイヤードカット (layered cut) にする.

layered
形 層のある，層をなした；重ね着の
: *layered* look レイヤードルック《丈や質感の異なる服を重ね着して楽しむスタイル》.

layered cut
〔ヘア〕レイヤードカット《層状に少しずつ段差をつけたカット法》.

layering
〔ソーイング〕《縫い合わせてうねができないように》重ねた織地を縫いしろで整えること.

lay plan
〔ソーイング〕⇨ marker.

lazy-daisy stitch
〔手芸〕レージーデージーステッチ《細長い輪の先を小さなステッチで留めた花弁形の刺繡のステッチ》.

L. B. D.
《略語》little black dress (⇨ basic dress, Little Black Dress コラム).

lead time
〔ビジネス〕リードタイム《(1) 製品の考案[企画決定，設計]から生産開始[完成，使用]までの所要時間 2) 発注から配達までの時間 3) 企画から実施に至るまでの準備期間》.

leaf green
〔色〕リーフグリーン《強い黄緑》.

★木の葉の黄緑色.

leased department
〔ビジネス〕貸し売場《百貨店などの売場を借りて外部の企業が運営する特定商品ラインの販売；売上高の一定割合を賃借料として支払う》.

leather
1 〔マテリアル〕革，なめし革，レザー.
2 〔小物〕革製品；革ひも，あぶみ革.
3 [leathers]〔衣服〕革製半ズボン[すね当て]，《ライダーの》革の服.

leatherwork
〔小物〕革製品；革で物をつくること.

lederhosen
[複数形]〔衣服〕レーダーホーゼン《ドイツのバイエルン地方やオーストリアなどで男性がはくサスペンダーの付いた革製の半ズボン》.
【ドイツ語で「革のズボン」】

Lee
〔商標〕リー《米国 Lee 社製のジーンズ；同社は 1889 年 Henry David Lee が創業》.

leg
〔ボディ〕脚，下肢《腿の付け根から足首まで》；《服やブーツの》脚部.

§Léger
レジェ Hervé Léger (*m*) (b. 1957)《フランスのファッションデザイナー；体の線にぴったりと合う「バンデージ」ドレスや「ボディコン」ドレスなどのデザインで知られる》.

legs
1 buttocks; 2 thigh; 3 knee; 4 legs; 5 shin; 6 shank; 7 calf; 8 instep; 9 toe; 10 ankle; 11 heel; 12 foot; 13 arch; 14 sole

leggings
[複数形]〔衣服〕レギンス《足先のないタイツ状のレッグウェア》. ★中世から防寒用衣類とし

てあり，軍服にも取り入れられていた; 1980年代にエクササイズ流行の波に乗り，ファッションアイテムとして登場した．

leghorn
〔小物〕レグホン《イタリア産麦わらの編みひもでつくったつばの広い麦わら帽》．
【Leghorn: イタリア中部の都市でここの港から麦わらが輸出されたことから】

leg-of-mutton
形〈女性服の袖が〉羊脚形の，三角形の《肩の所がふっくらして手首の方へしだいに細くなっていく》
: a *leg-of-mutton* sleeve（レッグオブ）マトンスリーブ．

leg warmer
〔小物〕レッグウォーマー《ひざ下から足首までをおおう，筒状のニット製カバー; もともとはバレエダンサーが体の保温のために使用した》．

legwear
レッグウェア《足にはくものの総称; ストッキング，タイツ，ソックスなど》．

lei
〔小物〕レイ《花や貝でつくった輪飾りで，ハワイ諸島で首もとに装う》．

§Leiber
リーバー Judith Leiber（*f*）(b. 1921)《ハンガリー生まれの米国のバッグデザイナー; Swarovski のクリスタルビーズを全面にあしらったクラッチバッグなど，ユニークでゴージャスなバッグで知られる》．

leisure suit
〔衣服〕レジャースーツ《シャツジャケットとスラックスからなるカジュアルなスーツ; 米国で1970年代に流行した》．

leisurewear
〔衣服〕レジャーウェア，遊び着《余暇を楽しむときに着る衣服》．

§Lelong
ルロン Lucien Lelong（*m*）(1889-1958)《フランスのファッションデザイナー; 第二次大戦中もパリのオートクチュールの店の存続に尽力した》．

lemon yellow
〔色〕レモンイエロー《あざやかな緑みの黄》．★レモンの果実の皮の色から．

§Lenglen
ランラン Suzanne Lenglen（*f*）(1899-1938)《フランスの女子テニス選手; ウィンブルドンで優勝(1919-23, 25)，「テニスの女神」として敬愛される; 伝統的なロングスカート姿をやめて，ひざ丈のスカートでプレーを行なった》．

length /レンクス，レングス/
1《幅に対して》長さ，長短．
2《衣服の》丈，着丈《着用時の，服装や体型との全体的なバランスを考慮した場合の上着・ドレス・ズボンなどの丈》．

leno
〔マテリアル〕リノ，レノ《絡み組織の目の粗い軽量織物で，一種のガーゼ織物》．

leno weave
〔マテリアル〕絡み織り《2本の経糸が緯糸に絡みあって組織されたもの》．
★gauze weave ともいう．

leopard /レパード/
1 ヒョウ《ネコ科の大型獣》．
2〔マテリアル〕ヒョウの毛皮．

leopard print
〔マテリアル〕レオパードプリント《ヒョウの毛皮の模様に似せたプリント》．

leotard
[しばしば **leotards**] レオタード《ダンス・バレエの練習時に着用する体に密着する上下続きのスポーツウェアの一種》．
【Jules Léotard (1830-70) フランスの曲芸師】

§Lepape
ルパップ Georges Lepape (*m*) (1887-1971)《フランスのイラストレーター; Paul Poiret や Jean Patou のデザイン画を手掛けた》.

§Leser
リーサ Tina Leser (*f*) (1910-86)《米国のファッションデザイナー; 作品ではカシミヤのドレス, ジャケット風のセーターなどがよく知られる》.

let out
動〈衣服を〉伸ばす, 広げる, ゆるめる (cf. take in).

Levi's
〔商標〕リーバイス《米国 Levi Strauss 社製のジーンズ; 同社は 1853 年, ドイツからの移民 Levi Strauss が創業; ポケットを金属リベットで補強するというアイディアを思いついた仕立て屋の Jacob Davis と Levi Strauss 社が共同で特許を取り, 1873 年「ジーンズ」が誕生する》. (⇨ Jeans コラム).

§Leyendecker
ライエンデッカー Joseph Leyendecker (*m*) (1874-1951)《ドイツ生まれの米国の画家・イラストレーター; 雑誌の表紙を描いたり, 広告のイラストを手掛けた》.

§Liberman
リーバーマン Alexander Liberman (*m*) (1912-99)《ロシア生まれのフランスの雑誌編集者; 1943 年渡米して *Vogue* 誌のアートディレクターとなり, その後 Condé Nast 社の編集局長をつとめた; 画家・写真家・彫刻家としても活躍した》.

§Liberty
リバティ Arthur Lasenby Liberty (*m*) (1843-1917)《ロンドンの高級デパート Liberty's の創業者(1875 年創業)》.

liberty bodice
〔衣服〕《かつて幼児などに着せた》厚地の綿の袖なし肌着.

liberty cap
〔小物〕リバティキャップ《円錐形で山の部分が垂れ下がる柔らかい帽子; もとローマの奴隷が解放されたときにかぶった; フランス革命時に自由の象徴として取り入れられた; ⇨ Phrygian cap》.

Liberty print
〔マテリアル〕リバティプリント《ロンドンの高級デパート Liberty's 製の小花模様の全面柄のプリント》.

license | licence
〔ビジネス〕承諾, 許し; 許可, 免許, ライセンス; 免許状, 認可書.

licensed goods
〔ビジネス〕ライセンスグッズ.

licensing
〔ビジネス〕ライセンス供与, ライセンシング《海外市場進出の一方法で, 相手国企業から使用料を取って特許・技術・ノウハウ・商標などの実施権を与えて生産・販売などを行なわせること; 直接投資より資金・リスクなどが少なくてすむ; 供与する側を licensor ((ライセンス)許諾者), 供与を受ける側を licensee ((ライセンス)実施権者) という》.

lid
1 《容器などの》ふた.
2 [通例 lids]〔ボディ〕まぶた.
3 〔小物〕《俗語》帽子.

life cycle
〔ビジネス〕ライフサイクル《個人の一生, 文化の継続期間, 製品の製造から廃棄までなどにおける一連の変化過程》.

lifestyle
《個人・集団に特有の》生き方, 生活様

式，暮らし方，ライフスタイル《価値観なども含む》.

lift
1 〔靴〕かかと革の一枚；積上(つみあげ)，ヒールリフト《かかとに入れて背を高くするもの》；[通例 lifts]《米俗語》= lifties.
2 《米俗語》顔の若返り手術，しわ切除術，美容整形.

lifties
[複数形]〔靴〕《米俗語》《背を高く見せる》かかとを高くした靴. ★lifts ともいう.

light
形 1 明るい.
2 〈色が〉明るい，淡い，薄い (⇔ dark)
: *light* brown hair 薄茶色の髪 / *light* blue 薄青，ライトブルー.

lighting
照明，ライティング.

lilac
1 ライラック，リラ《植物》.
2 〔色〕ライラック《柔らかい紫》. ★フランス語で「リラ (lilas)」という.

limb /リム/
〔ボディ〕《四肢の》肢，手足.

lime green
〔色〕ライムグリーン《ライムの実のような明るい黄緑色》.

limousine
1 リムジン《(1) 運転席と客席の間に《可動の》ガラス仕切りのある自動車 2) 空港や駅の送迎用などの小型バス 3) おかかえ運転手付きの大型高級セダン》.
2 〔衣服〕リムジン《1880 年代に見られた女性用のイヴニングケープ》.
【フランス中部の Limousin 地方の人が車中で着たフード付きコートから】

line
1 〔ソーイング〕縫い目 (seam).
2 〔美容〕《顔などの》しわ (wrinkle).
3 [しばしば lines] 顔だち.
4 [しばしば lines]〔衣服〕《ファッションの》型，ライン.
5 《米》《順番を待つ》人の列《《英》queue》.

linen
〔マテリアル〕リネン，亜麻布《アマ (flax) を織った布》；亜麻糸；リネン [キャラコ] 製品《シャツ・カラー・シーツ・テーブルクロスなど；集合的》；[しばしば linens] リネン類；〔衣服〕《特に白の》肌着類.

liner
1 〔小物〕ライナー，付け裏《取りはずしできる服の裏》.
2 〔美容〕《口語》= eyeliner.

line sheet
〔ビジネス〕受注書，ラインシート.

lingerie
〔衣服〕《女性の》肌着類，ランジェリー；リネン製品.

lingerie crêpe
〔マテリアル〕ランジェリークレープ《女性用の肌着類・ドレスに使われるクレープ地の総称》.

lining
〔ソーイング〕裏付け，裏張り，裏打ち；裏，裏地，ライニング.

Linton tweed
〔マテリアル〕リントンツイード《英国の Linton Tweed 社の製品；Chanel のツイードで知られる》.

lip
〔ボディ〕くちびる，唇，口唇，リップ《唇の赤いところだけでなく，その周辺部(「鼻の下」など)も含む；上下の唇をいう場合は複数形となる》
: upper [top] *lip* 上唇 / lower [bottom] *lip* 下唇《underlip ともいう》 / full [thin] *lips* ふっくらとした [薄い] 唇《★full lips は特に女性の魅力的な容貌をなす要素とされる》 / purse one's *lips* 唇[口先]をすぼめる / He kissed her on the *lips*. 彼女の唇に

キスをした.

lipbrush
〔美容〕《口紅をつけるための》リップブラシ, 紅筆.

lip gloss
〔美容〕リップグロス《唇をぬれたようにつややかに見せる口紅》.★単に **gloss** また, **glosser** ともいう.

lipline
〔美容〕唇の輪郭, リップライン.

lipliner
〔美容〕リップライナー《唇の輪郭を描くペンシル型の口紅》.

liposuction /リポサクション, ライポサクション/
〔美容〕脂肪吸引《強力な真空吸引器による皮下脂肪の除去》.

lipstick
〔美容〕《棒状の》口紅, リップスティック
: wear *lipstick* 口紅をつける / put on [apply] *lipstick* 口紅をつける / remove [wipe off] *lipstick* 口紅を落とす[ふき取る].

liripipe
〔小物〕リリパイプ《中世の宗教家・学者などがかぶったフードに付いた長い布片や女性のかぶりものにつけた長い垂れ飾り》.

lisle /ライル/
〔マテリアル〕ライル糸(の織物[靴下, 手袋など]).
【最初につくられたフランス北部の都市 Lille より】

list
〔マテリアル〕布のへり, 織りべり; へり地.

little black dress
〔衣服〕リトル・ブラック・ドレス (basic dress)(⇨コラム).

little finger
〔ボディ〕《手の》小指.

Little Black Dress

　装飾を極力おさえた, 丈がやや短めのシンプルなラインの黒いワンピースドレスを, リトル・ブラック・ドレスと呼ぶ. 英語の頭文字をとって LBD と称されることも多い. トレンドに左右されにくいうえ, アクセサリーや靴, 小物, ジャケットなどを TPO に応じて変えるだけであらゆる場面で着用することができるので, これを現代女性の必携アイテムとして挙げる服飾評論家は多い.

　考案した元祖は, ガブリエル・「ココ」・シャネルとされる. 1926 年, シャネルがデザインした, ふくらはぎ丈で直線ラインの黒いワンピースドレスの写真を, 「ヴォーグ」誌が掲載する. 「ヴォーグ」はこのドレスを, 当時爆発的に普及していた大衆車, フォード社のモデル T にたとえて, 「シャネルのフォード」と呼んだ. 「テイストの違いを超えて, あらゆる女性のユニフォームのような服になるだろう」とも「ヴォーグ」は予言していた.

　1960 年代には, オードリー・ヘップバーンが, 映画『ティファニーで朝食を』の中で, パールのネックレス, 盛り髪, シガレットホルダーとともにリトル・ブラック・ドレスをスタイリッシュに着用した. このイメージが, リトル・ブラック・ドレスの究極の理想形のひとつとして, 現在もなお, さまざまなメディアにおいて繰り返し引用されている.

§Little Lord Fauntleroy
『小公子(フォーントルロイ)』《F. E. バーネットの子供の向けの物語(1886); さし絵に描かれた, 英国の伯爵を祖父にもつ米国の男の子 Cedric の物語; 金髪の長い巻き毛とベルベットの服に絹のタイツをはいた主人公の少年の姿がファッションデザインに影響を与えた》.

liver spots
[複数形]〔美容〕肝斑(かんぱん), しみ.

livery /リヴァリー/
〔衣服〕《王家や貴族の従僕が着た》仕着せ, そろいの服, 記章.

llama
1 ラマ, アメリカラクダ《南米産の役用(えきよう)に飼われるラクダ科の家畜》.
2〔マテリアル〕ラマの毛; ラマの毛で織った織物.

L. L. Bean
〔商標〕L. L. ビーン《米国 L. L. Bean 社製のアウトドアライフ用品; 同社は1912年創業; アウトドア用品のほかにカジュアルウェア, ホーム用品, バッグなども展開している》.

loafer
1 [loafers]〔靴〕ローファー《モカシン (moccasins) に似た, かかとが低くひものない靴》.
2〔衣服〕ローファージャケット《綿・麻製のゆったりとしたもの》.

lock
1〔小物〕錠, ロック.
2〔ヘア〕髪のふさ, 巻き毛; [locks] 頭髪.
3《羊毛・綿花の》ふさ.

Lock
〔商標〕ロック《英国 James Lock 社の帽子ブランド; 同社は1759年創業; bowler hat の元祖; ワーテルローの戦いで Nelson 提督がかぶった帽子をつくった店として有名で, その勘定書がウェストミンスター大聖堂の地下室に陳列されている》.

locker room
ロッカールーム, 更衣室.

locket
〔宝飾〕ロケット《チェーンに通して首から下げるペンダントで, 中に写真や形見の品などを入れておく》.

lockram
〔マテリアル〕ロクラム《かつて英国で使用されたきめの粗い平織りの亜麻布》.
【Locronan: フランスのブルターニュの町で, かつての生産地】

lock stitch
〔ソーイング〕ロックステッチ《上糸と下糸をからませて裁ち目をかがるミシンステッチ》.

loden
1〔マテリアル〕ローデン《コート用の厚手の暗緑色の防水純毛地》.
2〔衣服〕ローデン《ローデンの生地でつくられたジャケットやコート》.

Loewe
〔商標〕ロエベ《スペイン Loewe 社のバッグなど革製品を中心とするファッションブランド; 同社は1846年にドイツ人 Enrique Loewe Roessberg が創業; スペイン王室御用達のブランドで, 皮革のクオリティの高さで知られる》.

logo
ロゴ, 《社名などの》意匠[デザイン]文字, シンボルマーク.

loincloth
〔衣服〕腰布《熱い地方などで腰の回りに巻きつける一枚布; インドの dhoti など》.
★**breechcloth** ともいう.

loins
[複数形]〔ボディ〕腰, 腰部.

§London Collection
〔ファッション〕ロンドンコレクション (⇨ Fashion Week コラム).

long
形 [長さを表わす語のあとで] 長さ…

の，…の長さで；《幅[横など]に対して》長さの，縦の；長い方の，最も長い〈辺など〉．
图《衣類の》長身用サイズ；[longs]〔衣服〕《口語》長ズボン．

long-and-short stitch
〔手芸〕ロングアンドショートステッチ《長い針目—短い針目—長い針目と交互に刺していく刺繍のステッチ》．

longcloth
〔マテリアル〕ロングクロス《薄くて軽い上質綿布；主に乳児用衣類・下着・枕カバー用》．

long clothes
[複数形]〔衣服〕《米》うぶ着
: in *long clothes* うぶ着を着て，まだ赤ちゃんで．

long johns
[複数形]〔衣服〕ロングジョン《手首・足首[ひざ]までおおうツーピース型の下着》．
【John L. Sullivan (1858-1918) 米国のボクサー；試合中に似たものを着ていたことから】

long-staple (cotton)
〔マテリアル〕長繊維綿《繊維の長さが平均 $1\frac{1}{8}$ インチを超える綿》．

long torso
〔ファッション〕ロングトルソー《ウエストラインを下げた胴長のシルエットの衣服のこと》．★torso は「《人体の》胴」の意．

longuette
〔衣服〕ロンゲット《ふくらはぎまで届く，ミディのスカート[ドレス]》．
【フランス語より】

look
1 目つき，目色，顔つき；顔色．
2 [looks] 容貌，《口語》美貌；[しばしば looks] 様子，外観，ルックス．
3 《ファッションの》型，装い，ルック．

look book
ルックブック《ブランドイメージに基づいたシーズンごとのコーディネートを提案するビジュアルブック》．

loom
織機，機(はた)；機織りの技術．

loop
〔ソーイング〕《糸・ひもなどでつくる》環，輪，輪穴；《織物の》耳；《ネクタイなどの》ループ，輪飾り．

loop stitch
〔ソーイング〕ループステッチ《1) ループをつくりながら刺す刺繍のステッチ 2) かぎ針編みの一種》．

loose /ルース/
形〈染料・染色物など〉堅牢でない，色の落ちやすい；ゆるめた；締まりのない，だぶだぶの，ゆるんだ；目の粗い〈織物〉．

loose-fitting
形 ゆるい，ゆったりした〈衣服〉（⇔ close-fitting）．

loose powder
〔美容〕ルースパウダー《フェイスパウダー，粉おしろいのこと》．

lorgnette
〔小物〕柄付き眼鏡[オペラグラス]，ロルネット．
【フランス語より】

lot
〔ビジネス〕《競売品などの》一組，一山，一口；《物の》ひとまとまり，セット，組，ロット．

lotion
〔美容〕化粧水，ローション
: body *lotion* ボディローション．

lorgnette

§Louis
ルイ **Jean Louis** (*m*) (1907-97)《フランス生まれの映画衣裳デザイナー；映画『ギルダ』(1946) のブラックサテンのドレスは有名》．

§Louiseboulanger

ルイーズブーランジェ (*f*) (1878-c. 1950)《フランスのファッションデザイナー; 本名 Louise Melenot; バイアスカットを使ったエレガントな服づくりで知られた》.

Louis heel
〔靴〕ルイヒール《付け根が太く中ほどがくびれた曲線型ヒール; Louis 15 世時代に流行し, Louis XV heel とも呼ばれる》.

Louis Vuitton
〔商標〕ルイ ヴィトン《フランス LVMH 社のファッションブランド; 1854 年トランク職人であった Louis Vuitton が同社の前身を創業; L と V を組み合わせたモノグラムは, 世界で最も認知度が高いブランドロゴのひとつとなっている》.

lounge suit
〔衣服〕《英》背広, (男性用)スーツ (《米》business suit), ラウンジスーツ. ★19 世紀中ごろに誕生した当時は, ラウンジでくつろぐための服として着用された.

loungewear
〔衣服〕ラウンジウェア《家でくつろぐときに着る服》.

love knot
恋結び, ラブノット《変わらぬ愛情のしるしにする堅い蝶結び》. ★lover's knot, true lover's knot ともいう.

low-cut
形〈ネックラインが〉深くくった, 〈服が〉襟ぐりの深い, 〈靴が〉浅い: *low-cut* blouse 襟ぐりの深いブラウス.

lower lip
〔ボディ〕下唇 (⇒ lip).

low-necked
形〈女性服が〉襟ぐりの深い, ローネックの.

low-rise
形〈ジーンズなど〉股上が浅い, ローライズの.

low waist
〔ソーイング〕ローウエスト《ジャストサイズより低い位置にとったウエストライン; cf. high waist》.

§Lucas
ルーカス Otto Lucas (*m*) (1903-71)《ドイツ生まれの帽子デザイナー; 1932 年ロンドンにサロンを開き, 米国とヨーロッパで人気を得た》.

§Lucile
ルシール (*f*) (1863-1935)《英国のファッションデザイナー; 本名 Lady Lucy Duff-Gordon; 女性として初めてクチュール界に入った; 1912 年のタイタニック号の沈没事故を生き延びたことでも知られる》.

luggage
〔バッグ〕ラゲージ, 旅行用のかばんの総称《旅行者の手回り品を入れたトランクやスーツケースなど》, 手荷物. ★スーツケース・トランクなどの手荷物類に対しては《米》では baggage,《英》では luggage を使うことが多いが, 英米ともに baggage は中身に, luggage は容器自体に重点が置かれる.《英》でも船や航空機の手荷物には baggage を使う.

lumber jacket
〔衣服〕ランバージャケット《きこりの仕事着をまねたウエスト丈のジャケット》.

lungi
〔小物〕ルンギー《インド・パキスタン・ミャンマーでターバン・スカーフ・腰布として用いる布》.

lunula /ルーニャラ/
〔ボディ〕《爪の》半月《爪の根の白色部》. ★lunule ともいう.
【ラテン語 lūna 「月」 の指小語 lūnula 「半月型の飾り」(「小さな月」) より】

Lurex
〔商標〕ルレックス《プラスチックにアルミ被覆をした繊維; 衣服・家具用》.

luster | lustre
 1 光沢, つや; 光り, 輝き.
 2 〔宝飾〕てり, ラスター
 : the *luster* of pearls 真珠のてり.
 3 〔マテリアル〕つやつけ材料, 光沢剤; ラスター《綿と毛の光沢のある織物》.

lustring
 〔マテリアル〕ラストリング《糸・布などのつや出し最終工程》.

luxe
 形 華美な, ぜいたくな (cf. deluxe).

luxurious /ラグジュ(ア)リアス/
 形 ぜいたくな, 豪奢な, 華美な; 豪華な, 最高級の; 豊かな.

luxury /ラクシュリ, ラグジュリ/
 ぜいたく; 快楽, 満足(感); ぜいたく品, 奢侈(しゃし)品.

Lycra
 〔商標〕ライクラ《スパンデックス(spandex) 繊維[生地]; 下着・水着・スポーツウェアの素材》.

lynx /リンクス/
 1 オオヤマネコ.
 2 〔マテリアル〕オオヤマネコの毛皮.

Lyocell
 〔マテリアル〕リヨセル《木材パルプからつくられた素材》.

M
《略語》medium《サイズの記号》.

mac
〔衣服〕《英口語》レインコート，防水コート《本来はゴム引き防水布でつくられたもの》．★mac(k)intosh の略形だが，mac というほうが一般的．mack ともつづる．
【Charles Macintosh (1766-1843) スコットランドの化学者で考案者】

macaroni
《18 世紀の英国で》大陸帰りのハイカラ；《一般に》だて男，しゃれ者 (fop)．★maccaroni ともつづる．

§Macdonald
マクドナルド Julien Macdonald (*m*) (b. 1971)《ウェールズ生まれのファッションデザイナー；革新的なニットウェアで知られる》．

machine-made
形 機械製の (⇔ handmade).

machine-stitch
動 ミシンで縫う．★「ミシン」は英語で sewing machine.

macintosh
⇨ mackintosh.

§Macintosh
マッキントッシュ Charles Macintosh (*m*) (1766-1843)《スコットランドの化学者・発明家；mackintosh の名で知られる防水布を開発し，特許を得た (1823)》．

mack
〔衣服〕= mac.

§Mackie
マッキー Bob Mackie (*m*) (b. 1940)《米国の映画衣裳デザイナー；本名 Robert Gordon Mackie；映画のほかに Judy Garland や Carol Burnett のテレビショーでも衣裳デザインを手掛けた；「ラインストーンの帝王」とも呼ばれるほど，きらびやかな衣裳を得意とした》．

mackinaw
1 〔マテリアル〕マッキノー《厚い毛織り地》．
2 マッキノーブランケット《厚地の毛布；**mackinaw blanket** ともいう》．
3 〔衣服〕マッキノーコート《厚い毛織り地製でダブルの短いコート；**mackinaw coat** ともいう》．
【Mackinaw City: 米国ミシガン州の町】

mackintosh, macintosh /マキンタッシュ/
1 〔衣服〕レインコート，マッキントッシュ (= mac).
2 〔マテリアル〕マッキントッシュ《ゴム引き防水布》．

macramé
〔マテリアル〕マクラメ《粗目の節糸(ふしいと)レース；家具の縁飾り用》；マクラメ編み．★macrame ともつづる．

§Mad Carpentier
マッド カルパンティエ《Madeleine Vionnet の秘蔵っ子で，Vionnet の仕事を引き継いだ Mad Maltezos と Suzie Carpentier が 1939 年に共同で開いたオートクチュールの店；1957 年に閉店》．

Madeira embroidery
〔手芸〕マデイラ刺繍《白の麻地に白糸でする刺繍で，アイレットワークやカットワークを多用した透かし模様を特徴とする》．

made-to-measure

形 〈衣服が〉寸法に合わせてつくった, あつらえの.

made-to-order
形 注文してつくらせた, 特注の (⇔ ready-made, ready-to-wear)
: a *made-to-order* suit 注文服.

§Madonna
マドンナ (*f*) (b. 1958) 《米国のポップシンガー・女優; 本名 Madonna Louise Veronica Ciccone; ヒット曲 *Like a Virgin* (1984) でビスチェ姿で登場したのをきっかけにランジェリー・ファッションが街着として定着した; 写真集 *Sex* (1992)》.

Madras
[しばしば madras] マドラス《(1)〔マテリアル〕通例縞(じま)模様の木綿または絹地 2)〔マテリアル〕掛け布[カーテン]用の軽い木綿[レーヨン]地; **Madras muslin** ともいう 3)〔小物〕あざやかな色の絹や木綿の大型ハンカチ; ターバンによく使う》.
【Madras: インド南東部の原産地の都市】

magenta /マジェンタ/
〔色〕マゼンタ《あざやかな赤紫》(cf. yellow, cyan). ★減法混色における色料の三原色のひとつ.
【1859 年 Magenta (イタリア北部, ミラノ西方の町) の戦い後間もなくこの染料が発見されたことにちなむ】

Magyar /マギャー/
1 マジャール人《ハンガリーの主要な民族》.
2 〔衣服〕マジャールブラウス《マジャールスリーブのブラウス》. ★**Magyar blouse** ともいう.

Magyar sleeve
〔ディテール〕マジャールスリーブ《身ごろと一枚仕立ての袖》.

mahogany
1 マホガニー《センダン科の高木》; マホガニー材《良質の家具材》.
2 〔色〕マホガニー《暗い灰みの赤》.

maillot
〔衣服〕マイヨ《(**1**) ダンサー・軽業師・体操競技者などが着るぴったりした胴着 2) 女性用の肩ひものないワンピースの水着》.

mail order
〔ビジネス〕通信販売, 通販, メールオーダー.

§Mainbocher
マンボシェ (*m*) (1891-1976) 《米国のファッションデザイナー; 本名 Main Rousseau Bocher; シンプルな趣味のよさが知られ, 海兵隊女性部隊・アメリカ赤十字の制服のデザインを手掛けた》.

make
動 つくる, 製作する, 製造する.

makeover
〔衣服〕〔美容〕《プロの手による》イメージチェンジ, メイクオーバー.

maker
つくる人, 製作者; 製造業者, メーカー (manufacturer).

makeup
〔美容〕化粧, メイクアップ; 化粧品
: She doesn't wear *makeup*. 彼女は化粧をしない / She put on some *makeup* before the party. パーティーの前に化粧をした / light *makeup* 薄化粧 / heavy *makeup* 厚化粧.

makeup artist
メイクアップアーティスト.

malachite green
〔色〕マラカイトグリーン《濃い緑》. ★malachite は「孔雀(くじゃく)石」の意.

malines
[時に Malines] **1**〔マテリアル〕マリーヌ《ベルギー北部の Malines でつくられる薄い絹地で, ベールや服地に用いる》. ★**maline** ともつづる.
2〔手芸〕メクリンレース (⇒ Mechlin).

mall
〔ビジネス〕=shopping mall.

man bag
〔バッグ〕男性用のツーウェイタイプの小型のバッグ《1970年代にカメラバッグの普及とともに流行した》.

mancheron
〔小物〕マンチュロン《16世紀中ごろの女性服の肩先につけられた装飾的な袖のようなもの》.

M&A
《略語》〔ビジネス〕mergers and acquisitions《企業の》合併・買収.

mandarin coat
〔衣服〕マンダリンコート《通例絹の長い紋織りの女性用コート; 両脇に切り込みがあり袖はひじの長さで, 襟はマンダリンカラー; 中国の清朝の官吏が着用したコートをかたどっている》. ★mandarin とは「清朝の上級官吏」のこと.

mandarin collar
〔ディテール〕マンダリンカラー《通例前開きの立ち襟》. ★Mao collar ともいう.

mandarin jacket
〔衣服〕マンダリンジャケット《マンダリンカラーの付いたジャケット》.

mandarin orange
1 マンダリンの果実, マンダリンオレンジ.
2〔色〕マンダリンオレンジ《強い赤みの黄》.

mandarin sleeve
〔ディテール〕マンダリンスリーブ《ひじから開いた中国風の袖》.

§M&S
《略語》Marks and Spencer.

manicure
图〔美容〕**1** マニキュア《美爪(びそう)術を含む手の美容術》; 美爪術.
2 =manicurist.
動〈手・爪・人に〉マニキュアを施す: perfectly *manicured* fingers すごくきれいにマニキュアされた手(指).

manicurist /マニキュ(ア)リスト/
〔美容〕ネイリスト. ★manicure ともいう.「ネイリスト」は和製英語.

maniple
〔小物〕腕帛(わんぱく), マニプル《カトリックの司祭が左腕につける》.

man-made fiber
〔マテリアル〕人造繊維.

mannequin
1 ファッションモデル (model), マネキン.
2 《服などの陳列に使う》マネキン人形, マヌカン.
3 《画家の用いる》モデル人形.
【フランス語より】

mannerism
1 マンネリズム《文学・芸術の表現手段が型にはまっていること》.
2 [しばしば Mannerism]〔アート・デザイン〕マニエリズモ, マニエリスム《尺度・遠近法などを誇張してゆがみを感じさせるほど技巧を凝らす, 16世紀後期ヨーロッパの美術様式; たとえば El Greco の作品》. ★イタリア語の maniera「手法」に由来する語で, 自覚された方法の体現のこと.

mannish
形 **1** 〈女が〉男のような, 女らしくない.
2 男性的な, 男っぽい;〈服装など〉男[男性]風の, マニッシュな.

Manolo Blahnik
〔商標〕マノロブラニク《スペイン出身の Manolo Blahnik が手掛けるシューズブランド; ⇨ Blahnik》.

manta
マンタ(1)〔マテリアル〕スペイン・中南米・北米南西部などでコートやショール, フードなどに用いる四角い布地; 馬・積荷の被覆用のキャンバス布 2)〔衣服〕マンタ製のコートやショール》.

man-tailored
形 〈女性服が〉男仕立ての.

manteau

〔衣服〕マント，ゆるいコート．
【フランス語より】

mantle
〔衣服〕《衣服の上にはおる》袖なしコート，マント．

mantua
1 〔マテリアル〕マンチュア《初めイタリアでつくられた服地用絹織物》．
【イタリア北部の地名 Mantua より】
2 〔衣服〕マンチュア《17-18 世紀ごろに流行したゆるやかなガウン；通例前が開いたスタイルで中のドレスが見える》．
【フランス語の manteau が Mantua との連想で変化した】

manufacturer
《大規模な》製造業者；製造会社，メーカー．

manufacturer's brand
〔ビジネス〕製造業者ブランド，製造業者商標，メーカーブランド《製造業者が自社製品につける商標またはその商標のついた製品；全国的に同一商標で販売されることが多く，その場合は national brand ともいう》．

Mao
形 〈衣服が〉中国式の，中国スタイルの，人民服の
: a *Mao* suit 人民服，マオスーツ．
【Mao Zedong (毛沢東，1893-1976) 中国の政治家】

Mao collar
〔ディテール〕=mandarin collar.

marabou
〔マテリアル〕1 ハゲコウの羽毛《女性帽などの装飾に用いる》．
2 マラボー《1) 撚(よ)りをかけた絹クレープ糸 2) その織物服地；柔らかくて美しい》．

marbling
〔マテリアル〕大理石模様の着色や染分け，マーブリング．★marble は「大理石」のこと．

marcel
〔ヘア〕マルセルウェーブ《こてで頭髪につけた波形ウェーブ》．★**marcel wave** ともいう．
【Marcel Grateau (d. 1936) パリの理髪師】

§Margiela
マルジェラ Martin Margiela (*m*) (b. 1957)《ベルギーのファッションデザイナー；deconstructionist を代表する前衛的なデザインで知られる》．

marigold
1 マンジュギク属の各種草花，マリーゴールド．
2 〔色〕マリーゴールド《あざやかな赤みの黄》．

Marimekko
〔商標〕マリメッコ《フィンランド Marimekko 社のブランド；同社はテキスタイルデザイナー Armi Ratia (1912-79) が 1951 年にヘルシンキで設立；ベッドリネン・カーテン・衣類・バッグなどを展開》．

marine blue
〔色〕マリンブルー《濃い緑みの青》．

markdown
〔ビジネス〕値下げ (⇔ markup); 値下げ幅．

marketing
〔ビジネス〕《市場での》売買；市場への出荷；マーケティング．

marker
〔ソーイング〕マーカー《衣服の生産過程で生地にむだを出さないように型紙をはめ込む専門職》．

marking
〔ソーイング〕印つけ，マーキング．

§Marks and Spencer
マークス・アンド・スペンサー《英国の衣類・家庭用品・食品などの小売チェーン；略 M&S》．

mark stitch
〔ソーイング〕=tailor's tack.

markup
1 〔ビジネス〕マークアップ，値入れ

《商品原価と売価の差額で，通例売価を基準に百分率で表わすが，原価を基準に示す場合もある》
: *markup* rate 値入れ.
2 値上げ (⇔ markdown); 値上げ幅.

marocain
1 〔マテリアル〕マロケーン《絹などの重いクレープ服地》.
2 〔衣服〕マロケーンでつくった衣服.
【フランス語より】

marquise cut
〔宝飾〕マーキーズカット《両端のとがった長円形のカット; 特にダイヤモンドに用いる》.

marquisette
〔マテリアル〕マーキゼット《綿・絹・人絹・ナイロンなどの薄い透けた織物; ドレスやカーテンなどをつくる》.

marten
1 テン《テン属の動物の総称》.
2 〔マテリアル〕テンの毛皮 (cf. sable).

§Martin
マルタン Charles Martin (*m*)(1848-1934)《フランスのイラストレーター; *Gazette du bon ton* 誌など多くの雑誌にイラストを描いた》.

§Marty
マルティ André Marty (*m*)(1882-1974)《フランスのイラストレーター; *Vogue* 誌など多くの雑誌にイラストを描いた》.

Mary Jane
〔靴〕メリージェーン《甲にストラップの付いたつま先の丸いエナメル革の靴》. ★1902年に始まった続き漫画『バスターブラウン』の登場人物, Buster Brown の妹 Mary Jane がはいていたことから.

Mary Quant
〔商標〕マリークヮント《英国 Mary Quant 社の衣料品・化粧品などのブランド; ⇨ Quant》.

mascara
〔美容〕マスカラ《まつげを濃く長く見せる化粧品》.

masculine
形 (⇔ feminine) 男の, 男性の; 男らしい, 力強い, 男性的な;〈女が〉男のような, 男っぽい.

mask
1 〔小物〕《変装用の》仮面, 覆面, マスク;《古代劇で用いた》仮面;《ガーゼなどの》マスク.
2 〔美容〕《美顔用の》パック (face pack).

masquerade
仮面[仮装]舞踏会; 仮装(用衣裳), マスカレード.

massage
〔美容〕マッサージ.

mass customization
〔ビジネス〕マス・カスタマイゼーション, 大量特注生産《生産ラインによる大量生産とコンピューター利用 (⇨ CIM) との結合により, 市場細分化に合わせた多様な需要にこたえることを目指す戦略》.

mass fashion
〔ビジネス〕マスファッション《大量生産され手ごろな価格で販売されるファッション性のある商品》.

master plan
〔ビジネス〕総合基本計画, 全体計画, マスタープラン.

match
〔ファッション〕対(ﾂｲ)の一方, そっくりのもの, 写し; 釣り合った[調和した]もの[人, 状態]; 好一対の人[もの, 組合わせ]《2人[2つ]以上》, マッチ
: I lost the *match* to this stocking. この靴下の片方をなくした.

matching
形《色や外観が》《釣り》合っている, そろった, 応分の.

matelassé
〔マテリアル〕マテラーセ織り《浮模様のある一種の絹毛交ぜ織り》.

【フランス語より】
material
原料，材料，素材，資材；《洋服の》生地，マテリアル
: *material* for a dress 婦人服地.

maternity
〔衣服〕妊婦服，マタニティー.
★**maternity dress [wear]** ともいう.

matinée
1 《演劇・音楽会などの》昼興行，マチネー (cf. soiree).
2 〔衣服〕《女性の》朝のうちの部屋着.
3 〔宝飾〕マチネー《首飾りの長さで，普通は 21 インチ（約 53 cm)》. ★本来，真珠のネックレスの長さに用いられる.

【フランス語より】
matinée hat
〔小物〕マチネーハット《20 世紀初めに午後の散策などに女性がかぶったつばの広い帽子》.

matt(e)
形〈色・つやなどが〉鈍い，光らない，つや消しの，マットな. ★《英》では matt,《米》では matte とつづることが多い. 《米》では mat ともつづる.

§**Mattli**
マトリ Giuseppe Mattli (*m*) (1907-82)《スイス生まれのファッションデザイナー；1960 年代に発表したカクテルドレスや観劇用のコートで有名》.

Mauboussin
〔商標〕モーブッサン《フランス Mauboussin 社のジュエリーブランド》.

mauve
1 〔色〕モーブ《青みの紫》.
2 〔マテリアル〕モーブ《紫色のアニリン染料；人類初の合成染料として有名；**Perkin's mauve** ともいう》.

Maxfield Parrish
〔商標〕マックスフィールド・パリッシュ《英国 Maxfield Parrish 社の革やスエード製の衣服のファッションブランド；同社は 1974 年に Nigel Preston (1946-2008) がロンドンで設立，ポップスター向けの衣裳をつくった；Maxfield Parrish (1870-1966) は米国のイラストレーター》.

maxi
〔衣服〕《口語》マキシ《くるぶしまでの長いスカートやコート》.

maxidress
〔衣服〕マキシドレス.

maxiskirt
〔衣服〕マキシスカート.

Max Mara
〔商標〕マックスマーラ《イタリア Max Mara 社のファッションブランド；同社は 1951 年創業》.

§**Maxwell**
マクスウェル Vera Maxwell (*f*) (1901-95)《米国のファッションデザイナー；バレエダンサーとして活躍して，結婚後デザイナーとなった》.

§**McCardell**
マッカーデル Claire McCardell (*f*) (1905-58)《米国のファッションデザイナー；1930 年代から 50 年代にかけて，機能的で合理的な「スポーツウェア」（組み合わせて着る日常着）をデザインし，「アメリカンルック」の祖として位置づけられている》.

§**McCartney**
マッカートニー Stella McCartney (*f*) (b. 1971)《英国のファッションデザイナー；Chloé のクリエイティブディレクターをつとめた後，2001 年に自社ブランドを設立；菜食主義者で，皮革を使わない靴やバッグをデザインすることで知られる；The Beatles の Paul McCartney の娘》.

§**McFadden**
マクファデン Mary McFadden (*f*) (b. 1938)《米国のファッションデザイナー；中東やアジアの影響を受けたデザインで知られる》.

§**McQueen**

マックイーン **Alexander McQueen** (*m*) (1969-2010)《英国のファッションデザイナー; 16 歳よりロンドンのサヴィルロウで仕立屋として修業; 1996-2001 年 Givenchy のヘッドデザイナーをつとめた; 常に論争を呼ぶショッキングなデザインで「アンファン・テリブル(恐るべき子ども)」との異名をとる; 2010 年 40 歳の若さで自殺》.

measurement
測定値, 量, 寸法, 大きさ, 広さ, 長さ, 厚さ, 深さ; [measurements]《口語》《胸囲・ウエスト・ヒップなどの》寸法, サイズ, スリーサイズ.

Mechlin
〔手芸〕メクリンレース《元来ベルギー北部のメヘレン (Mechelen, フランス語名 Malines)で生産された模様入りのボビンレース》. ★**Mechlin lace**, **malines** ともいう.

medal
〔宝飾〕メダル; 勲章; 記章.

Medici collar
〔ディテール〕メディチカラー《大きな扇形の立ち襟; 15 世紀にメディチ家から出た Catherine (フランスの Henry 2 世の妃)や Marie (Henri 4 世の妃)が着用したことから》.

medium /ミーディアム/
[通例単数形で] 中型のもの, M サイズ《略 M》.

§Meisel
マイゼル **Steven Meisel** (*m*) (b. 1954)《米国の写真家; Calvin Klein や Prada などと契約; Madonna の写真集 *Sex* (1992) の撮影を担当》.

melton
〔マテリアル〕メルトン《コート・ジャケット用の紡毛織物》. ★**melton cloth** ともいう.
【英国の地名より】

menswear
〔衣服〕紳士服, 男性用服飾品, メンズウェア; 〔マテリアル〕(紳士)服地《特に毛織物》.

mercerization
〔マテリアル〕マーセリゼーション, シルケット加工《木綿類を苛性ソーダで処理して, つや・染料吸着性・強度を増す処理》.
【John Mercer (1791-1866) が 1844 年に英国で発明】

merchandise
〔ビジネス〕**1** 商品《集合的》.
2《特定のイベントや芸能人・組織などを宣伝するための》関連商品, (キャラクター)グッズ.

merino
〔マテリアル〕メリノ毛織物《メリノ種の羊からとったもの; 綿混紡のものもある》; メリノ毛糸.

mermaid
《女の》人魚, マーメイド
: *mermaid* line マーメイドライン《全体にほっそりとして尾びれのようにひざ下からフレアが入った服のシルエットのこと》.

Merry Widow
[しばしば **merry widow**] 〔衣服〕メリーウィドー《ストラップレスのコルセットまたはウエストまであるブラジャー; 普通ガーターが付いている》.
【レハール作のオペレッタ *The Merry Widow* (1905) より】

Merry Widow hat
〔小物〕メリーウィドーハット《つばがきわめて広くダチョウの羽根で飾られた帽子》.

§Mert & Marcus
マートアンドマーカス **Mert Alas**(*m*) (b. 1971), **Marcus Piggott** (*m*) (b. 1970)《英国の 2 人の写真家; 2003 年の Louis Vuitton の広告で知られる》.

mesh
〔マテリアル〕網目; [meshes] 網糸, 網細工; 網, 金網; メッシュ《網目状

の編地》.

messaline
〔マテリアル〕メサリン《しゅす状の綾織り絹地》.
【フランス語より】

messenger bag
〔バッグ〕メッセンジャーバッグ《キャンバスなどの厚手の丈夫な布またはビニール引きの厚布を素材とした肩から斜めにかける大柄バッグ; 通例ふたの部分が大きく雨でも中身が濡れにくい》. ★messenger は「使者, 伝令」の意.

mess jacket
〔衣服〕メスジャケット《軍隊で準儀礼的なときの, または 給仕・ボーイ用の短上着》. ★mess は「《陸海軍で》食事仲間, 会食」の意.

metabolic
形 代謝の, メタボリックの
: a high *metabolic* rate 高い代謝率.

metabolic syndrome
代謝(異常)症候群, メタボリックシンドローム《死の四重奏といわれる肥満, 高血糖, 高脂血症, 高血圧の危険因子が重なった状態; 高率に冠動脈心疾患をひき起こす》.

metabolism
代謝《物質代謝およびエネルギー代謝》;《ある環境における》代謝総量, メタボリズム.

metallic
形 金属的な, メタリックな《光沢》.
名 〔マテリアル〕金属繊維[糸](の織物).

metrosexual
メトロセクシュアル《普通都会に住み, 化粧品や服装など外見をよくすることに金をつぎこむ異性愛の男性》.

Mexican hat
〔小物〕=sombrero.

micro
形 1 極小の, 微小の.
2〈スカートが〉超ミニの.
名 〔衣服〕マイクロ《超ミニスカート[ドレスなど]》.

micro dress
〔衣服〕マイクロドレス《ミニドレスより短い, チュニック丈くらいのもの》.

microfiber | microfibre
〔マテリアル〕マイクロファイバー《直径数マイクロメートル程度の超極細合成繊維》.

microskirt
〔衣服〕マイクロスカート《ミニスカートよりさらに短い, ヒップが隠れる程度のスカート》.

middle finger
〔ボディ〕中指, なかゆび.

middleman
〔ビジネス〕中間商人《生産者と小売商または消費者との間に立つ》, ブローカー; 仲介者
: cut out the *middleman* 中間業者を通さずに取引する / act as (a) *middleman* for another 仲介の労をとる.

middy blouse
〔衣服〕ミディブラウス《セーラー服型のゆったりしたブラウス; 女性・子供用》. ★ **middy** ともいう. middy は《口語》で「海軍将校候補生」の意.

middy collar
〔ディテール〕=sailor collar.

midi
〔衣服〕ミディ《mini と maxi の中間のドレス・スカート・コートなど; 1960 年代末から 70 年代初めにかけて流行した》.

midnight blue
〔色〕ミッドナイトブルー《ごく暗い青》. ★midnight は「真夜中」の意.

midriff
1 〔ボディ〕横隔膜.
2 胴の中間部; 〔衣服〕女性服の胴の部分.
3 〔衣服〕《米》ミドリフ《ウエストから

上のおなかの部分を露出した女性服》
: a bare *midriff* ベアミドリフ《おなかの部分を露出した，へそ出しスタイル》.

midsole
〔靴〕《靴の》中物《中底 (insole) と表底 (outsole) の間にはさまれた部分》.

§Milan Collection
〔ファッション〕ミラノコレクション《1976年より開催; ⇨ Fashion Week コラム》.

military
形 軍の，軍隊の，軍人の，ミリタリーの．(⇨ コラム).
: a *military* coat ミリタリーコート《軍服のディテールを取り入れたスタイルで，肩章や金ボタンやモールを特徴とする》.

military collar
〔ディテール〕ミリタリーカラー《軍服調のダブルのコートにあるような深い切れ込みのある広襟》.

milky white
〔色〕ミルキーホワイト《赤みをおびた黄みの白》
: a *milky white* skin ミルキーホワイトの肌.

milliner
女性帽製造[販売]人.
【Milaner (ミラノ製の装身具を販売する人) から; 中世ミラノは麦わら製品で知られていた】

millinery
ミリナリー《1)〔小物〕女性帽子類 2) 女性帽製造販売業》.

milling
〔マテリアル〕《紡毛織物の》縮充 (fulling).

Military

軍隊や軍人に由来する装備のみならず，それに自由な解釈が加えられて発達した服飾品全般を，「ミリタリー」として分類している．

本物の軍服を平和な社会で着るミリタリー・ルックの大きな流行は，1960年代に見られた．50年代に，軍隊の余剰品のコートやジャケット，カーゴパンツ，ブーツなどが一般市場に大量に放出されたためである．これはサープラス (surplus 余剰品) と呼ばれ，マニアックなコレクターも多い．モード界では，1970年代にサンローランがミリタリー・ルックを発表して以来，都会のジャングルにふさわしいファッションとして，とぎれることなく，どこかのランウェイに登場し続けている．

ミリタリーを起源とし，広く一般に普及しているアイテムも多い．19世紀のクリミア戦争で生まれたカーディガン，北欧の漁師の仕事着から英海軍の軍服となったダッフルコート，19世紀の英海軍の水兵の制服に由来するセーラーカラー，第一次世界大戦の塹壕戦で着用されたトレンチコートなど．ネクタイの先祖であるクラヴァットにしても，そもそもは17世紀にパリへやってきたクロアチア兵士たちの首元にあった布である．また，各種カムフラージュ(迷彩)柄も，第一次大戦時，兵器を隠す必要から生まれた．各色を抽象的に分解して再配置するこの柄には，キュビスムの画家たちの影響もはたらいている．

mineral
形 鉱物(性)の，鉱物を含む; 無機(質)の，ミネラルの．

mini
〔衣服〕ミニ (miniskirt, minidress).

minidress
〔衣服〕ミニドレス《丈がひざまで届かないドレス》．

minimalism
[時に Minimalism]〔アート・デザイン〕ミニマリズム《美術・音楽・建築・デザインなどで，装飾性を極力排し，最小限の素材や手法を用いて制作する傾向; 特に 1960 年代以降のものを指す》．

miniskirt
〔衣服〕ミニスカート．

mink
1 ミンク《イタチ科の動物》．
2 〔マテリアル〕ミンクの毛皮[コート, ストール].

mint green
〔色〕ミントグリーン《明るい緑》. ★mint は「ハッカ，ミント《シソ科の多年草》」，その葉の色にちなむ．

§**Mirman**
ミールマン Simone Mirman (*f*) (b. 1920)《フランスの帽子デザイナー; 本名 Simone Parmentier; 1947 年にロンドンで店を開き，1950-60 年代に活躍した; 英王室の帽子デザイナーとして知られる》．

§**Miroir des modes**
[*Le Miroir des modes*]『ミロワール・デ・モード』《フランスの雑誌 (1897-1934)》．

mirror
鏡，姿見，ミラー．

mirrorwork
〔手芸〕ミラーワーク，ミラー刺繍《インドなどで鏡の小片を縫い付けた刺繍》．

mismatch
不適当な組合わせ，ミスマッチ．

§**Missoni**
ミッソーニ《1953 年創業のイタリアのファッション会社; 独特な色合いのニットウェアで知られる》．

mist
《香水などの》噴霧，ミスト．

miter | mitre
1 〔小物〕《キリスト教の》司教[主教]冠，ミトラ，マイター．
2 〔小物〕《古代ギリシア女性の》革製ヘッドバンド．
3 〔ソーイング〕斜めはぎ．

miter 1

mitt
〔小物〕1 《指先だけ残して前腕までおおう》女性用長手袋．
2 = mitten.
3 《野球・アイスホッケーなどの》ミット．

mitten
〔小物〕ミトン《親指だけ離れた二叉手袋》. ★mitt ともいう．

Miu Miu
〔商標〕ミュウミュウ《Prada の 3 代目デザイナーのミウッチャ・プラダ (Miuccia Prada) が発表した，プラダのセカンドライン; スタイリッシュでガーリーな作風が特徴》. ★名前の由来はデザイナーの幼少時代からのニックネームから．

mix-and-match
形 異質なものを組み合わせてうまく調和させた，ミックスアンドマッチの《着こなしのテクニックのひとつ》．

mixture
1 混合，混和．
2 〔マテリアル〕混紡糸，交織布．

§**Mizrahi**
ミズラヒ Isaac Mizrahi (*m*) (b. 1961)《米国のファッションデザイナー; 1987 年に自社ブランドを設立》．

mobcap
〔小物〕モップキャップ《18-19世紀に流行したクラウンの高い女性の室内帽》.
★mob ともいう.

mobcap

moccasins
[複数形]〔靴〕モカシン《もとは北米インディアンの柔らかい(鹿)革靴で，底と側面・つまさきが一枚革；その形に似せた靴》.

mocha
1 〔マテリアル〕《アラビアヤギの》手袋用なめし革.
2 [Mocha]〔宝飾〕苔瑪瑙(こけめのう).
3 〔色〕モカ《暗いチョコレートブラウン》. ★昔アラビア南西部の海港 Mocha から積み出されていたモカ(コーヒー)の色から.

mock turtleneck
〔ディテール〕《米》モックタートルネック(《英》turtleneck)《折り返さないハイネックの襟》. ★mock とは「模擬の」の意.

mod
名〔ファッション〕1 [時に Mod] モッズ《1960年代英国の，特に服装に凝るボヘミアン的な十代の若者；彼らの間に流行した服》.
2 最先端を行く人[ファッション].
形 1 現代的な.
2 〈服装・態度・芸術作品など〉自由な，型にはまらない，大胆な，前衛的な (cf. yé-yé).
【modern より】

modacrylic (fiber)
〔マテリアル〕モダクリル《アクリルに似ているが難燃性》.

mode
方法，様式，方式，流儀，…(な)状態，…モード；《フランス語から》流行(の型), モード
: be all the *mode* 大流行である / in [out of] *mode* 流行して[遅れで].

model
1 ファッションモデル (mannequin).
2 《英》《モデルが着用するような有名デザイナーによる》衣服，衣裳.

§Modes et manières d'aujourd'hui
『モード・エ・マニエール・ドージュルデュイ』《フランスのファッション批評誌 (1912-20)》.

modiste
女性服や女性帽の仕立人[販売人]，モディスト.
【フランス語より】

mogador
〔マテリアル〕モガドール《ファイユ (faille) に似た感じの絹またはレーヨンの織物；あざやかな色のうねが特色で，ネクタイやスポーツウェアに用いる》.
【モロッコの地名より】

mohair
〔マテリアル〕モヘア《小アジアのアンゴラヤギの毛》；モヘア織り；モヘア模造品.

moiré
〔マテリアル〕
1 《織物につけた》波紋，雲紋，モアレ.
2 モアレ《波形の模様をつけた織物；特に絹・レーヨンなど》.
★moire ともつづる.
【フランス語より】

moisturize
動《化粧品で》〈肌に〉湿り[潤い]を与える.

moisturizer
〔美容〕モイスチャライザー《肌に潤いを与える化粧品》.

mole
〔ボディ〕ほくろ，あざ，モール.

moleskin
1 〔マテリアル〕モールスキン《ビロー

ドに似た厚い綿織物の一種).
2 [通例 moleskins]〔衣服〕モールスキンのスラックス.
3 モールスキン《靴ずれ防止のために足に貼るフェルトなどでできたテープ》.

§Molyneux
モリヌー Edward Molyneux (m) (1891-1974)《英国のファッションデザイナー; 作品の中ではテーラードスーツやプリーツスカートが高く評価された》.

momme
匁(もんめ)《絹の重量を表わす単位; 1 momme=4.306 g》; 匁(もんめ)《養殖真珠の重量計測単位; 1 momme=3.75 g》.

§Mondrian
モンドリアン Piet Mondrian (m) (1872-1944)《オランダの画家; 本名 Pieter Cornelis Mondriaan; 抽象芸術運動デ・ステイル(de Stijl)の中心人物; 画面を黒い格子で分割した絵をもとに Yves Saint Laurent がドレスをつくった; ⇒Mondrian dress》.

Mondrian dress
〔衣服〕モンドリアンドレス《オランダの画家 Mondrian の作風をヒントに, 1965 年 Yves Saint Laurent が発表した幾何学模様のプリントのドレス》.

monkey
1 サル.
2 〔マテリアル〕サルの毛皮.

monk's cloth
〔マテリアル〕モンクスクロス《ななこ織りの綿布[リネン]; カーテンやベッドカバー用》. ★monk は「修道士」の意.

Monmouth cap
〔小物〕モンマス帽《もとは兵士や水夫がかぶった平たくまるい帽子; 17 世紀に最も普及し, また北米の開拓者たちもこれをかぶった》.

《英国ウェールズ南東部の町 Monmouth で最初につくられた》

monochrome
图 単色, モノクローム; 単色画, 白黒[モノクロ]写真; 単色画法.
形 単色の; 〈写真・テレビが〉白黒の, モノクロの.

monocle
〔小物〕モノクル, 片めがね.

monofilament
〔マテリアル〕モノフィラメント《単繊維一本よりなる糸; ナイロンなどの合成繊維のように, 撚(よ)りがない》.
★monofil ともいう.

monogram
モノグラム《氏名の頭文字などを図案化した組合わせ文字》.

monokini
〔衣服〕モノキニ《1) トップレスのビキニ(すなわちビキニパンツのみ)またはトップレスの各種水着 2) ビキニの上下をさまざまなデザインでつなげた形の, あるいはワンピース水着を大胆にカットした形の水着》. ★bikini の 'bi-' を「二つの」の意味に誤って解釈して, それを 'mono-'「一つの」に置き換えた造語.

monopoly
〔ビジネス〕専売(権), 独占(権); 市場独占; 専売品, 独占品, モノポリー.

monotone
形 単調な; 単色の, モノトーンの : a *monotone* suit 単色の服.

§Monroe
モンロー Marilyn Monroe (f) (1926-62)《米国の映画女優; 本名は Norma Jeane Mortenson [のち Baker];「アメリカのセックスシンボル」と称される;『お熱いのがお好き』(1959)》.

§Montana
モンタナ Claude Montana (m) (b. 1949)《フランスのファッションデザイナー; 1980 年代に大きな女性用肩

パッドのあるデザインを発表、「肩パッドのキング」と称される》.

montero
〔小物〕《(垂れ縁付きの)》鳥打ち帽子.
【スペイン語より】

§**Moon**
ムーン Sarah Moon (f) (b. 1940)《英国生まれのフランスの写真家；本名 Marielle Hadengue；1960年代にはモデルとして活躍していたが，その後ファッション写真家へ転向した》.

moonstone
〔宝飾〕月長石，ムーンストーン《6月の誕生石；⇨ birthstone 表》.

moreen
〔マテリアル〕モリーン《カーテンなどに用いる丈夫な毛織物または綿毛交ぜ織り》.

§**Moreni**
モレニ Popy Moreni (f) (b. 1949)《イタリアのファッションデザイナー；革新的なスポーツウェアのデザイナーとして知られる》.

morion
〔宝飾〕黒水晶，モーリオン《ほぼ黒色の煙水晶》.

morning coat
〔衣服〕モーニングコート (cutaway)《男性の昼の礼装；前裾が斜めにカットされた黒の上着》.

morning dress
〔衣服〕モーニングドレス (house dress)《家事などをするときのふだんの家着》;《(男子の)》昼間礼服《モーニングコート・縞のズボン・シルクハットの一式》.

morocain
〔マテリアル〕モロケン《絹・レーヨン・ウールの混紡のクレープ地》.

§**Morris**
モリス (1) Robert Lee Morris (m) (b. 1947)《ドイツ生まれのジュエリーデザイナー；ゴールドや石を用いた作品が多い》.

(2) William Morris (m) (1834-96)《英国のデザイナー・工芸家・詩人・著述家；Arts and Crafts 運動の中心人物》.

mortarboard /モーターボード/
〔小物〕《大学の》式帽 (trencher cap)《キャップの上が四角く平らで房飾りがついている》.

§**Morton**
モートン Digby Morton (m) (1906-83)《アイルランド生まれのファッションデザイナー；1930年代に独立してから50年代末まで，英国の伝統を重んじるデザイナーとして活躍した》.

mosaic /モウゼイイック/
〔アート・デザイン〕モザイク；モザイク画模様.

§**Moschino**
モスキーノ Franco Moschino (m) (1950-94)《イタリアのファッションデザイナー；自由奔放な作風で知られた》.

§**Moss**
モス Kate Moss (f) (b. 1974)《英国のモデル；本名 Katherine Ann Moss；特に1990年代に活躍したスーパーモデルのひとりで，数多くのファッション雑誌の表紙を飾った；近年はTopshop とのコラボレーションでコレクションを発表したりしている》.

moss crepe
〔マテリアル〕モスクレープ《表面のしぼが苔状に細かく現われているクレープ地》.

moss green
〔色〕モスグリーン《暗い黄緑》.

mother-of-pearl
〔宝飾〕《貝内面の》真珠層，真珠母，マザー・オブ・パール. ★nacre とも

いう.

motif
1 《文学・芸術作品の》主題, モティーフ.
2 《絵画・刺繍などの》中心的図形[図柄, 文様, 色], モティーフ.
3 《服に縫いつけた》飾り模様.
【フランス語より】

motley
〔マテリアル〕《14-17世紀にイングランドで織られた》まだら模様の毛織物.

motorcycle jacket
〔衣服〕ライダーズジャケット.

mouchoir /ムーシュワー/
〔小物〕ハンカチーフ.
【フランス語より】

§Mouret
モーレット Roland Mouret (*m*) (b. 1962)《フランスのファッションデザイナー; 英国を活動の拠点としている; Victoria Beckham が着用した「ムーンドレス」で有名》.

mourning
〔衣服〕喪服, 喪章 (cf. deep mourning, half mourning).

mourning veil
〔小物〕服喪の黒いベール
: wear a *mourning veil* 服喪のベールをつける.

mousquetaire /ムースカテア/
形〈女性の衣服・装飾品が〉フランス近衛騎兵のスタイルの《17-18世紀のダンディーな服装と果敢さで有名な近衛騎兵から》. ★**musketeer** ともいう.
【フランス語より】

mousse
〔美容〕ムース《泡クリーム状の整髪料》.

mousseline
〔マテリアル〕モスリン; ムースリーヌ《目が細かく薄いモスリン》.
【フランス語より】

mouth
〔ボディ〕口, 口腔; 口もと, 唇.

mouthwash
〔美容〕口内洗浄剤, マウスウォッシュ.

mozzetta
〔衣服〕《カトリックの》モゼタ《教皇その他の高位聖職者の用いるフード付き肩衣》. ★**mozetta** ともつづる.
【イタリア語より】

M65 jacket
〔衣服〕M65 ジャケット《1965年に米軍の戦闘服として登場したもも丈のジャケット》.

MTV
《略語》Music Television《米国のロックミュージック専門の有線テレビ局; ストリートスタイルなどのファッションの発信源となっている》.

§Mucha
ミュシャ Alphonse Mucha (*m*) (1860-1939)《チェコの画家・デザイナー; 本名 Alfons Maria Mucha; アール・ヌーヴォー様式の作品で知られる》.

muff
〔小物〕マフ《毛皮などでつくった女性用の円筒形の防寒具; 両端から手を入れて寒さを防ぐ》.

muffler
〔小物〕マフラー, 襟巻, 首巻 (cf. scarf); 《顔をおおう》ベール, スカーフ.

§Mugler
ミュグレー Thierry Mugler (*m*) (b. 1948)《フランスのファッションデザイナー; 構築的でセクシーな作風で知られ, 写真家としても有名》.

§Muir
ミュアー Jean (Elizabeth) Muir (*f*)

(1928-95)《英国のファッションデザイナー; 古典調の衣服が特徴で, シルクジャージやスエード, レーヨンニットなど布の扱いの巧みさで有名》.

mukluk
〔靴〕マクラク《1) エスキモーがはくオットセイまたはトナカイの毛皮でつくったブーツ 2) ズック製の同種のブーツ; ソックスを数足重ねばきしてはくもので, 底革は柔らかいなめし革》. ★muckluck, mucluc ともつづる.

mulberry
1 クワの木; クワの実.
2 〔色〕マルベリー《クワの実のような暗い紫》.

Mulberry
〔商標〕マルベリー《英国 Mulberry 社のカジュアルバッグ・ベルト・靴・衣服・傘など; 同社は 1971 年創業, 英国の伝統を踏まえながらも今日的な若いファッション感覚がある》.

mules
[複数形]〔靴〕ミュール《ヒール付きのバックレス(かかとのない)女性用サンダル・スリッパ》.
【フランス語より】

mull
〔マテリアル〕マル《薄くて柔らかいモスリン》.

multicolored
形 多色の, 多色織りの, マルチカラーの.

multifilament
〔マテリアル〕マルチフィラメント《多くの単繊維からなる糸》. ★multifil ともいう.

mungo
〔マテリアル〕マンゴー《縮充した毛製品などのくずから得る, 質の劣る再生羊毛; cf. shoddy》. ★mungoe ともつづる.

§Munkacsi
ムンカーチ Martin Munkacsi (*m*) (1896-1963)《ハンガリー生まれの米国の写真家; 1934 年に米国に移住した後, *Harper's Bazaar* 誌のファッション写真家として活躍した》.

murse
〔小物〕マース《男性用ハンドバッグ》.
【*m*an's p*urse*】

muscle /マッスル/
〔ボディ〕筋, 筋肉.

musette
〔バッグ〕《米》ミュゼット《小型ナップザックまたは小ぶりのショルダーバッグ》. ★musette bag ともいう.
【フランス語より】

mushroom pleat
〔ディテール〕マッシュルームプリーツ《キノコのかさの裏ひだのように細かいプリーツ》.

musketeer
形 =mousquetaire.

muslin
〔マテリアル〕モスリン《普通は平織りの柔らかい綿織物》.
【イラクの原産地名 Mosul に由来するイタリア語より】

mustache | moustache
〔ボディ〕口ひげ, 鬚 (cf. beard, whiskers).

mustard
1 からし, マスタード.
2 〔色〕マスタード《くすんだ黄》.

mutation mink
〔マテリアル〕ミューテーションミンク《選択育種により, 野生のアメリカミンクにはみられない色(特に白色から薄銀色までの色合い)の毛皮をした人工飼育のアメリカミンク; その毛皮》.

muumuu
〔衣服〕ムームー《ゆるく色あざやかなもとはハワイの女性服》.

nacre /ネイカー/
〔宝飾〕真珠層 (mother-of-pearl).

nacré velvet
〔マテリアル〕ナクレーベルベット《真珠のような光沢のあるベルベット》.

naevus
〔ボディ〕《英》=nevus.

nail
〔ボディ〕つめ，爪.

nail brush
〔美容〕爪ブラシ，ネイルブラシ.

nail clippers
[複数形]〔美容〕爪切り，ネイルクリッパー. ★clippers は「はさみ」の意.

nail extension
〔美容〕ネイルエクステンション《人工爪で爪の長さをつくったりアクセントをつける; cf. artificial nail》.

nail file
〔美容〕《マニキュア用の》爪やすり，ネイルファイル (cf. emery board).

nail polish
〔美容〕マニキュア液，ネイルエナメル《《英》nail varnish》. ★enamel ともいう.

nail scissors
[複数形]〔美容〕爪切りばさみ.

nail varnish
〔美容〕《英》=nail polish.

nainsook
〔マテリアル〕ネーンスック《インド原産の薄地綿布》.
【ヒンディー語より】

name brand
〔ビジネス〕よく知られた商標，有名ブランド，ネームブランド; 有名ブランドの商品，有名ブランドサービス.

nankeen
1 〔マテリアル〕ナンキン木綿，ナンキーン《丈夫な平織りの綿布》.
2 [nankeens]〔衣服〕ナンキン木綿のズボン.
【中国の都市，南京 Nanking より】

nap
图〔マテリアル〕《紡毛織物などの，通例同一方向に寝た》けば，ナップ.
動〈布に〉けばを立てる，起毛する.

napa
〔マテリアル〕ナパ《1) 子羊や羊の皮をなめした皮革; 手袋・衣服用 2) これに似た柔らかい皮革》. ★**napa leather, nappa** ともいう.
【元来米国カリフォルニア州 Napa でつくられた】

nape /ネイプ/
〔ボディ〕首筋，うなじ，襟足.

napkin
1 《食卓用の》ナプキン.
2 〔小物〕《英方言》ハンカチ.
3 《米》《生理用の》ナプキン (sanitary napkin).

napoleons
[複数形]〔靴〕ナポレオン《元来ナポレオンが着用し，19世紀に流行した男性用のトップブーツ》. ★**napoleon boots** ともいう.

nappy
《英》おむつ《《米》diaper》.

narrow
形 〈幅の〉狭い; 細い (⇔ broad, wide); 〈織物が〉小幅の，ナローの (⇒ narrow cloth).

narrowcasting
〔ビジネス〕ナローキャスティング《DM, チラシ，ケーブルテレビなどを使って，地域的・階層的に限られた少

数の人びとに広告メッセージを届けること》.

narrow cloth
〔マテリアル〕小幅織物《米国では 18 インチ [46 cm] 未満, 英国では 52 インチ [132 cm] 未満のものをいう; cf. broadcloth》.

nasolabial folds
[複数形]〔ボディ〕鼻唇ひだ, ほうれい線《小鼻の両脇から唇の両端にかけて八の字に走るしわ》. ★nasolabial は「鼻と唇(の間)の」という意.

§**Nast**
ナスト Condé (Montrose) Nast (*m*) (1873-1942)《米国の出版人; *Vogue* 誌などを発行する Condé Nast Publications の創業者》.

national brand
〔ビジネス〕ナショナルブランド, 全国商標《全国的にその名を知られている商標およびその商品; cf. manufacturer's brand, private brand》.

National Press Week
ナショナルプレスウィーク《年に 2 回, 各国から招待されたファッションジャーナリストがニューヨークの 7 番街のデザイナーのコレクションを観る催し》.

natural
形 自然の, 天然の; 自然のままの, 加工しない
: *natural* blonde《染めていない》自然なブロンド.

natural color
〔ファッション〕ナチュラルカラー《自然色のこと, 特に未ざらしのままの布地の色; cf. earth tone》.

natural fiber
〔マテリアル〕天然繊維, ナチュラルファイバー《人工の化学繊維に対し, 動物や植物や鉱物からなる繊維》.

naturally colored cotton
〔マテリアル〕ナチュラリカラードコットン《人工的に色を着けることなく自然のままの色で用いられるコットン》.

natural shoulder
〔ディテール〕ナチュラルショルダー《背広やドレスなどで, パッドを入れず誇張のない肩のラインに仕上げた肩のスタイル》.

natural waist
ジャストウエスト《へその位置での胴回りの一番細い部分》.

nautical look
〔ファッション〕ノーティカルルック《海軍の制服や船乗りの衣服のイメージを取り入れたスタイル; 赤・白・青の色と山形袖章やストライプなどを特徴とする》. ★nautical は「航海の, 船員の」の意.

navel /ネイヴル/
〔ボディ〕へそ, 臍.

navette
〔宝飾〕ナベット《宝石のカットのひとつ; 先のとがったボート形のカット様式》.

navy blue
〔色〕ネイビーブルー《暗い紫色の青》. ★英国海軍の軍服の色から. 単に **navy** ともいう.

neat
形 さっぱりした, きちんとした;〈服装など〉こぎれいな; 均斉のとれた.

neck
〔ボディ〕首;《衣服の》首の部分, 襟, ネック.

neckband
1〔ディテール〕シャツの襟, 台襟《カラーを取り付けるところ》.
2〔小物〕《装飾用の》首ひも, ネックバンド.

neckcloth
〔小物〕**1**《昔の男性の》首巻, ネッククロス.
2 =neckerchief.

neck cord
〔マテリアル〕首糸《ジャガード織りで

模様を織るために堅針の下につける麻糸または針金の輪》.

neckerchief
〔小物〕首巻，襟巻，ネッカチーフ．★neckcloth ともいう．

necklace
〔宝飾〕首飾り，ネックレス《首のまわりにかける部分そのものが装飾品であるもの; cf. pendant necklace》
: a pearl *necklace* 真珠の首飾り．

necklet
〔小物〕《首にぴったりつける》首飾り; 《毛皮などの》小さい襟巻．

neckline
1〔ディテール〕ネックライン《ドレスの襟ぐりの線》
: a low *neckline* dress《首の前が大きく開いた》低いネックラインのドレス．
2 襟足《首のうしろの髪の生え際の線[形]》．

neckpiece
〔小物〕《毛皮などの》襟巻．

necktie
〔小物〕ネクタイ (tie); 《首や襟もとで結ぶ》細いバンド．(⇨ Ascot コラム, Necktie コラム).

neckwear

Necktie

　首または襟回りに結ばれる帯状の布としてのネクタイの起源は，17 世紀にさかのぼる．ヨーロッパにおける三十年戦争 (1618-48) において，フランスに傭兵として仕えていたクロアチア兵が首回りにあしらっていた布が，流行の発端となる．Croates 転じて Cravat という呼び名を得た装飾は，18 世紀には，数回巻いたのちに前で結び，さらにピンで固定するストック (stock)，後ろ髪を絹袋に包みこんだかつらとともに装われる黒いリボン状のソリテール (solitaire) などのバリエーションも生む．19 世紀前半にはネッククロスの正しい結び方を何種類も図解する本が現われるなど細部に至るまでの関心が高まるが，近代市民社会に向かう 19 世紀中葉以降，しだいにゆるく巻いて垂らすだけになっていく．これをほどけないよう小さく結んだのが，一人で四頭の馬 (four-in-hand) を扱った 19 世紀末の馬車の御者で，この「フォア・イン・ハンド」型タイが 20 世紀初頭にはダービーなどの社交を通じて広まり，現在の結び下げ型のネクタイの原型となる．

　20 世紀を通じ，オフィスワーカーが増加するに伴ってネクタイ着用がほぼ標準化するが，1990 年代には「カジュアルフライデー」を取り入れる企業が出てきたり，IT 企業がネクタイを着用しないビジネスウェアで経済を先導するなどの現象が話題になったりして，2000 年以降，ネクタイは選択肢のひとつとなっていく．2008 年には，アメリカの「ネクタイ協会」こと「メンズ・ドレス・ファーニシングス・アソシエーション」が，60 年にわたる歴史の幕を閉じた．最大の理由は「男がネクタイを着用しなくなったから」というものであった．だが，2008 年秋のリーマンショック以降，雇用を得るための面接スーツや，顧客の信頼を失わないための服装に対する需要が高まり，ネクタイの着用率が再び上昇している．

〔小物〕ネックウェア《宝飾品ではない首まわりのアクセサリー; ネクタイ・スカーフ・カラーなど》.

needle
〔ソーイング〕針; 縫い針; 編み針.

needlecord
〔マテリアル〕コールテン地, ニードルコード《細かいうねのコールテン》.

needlepoint
1 〔ソーイング〕針の先端.
2 〔手芸〕ニードルポイントレース, 針編みレース《針と糸だけで, ボビンを使わないでつくるレース》. ★needlepoint lace, needle lace ともいう.
3 〔手芸〕ニードルポイント《キャンバス地に刺す刺繍のこと》.

needlework
〔ソーイング〕針仕事, ニードルワーク《裁縫・刺繍・編物など》.

negative ion
陰イオン.

negligee
〔衣服〕ネグリジェ, 部屋着, 化粧着. ★négligé ともつづる.
【フランス語より】

Nehru collar
〔ディテール〕ネルーカラー《立ち襟の一種》.
【J. Nehru (1889-1964) インドの政治家】

Nehru jacket
〔衣服〕ネルージャケット[コート]《立ち襟の細身の長い上着》. ★Nehru coat ともいう.

Nehru suit
〔衣服〕ネルースーツ《ネルージャケットと細身のパンツからなる》.

neo-classical
形 新古典主義の. ★服飾史においては, とりわけ, フランス革命後の18世紀末から19世紀初頭に, 新しい共和国の理念と美の理想を古代ローマ・ギリシア文明に求めようとして生まれたスタイルを指す. 革命前の重厚で華麗, 作為的な装いから一転し, 柔らかな布で仕立てたシンプルなラインのシュミーズドレスが流行した.

Neo-Geo
〔アート・デザイン〕ネオジオ《1980年代前半ニューヨークに起こった美術の新しい傾向; 幾何学的抽象, 複製の引用などを特徴とする》; ネオジオの画家.

neon
形 ネオンの, 蛍光性の, あざやかな: *neon* purple あざやかなパープル.

neoprene
〔マテリアル〕ネオプレン《耐熱性・耐薬品性などにすぐれた合成ゴムの一種; ウェットスーツなどの素材》: a *neoprene* bag ネオプレンバッグ.

net
1 〔マテリアル〕網, ネット; 《カーテン・装飾などの》網状織物, 網レース.
2 [the Net] =Internet.

net income
〔ビジネス〕純収入, 純益, 純利益.

net profit
〔ビジネス〕純益, 純利益.

netshopping
ネットショッピング, オンラインショッピング.

neutral
形 1 中立の.
2 〈色が〉グレーを含んだ, 中間色の: *neutral* color ニュートラルカラー.

nevus /ニーヴァス/
〔ボディ〕母斑(はん)《特に赤く盛り上がったもの》, (生まれつきの)あざ, ほくろ. ★《英》では naevus とつづる.

new
形 新しい; 新しく手に入れた, 使い古しでない, 新品の.

New Balance
〔商標〕ニューバランス《米国 New Balance Athletic Shoes 社のスポーツシューズ・スポーツウェアのブランド; ランニングシューズ・テニス

シューズ・ランニングウェアなど》.

new-fashioned
形 最新式の, 新型の, (最新)流行の (⇔ old-fashioned).

New Look
[the New Look]〔ファッション〕ニュールック《1947年 Dior が発表したスタイル; 丸みのある肩のライン, 細いウエスト, 裾が長くゆったりしたスカートのエレガントなシルエットは, 布地をふんだんに用いるデザインでもあり, 検約を迫られた第二次大戦中の服装とは対照的で, 画期的なスタイルとして受け入れられた》.

New Romantics
[the New Romantics]〔ファッション〕ニューロマンティックス《反体制ファッションのパンクとは対照的に, 1970年代から80年代にかけて見られたメイクアップやきらびやかな衣裳を特徴とするビジュアル系のアーティストたち》.

§Newton
ニュートン Helmut Newton (m) (1920-2004)《ドイツのファッションを専門とする写真家; *Vogue* 誌などで活躍》.

new wool
〔マテリアル〕= virgin wool.

§New York Collection
〔ファッション〕ニューヨークコレクション《1962年より開催; ⇒ Fashion Week コラム》.

niche /(米)ニッチ/(英)ニーシュ/
名〔ビジネス〕市場の隙間, ニッチ, 適所《従来の製品・サービスでは満たされなかった潜在需要に対応する, 小さいながらも収益可能性の高い市場の一分野》.
形 市場の隙間をねらった, ニッチ市場向けの
: a *niche* market ニッチ市場 / *niche* marketing ニッチマーケティング / a *niche* strategy ニッチ戦略.

nickel
ニッケル.

nightcap
1〔小物〕《寝るときにかぶる》ナイトキャップ.
2 就寝前に飲む一杯の酒[温かい飲み物].

nightcap 1

nightclothes
[複数形]〔衣服〕ナイトウェア, スリープウェア. ★**nightdress**, **nightwear** ともいう.

nightdress
〔衣服〕= nightgown; nightclothes.

nightgown
〔衣服〕**1** ナイトガウン《女性用・子供用のスリープウェアやネグリジェ; **nightdress** ともいう》.
2 = nightshirt.
3 = dressing gown.

nightie
〔衣服〕《口語》ナイティー, ナイトガウン.

night rail
〔衣服〕《女性用の》部屋着, 化粧着 (cf. dressing gown).

nightshirt
〔衣服〕ナイトシャツ《長いシャツ型のスリープウェア》. ★**nightgown** ともいう.

nightwear
〔衣服〕= nightclothes.

Nike
〔商標〕ナイキ《米国 Nike 社製のスポーツシューズ・スポーツウェア》. ★ギリシア神話の勝利の女神「ニケ」(ローマ神話の Victoria に当たる)から.

nipple
〔ボディ〕乳頭, 乳首.

noble
形 高貴な, 貴族の; 気品のある; 気高

い; 上質の.
图 貴族.

no-bra look
〔ファッション〕ノーブラルック《ブラジャーを付けずに衣服を着ること; Rudi Gernreich が発表した'まったくブラジャーをしていない感じ'の軽いシアータイプのブラジャー'ノー・ブラブラ'(no-bra bra)から始まったスタイル》.

no-brand
形 商標なしの, ノーブランドの〈商品〉.

noil
〔マテリアル〕《羊毛などの》短毛, ノイル《紡毛糸用》.

nomadic
形 遊動の, 遊牧の, 遊動民の, 遊牧民の.

nomad look
〔ファッション〕ノマドルック《遊牧民の衣服からヒントを得たスタイル》. ★nomad とは「遊動民, 遊牧民」のこと.

nonchalance
/《米》ナンシャラーンス; 《英》ノンシャランス/ 無頓着, 無関心, 平静.

nonseasonal
名 形 〔ビジネス〕通年製商品(の), 非季節性(の).

non-woven
〔マテリアル〕不織布(ふしょくふ)《両面編みや熱接着などによる布地》. ★non-woven fabric, bonded-fiber fabric ともいう.

§Norell
ノレル Norman Norell (m) (1900-72)《米国のファッションデザイナー; 本名は Norman David Levinson; Hattie Carnegie (1889-1956) と共にファッション界に入り, Traina-Norell 社を創業; ニューヨークを中心とする米国のファッション界をリードし, たびたび Fashion Critics 賞を受賞》.

Norfolk jacket
〔衣服〕ノーフォークジャケット《腰ベルトのあるひだ付きの上着; もと狩猟着》. ★Norfolk coat ともいう. 【イングランド東部の地名より】

normal
形 標準の, 通常の, 普通の; 正常な, ノーマルな
: *normal* skin 普通肌, ノーマルスキン.

no-show sock
〔小物〕=socklet.

nostalgic
形 郷愁の; 郷愁をいだく[にふける]; 郷愁をかきたてる[誘う], ノスタルジックな.

notch
〔ソーイング〕ノッチ《1) 襟の V 字形の刻み目 2) 型紙に入れる切込み》; 合い印《2 枚以上の布を合わせるときに型紙に入れる印》.

notched collar
〔ディテール〕ノッチトカラー《背広の襟のように, ラペル (lapel) と襟 (collar) との縫い合わせ目が V 字形の刻み目をなす襟》. ★notched lapel ともいう.

nouveau riche
(複数形 nouveaux riches)〔ビジネス〕にわか成金, ヌーボーリッシュ.
【フランス語より】

nuance
《色彩・音調・意味・感情などの微妙な》濃淡, 色合い, 陰影, 差異, ニュアンス.

nub
〔マテリアル〕節玉, ナップ.

nubby
形 〈織物が〉糸の結び目のある, 節のある.

nubuck
〔マテリアル〕ヌバック《肉面をこすってスエード様に短くけば立たせて仕

上げた牛革)).

nude
形 裸の, 裸体の, ヌードの; 〈靴下などが〉肌色の; 〈ドレスなどが〉透けて見える.
名 裸体の人《特に絵・彫刻・写真などの》; 〔色〕肌色, ヌード.

nude look
〔ファッション〕ヌードルック《ヌードのような装い; 透ける素材で肌の美しさやボディを強調したスタイル》.

nun's habit
〔衣服〕修道女の服, ナンズハビット《1965年のローマカトリック教会の修道服の改正により, ヘッドドレスがシンプルになり, 服の色も黒だけでなく茶色や紺やグレーが使われるようになった》. ★habit は「聖職服」の意.

nutritionist
栄養学者; 栄養士.

§Nutter
ナッター **Tommy Nutter** (*m*) (1943-92)《英国のテイラー; 1960年代に Mick Jagger らロックスターのスーツを仕立て, サヴィルロウに新風を吹き込んだ》.

nylon
1〔マテリアル〕ナイロン; ナイロン製品.
2 [**nylons**]〔小物〕ナイロンストッキング.

oblong
形 〈四辺形が〉長方形の; 〈円が〉長円の, 楕円の.

ocelot
1 オセロット《中南米産の樹上性のオオヤマネコ》.
2 〔マテリアル〕オセロットの毛皮.

offer
图 1 提供, 提議, 申し出, 申し込み.
2 〔ビジネス〕オファー, 《契約の》申し込み; 《売り物としての》提供; 申し込み値段, 付け値
: an *offer* of support 後援のオファー / an *offer* to help 援助の申し出 / a special *offer* 特価提供 / make an *offer* 申し出る; 提供する.
動 1 提供する, 申し出る, 申し込む.
2 〈ある値で品物を〉売りに出す, オファーする; 〈ある金額を〉払うと申し出る.

off-price
形 値引き品の, バーゲン品の, ディスカウントの
: an *off-price* store ディスカウントの店 / *off-price* apparel バーゲン品の衣料.

off-season
〔ビジネス〕《商売などの》閑散期, シーズンオフ.

offshore
形 1 沖の, 沖合の.
2 オフショアの, 海外の, 国外に籍をおく
: *offshore* investments 国外投資 / *offshore* production 海外生産.

off-the-face
形 〈女性用の帽子が〉つばのない, 〈女性の髪形が〉額を出した, 顔を隠さない, 顔にかからない.

off-the-peg
形 《英》=off-the-rack.

off-the-rack
形 〈衣服などが〉でき合いの, 既製の, 量産品の《《英》off-the-peg》.

off-the-shelf
形 《特注でない》在庫品の, 簡単に手に入る, 市販の, 既製の, レディーメードの.

off-the-shoulder
形 オフショルダーの《襟ぐりが広く肩が露出していること》.

off-white
〔色〕オフホワイト《真っ白でなく, わずかに色みを感じさせる白》.

oilcloth
〔マテリアル〕油布, オイルクロス《油や樹脂で処理した防水布》.

oilskin
1 〔マテリアル〕油布, 防水布, オイルスキン.
2 〔衣服〕オイルスキンのレインコート; [oilskins]〔衣服〕オイルスキンの防水服《一式》.

oily
形 〈皮膚・髪が〉脂性の, オイリーな
: *oily* skin 脂性肌, オイリースキン.

old
形 1 老いた, 年をとった.
2 古い, 年数を経た; 古びた, 古くなった, 使い古した
: *old* clothes 古着.
3 時代遅れの, 古臭い; いつもの, 変わりばえのしない.
4 〈色が〉くすんだ, 鈍い; あせた.

old-fashioned
形 古風な，旧式の，古めかしい；流行遅れの (⇔ new-fashioned)．

§Oldfield
オールドフィールド Bruce Oldfield (*m*) (b. 1950)《英国のファッションデザイナー；魅惑的で華やかなイヴニングドレスで知られる》．

§Oldham
オールダム Todd Oldham (*m*) (b. 1961)《米国のファッションデザイナー；インテリアデザインでも活躍している》．

old rose
〔色〕オールドローズ《柔らかい赤》．★灰色がかったばら色．

olefin
〔マテリアル〕オレフィン (⇨ polyolefin)．★olefine ともつづる．

olive
1 オリーブ《モクセイ科の常緑高木》；オリーブの実．
2 〔色〕オリーブ《暗い緑みの黄》．

olive drab
〔色〕オリーブドラブ《暗い灰みの緑みをおびた黄》．★米陸軍の軍服などの色彩．

olive green
〔色〕オリーブグリーン《暗い灰みの黄緑》．★まだ熟していないオリーブの実の色．

ombré
形 色を濃淡にぼかした．★ベビーピンクから赤までの同一色相でのグラデーションなど．
图〔マテリアル〕ぼかし織り[染め](の布)，オンブレ．
【フランス語より】

§Onassis
オナシス Jacqueline (Kennedy) Onassis ['Jackie' Onassis] (*f*) (1929-94)《米国第 35 代大統領 John F. Kennedy の夫人；1968 年ギリシアの海運王 Aristotle Onassis と再婚；ファーストレディー時代 (1961-63) そのファッションが注目され，チェーンのバッグ，逆毛を立ててふくらませたヘアスタイルなどが大流行した》．

one-shoulder
形 ワンショルダーの《片方の肩だけを露出した衣服のスタイル》．

§Ong
オング Benny Ong (*m*) (b. 1949)《シンガポール生まれの英国のファッションデザイナー》．

online shopping
〔ビジネス〕オンラインショッピング，ネット通販《インターネットを利用した通信販売》．

onyx
〔宝飾〕縞瑪瑙(しまめのう)，オニキス．

OOS
《略語》out-of-stock．

opal /オウパル/
蛋白石，〔宝飾〕オパール《10 月の誕生石；⇨ birthstone 表》．

opal green
〔色〕オパールグリーン《薄い緑》．★宝石のオパールのような，乳白がかった緑．

opaline
形 オパールのような；オパールのような光彩を放つ．

opaque /オウペイク/
形 不透明な；光沢のない，くすんだ．

opaque tights
[複数形]〔小物〕オペークタイツ《肌が透けない，マットな感じのタイツ》．

op art
〔アート・デザイン〕オプアート (optical art)．

open collar
〔ディテール〕オープンカラー，開襟(かいきん)，開き襟．

open shirt
〔衣服〕オープンシャツ，開襟シャツ．

open-toe(d)

形 つまさきの開いた〈靴・サンダル〉: *open-toe* pumps オープントウパンプス.

open-work
〔手芸〕透かし細工, オープンワーク《地布の糸を抜いたり引き寄せたりして透かし模様をつくる刺繍》.

opera
1 オペラ, 歌劇.
2 〔宝飾〕オペラ《首飾りの長さで, 普通は28インチ（約71cm)》. ★本来, 真珠のネックレスの長さに用いられる.

opera glass
[しばしば opera glasses] オペラグラス《観劇用の小型双眼鏡》.

opera glove
〔小物〕オペラグラブ《観劇のときに着用するひじの上まである長い手袋》. ★evening glove ともいう.

opera hat
〔小物〕オペラハット《平たくたためるようばねのはいったシルクハット; 男性が観劇時などに使用するもの》. ★gibus (hat) ともいう.

opera hat

opera pumps
[複数形]〔靴〕オペラパンプス《飾りがなく, プレーンな女性用パンプス》.

opera slippers
[複数形]〔靴〕オペラスリッパ《男性用の寝室用の靴; 土踏まずの両側の部分がカットされたデザイン》.

operating cost
〔ビジネス〕営業経費, 運転経費, 経常的支出.

operating income
〔ビジネス〕営業収益, 営業利益.

operating profit
〔ビジネス〕営業利益 (operating income).

opossum
1 フクロネズミ, オポッサム.
2 〔マテリアル〕オポッサムの毛皮《20世紀初頭によく使われた》.

optical art
〔アート・デザイン〕オプティカルアート《1960年代に米国で流行した抽象画の一形式; 直線・曲線・幾何学模様などを用い, 錯覚を利用した絵画・デザイン》. ★**op art** ともいう.

optical print
〔マテリアル〕オプティカルプリント《目の錯覚を利用した柄》.

option
選択, 取捨; 選択権, 選択の自由.

orange
1 オレンジ《柑橘(かんきつ)類の果実の総称》.
2 〔色〕オレンジ《あざやかな黄赤》.

orchid /オーキッド/
1 ラン, 蘭《ラン科植物の総称》.
2 〔色〕オーキッド《柔らかい紫》.

order
1 [しばしば **orders**] 命令, 指令, 指示.
2 〔ビジネス〕注文; 注文書; 注文品
: be on *order* 〈注文品が〉注文してある / give an *order* for an article 品物を注文する / place an *order* with sb [a company] for an article 人[会社]に品物の注文をする.
3 順序, 順
: in alphabetical [chronological] *order* ABC[年代]順に.

order book
〔ビジネス〕注文控え帳, オーダーブック; 受注残高.

organdy
〔マテリアル〕オーガンジー《薄手で透明感のあるモスリンの類; ブラウス・カーテンなどに用いる》. ★**organdie** ともつづる.

organic cotton

〔マテリアル〕オーガニックコットン, 有機栽培綿花.

organic fiber
〔マテリアル〕オーガニックファイバー《オーガニックコットンなど遺伝子組換えをせず, 殺虫剤をなるべく用いない, 有機肥料で栽培した植物でできた繊維のこと》.

organza
〔マテリアル〕オーガンザ《透き通った薄いレーヨンなどの平織り布; ドレス・ブラウス・縁飾り用; オーガンジーとよく似ているが, オーガンザのほうが多少張りが強い》.

organzine
〔マテリアル〕撚糸(より), 諸(もろ)撚糸, オーガンジーン.

orient
1 [the Orient] 東洋, オリエント《ヨーロッパからみた東方の諸国》.
2 〔宝飾〕真珠の光沢, オリエント《真珠の価値はその光沢によって決まる》.

original
形 1 最初の, もともとの; オリジナルの, 《コピー[複製]でなく》原物の, 本物の.
2 独創的な, 創意に富んだ.

originality
独創力, 創造力; 創意, 独創性, オリジナリティ.

Orlon
〔商標〕オーロン《かさ高で柔らかく, 暖かい手ざわりのアクリル繊維》.

ornament
〔小物〕飾り, 装飾; 装飾品, 装飾模様, 装身具, オーナメント.

orphrey
〔手芸〕オーフリー《1) 金などの精巧な刺繡(をしたもの) 2) 聖職服などにみられる刺繡を施した帯[縁取り]》.

orris
〔小物〕金[銀]の組みひも, オーリス.

§Orry-Kelly
オリー・ケリー (m) (1897-1964) 《オーストラリア生まれの米国の映画衣裳デザイナー; 本名 John Kelly; 『お熱いのがお好き』(1959) の Marilyn Monroe の衣裳は特に有名; アカデミー衣裳デザイン賞を3度受賞している》.

ostrich
1 ダチョウ(駝鳥).
2 〔マテリアル〕ダチョウ革, オストリッチ《羽根を抜いた後の独特な模様が特徴》.
3 〔マテリアル〕オストリッチフェザー《19世紀から20世紀初めにかけて, 白い羽根が女性の帽子やボア(羽毛製襟巻き)などに使われた》.

otter
1 カワウソ.
2 〔マテリアル〕カワウソの毛皮.

Ottoman
1 トルコ人; オスマントルコ人.
2 [ottoman] 〔マテリアル〕オット(ー)マン《うね織りの絹[レーヨン]織物; 女性服用》.
3 [ottoman] オット(ー)マン《1) 厚く詰め物をした通例背のない長いソファー 2) 厚く詰め物をした足載せ台》.

outerwear
〔衣服〕外衣, アウターウェア《1) ジャケットやカーディガンなどの上着類 2) 特に屋外で着用するコート類; 頭にかぶる物なども含む》.

outfit
1 〔衣服〕衣裳一式, 身支度, いでたち《靴・帽子・装身具類も含む》: an *outfit* for a bride ウェディングドレス一式.
2 チームで働く集団; 会社.

outlet
1 出口, 出道.
2 〔ビジネス〕《商品の》販路, はけ口; 市場.
3 〔ビジネス〕アウトレット店, アウ

トレットストア (outlet store)《商品の在庫の直接的なはけ口というニュアンスがある》.

outlet mall
アウトレットモール《アウトレットストアが多数集まったショッピングセンター》.

outlet store
《米》アウトレットストア《メーカーがわけあり品・過剰在庫品などを格安処分する直営小売店; 現在は正常商品やメーカーがそれ向きに特につくった製品, また系列外メーカーの商品を安値販売する店も含む》. ★単にoutlet ともいう.

outline stitch
〔手芸〕アウトラインステッチ, ステムステッチ《表に出る針目の半分ほどを斜めに返し縫いする刺繍のステッチ》.

out-of-stock
形 在庫切れの, 品切れの《略 OOS》.

outseam
〔ソーイング〕アウトシーム, 外縫い《1) ズボンの外側の縫い目 2) 手袋などの革の端が外側に出る縫い目》.

outsole
〔靴〕《靴の》表底(おもてぞこ), 本底, アウトソール《接地する底》.

oval
形 卵形の, 楕円[長円]形の
: *oval* face 卵形の顔, オーバルフェイス.

overalls
[複数形]〔衣服〕1《英》オーバーオール, つなぎ《上下がひと続きの下がズボンになった服; もとは作業着》.
2《米》《よごれなどを防ぐための》胸当て付き作業ズボン, オーバーオール, つなぎ(服)《英》dungarees》.

overblouse
〔衣服〕オーバーブラウス《裾をスカートやパンツの上に出して着るブラウス》.

overboots
[複数形]〔靴〕=overshoes.

overcasting
〔ソーイング〕オーバーカスティング《布地の端がほつれないように糸でかがること; そのかがり》.

overcast stitch
裁ち目かがり, オーバーカストステッチ《1)〔ソーイング〕布地がほつれないようにかがるステッチ 2)〔手芸〕刺繍の巻きかがり》.

overcheck
〔マテリアル〕越格子(こしごうし), オーバーチェック《2種の異なる格子柄が重なり合っている柄; overplaid ともいう》; 越格子の布地.

overcoat
〔衣服〕オーバーコート《主に男性用; いちばん上に着るコート》.

overcoating
〔マテリアル〕オーバー用布地.

overdress
動 1 着飾りすぎる, 過度にあらたまった服装をする.
2 厚着をする.
名〔衣服〕オーバードレス《ドレス・ブラウスなどの上に着る薄物のドレス》.

overedge stitch
〔ソーイング〕オーバーエッジステッチ《布地の端にかけるステッチ》.

overgarment
〔衣服〕上着, オーバーガーメント.

overlay
〔靴〕上張り, オーバーレイ《革やその他の素材を靴に縫い付ける靴の装飾》.

overlock
動〈布端のほつれを〉かがり縫いで防止する.

overlocker
〔ソーイング〕オーバーロックミシン, ロックミシン《布端がほつれないように縫う専用ミシン》. ★overlock ma-

chine, また **serger** ともいう.

overlock stitch
〔ソーイング〕オーバーロックステッチ《オーバーロックミシンを使って布端をしまつするときのステッチ》.

overnight bag [case]
〔バッグ〕オーバーナイトバッグ《一泊旅行用のバッグ》.

overplaid
〔マテリアル〕越格子(こしごうし), オーバープレード (overcheck).

overshirt
〔衣服〕オーバーシャツ《ヒップ丈くらいのシャツで, スカートやパンツの上に出して着る》.

overshoes
[複数形]〔靴〕オーバーシューズ《靴の上にはく防水[防寒]靴》. ★**overboots** ともいう.

oversize
形 特大の, オーバーサイズの; 必要以上に大きい, 大きすぎる. ★**oversized** ともいう.

overskirt
〔衣服〕オーバースカート《ドレスやスカートの上に重ねてはくスカート》.

overstitch
〔ソーイング〕仕上げ縫い《布の端やへりをミシンで仕上げること》.

own brand
〔ビジネス〕《英》自家[自社]ブランド(《米》store brand).

own-brand
形 《英》自家[自社]ブランドの. ★**own-label** ともいう.

oxford
1〔マテリアル〕オックスフォード《柔らかく丈夫な平織り[バスケット織り]の綿などの織物; シャツ・女性用服地など; **oxford cloth** ともいう》.

Oxford

イギリスの名門オックスフォード大学に由来するファッション用語は少なくない. たとえば目の粗い平織りの oxford cloth でつくった oxford shirt. 19世紀にスコットランドの業者が特製のシャツをつくり, それに英米の有名な4大学, Harvard, Oxford, Cambridge, Yale の名を付して売り出したもののひとつである. 今日, 残っているのは, oxford shirt のみである. また, 甲部をひもで結ぶ短靴は, oxford shoes と総称する. さらに, 額縁の形で, 縁を囲む四角のフレームの端が隅より突き出している井桁型を oxford frame と称するが, メガネフレームにおいても, 角型で上端が縁よりやや突き出した形のものを oxford model と呼んでいる.

過去の一時的流行に oxford bags という極端に幅の広い「袋 (bag) のような」トラウザーズがあったが, これも 1924 年, オックスフォード大学の学生たちが始めたものである. 考案者はクライスト・チャーチのハロルド・アクトンとされている. 翌 25 年にはアメリカ東部の大学生の間でも流行し, 最盛期には裾まわり 1 メートルを超える誇張型も現われた.

色彩の名で Oxford blue というのは, オックスフォード大学の校色, ダークブルーをさす. 対するのが, Cambridge blue で, こちらはライトブルーである.

2 [oxfords]〔靴〕オックスフォード(シューズ)《ひもで締める浅い男性用靴; **oxford shoes** ともいう》. (⇨ コラム).

oxford bags
[複数形]〔衣服〕《英》オックスフォードバッグス《幅広のズボン; ⇨ Oxford コラム》.

Oxford blue
1〔色〕オックスフォードブルー《オックスフォード大学の校色であるダークブルー; cf. Cambridge blue》. (⇨ Oxford コラム).

2 オックスフォード大学からオックスフォードブルーの制服を与えられた人, オックスフォード大学代表[選手].

oxford shoes
〔靴〕=oxford 2.

oxidize /アクスィダイズ/
動 酸化する;〈銀などを〉いぶしにする
: *oxidized* silver いぶし銀.

oyster white
〔色〕オイスターホワイト《薄い灰色》.
★oyster は「カキ, 牡蠣」の意.

§Ozbek
オズベック **Rifat Ozbek** (*m*) (b. 1953)《トルコ生まれの英国のファッションデザイナー; エスニックな色調・デザインで知られる》.

P

《略語》petite《サイズの記号》.

PA

《略語》〔マテリアル〕polyamide.

packsack

〔バッグ〕《米》リュックサック.

pad

图〔ディテール〕《服の形を整えるための》パッド
: a shoulder *pad* ショルダーパッド.
動 …に詰め物をする,芯(㍍)を入れる,〈衣類などに〉綿[パッド]を入れる.

padding stitch

1 〔手芸〕パッディングステッチ《模様を浮き上がらせるために土台に刺すランニングステッチなどの刺繡のステッチ》.
2 〔ソーイング〕パッディングステッチ,ハ刺(ば)し《芯地を襟などに縫いつけるための縫い方》.

paduasoy

〔マテリアル〕ポードソア《(1) 表面にうねが表われている丈夫な絹織物の一種 (2) それでつくった衣服》.
【フランス語の pou-de-soie】

paenula

(複数形 paenulae, paenulas)〔衣服〕パエヌラ《古代ローマの貧民が着用したフード付きで袖なしの長いコート》.

pageboy

〔ヘア〕ページボーイスタイル《肩まで垂らした髪の毛先を顔の内側に向かってカールさせたヘアスタイル》.
★page は「《昔,貴人に仕えた》小姓」の意.

pagoda sleeve

〔ディテール〕パゴダスリーブ《上部が細く袖口に向かって広がっている袖;五重の塔のように下方を広くして何層かに重ねるものもある》. ★pagoda は「(寺院の)塔」の意.

paillette

/《米》パイイェット;《英》パイェット/
〔マテリアル〕1 スパングル,スパンコール《小さなピカピカする金属片・ビーズ・宝石など;舞台衣裳・女性服・アクセサリーなどの縁飾りに用いる;その縁飾り》.
2 キラキラ[ピカピカ]する絹織物.
【フランス語より】

pair

一対,一組;《ズボンなどの》一着,一個;対のものの片方,ペア
: Where's the *pair* to this glove? この手袋の片方はどこ?

paisley

图 1 [しばしば Paisley]〔マテリアル〕ペーズリー《細かい曲線模様を織り込んだ柔らかい毛織物;元来はインド原産の織物の模様が英国に移入されたもので,スコットランドのペーズリー地方でショールなどに使われた》.
2 〔マテリアル〕ペーズリー模様[柄].
3 ペーズリー織りの製品《ショールなど》.
形 ペーズリー織りの; ペーズリー模様の
: a *paisley* shawl ペーズリーショール.

pajamas | pyjamas

[複数形]〔衣服〕1 パジャマ《上着とズボンからなるスリープウェア》
: a suit [pair] of *pajamas* パジャマ一

着 / change into *pajamas* パジャマに着替える.
2 《イスラム教徒の》ゆったりしたズボン; パジャマスタイルのドレス《女性のレジャーウェアなど》.

palazzo pants
[複数形]〔衣服〕パラッツォパンツ《脚部が大邸宅で着るのにふさわしいような, 裾幅が広くゆったりとドレープが流れる優雅なパンツ》. ★palazzoはイタリア語で「宮殿」のこと.

pale
形 **1** 青白い, 青ざめた, 蒼白な
: look *pale* 顔色が悪い / *pale* skin 青白い肌.
2 〈色が〉薄い, 淡い (⇔ dark)
: *pale* blue 淡い青, ペールブルー.

paletot
〔衣服〕**1** パルトー《ゆるやかなコート》.
2 パルトー《特に19世紀の女性がクリノリン (crinoline) またはバッスル (bustle) の上に着用したぴったりした上着》.

palla
(複数形 pallae, pallas)〔衣服〕パラ《古代ローマの女性の外衣》.

pallium
(複数形 palliums, pallia)〔衣服〕
1 パリウム《古代ギリシア・ローマの一種の外衣で, 左肩上から垂らして右肩の上または下で縛る長方形の布》.
2 《カトリックの大司教用の》肩衣(かたぎぬ), パリウム《教皇が大司教に授ける白い羊毛製の帯で, 教皇の権威を分有するしるし》.

palm /パーム/ ★発音に注意.
〔ボディ〕てのひら, たなごころ, 手掌.

Palm Beach
〔商標〕パームビーチ《夏服用のモヘアと綿の軽い織地》.
【米国フロリダ州南東海岸の地名】

palm leaf
〔マテリアル〕シュロの葉《扇・帽子などをつくる》. ★palm は「ヤシ, シュロ」の意で, palm「てのひら」と同語源.

Panama
1 〔マテリアル〕パナマ《夏のスーツ地に使われる薄手の平織りの梳毛(そもう)織物》. ★**panama cloth** ともいう.
2 [しばしば panama]〔小物〕= Panama hat.

Panama hat
[しばしば panama hat]〔小物〕パナマ帽《パナマソウの葉を編んでつくる》.
★単にPanamaともいう.

pane
1 窓[ドア]ガラス(の一枚);《特に長方形の》一区画;《格子などの》枠.
2 〔マテリアル〕《つなぎ合わせてカーテン・衣服などをつくる》寄せぎれの一片, ペーン.

panel
1 パネル《壁・天井・窓などの一仕切り, 区画》; 鏡板, 羽目板.
2 〔ディテール〕パネル《スカートなどに別布で縦に入れた飾り布》.

panne
〔マテリアル〕パンベルベット《光沢のあるパイル糸を一方向に寝かせたビロード; **panne velvet** ともいう》; パンサテン《重くて光沢の多いしゅす服地; **panne satin** ともいう》.
【フランス語より】

pannier
1 〔バッグ〕《自転車・オートバイの後輪わきに振り分けて吊る》荷物入れ.
2 〔衣服〕パニエ《18世紀ごろ女性のスカートの両サイドをふくらませるために使用した鯨のひげ

pannier 2

などでつくった腰枠》.

3〔衣服〕パニアースカート《18世紀ごろ女性がスカートの両サイドをふくらませるためにつけたオーバースカート》.

pantalet(te)s
[複数形]〔衣服〕パンタレット《1) 19世紀前半の女性用の裾飾りのついたゆったりしたズボン 2) その裾飾り》.

pantaloons /パンタルーンズ/
[複数形]〔衣服〕

1 パンタロン《ひざ下から裾にかけてフレアを入れたズボン；男性・女性用；pants はこの短縮形から》
: a pair of *pantaloons* 一着のパンタロン.

2 パンタロン《1) 19世紀の脚にぴったりした長ズボン；フランス革命後流行した 2) 17-18世紀のふくらはぎで留める男性用半ズボン》.

【古いイタリア喜劇の道化役の名パンタローネ (Pantalone) から; 細いズボンをはいていた】

pantdress
〔衣服〕キュロット付きドレス，パンツドレス《スカートの部分がキュロットになったワンピース》.

pantie girdle
〔衣服〕《米》パンティーガードル《パンティー型のコルセット》. ★**panty girdle** ともつづる.

panties
[複数形]〔衣服〕《主に米》パンティー(《英》pants, 《英》knickers)《女性用下着》
: a pair of silk *panties* シルクのパンティー.

pantihose
〔小物〕=pantyhose.

pants
[複数形]〔衣服〕**1**《米》《外にはく》パンツ (trousers), ズボン, スラックス, パンタロン.

2《英》《下着の》パンツ, ズボン下 (underpants); 《英》パンティー (panties).

pantskirt
〔衣服〕パンツスカート《前からはパンタロン，後ろからはスカートに見える》.

pantsuit
〔衣服〕《米》パンツスーツ(《英》trouser suit)《女性用のジャケットとスラックスのスーツ》. ★**pants suit** ともいう.

panty girdle
〔衣服〕=pantie girdle.

pantyhose, panty hose
[複数扱い]〔小物〕パンティーストッキング(《英》tights)
: a pair of *pantyhose* パンティーストッキング一足.

★**pantihose** ともつづる. 日本語では「パンティーストッキング」が普通だが英語ではあまり使われない. stocking は脚部のみをおおうレッグウェアで，ガーターベルトと共に着用される.

papal crown
〔宝飾〕《カトリックの》教皇冠.

paper taffeta
〔マテリアル〕ペーパータフタ《紙のような手ざわりの薄地の絹織物》.

§Paquin
パカン Mme **Paquin** (*f*) (1869-1936)《フランスのファッションデザイナー；本名 Jeanne Beckers; Paul Iribe や Léon Bakst など画家と一緒に手掛けたドレスでも知られる》.

paraben
パラベン《食品・薬品類の保存に使われる抗真菌薬のメチルパラベン (methylparaben) とプロピルパラベン (propylparaben) をいう》
: *paraben*-free cosmetics パラベンフリーの化粧品《パラベンなどの化学物質を使わずにつくられた化粧品》.

parasol

〔小物〕パラソル,《女性用の》日傘.
【イタリア語で「太陽(の熱)を防ぐ」の意】

pardessus
〔衣服〕パルドゥシュ《男性・女性用のコートのこと》.
【フランス語より】

pareu
〔小物〕パレウ,パレオ《主として南洋諸島,特にタヒチ島の先住民が着ける色あざやかな長方形の更紗(さらさ)の腰布》.★**pareo** ともいう.

§Paris Collection
〔ファッション〕パリコレクション (⇨ Fashion Week コラム).

parka
〔衣服〕**1** パーカ《極地方の先住民が着用するフードのついたひざないし太もも丈の毛皮製ジャケットまたはプルオーバー》.
2 パーカ《防水・防風性布地でつくられたフード付きスポーツ用ジャケット; **anorak** ともいう》.

§Parkinson
パーキンソン Norman Parkinson (*m*) (1913- 90)《英国の写真家; ファッション雑誌で活躍し, 1950年代には王室のポートレート写真家となった》.

§Parnis
パーニス Mollie Parnis (*f*) (1905- 92)《米国のファッションデザイナー; ファーストレディーの服のデザイナーとして知られる》.

§Parsons The New School for Design
パーソンズ・ザ・ニュー・スクール・フォー・デザイン《ニューヨークにある 1896 年創立のファッションアートの大学; ⇨ Design Schools コラム》.

part
1 部分, 一部(分).
2《米》頭髪の分け目.

parting
1 別れること, 別離.
2《英》頭髪の分け目(《米》part).

partlet
〔衣服〕パートレット《ローネックのドレスなどにつけるフリル・刺繍などのある襟つき胸飾り; 16 世紀に流行した》.

§Partos
パートス Emeric Partos (*m*) (1905- 75)《ハンガリー生まれのフランスの毛皮デザイナー; 毛皮のドレスなどもつくり, ストライプや花柄はパートス独特のデザインとして知られた》.

parure /パルア/
〔宝飾〕パリュール《ひとそろいのジュエリー; 同素材・デザインのネックレス, イヤリング, ブローチ, ブレスレット, 指輪などの装身具のうち, 4点か 5点がセットになったジュエリー》.
【フランス語より】

pashm
〔マテリアル〕パシム《チベット産ヤギの下毛; カシミヤショールをつくる》.

pashmina
1〔マテリアル〕パシュミナ《ヤギの毛を使った高級毛織物》.
2〔小物〕パシュミナでつくったショール.

§Pasquali
パスクアリ Guido Pasquali (*m*) (b. 1946)《イタリアの靴デザイナー; Armani や Missoni などに靴を提供した》.

paste
1 糊(のり), ペースト.
2〔宝飾〕ペースト《人造宝石をつくるのに用いる光度の高い鉛ガラス; **strass** ともいう》.

pastel
図 **1** パステル《クレヨンの一種》.
2〔色〕淡くやわらかな色調, パステルカラー.

形 〈色が〉淡くやわらかな，パステル調の．

pasties /ペイスティーズ/
[複数形] 乳首当て，パスティーズ《ストリッパー・ベリーダンサーなどが用いる(一対の)乳首のおおい》．

patch
1 〔マテリアル〕《衣類などの》つぎはぎ，つぎ；《修理または装飾のための》あて布，パッチ；《patchwork 用の》布きれ．
2 〔美容〕付けぼくろ，パッチ《17-18世紀の女性が顔の美しさを引き立たせたり，傷跡などを隠すため顔に張りつけた黒絹の小きれ》．

patch pocket
〔ディテール〕縫いつけポケット，張りつけポケット，パッチポケット《衣服の外側に張りつける》．

patchwork
〔手芸〕パッチワーク，寄せ布[皮]細工《色や形の異なった布や皮を種々な模様にはぎ合わせたもの》
: a *patchwork* quilt パッチワークのキルト / do *patchwork* パッチワークをする．

patent /パトゥント/
1 〔ビジネス〕特許(権)，パテント．
2 〔マテリアル〕エナメル革 (patent leather)．
3 [patents]〔靴〕エナメル革の靴．

patent leather
〔マテリアル〕パテントレザー，エナメル革《表面を鏡様に強い光沢が出るよう塗装仕上げした革；普通は黒色》
: *patent leather* shoes パテントレザーシューズ．

patio dress
〔衣服〕パティオドレス《家庭の中庭 (patio) でくつろぐときなどに着る服》．

§Patou
パトゥ Jean Patou (*m*) (1880-1936)《フランスのファッションデザイナー；活動的な女性のための服を手掛けた》．

patron /ペイトロン/
1 後援者，支援者，パトロン．
2 〔ビジネス〕《商店などの》客，《特に》常得意，常連，ひいき客．
3 《フランスなどでホテルの》主人，所有者．

patte
〔ソーイング〕パット《ポケットのふた，または衣服の垂れ》．
【フランス語より】

pattens
[複数形]〔靴〕パッテン《木底や金具をつけるなどして底を高くしたぬかるみ用の靴[オーバーシューズ]》．

pattern
〔ソーイング〕図案，図形，模様，縞柄(がら)；《洋服などの》原型，型紙，一着分(の服地)
: a paper *pattern* 型紙．

pattern drafting
〔ソーイング〕《型紙の》平面作図．

patternmaker
パターンメーカー，パタンナー《デザイン画から型紙を制作する専門職》．
★「パタンナー」は和製英語．

§Paulette
ポーレット Mme **Paulette** (*f*) (1900-84)《フランスの帽子デザイナー；本名 Pauline Adam; 1960年代には毛皮の帽子のデザインで知られた》．

§Paulin
ポーラン Guy **Paulin** (*m*) (1945-90)《フランスのファッションデザイナー；ニットウェアのデザインで知られた》．

Paul Smith
〔商標〕ポール・スミス《英国のファッションブランド；⇒ Smith (2)》．

pavilion
〔宝飾〕パヴィリオン《ブリリアント形宝石のガードル (girdle) より下の部

分》.

PE
《略語》〔マテリアル〕polyethylene.

peach
1 モモ, 桃.
2 〔色〕ピーチ《明るい灰の黄赤》.

pea coat
〔衣服〕= pea jacket.

peacock blue
〔色〕ピーコックブルー《濃い青緑》.
★peacock は「クジャク」の意.

peacock green
〔色〕ピーコックグリーン《あざやかな青緑》.

pea jacket
〔衣服〕ピージャケット, ピーコート《厚手ウールの腰まであるダブルのコート》. ★pea coat ともいう.

peak
1 〔小物〕《帽子の》まびさし.
2 〔ヘア〕《髪の》生え際 (⇨ widow's peak).

peaked cap
〔小物〕ピークトキャップ《山の部分のとがったキャップ型の帽子》.

pearl
1 〔宝飾〕真珠, パール《6月の誕生石; ⇨ birthstone 表》; [pearls] 真珠の首飾り.
2 〔宝飾〕真珠層 (mother-of-pearl).
3 〔色〕= pearl white.

pearl gray
〔色〕パールグレー《明るい灰色》.

pearl white
〔色〕パールホワイト《黄みの白》.
★単に pearl ともいう.

peasant /ペザント/
图《昔の, または途上国などの》小農; 小作農.
圐 農民(風)の; 〈衣服が〉農民スタイルの.

peasecod /ピーズカッド/
〔衣服〕ピーズコッド《16世紀のダブレット (doublet) でエンドウ豆のさや状に詰め物やキルティングをした前身ごろ》.

peau-de-cygne
〔マテリアル〕ポードゥシーニュ《柔らかで光沢のあるしゅすに似た表面をもつ絹地》.
【フランス語より】

peau de soie
〔マテリアル〕ポードソワ《表面[両面]に横うねのあらわれている, 丈夫で柔らかな絹布》.
【フランス語より】

pebble
1《水の作用などでかどのとれた》丸石, 小石.
2 〔マテリアル〕《皮革・紙などの表面に加工した》石目, ペブル; 石目のついた革《★pebble leather ともいう》.

pec
[通例 pecs] 〔ボディ〕《口語》胸の筋肉, 胸筋 (pectoral muscle).

peccary
1 ペッカリー, ヘソイノシシ《南北アメリカ産のイノシシの類》.
2 〔マテリアル〕ペッカリー革《高級手袋革に用いる》. ★peccary leather ともいう.

pectoral muscle
〔ボディ〕胸筋.

pedal pushers
[複数形] 〔衣服〕ペダルプッシャー《女性用のふくらはぎ丈のスポーツ用脚衣; 元来は自転車乗り用》.

pedicure
〔美容〕ペディキュア《足の美爪術》; 足治療; 足治療医.

§Pedlar
ペドラー Sylvia Pedlar (f) (1901-72)《米国のファッションデザイナー; 魅惑的なランジェリーやナイトガウンのデザインで知られた》.

peep-toe(d)
圐〈靴など〉つまさきの見える.

peg-top

形〈衣服が〉こま形の, ペグトップの《上部が広く下が先細りになっている》: *peg-top* trousers ペグトップパンツ / a *peg-top* skirt ペグトップスカート. ★peg top は「洋ナシ形のコマ」のこと.

peignoir
〔衣服〕ペニョワール《髪をとかすときや入浴後などに女性が着る化粧着》.
【フランス語より】

pelerine
〔衣服〕ペルリーヌ《女性用の細長い布または毛皮などのケープ; 両端が前で長く下がる》.
【フランス語より】

pelisse
〔衣服〕ペリース《女性・子供が着用する絹や木綿のマント類; 古くは毛皮製または毛皮の縁取りのあるコートのこと》.
【フランス語より】

pelt
〔マテリアル〕裸皮(らひ), ペルト《脱毛処理を施した, なめし前の皮》.

pencil skirt
〔衣服〕ペンシルスカート《鉛筆のように裾が細くなっていくタイトスカート》.

pencil stripe
〔マテリアル〕ペンシルストライプ《服地の細い縦縞模様; 鉛筆で線を描いたような太さで, チョークストライプより細めで輪郭も鮮明》.

pendant
〔宝飾〕垂れ飾り, ペンダント《ネックレス・ブレスレット・イヤリングなどにぶら下げるタイプの宝飾品》.
【古フランス語 pendant「垂れ下がった」(ラテン語の現在分詞形に由来)より】

pendant necklace
〔宝飾〕ペンダントネックレス《チェーンやひもなどからロケットや宝石などをひとつぶら下げた宝飾品; ルネサンス時代より用いられている; cf. necklace》.

§Penn
ペン Irving Penn (*m*) (1917-2009)《米国の写真家; *Vogue* 誌の表紙などのファッション写真や有名人のポートレート, 部族の写真などで知られる》.

penny loafers
[複数形]〔靴〕ペニーローファー《甲の帯状の飾りに硬貨をはさみ込めるような切り込みがついたローファー》.

peplos
〔衣服〕ペプロス《古代ギリシアの女性用の外衣; 長方形の布でできており, 体のまわりにひだを寄せ肩のところで留めた》.

peplos

peplum
(複数形 peplums, pepla)〔ディテール〕ペプラム《女性用のブラウスやジャケットのウエストから切り替えた部分に入った短いフレアやひだ飾りのこと》.
【古代ギリシア語の peplos「女性用礼装外衣」に由来するラテン語から】

peplum

percale
〔マテリアル〕パーケール《平織りの緻密な綿布; シーツなどに用いる》.

percaline
〔マテリアル〕パーカリン《光沢のある平織りの綿布; 裏地・装丁用》.

perch
1 《鳥の》とまり木.
2 《検反のための》布掛け台; 検反機.

§Peretti

ペレッティ **Elsa Peretti** (*f*)(b. 1940)《イタリアのジュエリーデザイナー; Tiffany のデザイナーでもあり, ハートペンダントはよく知られている》.

performance fabric
〔マテリアル〕高機能生地, パフォーマンスファブリック《特殊加工して通気性・保温性などを高めた生地; スポーツウェアなどに使われる》.

perfume /パーフューム/
香水, 香料; 芳香, 香り
: put on *perfume* 香水をつける / the *perfume* of roses ばらの香り.

peridot
〔宝飾〕ペリドット《ボトルグリーンからオリーブグリーンの透明な橄欖(かん)石; 8月の誕生石; ⇒ birthstone 表》.
★**evening emerald** ともいう.

Perkin's mauve
〔マテリアル〕=mauve.

perm
名〔ヘア〕パーマ (permanent wave)
: go for a *perm* パーマをかけに行く.
動〈髪に〉パーマをかける
: have one's hair *permed* パーマをかける.

permanent press
〔マテリアル〕パーマネントプレス加工《しわにならなかったりズボンの折り目がとれないなどアイロン不要の永久プレス》; パーマネントプレス加工した生地の状態. ★**durable press** ともいう.

permanent wave
〔ヘア〕パーマネントウェーブ, パーマ.

peroxide /ペラクサイド/
名 過酸化物, 過酸化水素《漂白剤》.
形 過酸化水素で漂白した
: a *peroxide* blonde《口語》[軽蔑的] 髪を脱色した女性.

§Perry
ペリー **Fred(erick John) Perry** (*m*) (1909-95)《英国のテニスおよび卓球の選手; 引退後スポーツウェアメーカーを経営》.

Persian lamb
1 ペルシア子羊《ウズベキスタンのブハラ地方産のカラクール (karakul) の子》.
2〔マテリアル〕ペルシア子羊の毛皮.

personal trainer
〔美容〕《エクササイズの》個人トレーナー[コーチ], パーソナルトレーナー.

§Pertegaz
ペルテガス **Manuel Pertegaz** (*m*)(b. 1918)《スペインのファッションデザイナー; スペインを代表するクチュール服・既製服のデザイナー》.

§Perugia
ペルージア **André Perugia** (*m*) (1893-1977)《フランスの靴デザイナー; Poiret など有名デザイナーのために靴を製作した》.

peruker /ペルーカー/
かつら製作者.

PETA
《略語》People for the Ethical Treatment of Animals 動物の倫理的扱いを求める人びとの会《米国の動物愛護団体;「毛皮を着るくらいなら裸がまし」という反毛皮キャンペーンの広告など, 過激なほどの表現で「動物の倫理的扱い」を訴える》.

petal hem
〔ディテール〕ペタルヘム《花びら (petal) のようにカットしてあるスカート・ドレスなどの裾》.

petal sleeve
〔ディテール〕ペタルスリーブ《チューリップの花びらのように布が重なった袖》.

petasus
〔小物〕ペタソス《古代ギリシア人・ローマ人がかぶった山の低いつば広の帽子; 特に絵画・彫刻などにおけるヘルメスまたはメルクリウスのかぶ

る翼のある帽子》.

Peter Pan collar
〔ディテール〕ピーターパンカラー《女性・子供服の小さな丸襟》.
【ジェームズ・バリーの『ピーターパン』(1904) の主人公の名から】

petersham
〔マテリアル〕ピーターシャム《(1) 紡毛オーバーコート地; そのコートやタイツ 2) ベルトやハットバンド用の細幅の厚地のうね織り》.
【英国の陸軍将校 Viscount Petersham のちの 4th Earl of Harrington (1790-1851) が着用したことから】

petite
形 〈女性が〉小柄で細めの.
名 プチ (サイズ)《小柄な女性用の衣服サイズ; 略 P》.

petit point
〔手芸〕プチポアン, テントステッチ (tent stitch)《短く斜めに刺していく刺繍のステッチ》.
【フランス語より】

petticoat
〔衣服〕ペティコート《(1) 下着としてのスカート, アンダースカート 2) ドレープ入りスカートの下に, 見せる目的ではく装飾的なスカート 3) 昔, ドレスの一部として用いたスカート》.

§Pfister
フィステル Andrea Pfister (*m*) (b. 1942)《イタリアの靴デザイナー; カラフルでスタイリッシュな靴のデザインで知られる》.

photographer
写真家, カメラマン, フォトグラファー
: a fashion *photographer* ファッションカメラマン.
★日本では新聞・雑誌などの写真をとる人をカメラマンと呼んでいるが, 英語では photographer がこれに当たることが多い.

Phrygian cap [bonnet]
〔小物〕フリギア帽《昔フリギア人がかぶった先が前に折れ下がる円錐帽; 近代では自由の象徴として liberty cap と同一視される》.

phulkari
〔マテリアル〕プールカーリー《インドでつくられる, 木綿の布地やショールに着色絹糸で刺繍を施したもの》.
【ヒンディー語より】

physique /フィズィーク/
体格
: a man of strong *physique* がっしりした体格の男.

§Picasso
ピカソ《(1) Pablo (Ruiz y) Picasso (*m*) (1881-1973)《スペイン生まれの画家・彫刻家; 主にフランスで活動; キュビスムの祖》.
(2) Paloma Picasso (*f*) (b. 1949)《Pablo Picasso の娘; フランスのジュエリーデザイナー; Tiffany のデザイナーでもあり, キス 'X' のモチーフは有名》.

pick
〔マテリアル〕《(一定時間当たりのまたは織物の一定の長さ当たりの) 杼(ひ)の打ち込み数; 緯糸 (filling).

§Picken
ピッケン Mary Brooks Picken (*f*) (1886-1981)《米国のファッションライター, ドレスメーキング講師》.

picot
〔手芸〕ピコ, ピコット《レース・リボンなどの環状へり飾りの小さな輪》.
【フランス語で「とげ」の意】

picot stitch
〔手芸〕ピコットステッチ《ループをつくりながら刺す刺繍のステッチ》.

picture hat
〔小物〕ピクチャーハット《羽根や花で飾ったつばの広い女性帽》.

piece-dye
動 織って[編んで]から染める, 反(たん)

染めする (⇔ yarn-dye).

pierced
形 穴のあいた, 《特に》飾り穴のついた〈装身具など〉; ピアスの
: *pierced* earrings ピアス.
★pierce は「突き通す, 突き刺す; 穴をあける」の意.

piercing
ピアスの穴をあけること (cf. body-piercing).

pierrot collar
〔ディテール〕ピエロカラー《ピエロの衣裳のような幅広のひだ襟》.

pigskin
〔マテリアル〕豚の皮[なめし革], 豚革; カピバラ[ペッカリー]皮.

§Piguet
ピゲ Robert Piguet (*m*) (1901-53) 《スイス生まれのファッションデザイナー; パリでオートクチュールの店を開いていた (1933-51)》.

piked shoes
[複数形]〔靴〕パイクトシューズ《つまさきが極端に細くとがった靴》.
★piked は「先のとがった」の意.

Pilates
〔商標〕ピラティス[ピラテス](メソッド)《ヨガに似たエクササイズ》.
【Joseph Pilates (1880-1967), この健康法を開発したドイツ生まれの米国人】

pile
〔マテリアル〕パイル《じゅうたん・ビロードなどのループ, またはカットしたけば》; 軟毛, 綿毛; 羊毛.

pileus
(複数形 pilei)〔小物〕ピレウス《古代ローマ人がかぶったフェルトなどの密着帽》.

pile weave
〔マテリアル〕パイル織り《織物の表面にパイルを織り込んだもの》. ★**pile fabric** ともいう.

pill
图 1 丸薬, 錠剤, ピル.
2 《毛織物などにできる》毛玉
: *pills* (of fuzz) 毛玉.
動〈セーターなど〉毛玉ができる.

pillbox
〔小物〕ピルボックス《丸薬入れに形の似ている, 山の部分が平らで丸い縁なしの女性帽》.

pilling
〔マテリアル〕ピリング《毛玉ができること; ウールや合成繊維にできやすい傾向がある》.

pillow lace
〔手芸〕=bobbin lace.

pilos
〔小物〕ピロス《古代ギリシアの兵士や農民がかぶった円錐形の帽子; pileus の原型》.

pima
[時に **Pima**]〔マテリアル〕ピーマ綿《エジプト綿を米国南西部で高強度繊維用に改良したもの》. ★**pima cotton** ともいう.

pimple
〔美容〕にきび, 吹き出物.

pin
1 〔ソーイング〕ピン, 止め針, 飾り針; 安全ピン.
2 〔ヘア〕ヘアピン (⇨ bobby pin).
3 〔宝飾〕ピン付きの記章, 襟留め.

piña cloth
〔マテリアル〕ピーニャ布《パイナップルの葉の繊維で織った薄い布; スカーフ・ハンカチなどに使う》.
★**pineapple cloth** ともいう.
【piña はスペイン語で「パイナップル」の意】

pinafore
〔衣服〕1 《英》ピナフォア《子供用エプロン》.
2 ピナフォアドレス《袖なしのラップ式ドレス; 後ろで結ぶかボタン留めのものが多い》.
【初めエプロンを上着の前面に

(afore) ピンで留めて着用したため】

pince-nez
(単数・複数同形)〔小物〕鼻眼鏡, パンスネ
: put on a *pince-nez* 鼻眼鏡をかける.
【フランス語より】

pincheck
〔マテリアル〕ピンチェック《(1) 非常に小さな格子縞 2) その織物》.

pincord
〔マテリアル〕ピンコール《ピンのように細いうねをもつコーデュロイ》.

pin curl
〔ヘア〕ピンカール《巻いた髪をピンで留めるカール》.

pin cushion
〔ソーイング〕針差し, 針山, ピンクッション.

pin dot
〔マテリアル〕ピンドット《ピンの先っぽくらいの小さな点の水玉模様》.

pineapple cloth
〔マテリアル〕= piña cloth.

pinhead
形 針の頭を並べたような, ピンヘッド柄の.

pink¹
图 **1** ナデシコ《花》.
2〔色〕ピンク《柔らかい赤》.
形 ピンク色の; 〈ワインが〉ロゼの. (⇨ Blue コラム).

pink²
動 〈皮革などに〉穴をあける; 〈布・革などを〉ぎざぎざ[ジグザグ]に切る (cf. pinking shears).

pinkie
〔ボディ〕《幼児・口語》ちっちゃなもの, 《特に》小指 (little finger). ★**pinky** ともつづる.

pinkie ring
〔宝飾〕ピンキーリング《小指にはめる指輪》.

pinking
1 ピンキング《布地や紙などをほつれ止め, または装飾用にピンキングばさみでぎざぎざや波形に切ること》.
2〔靴〕ギザ抜き, ピンキング《アッパー部分の周辺にのこぎり形についた飾り模様》.

pinking shears
[複数形]〔ソーイング〕ピンキングばさみ《布のほつれ止めにぎざぎざに切る》. ★**pinking scissors** ともいう.

pinky
〔ボディ〕= pinkie.

pinner
《英口語》ピナフォア (pinafore); [通例 **pinners**]〔小物〕ピンナー《17-18 世紀の, 長い lappet の付いた女性用のかぶりもの》.

pinson
〔靴〕ピンソン《14 世紀後期から 17 世紀初頭のスリッパや短靴の一種》.

pinstripe
1〔マテリアル〕ピンストライプ《服地の細い縦縞; 針のように非常に細いまっすぐな線またはピンの頭くらいの細かい点線を描いたもの》.
2〔衣服〕ピンストライプの柄が入ったスーツ《伝統的に実業家が着用する; **pinstripe suit** ともいう》.

pin tuck
〔ソーイング〕ピンタック《細長い縫いひだ》.

§Pinturier
パンテュリエ Jacques Pinturier (*m*) (b. 1932)《フランスの帽子デザイナー; 多くのオートクチュールに帽子を製作した》.

pinwale
形 〈コーデュロイなどの織物が〉ごく細いうねの, ピンウェールの.

§Pipart
ピパール Gérard Pipart (*m*) (b. 1933)《フランスのファッションデザイナー; Nina Ricci のチーフデザイナー (1963-98)》.

piped buttonhole

〔ソーイング〕パイプトボタンホール《玉縁穴の一種》.

piped seam
〔ソーイング〕パイプトシーム《バイアステープをはさんで縫った縫い目》.

piping
〔ソーイング〕玉縁, パイピング《布の端をバイアステープでくるむこと》.

piqué
〔マテリアル〕ピケ《うね織りにした織物》. ★pique ともつづる. 【フランス語より】

pirn
〔ソーイング〕《スコットランド・英方言》《織機の緯糸を巻き取る》緯糸木管, パーン《これを杼(ひ)の中に入れる》.

pistachio green
〔色〕ピスタチオグリーン《柔らかい黄みの緑》. ★pistachio は「ピスタチオの木, ピスタチオ(ナッツ)」; 色名はこの実の色から.

pith helmet
〔小物〕=topee.

§Pitti Immagine Uomo
ピッティ《毎年2回, イタリアのフィレンツェで開催される, 世界最大級のメンズファッション展示会》.

pixie
〔ヘア〕ピクシー《女性の極端に短いヘアスタイル; 1950年代に流行した》.

PL
《略語》〔ビジネス〕product liability.

placket
〔ディテール〕《スカートなどの》わきあき, プラケット.

plaid /プラッド/
〔マテリアル〕プレード, ブラッド《スコットランド高地人のタータンに由来する格子縞の織物》; 格子縞; 〔小物〕格子柄の肩掛け《スコットランドの伝統的な衣裳として左肩に掛ける》. (⇨ kilt さし絵).

plain
形 装飾[模様, 彩色]のない, 凝っていない (⇔ fancy), 無地の; 平織りの; 平編みの.

plain hem
〔ソーイング〕普通まつり, プレーンヘム《裾などを三つ折りにして縫うまつり縫い》.

plain knitting [knit]
〔手芸〕平編み, 天竺編み, メリヤス編み, プレーンニッティング.

plain seam
〔ソーイング〕割縫い, プレーンシーム《縫いしろを割り開くしまつのこと》.

plain stitch
=knit stitch.

plain weave [weaving]
〔マテリアル〕平織《経糸と緯糸が1本ずつ交互に組み合わさった織物》. ★tabby ともいう.

plait
〔ヘア〕《主に英》《髪の毛の》おさげ, 編んだ髪 (《米》braid).

plastic
形 プラスチック[ビニール, ポリエチレン]の
: *plastic* frames プラスチックフレーム(の眼鏡).

名 **1** 〔マテリアル〕プラスチック, ビニール, 合成樹脂.
2 《口語》クレジットカード. ★plastic money ともいう.

plastic surgery
〔美容〕形成外科.

plastron
〔ディテール〕**1** プラストロン《1) 女性服の胸飾り 2) シャツの胸部をおおう糊のついた布》.
2 プロテクター, プラストロン《フェンシング用の革の胸当て》. 【フランス語より】

platform
1 演壇, 教壇; 《駅の》(プラット)ホーム.

2〔靴〕プラットフォーム《厚底のコルク・革製などの台状の靴》: *platform* shoes プラットフォームシューズ / *platform* boots プラットフォームブーツ / *platform* sandals プラットフォームサンダル / *platform* sole 台状の厚い靴底, プラットフォームソール.

platinum /プラトゥナム/
1〔宝飾〕白金, プラチナ《金属元素》.
2〔色〕プラチナ《銀色よりやや青みがかった明るい灰色》.

playsuit
〔衣服〕運動服, 遊び着, プレイスーツ《特に女性・子供用のショートパンツとシャツなどのコンビ》.

pleat
名〔ディテール〕ひだ, プリーツ.
動…にひだをつける.

Plexiglas
〔商標〕プレキシグラス《飛行機の風防や窓ガラスなどに使われるアクリル樹脂》.

plied yarn
〔マテリアル〕撚(よ)り糸《撚りをかけた繊維の束》.

plimsolls
[複数形]〔靴〕《英》ゴム底のズック靴, プリムソルズ(《米》sneakers)《運動用》. ★plimsolesともいう.
【靴底の側面が Plimsoll line《(船の)満載喫水(きっすい)線》に似ていることから】

plissé
〔マテリアル〕プリッス《1) 苛性ソーダ溶液によるクレープ効果 2) プリッス加工をした生地》. ★plisse ともつづる.
【フランス語より】

plug hat
〔小物〕《米口語》シルクハット, 山高帽.

plume /プルーム/
〔マテリアル〕羽毛, 《飾り用の大きな》羽; 羽飾り, 《特にかぶとや帽子の》羽飾りのふさ.

plunging [plunge] neckline
〔ディテール〕プランジングネックライン《胸元を深く大きく(V字形に)あけた女性服の襟》. ★plunge は「急に落ち込む」の意.

§Plunkett
プランケット Walter Plunkett (*m*) (1902-82)《米国の映画衣裳デザイナー; 代表作『風と共に去りぬ』(1938)》.

plus fours
[複数形]〔衣服〕プラスフォアーズ《スポーツ用のゆとりのあるニッカーズ(knickers)》.
【通常のものより4インチ長いことから】

plush
〔マテリアル〕プラッシュ, フラシ天《ビロードの一種で長いけばがある》.

ply /プライ/
〔マテリアル〕ひだ, 層, …重(え);《綱などの》絢("), 撚(よ)り
: a three-*ply* rope 三つ撚りの綱.

pochette
1〔ディテール〕ポシェット《チョッキの小さなポケット》.
2〔バッグ〕ポシェット《首からぶら下げたり, 肩からななめ掛けにしたり, ベルトに付けたりする小型のバッグ》.
【フランス語より】

pocket
〔ディテール〕ポケット
: an inside *pocket* 内ポケット.

pocketbook
〔バッグ〕《米》ポケットブック《肩ひもの付いていない小型のハンドバッグ》.

pocket handkerchief
〔小物〕ポケットチーフ《礼装の胸ポケットに挿す装飾用ハンカチーフ》.

pocket-square
〔小物〕ポケットスクエア《スーツ・ブ

レザーの胸ポケットに入れるハンカチーフ》.

point
1 〔手芸〕《(レース編み用の)》編み針 (⇨ point lace).
2 〔宝飾〕ポイント《重量の単位; = $1/100$ carat》.
3 〔小物〕《16-17世紀ごろ衣服各部の合わせ目に用いた》先金具付きの留めひも.

point d'Angleterre
〔手芸〕ポワンダングルテール《17-18世紀に英国でつくられたボビンレース; cf. Brussels lace》.
【フランス語より】

point d'esprit
〔マテリアル〕ポワンデスプリ《点々を模様に織り込んだ網織物[レース]》.
【フランス語より】

point lace
〔手芸〕手編み[針編み]レース (needle-point lace).

point-of-sale
形 売場の, 店頭の; POS の《コンピューターを用いて販売時点で販売活動を管理するシステムについていう》.

§Poiret
ポワレ **Paul Poiret** (*m*) (1879-1944)《フランスのファッションデザイナー; 20世紀初頭の「ファッション王」と称された》. (⇨ Aesthetic Dress コラム).

poke bonnet
〔小物〕ポークボンネット《前のつばが顔をおおうほど突き出た女性帽; 単に poke ともいう》.

polished cotton
〔マテリアル〕ポリッシュトコットン《光沢仕上げ剤でつやを出した平織りの綿布》.

polish remover
〔美容〕マニキュア除光液.

polka dot
〔マテリアル〕ポルカドット《等間隔に配列した同じ大きさの水玉; 水玉の大きさは pin dot から coin dot までのものとされる》; 水玉模様(の織物).

Polo
〔商標〕ポロ《米国 Polo Ralph Lauren 社のファッションブランド; ⇨ Lauren》.

polo coat
〔衣服〕ポロコート《ラクダの毛織物またはそれに似た布地でつくったテーラード仕立てのゆったりしたオーバーコート; もとはポロ競技者が待ち時間に着用したもの》.

polo collar
〔ディテール〕ポロカラー《ポロシャツの襟のこと》.

polonaise
1 ポロネーズ《ポーランド起源のゆるやかな3拍子の舞踊》; その舞曲.
2 〔衣服〕ポロネーズ《18世紀ごろ着用されたドレス; ぴったりした胴着, 前裾を斜めにカットされたスカートなどを特徴とする; もとはポーランドの民族衣裳》.

polo-neck
〔ディテール〕《英》ポロネック (《米》turtle neck)《首をぴったりとおおう, 折り返した襟》; 〔衣服〕《英》ポロネックのセーター.

polo shirt
〔衣服〕ポロシャツ《襟付きで首前に数個のボタンの付いた半袖または長袖のシャツ; もとはポロ競技者が着用したもの》.

polyamide
〔マテリアル〕ポリアミド《ナイロンなど主鎖にアミド結合をもつ重合体; 略 PA》.

polycotton
〔マテリアル〕ポリコットン《ポリエステルと綿の混紡》.

polyester
〔マテリアル〕ポリエステル《多価アル

コールと多塩基酸が重縮合した高分子化合物); ポリエステル繊維 (polyester fiber).

polyethylene
〔マテリアル〕《米》ポリエチレン(《英》polythene)《プラスチックの一種; 合成繊維用; 略 PE》.

polyolefin
〔マテリアル〕ポリオレフィン《オレフィンの重合によってつくられる樹脂状物質》.

polypropylene
〔マテリアル〕ポリプロピレン《合成樹脂; フィルムや繊維製品などに用いる》.

polytetrafluoroethylene
〔マテリアル〕ポリテトラフルオロエチレン《フッ素樹脂; テトラフルオロエチレンの重合体; パッキング・パイプ・絶縁材料などに使用; 略 PTFE》.

polythene
〔マテリアル〕《英》=polyethylene.

polyurethane
〔マテリアル〕ポリウレタン《主鎖にウレタン結合をもつ高分子化合物; 合成繊維・合成ゴム用》.

polyvinyl chloride
〔マテリアル〕ポリ塩化ビニル《合成繊維用; 略 PVC》.

pomade
图〔ヘア〕ポマード, 香油, 髪油.
動〈頭髪などに〉ポマード[香油]をつける.

pompadour
1 〔ヘア〕ポンパドゥール《前髪を大きくふくらませて高い位置でまとめ, ピンなどで留めた額を出したヘアスタイル; 額からなで上げた男性の髪型》.
2 〔衣服〕ポンパドゥール《襟を低く四角に切り落とした昔の女性用ボディス》.
3 〔マテリアル〕小さな花柄; 小さな花柄の絹[木綿]地.
【Pompadour 夫人より】

pompadour 1

§Pompadour
ポンパドゥール(夫人) (f) (1721-64) **Marquise de Pompadour**《フランス国王 Louis 15 世の愛人; 本名 Jeanne-Antoinette Poisson; 当時のファッションリーダーとして貢献し, 髪型やボディスに特色のあるスタイルをつくり出した; cf. pompadour》.

pompom
〔ソーイング〕ポンポン《帽子・短靴・スリッパなどの, 丸い飾りのふさ[リボン]; チアガールなどのもつ飾り玉》.
★pompon ともいう.

poncho
〔衣服〕ポンチョ《もともとは中南米で使われた, まん中に頭を通すあきのある毛織布で, 現在はフードつきの袖なしコートとして素材も多様である》.

pongee
〔マテリアル〕絹紬(けんちゅう), ポンジー《柞蚕(さくさん)糸で織った薄地の平織物); 絹紬に似た綿[レーヨン]織物.
【中国語より】

pony
〔マテリアル〕ポニー《小型種の馬; 毛皮はコートなどに仕立てられる》.

pony skin
〔マテリアル〕ポニーの革(に似た織物), ポニースキン.

ponytail
〔ヘア〕ポニーテール《髪を後ろの高い位置で結んで垂らすヘアスタイル》.

poodle
〔マテリアル〕プードル, プードルクロス《プードルの被毛に似た節玉のある毛織地》. ★poodle cloth ともいう.

poodle cut

〔ヘア〕プードルカット《髪を全体に短くしてカールした女性のヘアスタイル》.

poor boy sweater
〔衣服〕《体にぴったり合う》うね編みのプルオーバー《女性用》. ★**poor boy** ともいう.
【貧乏な少年が無理に伸ばして着る小さなセーターにたとえたものか】

poplin
〔マテリアル〕ポプリン《うね織りの柔らかな布地; 昔は絹・羊毛製, 今は木綿・レーヨンなどが普通》
: double [single] *poplin* 厚地[薄地]ポプリン.

popover
〔衣服〕ポップオーバー《頭からかぶって着るゆったりしたふだん着》.

poppy
1 ケシ, ポピー《ケシ属の各種の植物》.
2 〔色〕=poppy red.

poppy red
〔色〕ポピーレッド《あざやかな赤》.

pop socks
[複数形]〔小物〕ポップソックス《ふくらはぎ丈のストッキング》.

pore
〔美容〕孔, 毛穴
: open *pores* 開いた毛穴.

porkpie hat
〔小物〕ポークパイハット《頂が平らなフェルトの中折帽》. ★単に **porkpie** ともいう.

poromeric
〔マテリアル〕ポロメリック《多孔性合成皮革; 靴の甲革用》.

§**Porter**
ポーター Thea Porter (*f*) (1927-2000)《シリア生まれのファッションデザイナー; インテリアデザインも手掛けた》.

portfolio
1 〔バッグ〕紙ばさみ, 折りかばん, ポートフォリオ.
2 《デッサン・写真などの》作品のサンプル集.

portmanteau /ポートマントウ/
(複数形 portmanteaus, portmanteaux)〔バッグ〕《両開きの》大型旅行かばん, スーツケース.
【フランス語より】

portrait
肖像(画), 肖像写真, 人物写真, ポートレート.

POS
《略語》point-of-sale.

Posh
《英俗語》ポッシュ《サッカー選手 David Beckham の妻で女性ポップグループ Spice Girls メンバーの Victoria の愛称;「おしゃれな気取り屋さん」の意で, 特に英国のタブロイド紙で多用される; cf. Becks》.

posture /パスチャー/
姿勢, 体位, 身の構え, 《モデルなどの》ポーズ
: in a sitting [standing] *posture* すわった[立った]姿勢で.

pouch /パウチ/
1 〔バッグ〕小袋 (bag, sack), 《女性のもつ》ポーチ; 小銭入れ, 巾着(きんちゃく).
2 〔ディテール〕=pouch pocket.
3 [しばしば **pouches**] 目の下のたるみ.

pouch pocket
〔ディテール〕パウチポケット, ポーチポケット《取りはずしできる上着の外側のポケット》. ★単に **pouch** ともいう.

pouf
1 〔ヘア〕プーフ《18世紀後半の高く飾りたてた女性の髪型》.
2 《服や髪飾りの》ふくらみ, パフ.
★**pouff(e)** ともつづる.

poulaines
[複数形]〔靴〕プレーヌ, クラコー《14-15世紀に流行した先細のつまさ

pourpoint
〔衣服〕プールポワン《13-17世紀に男性が着用した一種の綿入れまたは刺し子の胴衣》.
【フランス語より】

powder
〔美容〕フェイスパウダー, 粉おしろい.

powder puff
〔美容〕おしろいばけ, パフ.

power dressing
〔ファッション〕パワードレッシング《ビジネス社会などでの地位と能力を印象づけるような服装・ファッション; 特に女性の服装について用いる》.

powernet
〔マテリアル〕パワーネット《ゴム糸やポリウレタンにナイロン糸などを被覆してメッシュ状に編んだ生地; ストレッチ性があり, 下着などに用いられる》.

power suit
〔衣服〕パワースーツ《ビジネスウーマンの地位・能力を印象づけるようなスーツ; cf. power dressing》.

Prada
〔商標〕プラダ《イタリア Fratelli Prada 社の皮革製品・服飾品などのブランド; 同社は1913年創業》.

prairie dress
〔衣服〕プレーリードレス《北米への入植者の女性を連想させる, 綿のブラウスと裾にフリルのついたロングスカートの組合わせ》. ★prairie は「米国の草原地帯」のこと.

precious stone
〔宝飾〕貴石, 宝石用原石 (gemstone). ★precious は「貴重な」の意.

preppy
形《米口語》プレッピー(風)の《米国の私立進学校生風のこと》; プレッピースタイルの《クラシックでさりげないけれど, 高い経済力に支えられた服装についてやや羨望と揶揄をこめていう》. ★preppieともつづる.

preschooler
就学前の幼児, 未就学児童; 保育園児, 幼稚園児.

president
[しばしば President] 大統領; 会長, 学長, 社長.

press
图 **1** 〔ビジネス〕新聞・雑誌《全体》, 出版物; 報道機関, プレス.
2 圧搾(あっさく)機; 圧縮機
: a trouser *press* ズボンプレッサー.
3 アイロンをかけること
: give ... a *press* ...にアイロンをかける.
動〈衣服を〉プレスする, 〈衣服に〉アイロンをかける.

press agent
《芸能人・団体などの》宣伝広報担当者, 広報業者, プレスエージェント.

press release
〔ビジネス〕プレスリリース《新製品などの報道関係者に対する発表》.

press stud
〔ソーイング〕《英》= snap fastener.

pressure suit
〔衣服〕与圧服《高高度[宇宙]飛行中に起こる気圧の低下から飛行士を保護する》. ★pressurized suit ともいう.

prestige /プレスティージ/
形 威信ある, 名声ある, 羨望の〈的となる〉, 高級な.

pret-a-porter
〔ファッション〕プレタポルテ, 高級既製服《特に, オートクチュールで注文服とは別につくられる既製服; ⇒ Haute Couture コラム》. ★**prêt-à-porter** ともつづる.
【フランス語より】

pretty
形 きれいな, かわいい.
名 [pretties] きれいな衣類,《特に》女性の下着類.

prexy
《米口語》会長, 学長, 社長.
【president を短縮変形したもの】

price
〔ビジネス〕価格, 値段, 代価; 相場, 市価, 物価
: a set [fixed] *price* 定価 / a reduced *price* 割引価格 / make [quote] a *price* 値段を言う.

§Price
プライス Antony Price (*m*) (b. 1945)《英国のファッションデザイナー; ボディコンシャスで豪華なファッションを得意とする; Roxy Music, David Bowie などのミュージシャンの衣裳を数多く手掛ける》.

price competition
〔ビジネス〕価格競争.

price leadership
〔ビジネス〕価格先導制, プライスリーダーシップ《ある産業内の一社が主導権をとって価格を決定し, それに他社が従う現象》.

price range
〔ビジネス〕価格幅《商品・証券などの最高価格と最低価格(の間の値動きの範囲)》.

price tag
〔ビジネス〕値札, 定価札; 価格, コスト.

primary color | primary colour
〔色〕原色《えのぐでは黄・赤紫・青緑のうちのひとつ; 光では赤・緑・青のうちのひとつ》.

princess
形 プリンセススタイルの《ウエストラインに縫い目を入れないで裾を広げ, しかも体にぴったり合ったシルエット》
: a *princess* dress プリンセスドレス《ワンピース》.
名 〔宝飾〕プリンセス《首飾りの長さで, 普通は 16 インチ(約 41 cm)》. ★本来, 真珠のネックレスの長さに用いられる.

Pringle
〔商標〕プリングル《世界最大規模のニットウェアメーカー Pringle of Scotland 社製のニットウェア; 最上質の天然素材のみを使用; 英王室御用達; 同社は 1815 年靴下メーカーとして創業》.

print
1 印刷, 印刷物, プリント.
2 〔マテリアル〕《布などの》捺染; 捺染布, プリント地; プリントの服
: cotton *print* 綿プリント.

private brand
〔ビジネス〕商業者商標, 自家商標, 自家[自社]ブランド, プライベートブランド《販売業者がつけて売り出す商標; cf. national brand》. ★**private label**ともいう.

private company
〔ビジネス〕《英国の》私会社《株式の譲渡が制限され, 社員数 50 人以下で, 株式や社債の公募が禁じられている; cf. public company》.

private label
〔ビジネス〕= private brand.

process
1 〔マテリアル〕製法, 工程, プロセス; 加工, 処理
: By what *process* is cloth made waterproof? 服地はどんなプロセスで防水加工されるのですか.
2 〔ヘア〕《米》= conk.

produce
動 製造する, 生産する.

producer
〔ビジネス〕生産者 (⇔ consumer).

product
〔ビジネス〕産出物, 生産品, 製品.

production

〔ビジネス〕生産(⇔ consumption), 産出, 製造; 製品, 生産物; 生産高, 生産量.

product liability
〔ビジネス〕製造物責任《略 PL》.

profile /プロウファイル/
1 横から見た輪郭,《特に人の》横顔, プロフィール.
2 《新聞・テレビなどでの》人物紹介, 横顔.
3 [単数形で]《企業などの》イメージ; 世間の注目度.

promote
動 1 昇進させる, 進級させる.
2 《広告宣伝で》〈商品の〉販売を促進する, 〈商品を〉売り込む.

proportion
割合, 比; 釣合い, 調和, 均斉, プロポーション.

protein /プロウティーン/
蛋白質, プロテイン.

prunella
〔マテリアル〕プルーネラ《1) 以前弁護士などのガウンに用いた絹[毛]織物 2) 綾の毛織物 3) 女性靴の上張りに用いた毛織物》.

Prussian collar
〔ディテール〕プルシャンカラー《19世紀にプロイセン兵が着た軍服のコートの高い襟》.

psychedelic
形 サイケデリックな《高度に快適な幻覚的・創造的陶酔状態の》; サイケ調の《1960年代に流行した不規則な柄とあざやかな色合いのファッション》.

PTFE
《略語》〔マテリアル〕polytetrafluoroethylene.

public company
〔ビジネス〕《英国の》公開会社《株式が証券取引所を通して公開されている会社; cf. private company》.

publicity
1 メディアによる注目(度), 世間の注目.
2 《商品・会社などについて》情報の周知(活動), 広報, 宣伝, パブリシティー.

§Pucci
プッチ Emilio Pucci (*m*) (1914-92)《イタリアのファッションデザイナー; フィレンツェの貴族の家に生まれる; シャンタン (shantung) を素材としたタイトな Pucci パンツ, 多色使いの大胆な幾何学プリントのシルクのジャージードレスやブラウスが有名》.

Pucci print
プッチプリント《Emilio Pucci による独特なプリント柄; 明るめの色調, 大胆な幾何学的図柄が多い》.

puff
1 〔ディテール〕《袖などの》ふくらみ.
2 〔ヘア〕《パッドの上に軽く巻いた》ロール巻き髪.
3 〔美容〕《化粧用の》パフ (powder puff).

puff sleeve
〔ディテール〕パフスリーブ《袖付けと袖口にギャザーを入れてふくらませた短い袖》. ★**puffed sleeve** ともいう.

pug(g)aree /パガリー/
〔小物〕《インドで》パグリー, ターバン;《日よけ帽に巻き, 首の後ろに垂らす》軽いスカーフ. ★**pug(g)ree** ともいう.
【ヒンディー語より】

§Pulitzer
ピューリッツァー Lilly Pulitzer (*f*) (b. 1931)《米国のファッションデザイナー; 独特の色づかいと大胆な花柄のプリントで知られる》.

pulled work
〔手芸〕プルドワーク《布の織り糸を引き寄せてステッチをかける刺繍》.

pullicat

〔小物〕= bandanna.
【Pulicat: インド南東岸の町】

Pullman
[しばしば **pullman**]〔バッグ〕プルマンケース《開くと平らになり中に蝶番式の仕切りがあるスーツケース》.
★**Pullman case** ともいう.
【George M. Pullman (1831-97) 米国の発明者】

pullover
〔衣服〕プルオーバー《頭からかぶって着るセーター・シャツなど》.

pull strap
〔靴〕《はくのに便利なように靴・ブーツのはき口に付けてある》引き革, プルストラップ.

pumps
[複数形]〔靴〕**1** 《米》パンプス(《英》court shoes)《ひもやバックルがなく甲のカットが浅い女性用の靴》.
2 パンプス《ヒールの低い男子礼装用の黒エナメルでスリッパ式の靴》.
3 パンプス《バックルのないダンス・体操用の運動靴》.

punk
1 《米口語》青二才, 若造;《米口語》不良, チンピラ, ごろつき.
2 〔ファッション〕パンクスタイル《1970 年代後半に始まった鋲・鎖などをつけた黒い革ジャン, 派手に染めて逆立てた髪などを特徴とするパンクロックミュージシャンやファンのスタイル; 英国では Vivienne Westwood と Malcolm McLaren が主導した); パンクスタイルの服装・髪型の人.
3 = punk rock.

punk rock
パンクロック《露骨で攻撃的なことばで社会に対する不満や怒りをぶちまけたロックミュージック; 商業的で過度に洗練された演奏が主流になった状況への反発として, 1970 年代に生まれた》. ★単に **punk** ともいう.

pupil
〔ボディ〕ひとみ, 瞳孔(どうこう).
【ラテン語で「小さな女の子, 小さな人形」; 相手の目を見ると自分の姿がひとみに小さな人形のように映ることから】

purl stitch
〔手芸〕裏目, パールステッチ, パール編み《編物の基本編みの一種; cf. knit stitch》.

purple
形 **1** 紫の, 紫色の.
2 帝王の; 高位の.
名 **1** 〔色〕紫, パープル《あざやかな紫》. ★ヘブライおよび古典文学では, アクキガイ (murex) の類のシリアツブリボラ (dye murex) などから得たチリアンパープル (Tyrian purple) で, あざやかな色. (⇨ 次ページコラム).
2 紫の布, 紫衣《実際の色はチリアンパープルで, 昔ローマ皇帝や教皇庁の枢機卿が用いた》.

purse
〔小物〕財布, 金入れ, がま口;〔バッグ〕《米》ハンドバッグ (handbag).

push-up
名 プッシュアップ, 腕立て伏せ.
形 〈ブラジャーが〉パッド入りで乳房を押し上げるようにつくられた, 寄せて上げる;〈袖が〉肘から上にだぶつかせてたくし上げたスタイルの.

put on
動 身に付ける,〈衣類を〉着る,〈ズボン・靴などを〉はく,〈帽子を〉かぶる,〈めがねを〉かける,〈指輪などを〉はめる,〈化粧などを〉する (⇔ take off).
: *put on* one's shoes 靴をはく / *put on* a ring 指輪をはめる / She *puts on* too much makeup. 彼女は化粧が濃い.

PVC
《略語》〔マテリアル〕polyvinyl chloride.

pyjamas
　[複数形]〔衣服〕《英》=pajamas.
python
　1 ニシキヘビ，パイソン《ニシキヘビ亜科の巨大なヘビの総称》．
　2〔マテリアル〕ニシキヘビの皮，パイソン．

― **Purple** ―

　語源は，紫色の染料がとれる巻貝の名に由来する．染料が高価であったので，古くから，帝位・王位・枢機卿の地位はじめ貴族など高い社会的身分を象徴する衣服に用いられることが多かった．現在でも，born in [to] the purple といえば，「名門に生まれて」という意味で使われる．

　王侯貴族やラグジュアリーといったイメージを強く帯びるため，文章において，過度なほどに華麗で上品ぶった表現に対して purple の形容詞が使われることがある．"purple passage" とは，もったいぶって長たらしい美辞麗句のこと．

　Violet と混同されることもままあるが，violet がスペクトラル上に，青より波長が短い色として存在するのに対し，purple は赤と青の混合色であるためにスペクトラル上にはない．

　赤と青の混合色という連想から，アメリカ合衆国においては共和党(シンボルカラーが赤)と民主党(同じく青)のバランスがうまくとれている州を，a purple state と呼ぶ．

　また，ゲイのコミュニティにおいては，purple は誇りを表現する色としても愛される．

QC
《略語》〔ビジネス〕quality control.

qiviut
〔マテリアル〕キヴィウート《1) ジャコウウシの下生えの毛; 淡褐色で柔らかく絹状 2) その紡ぎ糸》.
【イヌイット語より】

QR
《略語》〔ビジネス〕quick response.

quad
[通例 quads]〔ボディ〕《口語》四頭筋 (quadriceps).

quadriceps
(複数形 quadriceps)〔ボディ〕(大腿)四頭筋.

quaker bonnet
〔小物〕クエーカーボンネット《クエーカー教徒の女性がかぶる, 前のつばが突き出した帽子; 普通ドレスと共布でつくられる》.

quality
1 質, 品質, クォリティー; 高い質, 良質, 優良性
: goods of *quality* 良質の品物 / *quality* of life 生活の質.
2 特質, 性質, 特性.

quality control
〔ビジネス〕品質管理《略 QC》.

§Quant
クワント Mary Quant (*f*) (b. 1934)《英国のファッションデザイナー; ミニスカートの創始者といわれ, 1960年代ロンドンのファッション界をリードした; ⇨ Mary Quant》.

quarter
1 4分の1 (fourth), 四半分.
2 〔ビジネス〕四半期, 一季《年度の4分の1で, 3か月; 四季支払い期のひとつ》; 四半期ごとの支払い
: the second *quarter* of the fiscal year 会計年度の第2四半期.
3 〔靴〕腰革, クォーター《足の後部を包み, 方でひもで締める部分》. (⇨ shoes さし絵).

quarter socks [tops]
[複数形]〔小物〕＝ankle socks.

quartz
〔宝飾〕石英, クォーツ《無色透明で結晶形が明瞭なものは水晶と呼ばれる》.

quartz clock
〔宝飾〕水晶(発振式)時計, クォーツ時計. ★**quartz-crystal clock** ともいう.

quatrefoil
カトルフォイル《幾何学的な四つ葉模様; 紋章から》.

queen bee
《米俗語》クイーンビー《多くはハイスクールにおいて, ある集団のリーダー的存在; 自信たっぷりにふるまい, ファッションリーダーとしても力を及ぼす》.

queen-size
形〈女性服など〉クイーンサイズの, 特大の.

queer
形 **1** 奇妙な, 風変わりな.
2 同性愛者の, トランスジェンダーの.
名 セクシュアルマイノリティ《ゲイ, レズビアン, トランスジェンダー, バイセクシュアルの人びとを包括することばとして用いられる》.

queue /キュー/
《英》《順番を待つ人や乗物の》列

: in a *queue* 列をなして．

Quiana
〔商標〕キアナ《軽くてしわにならない高級なナイロン》．

quick response
〔ビジネス〕クイックレスポンス，QR《小売店から常時伝えられる POS（販売時点）情報に基づき，メーカーや供給業者が必要数量だけを頻繁に納品するシステム；略 QR》．

quiff
〔ヘアー〕(英) クイフ《前髪を額の上部から浮かせて後ろになで上げたスタイル；特に男性の髪型》．

quill
图 **1** 〔ソーイング〕《管状の》糸巻き．
2 〔小物〕《鳥の翼または尾から取った》大きな羽，クイル《1940 年代に女性の帽子の装飾に用いられた；**quill feather** ともいう》．
3 〔小物〕羽柄(ぺん)，翮(かく)《鳥の羽根の管状の軸》．
働 〈レースなどに〉管状のひだをつける；〈糸を〉糸巻きに巻く；針などで（刺し）通す．

quilling
〔ソーイング〕クイリング《レース・リボンなどに管状のひだをとること；そ

Quilting

2枚の布の間に芯布や綿などを入れ，ステッチで刺し，模様を浮き上がらせる手芸の技法，あるいはその作品をキルティングという．古代エジプトにおいて，保護，保温の目的で，布地を数枚合わせて刺し子にしたものを鎧(よろい)の下に着たのが起源とされる．表布と裏布との間に芯をはさみ，布地全体をステッチでおさえていくイングリッシュ・キルティングのほか，表布にあらかじめパッチワークを施し，裏布と芯を合わせて図案どおりにしていくアメリカン・キルティング，模様の輪郭を2列のステッチで縁どり，ステッチの間に詰め物を入れて模様の輪郭だけを浮き上がらせるイタリアン・キルティングなど，多様な種類がある．

あらかじめ表布にパッチワークを施していくアメリカン・キルティングは，初期の入植者たちの，厳しい生活の必要から生まれた．カバー類，毛布，衣類がすりきれ始めると，使える部分のみを切り取り，その端切れを組み合わせて新しいものをつくったのである．布地が倹約できるとともに，女性たちが集い，端切れを持ち寄ってキルティングをつくることで，ファミリーやソサエティのきずなも強めることができた．

工業化が進む19世紀後半には，手工芸品であるキルティングはノスタルジックな装飾として流行した．家族の衣類の端切れを集めてパッチワークし，名前や誕生日などを刺繍した記念品的なキルティングが人気を博すほか，1880年代には「クレイジー・キルティング」と呼ばれる作品のブームが起きる．素材も大きさもふぞろいな色とりどりの端切れを不規則にパッチワークしたもので，縫い目には装飾ステッチが施される．非対称の偶然の美が生きるはなやかで凝ったキルティングで，当時の西洋を席巻したジャポニスムの影響も色濃く見られる．

のレースやリボン》.

quill work
〔マテリアル〕クイルワーク《ヤマアラシの針や鳥の羽柄(quills)を用いた装飾模様》.

quilt
名 キルト.
動 キルト縫いしてつくる，キルティングする；キルト模様にする；〈キルト模様を〉《重ねた布に》縫い付ける
: a *quilted* jacket キルトのジャケット.

quilting
〔ソーイング〕キルティング，キルト縫い[つくり]《2枚の布の間に綿・毛・羽などを芯にして刺し縫いし，装飾的な模様を浮き上がらせる手法》. (⇨ コラム).

quizzing glass
〔小物〕単眼鏡，片めがね，クイジンググラス《18-19世紀ごろに用いられたもの》.

§Rabanne
ラバンヌ Paco Rabanne (*m*) (b. 1934)《スペイン生まれのファッションデザイナー; 本名 Francisco Rabaneda y Cuervo; 1965年のパリコレクションで発表したプラスチックを使った斬新なドレスで知られる》.

rabat
〔ディテール〕ラビ，ラバット《カトリック・英国教会の司祭のカラー付き胸当て》.

rabato
〔ディテール〕立て襟，ラバート《両肩をおおうように折り返したり，首の後ろに立てたりしたレースのついた大きな襟; 17世紀初期に男女ともに用いた》. ★rebato ともつづる.

rabbit
1 ウサギ.
2 〔マテリアル〕ウサギの毛皮《特に他種動物の高級品に似せたもの》.

raccoon /ラクーン/
1 アライグマ《北米・中米産》.
2 〔マテリアル〕アライグマの毛皮.

radiance /レイディアンス/
1 光り輝くこと，光輝.
2 《目・顔色の》明るさ，輝き.

raffia
1 ラフィアヤシ《マダガスカル島産のヤシ科の植物》.
2 〔マテリアル〕ラフィア《ラフィアの葉の繊維; ロープ・かご・帽子などをつくる》.
3 〔小物〕ラフィアの帽子.

rag
1 ぼろ，ぼろきれ，はぎれ，《詰め物用の》ぼろ.
2 [**rags**]〔衣服〕ぼろい服，'ぼろ'; [通例 **rags**]《種類・状態を問わず》服
: in *rags* ぼろを着て; ぼろぼろで.

raglan
〔衣服〕ラグラン《ラグラン袖の付いたゆるやかなオーバーコート》.
【クリミア戦争で英軍を率いた Lord Raglan (1788-1855) が着用したことから】

raglan sleeve
〔ディテール〕ラグランスリーブ《襟ぐりから袖下にかけて斜めの切替線の入った袖》.

rag trade
[the **rag trade**]《口語》服飾産業[業界]，アパレル業《特に女性服を扱う》.

rah-rah skirt
〔衣服〕ラーラースカート《女子チアリーダーがはくような，ひだ飾りのある短いスカート》.

§Rahvis
ラーヴィス Raemonde Rahvis (*f*) (b. 1918)《南アフリカ生まれのファッションデザイナー;『007/ユア・アイズ・オンリー』(1981) の衣裳で知られる》.

raiment /レイメント/
衣類，衣服，衣(ころも).

rain boots
[複数形]〔靴〕レインブーツ，雨靴.

raincoat
〔衣服〕レインコート.

rainwear
〔衣服〕レインウェア，雨着.

raising /レイズィング/
〔マテリアル〕起毛(きもう)《布にけば (nap) をかき起こすこと》.

Ralph Lauren
〔商標〕ラルフローレン《米国のファッ

ションブランド》.

ramie
〔マテリアル〕**1** 苧麻(ちょま), チョマ, カラムシ, ラミー《東南アジア原産イラクサ科の多年草》.
2 ラミー《チョマの繊維[織物]》.
★rhea ともいう.
【マレー語より】

R&D
《略語》〔ビジネス〕research and development.

raschel
〔マテリアル〕ラッシェル《トリコットに似たゆるく編んだ編み地》.

rash
発疹, 皮疹, 吹き出物, かぶれ
: a heat *rash* あせも / nettle *rash* じんましん.

raspberry
1 ラズベリー《1) キイチゴ属の赤, 黒または紫の果実 2) その木》.
2〔色〕ラズベリー《濃い紫みの赤》.

Rasta
ラスタ (Rastafarian).

Rastafarian
ラスタファリアン《もとエチオピア皇帝 Haile Selassie (本名 Ras Tafari) を救世主として崇拝し, 黒人の救済とアフリカへの復帰を唱えるジャマイカ黒人; 髪を dreadlocks にし, 菜食主義で, マリファナを喫煙する》.

ratiné
〔マテリアル〕ラチネヤーン《太い糸と細い糸でつくる節の多い撚(よ)り糸》; ラチネ《ラチネヤーンで織った粗い織物》. ★ratine ともつづる.
【フランス語より】

rational dress
〔衣服〕ラショナルドレス, 合理服《特に 19 世紀女性が自転車に乗るときに (ロング)スカートに替えて着用したニッカーボッカー》.

§Rational Dress Society
合理服協会《1881 年にロンドンで設立; コルセットを用いないゆったりした, かつ合理的な服を提案した》.

rattan /ラタン/
1 トウ, 籐(とう)《ヤシ科トウ属, キンケツ属などのつる性ヤシの総称》.
2〔マテリアル〕トウ, 籐(とう)《バッグなどの材料》.
3〔小物〕籐のステッキ.
【マレー語より】

ratteen
〔マテリアル〕ラティーン(織り)《18 世紀に英国で人気のあった目が粗くて重い綾織りの毛織物》.
【フランス語より】

raw material
原材料, 原料, 素材
: *raw materials* for chemical goods 化学製品の原料.

§Ray
レイ **Man Ray** (*m*) (1890-1976)《米国の写真家・画家; 本名 Emmanuel Rudnitsky; ダダ・シュールレアリスム運動に参加; Paul Poiret などのファッション写真を撮った》.

Ray-Ban
〔商標〕レイバン《イタリア Luxottica グループのサングラスブランド; 99 ％の紫外線をカットする》.

Rayne
〔商標〕レイン《英国 H & M Rayne 社のシューズブランド; 同社は 1889 年に Henry Rayne と Mary Rayne 夫妻が創業, 孫の Edward Rayne (1922-92) の代で米国に進出; 英王室御用達》.

rayon
〔マテリアル〕レーヨン《人造絹糸; 人絹の織物》
: a *rayon* skirt レーヨンのスカート.

razor
〔美容〕かみそり, ひげそり, 電気かみそり.

razor blade
〔美容〕安全かみそりの刃.

razor cut
〔ヘア〕レザーカット《かみそりで髪をそぐ頭髪のカット》.

reading glass
〔小物〕読書用拡大鏡; [reading glasses] 読書用眼鏡.

ready-made
形 できあいの, 既製の, レディーメードの (⇔ made-to-order, custom-made); 既製品を売る
: a *ready-made* suit 既製服.
名 既製品.

ready-to-wear
形 既製の (ready-made)(⇔ made-to-order); 既製服を扱う.
名〔衣服〕既製服《略 RTW, rtw》.

reasonable
形 **1** 道理をわきまえた, まともな; 合理的な.
2 手ごろな価格の, 高くない, リーズナブルな.

rebato
〔ディテール〕= rabato.

§Reboux
ルブー Caroline Reboux (*f*)(1837-1927)《フランスの帽子デザイナー; 1920-30年代にパリで最も名高い帽子屋を営んだ》.

rebozo
〔小物〕レボーソ《スペイン・メキシコの女性が頭から肩にまとう, 端にフリンジのついた長いスカーフ》.

§Récamier
レカミエ(夫人) Madame de Récamier (*f*)(1777-1849)《フランスの銀行家夫人で, パリ社交界の花形; 本名 Jeanne Françoise Julie Adélaïde Récamier; 19世紀初頭の統領政府時代, そのサロンに多くの文人や政治家が集まった; 彼女が肖像画の中で着る, 古代ギリシア風のハイウエストのドレスは, 当時流行した Directoire Style の代表的な型; 寝椅子の recamier は彼女の名にちなむ》.

receipt
〔ビジネス〕受取り, 受領, 領収; 領収証, 領収書, レシート; [しばしば receipts] 受領高
: make out a *receipt* 領収書を書く.

receiver
受取人; (破産)管財人, 収益管理人.

recessionista
リセッショニスタ《限られた予算内で賢くおしゃれを楽しむ人》. ★recession は「一時的な景気後退」「不景気」の意.【fashionista 「おしゃれな人」にならって recession からの造語】

recycle
動 循環[再生]処理する, 再生利用する, リサイクルする.

recycled wool
〔マテリアル〕リサイクルウール《1) 毛織物や毛糸のくずを原料として再生したもの 2) 一度消費者が使った毛ぼろを再生したもの》.

red
形 赤い, 赤色の; 赤毛の.
名〔色〕赤, レッド《あざやかな赤》(cf. green, blue). ★加法混色における色光の三原色のひとつ.

§Redfern
レドファン John Redfern (*m*)(1853-1929)《英国のファッションデザイナー; スポーツウェアで知られる》.

red fox
1 アカギツネ, キツネ《ヨーロッパ・アジア・北米に生息する尾端が白色, 体上面が赤橙色のキツネ》.
2〔マテリアル〕アカギツネの毛皮.

red hat
〔小物〕《枢機卿の》赤帽子《枢機卿の権威と地位を象徴する緋色の帽子》. ★単に hat ともいう.

redhead
〔ヘア〕赤毛《人》.

redingote

〔衣服〕レディンゴート，ルダンゴト《**1**) 前開きの長い女性用コート　2) 前にまちのはいったコートドレス　3) 18 世紀の両前の長い男性用コート》.
【フランス語より】

redness
赤いこと，赤色，赤み.

reduction
1 縮小，削減; 削減量.
2 割引; 割引高.

Red Wing
〔商標〕レッドウィング《米国 Red Wing Shoes 社製のワークブーツ; 同社は 1905 年創業》.

Reebok
〔商標〕リーボック《2005 年より adidas グループの傘下のスポーツ用品ブランド; 1900 年英国で創業; エアロビクスシューズは有名》.

reefer
〔衣服〕リーファー《シングルまたはダブルの打ち合わせの厚地のショートコート; もとは船乗りが着た防寒用コート》. ★reefer は「船の帆を扱う人」の意.

reflex /リーフレックス/
1 反射，反射運動[作用]; [**reflexes**]《俗にいう》反射神経.
2 《鏡などに映った》像，影.

refund /リーファンド/
〔ビジネス〕払い戻し，返金，返済.

regalia /リゲイリャ/
1 〔衣服〕儀礼服,《官位などを示す》正式の衣服
: in full *regalia*　盛装して.
2 〔小物〕王位の表章《王冠，笏(ु゛)など》.

regatta
1 レガッタ，ボートレース.
2 〔マテリアル〕レガッタ織り《英国産の綾織りの丈夫な綿織物; 通例色のついた縞(ः)またはチェックの模様がある》.

【イタリア語より】

Regency
图 [the Regency] 摂政時代《**1**) 英国では，George 3 世の治世末期に皇太子 George (のちの 4 世) が摂政をつとめた時期 (1811-20)　2) フランスでは，Louis 15 世の幼少期に Orléans 公 Philippe が摂政をつとめた時期 (1715-23)》.
形《英国・フランスの》摂政時代風の〈家具・服装など〉.

regenerated cellulose
〔マテリアル〕再生セルロース《レーヨンやセロハンなど》.

regeneration
再生，復興，復活; 改革.

§Reger
リーガー　Janet Reger (*f*) (1935-2005)《英国のランジェリーデザイナー; おしゃれでセクシーなナイトドレスなどで知られる》.

regimental stripe
〔マテリアル〕レジメンタルストライプ《ネクタイの柄に使われる縞(ः)模様; regiment は「連隊」の意で，英国軍隊の制服のデザインから》.

regular
形《米》〈大きさが〉普通の，標準の.

regular orders
[複数形]〔ビジネス〕定期注文.

rejuvenate /リジューヴィネイト/
動 若返らせる，若返る，元気を回復させる[する].

relievo /リリーヴォウ/
浮彫り，レリーフ.

remove
動 **1** 脱ぐ，はずす
: *remove* one's coat [eyeglasses]　コートを脱ぐ[眼鏡をはずす].
2 取り除く
: *remove* lipstick with a tissue　ティッシュで口紅をふきとる.

remover
〔美容〕除去剤，リムーバー

: makeup *remover* メイクアップリムーバー《メイク落とし》／ nail polish [varnish] *remover* 除光液.

Renaissance
[the Renaissance]〔アート・デザイン〕文芸復興, ルネサンス《14-16世紀のヨーロッパでギリシア・ローマの古典文化の復興を目指した革新運動; ファッションでは肉体の美しさが強調され, 豪華な素材が使われた》.

Renaissance lace
〔手芸〕ルネサンスレース《テープで模様をつくり, それをステッチで綴じつけてつくったレース; cf. Battenberg lace》.

renewal
〔ビジネス〕**1**《免許・契約などの》更新, 書き換え
: *renewal* of patent 特許権の更新.
2 再生, リニューアル, 《都市などの》再開発.

§Rentner
レントナー Maurice Rentner (*m*) (1889-1958)《ポーランド生まれの米国の既製服製造業者; パリのオートクチュールの服をモデルに既製服をつくった; デザイナーを雇って育てあげた最初のアパレル製造業者のひとり》.

reorder
動 再注文する, 追加注文する.
名〔ビジネス〕再注文, 追加注文.

rep
〔マテリアル〕レップ《緯糸の方向にうねの走る織物》. ★**repp** ともつづる.

repetto
〔商標〕レペット《フランス repetto 社のシューズブランド; 同社は 1947 年 Rose Repetto がパリに創業; バレエダンサー・振付師である息子 Roland Petit のためにバレエシューズを開発したのが始まりだった; 数あるシューズの中でも, 女優 Brigitte Bardot のためにつくった「サンドリヨン」は特に有名》.

reproduction
1《絵・写真などの》複写, 複製.
2 再生, 再現;《劇などの》再演.
3 繁殖, 生殖, リプロダクション.

reptile /レプタイル/
爬虫(ちゅう)類の動物; 爬行(ほう)動物《ヘビ・トカゲ・ワニ・カメなど; 革製品・プリント柄となる》.

research and development
〔ビジネス〕研究開発《略 R&D》.

resident buying office
〔ビジネス〕駐在買付け事務所, 買付け担当駐在事務所.

resin
樹脂, レジン; 樹脂製品.

resist dyeing
〔マテリアル〕防染《生地に防染糊を印捺した後, 地染めして模様をあらわす染色法》. ★resist は「防染剤」の意.

resortwear
〔衣服〕リゾートウェア《リゾート地で着るカジュアルな服装》.

ret
動《繊維を採るために》〈麻などを〉浸水する, 水につける, 湿気にさらす.

retail /リーテイル/
〔ビジネス〕**1** 小売り(業) (⇔ wholesale)
: at *retail* 小売で.
2 小売店.

retailer
〔ビジネス〕小売り業者, 小売り商人.

reticella
〔手芸〕レティセラ《15 世紀にイタリアで始まった初期のニードルポイントレース (needlepoint lace) の一種》.

reticule
〔バッグ〕レティキュール《女性用の小物入れ手提げ袋; もとは網製》.

retinol
〔美容〕レチノール《ビタミン A_1》.

retro

retro
形 昔のファッション[スタイル]を復活させた, レトロ(調)の
: *retro* clothes レトロな服 / *retro* fashion レトロファッション.

retrospective /レトロスペクティヴ/
名 回顧展
: a major *retrospective* of …の大規模な回顧展.
形 過去を振り返る, 回顧的な.

returns
[複数形][ビジネス] **1** [しばしば returns]《投資からの》収益; 収益率.
2《小売り商・購買者からの》返品.

revers /リヴァ/
〔ディテール〕《女性服の襟・カフなどの》折り返し, ルヴェール.
【フランス語より】

reversible
形 **1** 逆にできる.
2〈織物・衣服など〉リバーシブルの, 表裏ともに使える, 両面仕立の
: a *reversible* necktie 表も裏も使えるネクタイ.

revitalize | revitalise /リヴァイタライズ/
動 …に新たな活力を与える; 活性化する,〈肌・髪などを〉若返らせる.

revival
《服装などの》再流行, リバイバル.

rhea
〔マテリアル〕=ramie.

rhinestone
〔宝飾〕ラインストーン《ガラスなどでつくられた模造ダイヤ; アクセサリーとして, またドレスやバッグの装飾として用いられる》.
【フランス語の caillou du Rhin (ライン川の小石); もとライン川が近くを流れるフランスのストラスブールでつくられた】

§Rhodes
ローズ Zandra Rhodes (*f*) (b. 1940)《英国のファッションデザイナー; 大胆で奇抜なデザインもさることながら, ピンクの髪など人目を引くセルフプロデュースにおいても, 伝説的に語られる》.

rhodophane
〔マテリアル〕ロドファーヌ《1920年代にフランスで開発された, セロファンと他の化学繊維との合成素材》.

rib
1〔ボディ〕肋骨, あばら骨.
2〔小物〕《傘の》骨.
3〔マテリアル〕《織物・編物の》うね; うね編み.

riband /リバンド/
〔小物〕《特に飾りの》リボン.

ribbon
〔小物〕リボン; リボン状のもの. (⇨次ページコラム).

rib-knit
〔手芸〕ゴム編み, リブニット; ゴム編みの編物[衣服].

rib weave
〔マテリアル〕うね織り《横または縦方向にうねのある織物》.

§Ricci
リッチ Maria Nina Ricci (*f*) (1883-1970)《イタリア生まれのフランスのファッションデザイナー; 息子 Robert (1905-88) と共に 1932 年オートクチュール・メゾン Nina Ricci を創業》.

rice hat
〔小物〕ライスハット《アジアの円錐形をした麦わら[竹]製の日よけ帽》.

rich
形 **1** 富んだ, 豊かな, 金持ちの.
2《感覚的に》豊かな;〈色が〉あざやかで深みのある, リッチな.

rickrack
〔マテリアル〕リクラク, 蛇腹(じゃばら)《ジグザグ状のブレード (braid); 子供服などの装飾に用いる》.

ridge
〔マテリアル〕《織物の》うね.

riding boots
〔複数形〕〔靴〕乗馬靴, ライディングブーツ, 《特に》トップブーツ (top boots).

riding habit
〔衣服〕乗馬服, 《特に》女性用の乗馬服一式《ブリーチズ (breeches)・ブーツ・ジャケット・帽子など》.

§Riley
ライリー Bridget (Louise) Riley (*f*) (b. 1931)《英国の画家; オプティカルアートの代表的作家で, その作品は 1960 年代に布地のデザインとして使われた》.

rims
〔複数形〕〔小物〕《眼鏡の》縁, 枠, フレーム.

ring
1 〔宝飾〕指輪, リング; 輪形の飾り《耳輪・首輪など》
: put on a diamond *ring* ダイヤのリングをする / engagement *ring* 婚約指輪 / wedding *ring* 結婚指輪.

2 輪, 環; 輪形(のもの)
: a key *ring* キーリング, キーホルダー.

ringlet
〔ヘア〕長い巻き毛.

Ribbon

日本語で「リボン」というと, 蝶結び型が連想されることも多いのだが, 英語の ribbon はあくまで「幅の狭い薄地の織物」を指す. リボンでつくられた蝶結びは, bow と呼ぶ.

装飾として使われるリボンは, 現代においてはフェミニンなイメージを醸し出すが, 17 世紀フランスにおいては, 男性用の装飾であった. ボウ型やバラ型のリボン飾りが, 過剰と見えるほど多用されている. この男性のリボン装飾は, フランス語で「ギャラン (gallant)」と呼ばれる. 「ギャラントリ (gallanterie)」ということばには, 「女性に気に入られるための雅(みやび)の道」という意味があるが, 17 世紀においてその道に秀でた男には, リボンで飾り立てた男のイメージが重なるのである. 現代においては, 男のリボン装飾の痕跡はかろうじてボウタイ(蝶ネクタイ)に残る.

この語が英語の仲間入りをして「ギャラントリ (gallantry)」となると, 「勇敢な行為」という意味が加わる. 英議会では, 陸海軍出身の議員を, 「勇敢な (honourable and gallant) 閣下」と呼ぶことがあるが, その閣下もまた, リボンと無縁ではない. この場合のリボンとは, 戦功に対して与えられた「綬章」のことである.

また, 布地を一度くるりと交差させただけのカラーリボンは, 各種のキャンペーンに用いられている. 乳がんに対する理解を深め, 支援しようというキャンペーンではピンクリボン, 同じくエイズのキャンペーンではレッドリボンなど. 健康や政治, 社会問題などに対する認識を高めることを促すこれらリボンを総称して, awareness ribbon (「認識促進リボン」または「もっと知ろうよリボン」) と呼ぶ.

rinse
1 〔ヘア〕リンス剤,リンス液《洗い上げ用》;毛染め液.
2 《口をすすぐ》洗口液.

rip
裂け目;ほころび.

ripped jeans [denim]
〔衣服〕リップトジーンズ[デニム]《ハードなダメージデニムのこと; ⇨ Jeans コラム》.

ripple
《毛髪などの》波状,細かなウェーブ;《たっぷりしたスカートなどの》柔らかいひだ,リップル;帽子のひさしの波.

ripstop
形 リップストップの《一定間隔で2本撚(よ)りの糸を用いて生地が小さなきずから長く裂けたりしないようにした》.

§Robb
ロブ (m) (?1907-84)《スコットランド生まれのイラストレーター;本名 Andrew Robb; 1930年代に *Vogue* 誌のイラストを担当した》.

robe
〔衣服〕1 [しばしば robes]《儀式用または職業・官職を表わす,裾まで垂れる長いゆったりとした》礼服,官服,職服.
2 ローブ《裾まで垂れる長いゆったりとした外衣[部屋着]》;《洗礼のときなどに着せる》長いベビー服; [robes] 衣裳,衣服.
3 ロングドレス,ローブ
: a *robe* décolleté ローブデコルテ《女性の正装用夜会服》.
4 《口語》洋服だんす.

robe de chambre
(複数形 robes de chambre)〔衣服〕化粧着,部屋着,ローブドシャンブル.
【フランス語より】

robe de style
(複数形 robes de style)〔衣服〕ローブドスティール《上身ごろは体にぴったりし,下半身が豊かにふくらんだ正装用ドレス》.
【フランス語より】

Roberta di Camerino
〔商標〕ロベルタ・ディ・カメリーノ《イタリア Roberta di Camerino 社のバッグブランド;赤,緑,紺がシンボルカラー; 1948年に発表されたベルベットのバッグ'バゴンギ'(Bagonghi) は, Grace Kelly が愛用して大ヒットとなった》.

§Roberts
ロバーツ Patricia Roberts (*f*) (b. 1945)《英国のファッションデザイナー;カラフルなニットウェアで知られる》.

§Rochas
ロシャス Marcel Rochas (*m*) (1902-55)《フランスのファッションデザイナー;アワーグラスのシルエットを好んでつくる》.

rochet /ラチェット/
〔衣服〕ロシェトゥム《司教・監督などが着用する,リネンまたは寒冷紗製の法衣の一種》.

rocker
1 揺り軸,揺り子《揺り椅子などの下部の弧状の足》.
2 揺り椅子,ロッキングチェア.
3 [しばしば Rocker]《英》ロッカー《革ジャンを着てバイクを乗りまわしロックを愛好した1960年代の若者》
: *Rocker* look ロッカールック《ヘルメット,タイトなジーンズ,黒の革ジャン,ヒールの高いひざ丈ブーツなどが特徴》.
4 《口語》ロック歌手,ロックファン,ロック音楽.

rococo
名 ロココ様式《18世紀フランスの建築・美術・音楽の様式》;ロココ様式のもの.
形 ロココ様式の;〈家具・文体など〉飾

りの多い，優美で繊細な，女性的な．★ファッションにおいては，複雑な曲線を多用したモチーフが使われた．【フランス語 rocaille（小石・貝殻をあしらった装飾）が，おそらくイタリア語の baracco（バロック）（英語では baroque）との連想で変形したもの；18世紀に流行した華美なロココ様式の建築・家具に貝殻や渦巻き・唐草模様のデザインが多く用いられたことによる】

Rolex
〔商標〕ロレックス《スイスの(もと英国の)腕時計メーカー The Rolex Watch 社の製品》．

roll collar
〔ディテール〕ロールカラー《襟足から立ち上がり，折り返される形になっているカラーの総称；前開きで襟腰のあるものにいう》．★rolled collar ともいう．

roller
〔ヘア〕ヘアカーラー．

roll-neck
〔衣服〕《英》ロールネック《ネックが高いタートルネック》；ロールネックのセーター《など》．

roll-on
形〈化粧品など〉ロールオンタイプ[式]の《容器の口に付いた丸いローラーで塗る方式》
: *roll-on* deodorants ロールオンタイプのデオドラント．

名 **1** 〔衣服〕ロールオン《伸縮性のある巻きつけるガードル》．
2 〔美容〕ロールオンタイプの化粧品[薬品]．

roll up
動 巻き上げる，まくり上げる，ロールアップする
: *roll up* one's jeans ジーンズ(の裾)をロールアップする．

roll-up
1 〔ディテール〕ロールアップ《袖口やズボンの裾を巻き上げること》．
2 〔衣服〕《18世紀の》男子用長ズボン．

romaine
〔マテリアル〕ロメインクレープ《絹か人造繊維を用いた平織りまたはなこ織りの薄い織物》．★**romaine crepe** ともいう．
【フランス語より】

Roman collar
〔ディテール〕=clerical collar.

Romanesque
〔アート・デザイン〕ロマネスク様式《ゴシック様式の始まる12世紀まで続いた西欧のキリスト教美術；バシリカ式プラン，半円アーチ，ボールトなどを特徴とする建築様式についていうことが多い》．

Roman sandals
[複数形]〔靴〕ローマンサンダル《かかとが低く，前部のバックル付きつま革が等間隔に並ぶ靴；サンダルの原型》．

romantic
形 **1** 《冒険・理想・熱愛など》ロマンス的なことを求める[空想する]，夢見がちな，ロマンチックな．
2 ロマン主義 (romanticism) の，ロマン的な．★ファッションではレース，フリル，リボンなどを使ったスタイルをいう．

romanticism
ロマンチシズム，ロマン主義《擬古典主義に反対し18世紀末から19世紀前半に興った熱烈な感情を解放し，空想や個性を自由に表現する主義；ファッションにおいてはフランスの王政復古時代に見られるような，フリルやラッフルやレースなどを使った女性らしくはなやかなスタイルを総称する》．

rompers
[複数形]〔衣服〕ロンパース《下がブルマー形の子供の遊び着；またデザイ

ンがこれに似たおとなの服)．

§**Ronay**
ロネイ Edina Ronay (*f*) (b. 1943)《ハンガリー生まれの英国のファッションデザイナー; フェアアイル柄などのニットウェアで知られる》．

root
《植物の》根;《爪などの》根; 歯根; 毛根; 根元, 付け根．

rope
1〔マテリアル〕ロープ, 縄, 綱．
2〔宝飾〕ロープ《首飾りの長さで, 普通は 45 インチ以上(約 114 cm 以上)》．★本来, 真珠のネックレスの長さに用いられる．
: *rope* necklace ロープネックレス《極端に長いネックレスで, 2 連・3 連にしたり, 長いまま首に掛けて結んだりする》．

rosacea /ロウゼイシア/
〔美容〕酒皶(しゅさ)性瘡[アクネ], 赤鼻．

rosary /ロウザリ/
〔宝飾〕ロザリオ《カトリックのロザリオの祈りのときに用いる数珠(じゅず); 小珠と大珠からなり, 端に小さな十字架を付けたペンダント型のもの》;《他宗派・宗教での》数珠．

rosary

rose
1 バラ(の花), 薔薇．
2〔色〕ローズ《あざやかな赤》;〔通例 roses〕ばら色の顔色．
3 ばら模様;〔小物〕《靴・帽子の》ばら花飾り, ばら結び．
4〔宝飾〕ローズ形, ローズカット (rose cut); ローズカットのダイヤモンド．

rose cut
〔宝飾〕《宝石の》ローズカット《底面は平面で, 半球形の上部は三角形の切子面 (facet) が集まってひとつの頂点に集中するカット; 単に **rose** ともいう》．

§**Rosenstein**
ローゼンシュタイン Nettie Rosenstein (*f*) (1890-1980)《米国のファッションデザイナー; リトルブラックドレスとコスチュームジュエリーで知られるようになった》．

rose pink
〔色〕ローズピンク《明るい紫みの赤》．

rose quartz
〔宝飾〕ローズクォーツ, ばら石英．

rosette
〔小物〕《リボンなどの》ばら結び, ロゼット; ばら飾り《服飾に用いたり, 名誉・支持を表わすために胸に付けたりする》．
【フランス語より】

rose water
バラ水, ローズウォーター《バラの花弁で香りをつけた水; 香水として, また料理やお菓子作りにも用いる》．

rouche
〔小物〕=ruche．

§**Rouff**
ルフ Maggy Rouff (*f*) (1896-1971)《フランスのファッションデザイナー; 本名 Maggy Besançon de Wagner; 1928 年パリにオートクチュールの店を開いた》．

rouge
〔美容〕紅(べに)《化粧用》, ルージュ, 口紅, ほお紅．

rough
形《手ざわりが》粗い, ざらざら[ごわごわ]した (⇔ smooth); 粗毛の, もじゃもじゃした毛の; 毛の多い．

rouleau
(複数形 rouleaux) **1** 細長く巻いたもの．

2 〔小物〕ルーロー《衣服や帽子などのトリミング用のリボン》.
【フランス語より】

round
形 まるい，丸い，円い，球形[円形，円筒形]の；《服の前に開きがなく》体をすっぽり包む；裾を平らにカットした《もすそ (train) の付かない》.

round-faced
形 丸顔の.

round neckline
〔ディテール〕ラウンドネックライン《丸い襟ぐりの総称》.

rove
〔マテリアル〕粗紡糸 (roving).

roving
〔マテリアル〕粗紡糸；練紡，ロービング.

§Royal Academy of Fine Arts Antwerp
アントワープ王立芸術アカデミー《ベルギーのアントワープにある1663年創立のファッションの名門校；⇒ Design Schools コラム》.

royal blue
〔色〕ロイヤルブルー《濃い紫みの青》. ★royal は「国王の」「女王の」「王室の」の意.

royalty
〔ビジネス〕ロイヤルティー，使用料《特許・商標・デザインなどの権利所有者に支払われる使用料》；《著書・作曲などの》印税，《戯曲の》上演料.

RTW, rtw
《略語》〔衣服〕ready-to-wear.

rubber
1〔マテリアル〕生ゴム；弾性ゴム.
2 [通例 rubbers]〔靴〕《米》ゴム製の浅いオーバーシューズ《尾錠がなく，くるぶしまでこないもの；cf. galoshes》.
3 [通例 rubbers]〔衣服〕レインコート.

rubber boots
[複数形]〔靴〕ゴム長，ラバーブーツ（《英》Wellington）.

Rubens hat
〔小物〕ルーベンスハット《山が高い女性用の帽子で，1870-80年代に着用された；フランドルの画家 Peter Paul Rubens (1577-1640) の絵画に見られる》.

ruby
名〔宝飾〕ルビー，紅玉《7月の誕生石；⇒ birthstone 表》.
形 ルビー色の
: *ruby* lips 真紅の唇.
【ラテン語で「赤い」の意】

ruche
名〔小物〕ルーシュ《レースやリボン，紗(しゃ)などにギャザーやひだを入れてつくったひだひもで，女性服の襟・袖口などの飾りに用いる》. ★rouche ともつづる.
動 ルーシュで飾る.

ruching
〔小物〕ルーシング《ルーシュで飾ること》；ルーシュ飾り.

rucksack
〔バッグ〕《英》リュックサック. ★《米》では backpack を使うが，backpack は《英》でも使う.

ruff
名〔ディテール〕襞襟(ひだえり)，ラフ《16世紀から17世紀初頭に男女共に用いた，リネンまたはモスリン製の円形に襞をとった白襟；レースの縁取りをしたものが多い》.
動 《髪の毛をふわりと浮かせるために細歯の櫛(くし)を当てて》〈髪に〉逆毛(さかげ)

ruffs

を立てる.

ruffle
〔小物〕《服・カーテンなどの》襞飾り，ラッフル，幅の広いフリル (frill).

Rugby shirt
[しばしば **rugby shirt**] ラグビーシャツ，ラガーシャツ《ラグビー選手のジャージーに似せたデザインで，太い横縞模様が入った白襟のシャツ》.

run
動 **1** 〈染めた色など〉にじむ，落ちる.
2 〈編物など〉ほぐれる;《米》〈靴下が〉伝線する (《英》 ladder).
图 《米》《靴下の》伝線，ラン (《英》 ladder).

running shoes
[複数形]〔靴〕ランニングシューズ.

running stitch
〔ソーイング〕直線縫い，ランニングステッチ《布目を表，裏，表，裏と同間隔で一針ずつすくっていく普通の縫い方》.

runproof
形 〈靴下が〉伝線しない; 〈染めが〉ちらない，にじまない，にじみ防止の.

runway
《米》ランウェイ《ファッションショーでモデルが歩く舞台; cf. catwalk》.

§Russell
ラッセル **Lillian Russell** (*f*)(1861-1922)《米国の歌手・女優; 本名 Helen Louise Leonard; 細いウエストや豊かなバスト・ヒップを強調した装いで 20 世紀初頭のファッションに影響を与えた》.

Russian
形 ロシアの，ロシア人[語]の，ロシア風の． ★ファッションでは，長くてたっぷりとしたスカートや毛皮でトリミングした服のスタイルをいう.

rustic
形 田舎(風)の，田園生活の; 質朴な，飾りけのない． ★ファッションでは，素朴で牧歌的な印象の事物，素材をも活かした持ち味やカントリー風の雰囲気に用いる
: *rustic* bedding 田園風の(デザインの)寝具類.

§Rykiel
リキエル **Sonia Rykiel** (*f*)(b. 1930)《フランスのファッションデザイナー; ニットウェアを専門とし，'Queen of knits' と呼ばれる》.

S

《略語》small《サイズの記号》.

sable /セイブル/
1 クロテン《ユーラシア北部産のテンの一種》.
2 〔マテリアル〕セーブル《クロテンの毛皮》; [sables]〔衣服〕セーブルの服.

sabot
〔靴〕1 《ヨーロッパの農民がはいた》木ぐつ, サボ.
2 木底革靴.
3 《靴の》甲を留めるバンド, 甲バンドの付いた靴[サンダル].
【フランス語より】

Sabrina pants
[複数形]〔衣服〕サブリナパンツ《ふくらはぎからくるぶし丈ほどの, ぴったりフィットした女性用パンツ; 映画『麗しのサブリナ』(1954)で主演の Audrey Hepburn が着用していたことから流行; 映画では色は黒だったが, 夏のファッションアイテムとして定着・普及し, さまざまな色・柄のものがつくられるようになった》.
★映画の原題 *Sabrina* に由来する.

sack
1 〔バッグ〕袋, バッグ.
2 〔衣服〕サック《(1) 17 世紀末から 18 世紀初めに流行した女性のゆったりしたドレス 2) 女性・子供用のゆったりしたジャケット》. ★**sacque** ともつづる.

sackcloth
1 〔マテリアル〕ズック, 袋用麻布, サッククロス.
2 〔衣服〕《麻・木綿などの粗末な》懺悔(ざんげ)服, 喪服.

sack coat
〔衣服〕サックコート《ゆったりした男性用上着》.

sack dress
〔衣服〕サックドレス《ウエストに切替えのない, 袋のようなドレス》.

sacking
〔マテリアル〕袋地, ズック, 《特に》粗麻布.

sack suit
〔衣服〕《米》背広(服), サックスーツ《上着に sack coat を用いたビジネス用スーツ》.

sacque
〔衣服〕=sack.
【フランス語より】

saddlebag
〔バッグ〕鞍(くら)袋, サドルバッグ《鞍, 自転車・オートバイの後輪などの左右にひとつずつつける革製または布製の大きな袋》.

saddle shoes
[複数形]〔靴〕サドルシューズ《甲革の色[材質]を他の部分と違えたオックスフォード型のカジュアルシューズ; 甲革が鞍(くら)型であることから》.
★**saddle oxfords**ともいう.

saddle stitch
〔手芸〕サドルステッチ《革ひもなどに施すかがり縫いのひとつ; また, 布地や革の縁に装飾として施すランニングステッチ》. ★**saddler's stitch** ともいう.

safari /サファーリ/
图《アフリカ東部での》長旅, 《特に》狩猟[探検]旅行, サファリ.
形 [限定的]〈衣服が〉サファリスタイルの.

safari boots

[複数形]〔靴〕サファリブーツ《綿ギャバジンのブーツで，通例 足部はサンダル》.

safari hat
〔小物〕サファリハット《サファリルックで用いる粗目の帽子》.

safari jacket
〔衣服〕サファリジャケット《大きなパッチポケット (patch pocket) を配したベルトつきのカジュアルジャケット》.

safari look
〔ファッション〕サファリルック《サファリの感覚を取り入れたもの; 1967年の春夏コレクションで Yves Saint Laurent, Dior などが発表した作品の傾向につけられた名称》.

safari shirt
〔衣服〕サファリシャツ《ブッシュジャケット (bush jacket) に似たシャツ》.

safari suit
〔衣服〕サファリスーツ《safari jacket と，共布の(半)ズボン[スカート]の組合わせ》.

safety pin
〔ソーイング〕安全ピン.

safety shoes
[複数形]〔靴〕安全靴《**1**) 足指先を保護する補強具付きの靴　**2**) 引火物取扱者などの，火花発生防止底の靴》.

sage
1 ヤクヨウサルビア，セージ，《広く》サルビア.

2〔色〕=sage green.

sage green
〔色〕セージグリーン《灰みの黄みをおびた緑》. ★サルビアの葉の色. 単に **sage** ともいう.

sailcloth
〔マテリアル〕帆布，ズック; ターポーリン (tarpaulin); 粗麻布《衣服・カーテン用》.

sailor
1〔小物〕水夫帽，セーラーハット《女性用の山が低くつばの狭い麦わら帽; 子供用のつばがそり上がった麦わら帽》. ★sailor hatともいう.

2〔衣服〕=sailor suit.

sailor collar
〔ディテール〕セーラーカラー《肩から背中に垂れ下がった四角い襟; 前はVネックになっている; 米国の水兵服からきたもの》.

sailor hat
〔小物〕セーラーハット (sailor).

sailor scarf
〔小物〕セーラースカーフ《四角いネッカチーフで，対角線状に折りたたみ，セーラーカラーの下に入れて結ぶ》.

sailor suit
〔衣服〕水兵服; セーラー服《セーラーカラーの付いたブラウスにらっぱズボンの少年の服; 単に **sailor** ともいう》.

★日本でいう「セーラー服」は主として女子中学生，女子高校生の制服を指すが，英語の sailor suit は男子用の服をいうことが多い.

§Saint Laurent
サンローラン **Yves Saint Laurent** (*m*) (1936-2008)《アルジェリア生まれのフランスのファッションデザイナー; 1965年のモンドリアンルック，男性のタキシードのアレンジから生まれた67年の女性用スモッキング，68年のサファリルックなど，ファッション界に大きな影響を与えた》.

§Saks Fifth Avenue
サックスフィフスアヴェニュー《ニューヨークにある伝統と格式を誇るデパート; 1924年創業で，全米主要都市に支店をもつ; 規模はさほど大きくなく，主に高級ファッションの商品を扱う》.

sale
〔ビジネス〕売ること，販売; 売買，取引; 売れ行き，需要; [sales] 販売(促進)活動; [sales] 売上げ(高); 安売

り，特売，セール
: a Christmas *sale* クリスマスセール.

sales agent
〔ビジネス〕販売代理店，販売代理人《販売部門をもたない企業のための販売仲介業者》.

salesclerk
〔ビジネス〕(米)《売場の》店員《(英) shop assistant》. ★**salesperson** ともいう.

sales promotion
〔ビジネス〕販売促進，販促，セールスプロモーション《略 SP》.

Sally
〔バッグ〕サリー(バッグ)《シンプルなスクエア型の Chloé のショルダーバッグ》.

salmon pink
〔色〕サーモンピンク《柔らかい黄みの赤》. ★サケ(鮭)の肉の色から.

salopettes
[複数形]〔衣服〕サロペット《1) 胸当て付きズボン (overalls) 2) 同様のスキーズボン》.
【フランス語より】

salwars
[複数形]〔衣服〕=shalwars.

samite
〔マテリアル〕サマイト《金糸などを織り交ぜた中世の豪華な絹織物》.

sample
見本，サンプル；《無料で配布する》商品見本，試供品.

sample cut
〔ソーイング〕サンプルカット《sample garment 用の布地》.

sample garment
〔ソーイング〕サンプルガーメント《服を大量生産する前のサンプル作品》.

§Sanchez
サンチェス Fernando Sanchez (*m*) (1934-2006)《ベルギー生まれのファッションデザイナー；アウターとして着用されるランジェリーコレクションで人気を博した》.

sand
1 砂.
2 〔色〕サンド《やや黄みの明るいグレー》.

sandals
[複数形]〔靴〕サンダル《足の甲あるいはかかとのところをストラップで留めてはくはき物》；サンダル靴，浅い短靴，《一種の》スリッパ；浅いオーバーシューズ；《サンダルの》革ひも.

§Sander
サンダー Jil Sander (*f*) (b. 1943)《ドイツ生まれのファッションデザイナー；本名 Heidemarie Jiline Sander; 1968 年にハンブルクでブティックを開設した；design without decoration (装飾なきデザイン) という理念のもとに，色使いも抑制した良質の素材と仕立てのよさで知られている》.

sand shoes
[複数形]《英・豪》サンドシューズ《キャンバス地でゴム底の運動靴》. ★テニスシューズ，スニーカーと称されることもある.

sanitary napkin
《米》生理用ナプキン《《英》 sanitary towel》. ★単に **napkin** ともいう.

§Sant'Angelo
サンタンジェロ Giorgio Sant'Angelo (*m*) (1936-89)《イタリア生まれのファッションデザイナー；1966 年に既製服の会社を設立》.

sapphire
1 〔宝飾〕サファイア，青玉《9月の誕生石；⇒ birthstone 表》.
2 〔色〕サファイア《濃い紫みの青》.
★**sapphire blue** ともいう.

Saran
〔商標〕サラン《塩化ビニリデンと塩化ビニルとの共重合物；合成繊維の一種で，魚網・防虫網・テント・耐酸性布

地・服地・食品包装材料などに用いられる》.

sarape
〔小物〕=serape.

sarcenet
〔マテリアル〕サーセネット《柔らかい薄い絹織物; 主に裏地・リボン用》.

sardonyx /サーダニクス, サードニクス/
〔宝飾〕紅縞瑪瑙(あかしま めのう), サードニックス《カメオ細工用; 8月の誕生石; ⇨ birthstone 表》.

sari
〔衣服〕サリー《インドの伝統的女性服; 4-9 m ほどの長さの布を, さまざまなスタイルで体に巻きつけて着用する; 着装法は身分・年齢・地方によって微妙に変わる; cf. dhoti》.
【ヒンディー語より】

sark
〔衣服〕《英方言》シャツ, シュミーズ.

sarong /サローング, サロング/
〔衣服〕サロン《マレー人・ジャワ人などが着用する腰布; その布地》.
★kain ともいう.
【マレー語より】

sarrouel pants
[複数形]〔衣服〕サルエルパンツ《股の部分が裾近くまで下がり, ひざから裾までが細くなって袋状にも見えるパンツ; もとはイスラム文化圏の民族衣裳》.
【アラビア語より】

sash
〔小物〕**1** 飾帯《将校などの正装用》;《肩からかける》懸章, 肩章; 綬(じゅ)《上級勲爵士などが肩から帯びる》.
2 腰帯, サッシュ《ウエストにベルトのようにつける》.

§**Sassoon**
サスーン Vidal Sassoon (*m*) (b. 1928)《英国のヘアスタイリスト; 1960年代にボブカットスタイルなど現在のスタンダードとなった髪型を考案; その名はヘアケア用品や美容室などの Vidal Sasoon ブランドビジネスに利用されている》.

satchel
〔バッグ〕肩掛けかばん, サッチェル《本など運ぶのに適している, 学生かばん型のバッグ》.

sateen /サティーン/
〔マテリアル〕綿じゅす, 毛じゅす, サティーン (cf. satin).

satin /サトゥン/
〔マテリアル〕しゅす(繻子), サテン《サテン織り (satin weave) の, 柔らかくなめらかでつやのある通例絹の織物》; サテンの衣服.

satin-back crêpe
〔マテリアル〕=crêpe-back satin.

satin crêpe
〔マテリアル〕サテンクレープ, しゅす縮緬(ちりめん)《上品で光沢がある》.

satinet
〔マテリアル〕サティネット《1) 綿の入った質の悪いサテン 2) 薄手のサテン》. ★satinette ともつづる.
【フランス語より】

satin stitch
〔手芸〕サテンステッチ《刺繍の刺し方; 平行な糸で図案を隙間なく埋めていくもので, 裏表がほとんど同じに仕上がる》.

satin weave
〔マテリアル〕しゅす織り, サテン織り《経糸を際立たせて布地に滑らかな光沢を出す織り方》.

saturation
1 飽和(状態), 飽和度.
2 〔色〕彩度《色みの強弱の度合いを表す》. ★色の三属性のひとつ.

sautoir
〔宝飾〕ソトワール《胸元まで垂れる長いネックレス[綬勲章]または胸元で結んだスカーフ; 形のイメージは, ソテー用のフライパンに由来する》.
【フランス語より】

§**Savile Row**

サヴィルロウ《ロンドンの通りの名前; 有名な紳士服のテーラーが並ぶ》.

saxe blue
[しばしば Saxe blue]〔色〕サックスブルー《くすんだ青》. ★saxe はドイツの歴史的地域名 Saxony のフランス語名から; **Saxony blue** ともいう.

Saxony
[しばしば saxony]〔マテリアル〕サクソニー《メリノ羊から取る高級紡毛糸; その柔らかな紡毛織物》.
【ドイツの歴史的地名ザクセンより】

S-bend silhouette
〔ファッション〕S 型屈曲シルエット《20 世紀初頭の Edward 7 世時代に流行したシルエット; 胸部に張り骨の入ったコルセットを装着するため, 胸は前方に突き出し, ヒップは後方に押し出され, 結果として前傾気味の S 字型シルエットがつくられた》.

SC
《略語》〔ビジネス〕shopping center.

§Scaasi
スキャッシ **Arnold Scaasi** (*m*) (b. 1931)《カナダ生まれの米国のファッションデザイナー; 本名 Arnold Isaacs》.

scallop
1 ホタテガイ.
2 [scallops]〔ディテール〕スカラップ《布や皮などの端に連続して用いる半円状の縁取り》.

scalp
〔ボディ〕頭皮, スカルプ
: *scalp* problems 頭皮の悩み / massage one's *scalp* 頭皮をマッサージする.

scapular
〔衣服〕無袖肩衣, スカプラリオ《1) 2 枚の細長い布を肩のところで結び合わせた, 修道士の外衣; ベネディクト会・ドミニコ会はその修道服の上につける 2) カトリック教徒が信仰のしるしとして平服の下に肩から前後に下げる 2 枚の四角い毛織りの布片》.

scar
きずあと, 《やけど・できものなどの》あと, 瘢痕(はんこん).

scarab
スカラベ, 甲虫石《古代エジプトで太陽神ケペラ (Khepera) の象徴として再生・豊穣をもたらすものと神聖視したオオタマオシコガネをかたどった護符; 装飾品・印章としても用いた》.

scarf
(複数形 **scarves**, **scarfs**)〔小物〕スカーフ, 襟巻, マフラー; ネクタイ
: wear a *scarf* スカーフを巻く.

scarlet
1〔色〕スカーレット《あざやかな黄みの赤》. ★和色名の「緋色, 真紅」などに当たる.
2〔衣服〕《大司教・英国高等法院判事・英国陸軍将校などの》緋色の服, 深紅の大礼服.

§Scavullo
スカヴロ **Francesco Scavullo** (*m*) (1921-2004)《米国の写真家; 30 年近く続いた *Cosmopolitan* 誌の表紙の仕事で名高い》.

§Scherrer
シェレル **Jean-Louis Scherrer** (*m*) (b. 1935)《フランスのファッションデザイナー》.

§Schiaparelli
スキャパレリ **Elsa Schiaparelli** (*f*) (1890-1973)《イタリア生まれのフランスのファッションデザイナー; Chanel と同時期にパリのオートクチュール界に君臨; 1930 年代にはシュールレアリスムを取り入れた作品でセンセーションを起こす; ファスナー使い, ショッキングピンクの使用の始祖》.

§Schlumberger
シュランベルジェ **Jean Schlumberger** (*m*) (1907-87)《フランス生ま

れのジュエリーデザイナー; 1940年ニューヨークに移り, 1956年にTiffanyのデザイナーとなった》.

§**Schön**
ショーン Mila Schön (*f*) (1919-2008)《ユーゴスラビア生まれのイタリアのファッションデザイナー; 本名 Maria Carmen Nutrizio Schön; 1958年, ミラノに洋裁店を開業し, 65年のフィレンツェで開催した初めてのオートクチュールコレクションで一躍注目された》.

scissors
〔複数形〕はさみ
: a pair of [two pairs of] *scissors* ははさみ1[2]ちょう.

scoop neck [neckline]
〔ディテール〕スクープネックライン《女性用ドレス・ブラウスの半月状に深くえぐれたネックライン》.

Scotch cap
〔小物〕スコッチキャップ《スコットランド高地の縁なし帽; glengarry, tam-o'-shanter など》.

Scotchgard
〔商標〕スコッチガード《撥水・防汚効果のある衣類・家具・カーペットなどの保護剤》.

scour /スカウアー/
動〈羊毛などから〉不純物を除去する, 洗浄する, 精練する.

screen printing
スクリーン印刷 (silk-screen printing).

scrim
〔マテリアル〕スクリム《軽量・粗織りの丈夫な綿布[麻布]; カーテン用・舞台背景用》.

scrub suit
〔衣服〕手術着《外科医師や助手が手術室で着用するゆったりした衣服; チュニックとズボンのセットで, 襟は丸首かVネック》. ★単に **scrubs** ともいう.

scrunchy
〔小物〕シュシュ《ゴムを通した布を小さな輪にした髪留め》. ★**scrunchie** ともつづる.

scuffs
[複数形]《かかと(革)のない》室内ばき, スリッパ, スカフ.

scye /サイ/
〔ディテール〕《服の》袖ぐり, アームホール (armscye).

seabag
〔バッグ〕《船員が衣類などを入れる》筒状のズック袋, キャンバス製の袋.

sea green
〔色〕シーグリーン《強い黄緑》.

sea island (cotton)
〔しばしば Sea Island (cotton)〕〔マテリアル〕カイトウメン(海島綿)《絹のような長い綿毛をつける最良質の綿花》.【米国南東部沿岸沖の Sea Islands (シー諸島) より】

seal
1 アザラシ, アシカ, オットセイ《アザラシ・アシカ類の総称》.
2 〔マテリアル〕アザラシ[オットセイ]の毛皮.

sealskin
〔マテリアル〕アザラシ[オットセイ]のなめし革; アザラシ[オットセイ]の毛皮, シールスキン; シールスキンの服.

seam
〔ソーイング〕縫い目, 継ぎ目, 綴じ目, はぎ目, シーム; 裏編みで出したすじ.

seam allowance
〔ソーイング〕縫いしろ.

seam binding
〔ソーイング〕ヘムテープ, シームバインディング《布の端を補強する》.

seam pocket
〔ディテール〕シームポケット《ズボンなどの外から見えないポケット》.

seamstress

女裁縫師, 女性縫製者, お針子.

seasonal goods
[複数形] 季節商品《クリスマス・新年・ハロウィーンといった季節の行事に合わせて提供される雑貨》.

secondary line
セカンダリーライン《ブランドのオリジナルイメージを尊重しつつ, 販売対象を拡大するために価格を抑えたもの; ブランドの普及版》. ★dif-fusion line ともいう.

secondhand
形 中古の, 古手の, いったん人手を介した; 中古品売買の
: *secondhand* clothes 古着.

seconds
[複数形]《俗語》《よごれ・破損などによる》値引き商品.

seersucker
〔マテリアル〕(シアー)サッカー《経糸の縞目部分を縮ませて波状の凹凸をつくった, 綿[リネンなど]の薄地の織物; 夏場の女性・子供の服地などとして用いられる》.

see-through
形〈生地・織物など〉透き通る(ほどの), シースルーの. ★see-thru ともつづる.

self-belt
〔小物〕《服と同じ》共布のベルト.

self-tanner
〔美容〕セルフタンニング化粧品《日焼け風メイク用のクリームやローションなど; 特にジヒドロキシアセトンをベースにしたもの》.

self-winding
形〈腕時計が〉自動巻きの.

seller
〔ビジネス〕売手, 販売人 (⇨ buyer).

sell-through
〔ビジネス〕セルスルー《メーカーの小売りレベルにおける販促努力》.

selvage
〔マテリアル〕《織物の両側にあるほつれを防ぐため織りつけた》耳, セルヴィジ《織物本体とは別の丈夫な糸で織られた幅の狭いへり》.

semiformal
形〈衣服が〉準正装の, 略式の, セミフォーマルの
: a *semiformal* suit セミフォーマルスーツ.

semiprecious
形 半貴石の
: *semiprecious* stones 半宝石.

sendal
〔マテリアル〕センダル《中世のタフタに似た薄い絹織地, またその衣服》.

sensitive
形 感じやすい, 敏感な; 過敏な, 傷つきやすい
: *sensitive* skin 敏感肌.

sensuous /センシュアス/
形 感覚の; 感覚に訴える, 感覚的な; 官能的な, 肉感的な; 感覚の鋭敏な, 敏感な
: her *sensuous* lips [voice] 彼女の肉感的な唇[声].

separates
[複数形]〔衣服〕セパレーツ《ジャケット・スカート・パンツなどを好みで組み合わせる女性服》.

sepia /スィーピア/
1 セピア《イカの墨から採る暗褐色のえのぐ》.
2〔色〕セピア《ごく暗い赤みの黄》.
【ギリシア語で「イカ」の意】

sequin
〔マテリアル〕シークイン, スパンコール《装飾として衣服などに縫いつけるピカピカの小円形の金属[プラスチック]片》.

serape
〔小物〕サラーペ《特にメキシコ人の男性が肩掛けに用いる幾何学模様のある毛布》. ★sarape ともいう.

serge
名〔マテリアル〕サージ《綾織りの毛

織物)).
動 〈カーペットのへりなどを〉かがり縁に仕上げる.

serger
〔ソーイング〕＝overlocker.

sericin
絹膠(こう), セリシン《繭(まゆ)糸に付着しているゼラチン質の硬蛋白質》.

serpent
〔マテリアル〕ヘビ, 蛇《特に大きく有毒な種類》.

serum
〔美容〕美容液. ★原義は「血清」「乳清」.

service cap
〔小物〕正式軍帽, 制帽 (cf. garrison cap).

set
名 1 着付け; 着ごこち, かぶりごこち.
2 〔ヘア〕《女性の髪の》セット; セット用のローション.
動 1 置く, 据(す)え付ける, 立てる.
2 整える; 〈髪を〉セットする.
3 〈宝石を〉はめ込む
: *set* a ruby in a ring 指輪にルビーをはめ込む.

set-in
形 〈袖・ポケットなどが〉縫い付けられた, 縫い込みの
: a *set-in* sleeve セットインスリーブ, 普通袖《基本的なつけ袖》.

setting
〔宝飾〕《装身金具への, 宝石の》固定, 石留め; 《石留めする》台座, 金枠, セッティング.

§Seventh Avenue
7番街《ニューヨーク市マンハッタンの通り; 米国ファッション産業の中心》; 《米俗語》服飾産業, ファッション業界.

sew
動 縫う; 縫い付ける; 縫い込む; 縫い合わせる; 縫ってつくる, 縫製する
: *sew* a button on (the coat) (コートに)ボタンを縫い付ける.

sewing cotton
〔ソーイング〕《木綿の》縫い糸, カタン糸.

sewing machine
〔ソーイング〕ミシン. ★日本語の「ミシン」はこの machine がなまったもの.
: a hand [an electric] *sewing machine* 手動[電気]ミシン.

sewing needle
〔ソーイング〕縫い針.

sewing silk
〔ソーイング〕地縫用絹糸, 縫製用絹糸, 刺繍用絹糸.

§Sex Pistols
[the Sex Pistols] セックス ピストルズ《1977年のロンドン・パンクムーブメントを代表する英国のパンクロックバンド (1975-78); パンクファッションに大きな影響を与えた》.

sexy
形 性的魅力のある, 色っぽい, セクシーな; 《広く》魅力的な, 人目をひく.

shade
1 陰, 日陰.
2 [**shades**] 《口語》サングラス (sunglasses).
3 〔色〕明暗[濃淡]の度, 色合い, シェイド《黒を加えてできる濃淡; ひとつの色の異なる色合い; cf. tint》
: all *shades* of green あらゆる色合いの緑.

shadow work
〔手芸〕シャドーワーク《オーガンジーなどの透ける布に裏側から刺繍をすること》.

shagreen
〔マテリアル〕**1** シャグリーン, 粒起なめし革《ロシアやイランなどで馬・ロバ・ラクダの皮の表面をつぶつぶになめした革; 普通緑色に染める》.

2 さめ皮《研磨用》.

shahtoosh
〔マテリアル〕シャトゥーシュ《チルー(chiru)(チベット産のアンテロープ)の毛からつくられる毛織物; 非常に柔らかくて暖かく, 珍重される》.
【ペルシア語で 'Pleasure of Kings' の意】

shako
〔小物〕シャコー《円筒形で山の先に細長い毛のふさが付いた軍帽》.

shalloon
〔マテリアル〕シャルーン《薄地の綾織り梳毛(そもう)の織物; 裏地・女性服用》.
【Châlons-sur-Marne フランス北東部の原産地名より】

shalwars
[複数形]〔衣服〕シャルワール《南アジアほかの地域で, イスラム教徒の, 特に女性が着用するスラックス》.
★salwars ともいう.
【ウルドゥー語より】

shampoo
〔ヘア〕髪を洗うこと, 洗髪, シャンプー
: a *shampoo* and set シャンプーとセット / give sb a *shampoo* 人の髪を洗ってあげる.

shank
1 〔ボディ〕すね, 脛(けい)《ひざと足首との間》; 脚 (leg). (⇨ leg さし絵).
2 〔ソーイング〕ボタン裏の取付け部; ボタンを衣類に固定している糸.
3 〔靴〕《靴底の》土踏まず, シャンク.

shank button
〔ソーイング〕シャンクボタン《裏側に金属などの糸通しの輪のついたボタン》.

shantung
〔マテリアル〕シャンタン《つむぎ風の平織り絹布》.
【Shantung 山東(さんとう)(シャンドン): 中国の省】

shape
形, 形状, 格好; 姿《顔は除く》, 様子; 外見, なり; 《女性の》体つき, 姿態
: Our wedding dresses come in all *shapes* and sizes. こちらではウェディングドレスならどんな形・サイズのものでもあります.

shapely
形 格好のよい, 〈特に女性の姿・脚が〉均斉のとれた, 形のよい.

shapewear
〔衣服〕=bodyshaper.

shapka
〔小物〕シャプカ《特にロシア人がかぶる円くて縁のない毛皮の帽子》.
【ロシア語で「帽子」の意】

§Sharaff
シャラフ Irene Sharaff (*f*) (1910-93)《米国の舞台・映画衣裳デザイナー; 『王様と私』(1956)の衣裳デザインで知られる》.

sharkskin
〔マテリアル〕さめ皮; シャークスキン《目の詰んだ羊毛[化繊]の外観がさめ皮に似る織物》.

shave
動 〈ひげなどを〉そる, 〈顔・人の〉ひげをそる
: *shave* (off [away]) one's beard ひげをそり落とす / *shave* oneself ひげをそる / a *shaved* head そった頭.

shaver
〔美容〕そり[削り]道具; (電気)かみそり, シェーバー.

shaving brush
〔美容〕ひげそり用ブラシ, シェービングブラシ.

shaving cream
〔美容〕シェービングクリーム《ひげそり用クリーム》.

shaving foam
〔美容〕シェービングフォーム.

shaving lotion
〔美容〕シェービングローション.

shawl

〔小物〕肩掛け, ショール.

shawl collar
〔ディテール〕ショールカラー, へちま襟《ショール状に首から垂れる襟》.

shearing
剪断加工, シアリング《毛皮に施す作業》.

shearling
〔マテリアル〕1回剪毛した当歳の羊, 当歳羊の毛, シアリング;《最近毛を刈った》(子)羊のなめし革.

sheath
〔衣服〕シース《ストレートで細身のドレス》. ★sheath は「《刀剣の》さや」の意.

shed
〔マテリアル〕杼口(ひぐち), 杼道(ひみち)《経糸を上下に分けてつくった緯糸の挿入口》. ★shed は「《ヘビなどの》抜け殻」の意.

sheen
光沢, つや; きらびやかな衣裳; 光沢のある織物.

sheepskin
1〔マテリアル〕羊皮, 羊のなめし革, シープスキン, ヤンピー.
2〔衣服〕羊の毛皮[シープスキン]コート;〔小物〕羊の毛皮[シープスキン]製の帽子[敷物, ひざ掛け].

sheer
形〈織物が〉透き通った, 薄い, シアーの
: *sheer* lace dress シアーレースのワンピース.
名〔マテリアル〕シアー《透明な織物・布地; その服》.

sheeting
〔マテリアル〕シーチング《平織り綿布; 芯地・仮縫い用布・シーツ用など》.

shell
1 貝殻;〔宝飾〕《特に, 貝細工となる》貝;(カメの)背甲, べっ甲
: (a) tortoise *shell* べっ甲.
2 外観, 外形.
3〔衣服〕シェル《ゆるやかで袖と襟のないニットのブラウス[セーター]》.

shell jacket
〔衣服〕
1 シェルジャケット《熱帯地方用の男子の略式礼服》.
2 =mess jacket.

shell lining
シェルライニング《ジャケットやコートの一部分だけにつける裏地》.

shell pink
〔色〕シェルピンク《ごく薄い黄赤》.

shell suit
〔衣服〕シェルスーツ《防水のナイロンの外層と綿の内層からなるトラックスーツ》.

shepherd's check
〔マテリアル〕シェパードチェック, 小弁慶《模様の大きさが全部等しい白黒チェック模様; その模様の布地; **shepherd('s) plaid** ともいう》.
★shepherd は「羊飼い」の意.

Shetland
1 シェトランド《スコットランド北東沖の諸島; **Shetland Islands** ともいう》.
2 [しばしば shetland]〔マテリアル〕シェトランドウール (Shetland wool).
3 シェトランドウール製の織物[編物]; シェトランド《Shetland wool に軽く撚(よ)りをかけてできた糸; その織物[衣服]》.

Shetland wool
〔マテリアル〕シェトランドウール《シェトランド産の細い羊毛; それでつくった糸》. ★単に **Shetland** ともいう.

shift
〔衣服〕シフトドレス《ウエストに切替えのないストレートラインのワンピース》;《まれ》スリップ, シュミーズ;《方言》シャツ. ★**shift dress** ともいう. シュミーズ (shift) の上にロー

ブをまとっていた時代には，洗濯のために着替えられるのはシュミーズ (shift) のみであった．

§Shilling
シリング David Shilling (*m*) (b. 1953)《英国の帽子デザイナー》．

shimmer
きらめき，ゆらめく光，微光；ゆらめき
: *shimmer* body lotion シマーボディローション / *shimmer* lipstick シマーリップスティック《ラメ入りの化粧品》．

shin
〔ボディ〕むこうずね《ひざからくるぶしまでの前面》．(⇨ leg さし絵)．

shingle
〔ヘア〕《女性の頭髪後部の》刈上げ，シングル《1920年代に流行した；cf. bingle》．

shipping
〔ビジネス〕(出荷)船積み，出荷，輸送，発送，シッピング．

shirring
〔ソーイング〕ひだ取り，シャーリング《好みの間隔でミシンをかけて下糸を引きギャザーを寄せること》．

shirt
〔衣服〕
1 シャツ；《男子用の》ワイシャツ《通例前開き，襟・袖つきで，上着の下に着る》．★日本語のワイシャツは white shirt に由来するが，英語では単に shirt でよい．特に他のシャツ類と区別する場合は dress shirt という．
2《女性用の》シャツブラウス (shirt blouse); 肌着，下着，シャツ (undershirt); ポロシャツ (polo shirt).
3 ももの下までくるゆるやかな衣服；ナイトシャツ (nightshirt).

shirt blouse
〔衣服〕《女性用の》シャツブラウス．

shirt dress
〔衣服〕=shirtwaist dress.

shirt front
〔ディテール〕シャツの胸，シャツフロント，シャツの胸当て．

shirting
〔マテリアル〕シャツ地，ワイシャツ地，シャーティング．

shirt jacket
〔衣服〕シャツジャケット《シャツ風の軽装用ジャケット》．★**shirt-jac** ともつづる．

shirtmaker
シャツ製造者，シャツメーカー．

shirtsleeve
名〔ディテール〕シャツの袖
: in one's *shirtsleeves* 上着なしで，シャツ姿で．
形 上着を着ない，シャツ姿の；略装をした．
: *shirtsleeve* weather ジャケットのいらない天気．

shirttail
〔ディテール〕シャツテール，シャツの裾《ウエストより下の丸みをおびた部分》．

shirtwaist
〔衣服〕シャツウエスト，シャツブラウス《ワイシャツと同じような身ごろの女性用ブラウス》．

shirtwaist dress
〔衣服〕シャツウエストドレス，ワイシャツドレス《ワイシャツ型の前開きのワンピース》．★**shirt dress** ともいう．

shirtwaister
〔衣服〕《英》=shirtwaist dress.

shocking pink
〔色〕ショッキングピンク《強烈[あざやか]なピンク》．

shoddy
〔マテリアル〕ショディ《縮充しない毛製品などのくずから得る再生羊毛；マンゴー (mungo) より上質で，繊維が長い》；再生毛織地[毛織物]．

shoe
⇒ shoes.

shoebrush
〔靴〕靴ブラシ.

shoe buckle
〔靴〕靴のバックル.

shoe designer
靴デザイナー.

shoe horn
〔靴〕靴べら.

shoelace
〔靴〕靴ひも, シューレース
: tie a *shoelace* 靴ひもを結ぶ / Your *shoelace* is undone. 靴ひもがほどけていますよ.

shoe leather
〔マテリアル〕靴革, シューレザー.

shoemaker
靴屋; 靴直し《人》.

shoepac(k)s
[複数形]〔靴〕《米》《酷寒時用の》ひもで締める防水ブーツ; 《米》シューパック《くるぶしまで届くモカシン(moccasins)の一種; 北米でインディアンや初期の開拓者が用いた》.

shoes
[複数形]〔靴〕靴, 《くるぶしまでの》短靴(cf. boots)
: a pair of *shoes* 靴1足 / have one's *shoes* on 靴をはいている / put on [take off] one's *shoes* 靴をはく[脱ぐ].

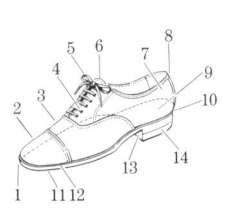

shoe
1 tip; 2 toe cap; 3 vamp; 4 eyelet; 5 lacing; 6 tongue; 7 quarter; 8 backstay; 9 insole; 10 heel; 11 sole; 12 welt; 13 breasting; 14 top lift

shoe shop
靴屋. ★shoe store ともいう.

shoestring
〔靴〕靴ひも(shoelace).

shoetree
靴型, シューツリー《広げるときまたは形を保つため, はかないときに靴に入れる》.

shop
图 **1** 《英》商店, 小売店, 店(《米》store)
: a flower *shop* 花屋 / run a *shop* 店を経営する.
2 専門店; 《大規模な店舗の中の》各専門部門
: a gift *shop* みやげ物専門店, ギフトショップ.
動 《米》〈店に〉買物に行く, …の商品を見てまわる
: *shop* the market 《将来の動向をさぐるために》市場調査をする.

shop assistant
《英》店員(《米》salesclerk).

shopping bag
〔バッグ〕《米》《紙・ポリエチレンの》買物袋, ショッピングバッグ(《英》carrier bag).

shopping center
〔ビジネス〕ショッピングセンター《通例 都市郊外に立地し, 大駐車場を備えた各種小売店の統一的集合体; 略SC》.

shopping goods
[複数形]買回り品, ショッピンググッズ《通例数店を回って比較したあとで購入される消費財》.

shopping mall
〔ビジネス〕ショッピングモール, ショッピングセンター, モール《ゆったりした通路や広場を中心とした大規模商店街》. ★単に **mall** ともいう.

shopwindow
〔ビジネス〕店の陳列窓, ショーウインドー.

short
形 **1** 《長さ・距離・時間が》短い, 近い
: *short* hair ショートヘア / a *short* skirt ショートスカート.

2 身長の低い, 背の低い (⇔ tall).
图 **1** [shorts] 半ズボン, ショートパンツ《子供用・おとなのスポーツウェア》,《男子の下着用の》パンツ.
2《衣服の》Sサイズ《男子の背の低い人のサイズ》; Sサイズの衣服.

shortie
〔衣服〕ショーティー《丈の短い衣服》. ★shorty ともづづる.
: *shortie* pajamas 丈の短いスリープウェア《女性用》.

shortrange forecasting
短期予測《ファッションの新しい流行に関するリサーチに基づいて, いつ, どのような商品にするかを決定する》.

short-sleeved
形〈服が〉半袖の, ショートスリーブの.

shorty
〔衣服〕=shortie.

shot
形 見る角度で色の変わる織り方の; 斑入りの, 縞(しま)目の入った
: *shot* silk 玉虫色の絹布.

shoulder
1〔ボディ〕肩; 肩甲関節.
2〔衣服〕《衣服の》肩, ショルダー.
3〔宝飾〕《指輪の》宝石台のはめ込み部分.

shoulder bag
〔バッグ〕ショルダーバッグ.

shoulder blade
〔ボディ〕肩甲骨.

shoulder dart
〔ディテール〕肩ダーツ, ショルダーダーツ《肩から胸または背中にとられるダーツ》.

shoulder-length
形〈髪の毛などが〉肩までの長さの, 肩に届く.

shoulder pad
〔ソーイング〕肩台, 肩綿, 肩パッド, ショルダーパッド.

shoulder strap
〔ディテール〕肩ひも, ショルダーストラップ;《ズボン・スカートの》サスペンダー.

shovel hat
〔小物〕シャベル帽《英国国教会の牧師がかぶる広ぶちの帽子》. ★shovel は「シャベル, スコップ」の意.

show
動 見せる, 示す; 展示[陳列]する, 出品する.
图 展示会, ショー.

showcase
陳列(ガラス)箱[棚], ショーケース.

showcase display
ショーケースディスプレー《鍵付きのガラスのキャビネットに入った高価な商品のディスプレー》.

shower gel
シャワージェル《シャワー用のジェル状石鹸》.

showroom
《商品の》陳列室, 展示室, ショールーム.

shrink
動〈布などが〉縮む, つまる;〈織物などを〉《あとで縮まないようにあらかじめ》縮ませる, 地直し[地のし]する.
图〔衣服〕シュリンクセーター《長袖のブラウスやセーターの上に着るような, 普通は袖のない短くてぴったりしたセーター》.

shrinkage control
収縮コントロール《洗濯やドライクリーニングでの縮みを最小限にするための加工処理》.

shrug
〔衣服〕シュラッグ《ウエスト丈よりも短い, 肩と袖をおおうカーディガン状のニット》. ★shrug は「肩をすくめる」の意.

shuttle
〔ソーイング〕《織機の》杼(ひ), 梭(ひ), シャットル;《ミシンの》シャットル, ボ

ビンケース《下糸入れのかま》;《レース用の》紡錘型編具.

side
側面,《内外・表裏などの》面;《立体の》面;《紙・布・衣類などの》一面
: put one's socks on wrong *side* out 靴下を裏返しにはく.

side bodies
[複数形] サイドボディ《男性用ジャケットの前身ごろと後身ごろの間に入れる布》.

sideburns
[複数形][ボディ] もみあげ, 短いほおひげ.

side face
横顔; 側面.

sidelock
〔ヘア〕耳の前の髪の総(ふさ).

side part
〔ヘア〕サイドパート《まん中でない分け目》.

side pocket
〔ディテール〕サイドポケット《腰につける脇ポケット》.

signal red
〔色〕シグナルレッド《あざやかな赤》. ★signal は「信号」の意.

signature
〔小物〕シグネチャー《バッグやスカーフにイニシャルや名前を模様のようにプリントすること; 1960 年代後半にパリのデザイナーたちが始めた》. ★signature は「署名」の意.

signature bag
〔バッグ〕シグネチャーバッグ《革やキャンバス地のバッグの全面に, デザイナーのイニシャルやサインがリピート模様のようにプリントされているもの; Louis Vuitton が考案し, その後 Hermès や Gucci なども始めるようになった》.

signature scarf
〔小物〕シグネチャースカーフ《デザイナーの名前や商標がプリントされたスカーフ; 1960 年代後半に Dior や Yves Saint Laurent が始め, イタリアや米国へ拡がった》. ★**designer scarf** ともいう.

signet ring
〔宝飾〕シグネットリング, 認印[印鑑]付き指輪.

silhouette
1《通例黒色の》半面影像, 横顔, 影絵, シルエット.
2 輪郭, おおよその形, アウトライン;《服などの立体的な》アウトライン, シルエット, 輪郭線.

silk
图〔マテリアル〕生糸, 蚕糸; 絹糸, 絹, シルク; 絹布, 絹織物; 絹の衣服.
形 絹の, 絹製の
: a *silk* handkerchief 絹のハンカチ / *silk* stockings 絹の靴下.

silkaline
〔マテリアル〕シルカリン《柔らかく薄い木綿布; カーテン・裏地などに用いる》. ★**silkolene** ともつづる.

silk hat
〔小物〕シルクハット (top hat).

silk-knots
[複数形]〔小物〕シルクノッツ《2 個の布製の結び目でできたシルク[伸縮性素材]のカフボタン》.

silk-screen printing
シルクスクリーン印刷《絹や化繊の布を枠に張って捺染法で印刷する孔版印刷の一種》.

silver
图〔色〕銀色, シルバー.
形 **1** 銀の, 銀製の.
2 銀白色の, 銀色に光る
: *silver* hair 銀髪, シルバーヘア.
3〈結婚記念日など〉25 周年目の
: *silver* wedding 銀婚式.

silver fox
1 ギンギツネ《アカギツネ (red fox) の一色相で, 黒色の毛と銀白色の毛

が混じり，霜降り状を呈するもの》．
2 〔マテリアル〕ギンギツネの毛皮《高級品》．

silver gray
〔色〕シルバーグレー《明るい灰色》．

silver-haired
形 銀髪の．

silver plate
銀めっき《金属表面に電着した銀の薄膜》．

silver-streaker
50歳以上の年齢の人．

simar
〔衣服〕**1** シマー《17-18世紀に流行した女性用の裾広がりの外着；**cymar** ともつづる》．
2 =zimarra.

§Simonetta
シモネッタ (*f*)(b. 1922)《イタリアのファッションデザイナー；本名は Duchessa Simonetta Colonna di Cesarò；1952年に Alberto Fabiani と結婚》．

§Simpson
シンプソン Adele (Smithline) Simpson (*f*)(1903-95)《米国のファッションデザイナー；高額所得者層の女性を顧客とし，1940-50年代には世界で料金が最も高いデザイナーのひとりに数えられた》．

single
1 一人，単一，1個．
2 [しばしば **singles**]〔マテリアル〕撚(よ)った[撚ってない束の]生絹糸；《撚り糸を構成する》単糸．

single-breasted
形 打ち合わせが片前の，ボタンが一列の，シングルの〈上着など〉(cf. double-breasted).

single cuff
〔ディテール〕シングルカフ《折り返さない袖口で，ボタンで留めるスタイル》．

single cut
〔宝飾〕シングルカット《宝石のブリリアントカットのひとつで，テーブル (table) とガードル (girdle) の上下に8面をもつ．★**eight cut** ともいう．

singlet
〔衣服〕《英》《袖なしの》(アンダー)シャツ，シングレット．

siren suit
〔衣服〕《英》サイレンスーツ (**1**) 第二次大戦中，空襲警報が鳴ると着用した空襲警備服 **2**) (体にぴったりした)楽に着脱できる上下のつなぎ服；それに似たベビースーツ》．

§Sitbon
シットボン Martine Sitbon (*f*)(b. 1951)《モロッコ生まれのフランスのファッションデザイナー；1988年コレクションを Chloé から発表した》．

size¹
1 《物の》大きさ，規模，《人の》背格好，寸法
: life [actual] *size* 実物大 / try on a sweater for *size* サイズが合うかどうかセーターを試着してみる．
2 《帽子・手袋・靴などの》型，サイズ；《衣服の》サイズ，号数；《ヒップ・バストなどの》サイズ；サイズ…の品物．(⇨ Vanity Sizing コラム)
: *size* 5 shoes サイズ5の靴 / a hat two *sizes* larger 2サイズだけ大きい帽子 / all *sizes* of socks あらゆるサイズの靴下 / It's not my *size*. サイズが違う / What *size* do you take [want] in gloves?＝What *size* (of) gloves do you take? 手袋のご寸法は？ / What is your *size*?＝What *size* are you? サイズはいくつですか．

size²
〔マテリアル〕織物用糊，箔下(はくした)糊，サイズ《織物に付ける糊》．

size specification
サイズ仕様《服などのサイズ表》．

sizing
〔マテリアル〕サイジング《布地や糸に

糊・樹脂・パラフィンなどで張り・光沢・なめらかさを加える加工); サイズ剤.

skein /スケイン/
〔マテリアル〕かせ《枠に巻き取った糸束》; かせに似たもの《巻き毛など》.

ski hat
〔小物〕スキーハット《スキー用の帽子》.

ski mask
〔小物〕スキーマスク, 目出し帽《特にスキーヤーが着用するニットのマスク; 目・口(・鼻)の部分だけあいていて頭からすっぽりかぶるもの》.

skimmer
1 〔小物〕スキマー《つばが広く山の低い平らな帽子[麦わら帽]》.
2 〔衣服〕スキマードレス《直線的でシンプルな裁断のドレス》.
3 [skimmers]〔靴〕＝ballerinas.

skin
1 〔ボディ〕《人体の》皮膚, 肌, スキン.
2 〔マテリアル〕皮, 皮革.

skincare
〔美容〕肌の手入れ, スキンケア.

skinhead
〔ヘア〕はげ頭[丸刈り頭]の人, 坊主頭; スキンヘッド《1970年代初めの英国などに現われた, 頭を短く刈り込み, ブルージーンズにブーツ・革ジャケットなどを身に付けた, 通例白人の若者》.

skinny
形〈服が〉体にぴったりの, スキニーの.

skinny jeans
[複数形]〔衣服〕スキニージーンズ《タイトなシルエットで脚にぴったりフィットしたジーンズ》.

skinny-rib
〔衣服〕スキニーリブ《体にぴったりフィットしたセーター[カーディガン]》.

skin texture
〔美容〕スキンテクスチャー《肌のきめ》.

skintight
形〈服など〉体にぴったり合った.

ski pants
[複数形]〔衣服〕1 スキーパンツ, スキーズボン.
2 《女性用の》スキーパンツ型スラックス《細身で伸縮性があり, 裾にストラップの付いたパンツ; cf. stirrup pants》.

skirt
〔衣服〕《ジャケット・ドレス・ガウンなどの》ウエストより下の部分, 裾; 《女性用の》スカート; ペティコート: a tight *skirt* タイトスカート / put on one's *skirt* スカートをはく / wear a *skirt* スカートをはいている / take off one's *skirt* スカートを脱ぐ / shorten a *skirt* スカートの丈を短くする.

skiwear
〔衣服〕スキーウェア.

skorts
[複数形]〔衣服〕スカート状ショートパンツ, スコーツ《短い女性用キュロットの一種; ショートパンツの上に, スカートに見えるような布地があしらわれている》.
【*skirt*＋sh*orts*】

skullcap
〔小物〕スカルキャップ《頭蓋のみをおおう小さな帽子の総称》.

sky blue
〔色〕スカイブルー《明るい青》.

slacks
[複数形]〔衣服〕スラックス《ズボンやパンツの総称; 上着と対でない, スポーティーなズボンで, 男女共に着用する》.

slash
1 深傷(ふかで), 切り傷.
2 〔ディテール〕《衣服の》切れ込み,

スラッシュ. ★**slashing**ともいう.

slashing
1 切り傷, 刃傷.
2〔マテリアル〕経糸糊づけ, スラッシング.
3〔ディテール〕スラッシュ (slash).

slash pocket
〔ディテール〕スラッシュポケット《縫い目のないところに切れ込みを入れてつくったポケット》.

slate gray
〔色〕スレートグレー《暗い灰色》.
★slate は「粘板岩, 石板」の意.

sleeper
1《英》リングピアス, スリーパー《ピアス用に開けた穴が閉じないようにしておくための耳輪》.
2 [通例 sleepers]〔衣服〕《特に子供用の》パジャマ, 《乳児用の》寝袋, おるみ.

sleepwear
〔衣服〕スリープウェア《ねまき類の総称》.

sleeve
〔ディテール〕《衣服の》袖, スリーブ, たもと.

sleeveless
形 ノースリーブの, 袖のない
: a *sleeveless* dress 袖なしのワンピース. ★「ノースリーブ」は和製英語.

sleevelet
〔小物〕スリーブレット, 袖カバー《保温またはシャツの袖を保護するために前腕部につけるもの》.

slender
形 細長い, ほっそりした, すらりとした, スレンダーな
: a *slender* figure すらりとした体型 / a *slender* waist 細いウエスト.

slicker
〔衣服〕《米》スリッカー《長いゆったりしたレインコート》.

slim
形 細い, ほっそりした, きゃしゃな, スリムな
: a *slim* waist 細いウエスト / a slim body スリムなボディ / manage to stay *slim* スリムな体型を維持する.

slim jeans
[複数形]〔衣服〕スリムジーンズ《足にぴったりフィットしたタイトなジーンズ; しばしばストレッチ素材》.

slim-jim
形《口語》ひょろ長い
: *slim-jim* trousers 細身のズボン.
【ごろ合わせによる造語】

slimming
〔美容〕《英》スリミング《ダイエット・運動などで減量する健康管理》.

sling
〔靴〕スリング《後ろあきでかかとを固定する女性靴のバックベルト; ⇨ slingbacks》.

slingbacks
[複数形]〔靴〕スリングバック, スリングバンド《かかと部がベルトになった靴; そのベルト》.

slinky
形 しなやかで優美な;〈女性の衣服が〉優雅に流れるように体の線に合った
: a *slinky* dress しなやかに体の曲線をひきたてるワンピース.

slip
〔衣服〕スリップ《ドレスのすべりをよくする肩ひものついた女性用の下着》, ペティコート.

slip-dress
〔衣服〕スリップドレス《ウエストの切り替えがなく, トップはフィットし肩ひもで吊るしたスリップ型のドレス; 女優の Jean Harlow (1911-37) の装いで人気が出て, 1966 年にリバイバルした》.

slip-on
1 [通例 **slip-ons**] スリッポン《(1)〔靴〕ひも・ボタンなどの付いていない楽に

はける靴　2)〔小物〕留め金具の付いていない手袋》.
2〔衣服〕スリッポン《(1) ホックなどなく，着脱が容易なガードルなど 2) 首を通して着るセーター・プルオーバー (pullover)》.

slipover
〔衣服〕スリップオーバー，プルオーバー (pullover)《首を通して着たり脱いだりするセーター・ブラウスなど》.

slippers
[複数形]〔靴〕上靴，スリッパ《留め金やひもがなく，深さがくるぶしよりも低い室内ばきの総称》
: a pair of *slippers*　スリッパ一足 / glass *slippers*《シンデレラがはいていた》ガラスの靴.

slipper satin
〔マテリアル〕スリッパサテン《光沢に富んだ強くて硬いしゅす; 主にイヴニングドレス・ショール・女性靴用》.

slipper socks
[複数形]〔小物〕スリッパソックス《底に革を張った防寒用ソックス》.

slip-shoes
[複数形]《英方言》ゆるい靴，スリッパ (slippers).

slip stitch
〔ソーイング〕スリップステッチ，まつり縫い《表に針目が出ないようにまつるステッチの一種; 厚手布地の場合に用いる; 布地の織糸とヘムの裏側をすくってとじる方法》.

slit
〔ソーイング〕《スカートやポケットの》切り口，裁ち目，切り込み，スリット.

slit pocket
〔ディテール〕切りポケット，スリットポケット《布を切り込んでつくる》.
★welt pocket ともいう.

slit skirt
〔衣服〕スリットスカート《スリットの入ったスカートの総称; スリットの位置は前・後・脇など多様であるが，主に裾幅が狭いスカートに，足の運動量を加えるために用いる》.

sliver /スライヴァー/
〔マテリアル〕スライバー，篠(しの)《紡績の準備工程中，大体の繊維をそろえるため梳綿(そめん)機 (card) を通して太いひも状にした綿または羊毛》.

Sloane Ranger
〔ファッション〕スローンレーンジャー《特にロンドンに住む，おしゃれで保守的な上流階級の子女; Diana 元皇太子妃は代表的な存在だった》.
【ロンドンの流行の中心地スローンスクエアと米国のテレビ番組のヒーロー Lone Ranger とのごろ合わせ】

sloper
〔ソーイング〕スローパー《既製服製造のための原型，平面型紙; 各サイズの寸法は示してあるが，デザインは含まない》.

sloppy joe
[しばしば **Sloppy Joe**]〔衣服〕《口語》丈が長くゆったりしたセーター《主に学生・女性用》.

slot seam
〔ソーイング〕スロットシーム《割縫いに当て布をして，当て布が切替え線として見えるようにした縫い目》.
★slot とは「溝」のこと.

slouch hat
〔小物〕スラウチハット《縁の垂れたソフト帽》.

slub
〔マテリアル〕**1** スラブ《(1) 糸の不均斉に太くなった部分; 篠の部分のある糸　2) そのような糸で織った布地》.
2 始紡糸，より綿.

small
形　小さい，小型の;〈服などのサイズが〉小さい，S サイズの，スモールの《略 S》.

smallclothes

[複数形]〔衣服〕**1** 小物衣類《下着・ハンカチ・子供服など》.
2《18 世紀の》ぴったりした半ズボン (knee breeches).

smart
形 **1** 〈身なりが〉きちんとした，りゅうとした，スマートな.
2 洗練された，あかぬけした，かっこいい; 流行の
: a *smart* car かっこいい車 / a *smart* dresser 着こなしが洗練された人.

smart fabric
〔マテリアル〕スマートファブリック《気温・湿度などによって性質の変わる織物; 1990 年代に温度によって色が変わる T シャツが流行した》.

smiley
1 スマイリー《通例黄色の地に黒で目と口だけ簡単に描いた丸いにこにこ顔; 最初 1970 年代初頭に流行し，若者文化のシンボルとして使われた》.
2 スマイリー，顔文字《人の表情に似せた ASCII 文字の組み合わせ; 日本では (^_^; などだが，英語圏のものは横から見る; 特に「笑顔」を表わす :-) を指すこともある; 一般にはエモーティコン (emoticon) ともいう》.

§Smith
スミス (1) **Graham Smith** (*m*) (b. 1938)《英国の帽子デザイナー》.
(2) **Paul Smith** (*m*) (b. 1947)《英国のファッションデザイナー; 1970 年に自身の名前を冠したブランド Paul Smith を設立した》.
(3) **Willi Smith** (*m*) (1948-87)《米国のファッションデザイナー; 1976 年にスポーツウェア専門の WilliWear 社を設立した》.

smock
名〔衣服〕**1** スモック《肩にギャザーを入れたりスモッキングをしたゆとりのある上着; 画家・女性・子供などが衣服を保護するために着る》.
2 女性用肌着，《特に》シュミーズ (chemise).
動 …にスモッキングをする.

smock dress
〔衣服〕スモックドレス《スモックを長くしたようなドレス; ベルトなしで着用する》.

smock frock
〔衣服〕スモックフロック《smocking のついたヨーロッパの農民の仕事着, 野良着》.

smocking
〔手芸〕スモッキング《等間隔の小さなひだを刺繍で留めたひだ飾り; その刺繍法》.

smoking
〔衣服〕スモッキング《タキシードのこと; 女性用では 1967 年に Yves Saint Laurent が発表したタキシードルックのこと》.
【フランス語】

smoking jacket
〔衣服〕スモーキングジャケット《家着として着るゆったりとした男性用上着; もと食後にたばこを吸うときに着た上着で，ベルベットやブロケードなどでつくられたドレッシーなもの》.

smoking suit
〔衣服〕スモーキングスーツ《男性用のスモーキングジャケットに似た女性用のラウンジスーツ》.

smoky
形 **1** 煙色の，曇った; くすんだ，スモーキーな
: *smoky* blue スモーキーブルー.
2 〈声・目が〉性的魅力のある.

smoky rose
〔宝飾〕煙水晶，スモーキークォーツ.

smooth
形 なめらかな (⇔ rough); 〈体・顔などが〉毛[ひげ]のない; 〈毛髪が〉すべすべした，つやのある; 手入れの行き届いた
: *smooth* skin すべすべの肌 / a

smooth face ひげのない顔.

smudge
〔美容〕しみ, しみ状斑.

snakeskin
〔マテリアル〕ヘビの皮; 蛇革, スネークスキン.

snap
締め金, 留め金, 尾錠, 〔ソーイング〕スナップ (snap fastener).

snap fastener
〔ソーイング〕《衣服などの》スナップ, ホック《《英》press stud》. ★単に **snap**, また **snap closure** ともいう.

sneakers
[複数形]〔靴〕《米》スニーカー《《英》plimsolls,《英》trainers》《ゴム底運動靴》.
【sneak「こっそり歩く」+ -er「…する人」: 靴底がゴム製で歩くときに音がしないことから】

snood
〔小物〕**1** スヌード《垂れ下がった後ろの髪を入れる袋型のヘアネット; またはヘアネット式の帽子》. **2**《昔スコットランド・イングランド北部で未婚のしるしにした》髪を縛るリボン.

snood 1

snow boots
[複数形]〔靴〕スノーブーツ《雪道を歩くためにはくブーツ》.

snow goggles
[複数形]〔小物〕スキー用ゴーグル, 雪めがね, スノーゴーグル.

snow shoes
[複数形]〔靴〕スノーシュー, かんじき《ブーツの靴底に装着するラケット形の雪上歩行具》.

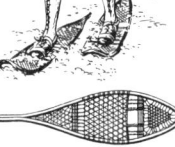

snow shoes

snowsuit
〔衣服〕スノースーツ《上下つなぎの(フード付き)防寒着》.

snow-white
形 雪のように白い, 雪白の, 純白の, スノーホワイトの.

soap
石鹸 (cf. detergent)
: a cake [bar] of *soap* 石鹸1個 / toilet [washing] *soap* 化粧[洗濯]石鹸.

sock
(複数形 **socks**, **sox**) **1**〔小物〕短い靴下, ソックス (cf. stocking).
2〔靴〕= sock lining.

socklet
〔小物〕ソックレット《くるぶしまでの女性用靴下》. ★**no-show sock** ともいう.

sock lining
〔靴〕《靴の中に敷く》敷革, 中敷, ソックライニング. ★**sock liner** ともいう. また単に **sock** ともいう.

sock suspenders
[複数形]〔小物〕《英》靴下留め《《米》garters》.

soft
形 **1**(手ざわりの)柔らかな, 柔軟な, ソフトな; なめらかな, すべすべした
: (as) *soft* as velvet (手ざわりが)とても柔らかで / *soft* skin 柔らかくすべすべした肌 / *soft* fur ソフトな毛皮.
2〈光・色彩など〉柔らかな; 落ちついた, くすんだ, 地味な
: *soft* shades of green and blue 緑と青の柔らかい色合い.

softgel
ソフト(ゼラチン)カプセル, ソフトジェル《液状薬品を封入する軟カプセル》.

soiree /ソワーレイ/

《音楽・談話の》夜会，…の夕べ (cf. matinée). ★**soirée** ともつづる．
【フランス語より】

sola /ソウラ/
〔マテリアル〕クサネム《インド産マメ科の低木性草本；その軽い髄質の茎はよけ帽 (topee) などの材料》.

sola topee
〔小物〕= topee.

sole
1〔ボディ〕足裏，足底. (⇒ leg さし絵).
2《靴などの》底，ソール. (⇒ shoes さし絵).

sole leather
〔マテリアル〕《靴底用の》丈夫な厚革，底革，ソールレザー．

solid
形 〈色合いが〉一様な，濃淡のない，同じ色調の；無地の
: *solid* pants 無地のズボン / a *solid* black dress 黒一色のドレス．
★solid のもとの意味は「固体の，固形の」．

solitaire
1〔宝飾〕ひとつはめの宝石《特にダイヤモンド》．
2〔宝飾〕ソリテール《ひとつだけ宝石をはめたイヤリング・カフボタンなど》．
3〔小物〕ソリテール《18世紀の女性が首元に巻いた幅の広い黒いリボン》．

sombrero
〔小物〕ソンブレロ《米国南西部・メキシコなどで用いる山が高くつばが広いフェルト[麦わら]製の帽子》．
★**Mexican hat** ともいう．
【スペイン語より】

§**Somerville**
サマヴィル Philip Somerville (*m*) (b. 1930)《英国の帽子デザイナー；Elizabeth 女王も顧客のひとり》．

songkok
〔小物〕ソンコ《マレー・インドネシアで男性がかぶる，頭にぴったりのビロード製つばなし丸帽》．
【マレー語より】

sophisticated /ソフィスティケイティド/
形 洗練された，あかぬけした，しゃれた．

§**Soprani**
ソプラーニ Luciano Soprani (*m*) (b. 1946-99)《イタリアのファッションデザイナー；1982年に Luciano Soprani の名でコレクションを発表》．

soutache
〔ソーイング〕スータッシュ《矢筈(やはず)模様の細い飾りひも》．
【フランス語より】

soutane
〔衣服〕スータン《カトリックの聖職者が日常着用するカソック (cassock)》．

sou'wester
1〔衣服〕暴風雨衣《時化(しけ)のとき水夫が着用するバックル留めのゆるいレインコート》．
2〔小物〕サウウェスター，暴風雨帽《前より後ろのつばの広い，耳おおいのついた防水帽；**southwester** ともいう》．

soybean protein fiber
〔マテリアル〕大豆蛋白繊維．

SP
《略語》〔ビジネス〕sales promotion.

spa
1 鉱泉，温泉；鉱泉場，温泉．
2 スパ《健康増進などのためのジム・プール・サウナなどを備えた施設》；《主に米》泡ぶろ，ジャグジー．

space age
[時に **Space Age**]〔ファッション〕宇宙時代，スペースエイジ《宇宙服をイメージした André Courrèges の発表した1964年のコレクション》．

space suit
〔衣服〕宇宙服；耐加速度服 (G-suit).

§**Spade**

スペード **Kate Spade** (*f*) (b. 1962)《米国のファッションデザイナー; 本名 Katherine Noel Brosnahan; 1993 年にパートナーの Andy Spade と 'kate spade ハンドバッグ' を売り出した》.

spaghetti strap
〔ディテール〕スパゲッティストラップ《女性服の肩ひもなどに使用される細く丸みのある吊りひも》.

spandex
〔マテリアル〕スパンデックス《ゴムに似たポリウレタン系の合成繊維》; スパンデックス製品《ガードルや水着など》.
【expand のアナグラム】

spangle
〔マテリアル〕スパングル, スパンコール《舞台衣裳やドレスに縫い付ける金属製の小片; 光を受けるとキラキラ輝いてゴージャス感が演出できる》.

Spanzelle
〔商標〕スパンゼル《Firestone Tyre & Rubber 社の spandex の商品名》.

spare
形 予備の, 余分な, スペアの
: a *spare* shirt スペアのシャツ.
图〔ディテール〕あき, スペアー《物を入れることができる衣類のあき》.

spats
[複数形]〔小物〕**1** スパッツ《足の甲・足首などをおおうゲートル状のもので, 革ひもを靴の土踏まずの下に通して止める; もともとは軍人がはいていたもの》.
2 スパッツ《タイツの足先部分がない形状の, 体にぴったりしたレッグウェア; cf. leggings》.
【spatterdashes の短縮された語】

spatterdashes
[複数形]〔小物〕スパターダッシズ《ひざ下まである泥よけのゲートル; 乗馬用など》.

spec
[しばしば **specs**] スペック (specification).

special order
〔ビジネス〕特別注文, 特注.

special-order
動 特別注文する, 特注する; 特注で手に入れる.

specialty goods
[複数形] スペシャルティーグッズ, 専門品《高級ブランドものなど, 消費者が入手のための努力を惜しまないような商品》.

specialty store
スペシャルティーストア, 専門店《特選品を売る》.

specification
[しばしば **specifications**] 仕様書; 仕様. ★**spec** ともいう.

speckled
形 斑(ふ)入りの, 小斑点入りの
: *speckled* shoulders しみがポツポツある肩.

specs
[複数形] **1**〔小物〕《口語》眼鏡 (spectacles). ★**specks** ともいう.
2 ⇨ spec.

spectacles
[複数形][しばしば a pair of spectacles]〔小物〕眼鏡 (glasses)《古めかしい語》.

spectators
[複数形]〔靴〕スペクテーターシューズ《焦げ茶色・黒などと白のツートーンの革靴; つまさきの wing tip の部分とかかとのところに焦げ茶・黒・濃紺などの革を用い, 飾り穴があいている》; スペクテーターパンプス《女性用のスペクテーターシューズ》.
★**spectator shoes** ともいう.

spencer
〔衣服〕スペンサー《1) 19 世紀初期の短いコート[上着] 2) 昔の女性用胴着[ベスト]》.
【George John, 2nd Earl Spencer

(1758-1834) 英国の政治家】

SPF
《略語》〔マテリアル〕soybean protein fiber;〔美容〕sun protection factor.

spiff
〔ビジネス〕《特別販促品を売ったセールスマンに対する》報奨金.

spike heel
〔靴〕スパイクヒール《女性靴の非常に高く先のとがったヒール》．★spike とは「《靴底の》釘, スパイク」のこと.

spiky hair
〔ヘア〕スパイキーヘアスタイル《髪を立たせて毛先がツンツンしたヘアスタイル》．★spiky は「スパイク状の, 針のようにとがった」の意.

spinneret
1 《クモ・カイコなどの》出糸[紡績]突起.
2 紡糸口金《レーヨンなど合成繊維製造用》．★spinnerette ともつづる.

spinning
糸紡ぎ, 紡績(業).

spinning machine
紡績機, 紡機.

spirit
1 精神, 魂, 心.
2 気質; 時代精神, 時勢
: catch the *spirit* of the age [times] 時代精神を捕らえる.

split skirt
〔衣服〕スプリットスカート (culottes)《二股に分かれたスカート》．

sponge
スポンジ, 海綿《海綿動物の繊維組織; 浴用・医療用》．

§Spook
スプーク Per Spook (*m*)(b. 1939)《ノルウェー生まれのファッションデザイナー》．

sporran
〔小物〕スポーラン《スコットランド高地人が kilt の前にベルトからつるす毛皮をかぶせた革[シールスキン]の袋》．(⇨ kilt さし絵).

sports bra
〔衣服〕スポーツブラ《運動に耐えるうデザインされた, 機能性の高いブラジャー》．

sport shirt
〔衣服〕スポーツシャツ《カジュアルな男性用シャツ》．

sports sandals
[複数形]〔靴〕スポーツサンダル《足のまわりを丈夫なストラップでおおった, ハイキング・ランニング・ウォーキングなどアウトドアスポーツに適したサンダル》．

sportswear
〔衣服〕スポーツウェア; カジュアルウェア《スポーツ, あるいはエクササイズのための装備; 米国では, 上下に分かれていて, 組み合わせを変えることで着まわしがきく日常着を指す; スポーツの種類においては, フットウェアやヘルメットなども含む》．

spot
1 ぶち, 斑, 斑点, 斑紋, まだら, 水玉模様.
2〔美容〕ほくろ;〔婉曲的〕発疹, おでき, にきび, あばた; 付けぼくろ (beauty spot)
: *spots* on one's face 顔の吹き出物.

spray
《ひと吹きの》スプレー, 消毒液[ペンキ, 殺虫剤, 香水など]の噴霧; 噴霧器.

spread collar
〔ディテール〕スプレッドカラー《開きが大きい襟のこと; ウィンザーノットに合わせやすい; ワイシャツ用》．

§Sprouse
スプラウス Stephen Sprouse (*m*) (1953-2004)《米国のファッションデザイナー; 1980年代にロックやパンク, 前衛芸術を洗練の域に高める文化的潮流を先導したことで不動の人

気を得た)).

spruce
1 トウヒ(唐檜)((マツ科トウヒ属の常緑高木)).
2 〔色〕スプルース((ごく暗い緑)). ★トウヒの葉の色から.

spun yarn
〔マテリアル〕紡績糸(し).

square
正方形; 四角なもの[面].

square-jawed
形 四角いあごをした.

square neck
〔ディテール〕スクエアネック((四角くカットされた襟あきのこと)).

square-shouldered
形 肩の張った, いかり肩の.

square-toed
形 つまさきの四角い〈靴など〉.

squat
1 スクワット((両ひざを曲げて腰を落とした, あるいはしゃがんだ姿勢)).
2 スクワット((1) トレーニングの一種で, 直立の姿勢から屈伸運動を繰り返す動作 2) 〔美容〕ひざを曲げて腰を落としたりしゃがんだりする動作を取り入れたエクササイズ)).

squirrel /(米)スクワーラル; (英)スクウィラル/
1 リス.
2 〔マテリアル〕リスの毛皮.

stability ball
〔美容〕スタビリティボール((いわゆるバランスボールのこと)).

stacked heel
〔靴〕((米))スタックヒール((薄い革や板を何枚も重ねてつくったヒール; 女性靴用; 積み重ねた層が見えるのが特徴)). ★stack は「積み重ねる」の意; stack heel ともいう.

stainless steel
ステンレス(スチール)((クロームを含んださびない鋼鉄)).

stalk stitch
〔手芸〕= stem stitch.

stand-up collar
〔ディテール〕スタンドアップカラー, 立ち襟. ★standing collar ともいう.

staple /ステイプル/
1 〔ビジネス〕主要産物, 重要商品.
2 〔マテリアル〕ステープル((1) 綿・羊毛などの, 比較的短い長さの可紡性のある繊維(の束) 2) そうした繊維の長さ); ((綿・麻・羊毛の品質をいう場合の))繊維.

staple fiber
〔マテリアル〕ステープルファイバー, スフ((レーヨンなどの人造繊維を紡績用に短く切断したもの)).

starch
動 〈布などに〉糊をつける.

star facet
〔宝飾〕スターファセット((ブリリアントカットの宝石のクラウン部分にある, テーブル面を囲む三角形のファセット; 8面ある)).

statuesque /スタチュエスク/
形 彫像[塑像]のような; 均整がとれて美しい
: a lady of *statuesque* beauty 彫像のように美しい女性. ★長身で威厳のある美人の形容に用いられる.

stay
1 〔ソーイング〕((カラー・コルセット・衣類などの))ステイ((プラスチック板・金属板などでつくった芯)).
2 [複数形で; しばしば a pair of stays] 〔衣服〕((英)) コルセット (corset). ★stay は「支え」の意.

stay-ups
[複数形]〔小物〕ステイアップ((靴下留め不要のストッキング)).

steel
〔マテリアル〕鋼(はがね), 鋼鉄, スチール; ((コルセットの))張輪(はりわ)鋼.

steel gray
〔色〕スチールグレー((紫みの灰色)).

steeple headdress
〔小物〕=hennin.

§Steichen
スタイケン Edward ⟨Jean⟩ Steichen ⟨*m*⟩ (1879-1973)《ルクセンブルク生まれの米国の写真家; *Vogue* 誌など Condé Nast 社のファッション写真家として活躍した》.

stem stitch
〔手芸〕ステムステッチ《芯糸上に針目を詰めて巻くようにかがるステッチ》. ★**stalk stitch** ともいう.

step cut
〔宝飾〕ステップカット《側面から見たときにファセットが階段状に見えるカット》.

sterling
形 **1** 英国法定の純金[純銀]を含む; 英貨の.
2 〈銀が〉法定純度の《銀含有率 92.5%》
: *sterling* silver スターリングシルバー.
【原義は「小さな星」; 昔の英国の銀貨には小さな星が刻印されたものがあった】

Stetson
〔商標〕ステットソン《縁の広いフェルト帽, いわゆるカウボーイハット》.
【John B. Stetson (1830-1906) 米国の製帽業者】

stick
1 《切り取った, または 枯れた》枝木; 棒, 棒きれ.
2 〔小物〕ステッキ, 杖.

stickpin
〔宝飾〕《米》スティックピン《飾りピン》, 《特に》タイピン.

§Stiebel
スティーベル Victor Stiebel ⟨*m*⟩ (1907-76)《南アフリカ生まれの英国のファッションデザイナー; Ascot でのファッショナブルな装いで知られる》.

stiletto
1 小剣, 短剣.
2 〔手芸〕穴あけ, 目打ち.
3 〔靴〕=stiletto heel.

stiletto heel
〔靴〕スティレットヒール《spike heel よりさらに細い女性靴の高いヒール; 単に **stiletto** ともいう》. ★stiletto (短剣)にちなんで名付けられた; 地面に接するヒールの直径が 1 センチに満たないものを指すことが多い.

stirrup /《米》スターラップ; 《英》スティラップ/
1 《乗馬用の鞍からつるす》あぶみ, あぶみがね.
2 スティラップ《足の裏に引っ掛けるスラックスの裾のベルト状のひも》.

stirrup pants
[複数形]〔衣服〕スティラップパンツ《裾のベルト状のひもを足の裏の土ふまずの部分に引っ掛けてはく, 女性用ストレッチパンツ》.

stitch
〔ソーイング〕ひと針, ひと縫い, ひと編み, ひとかがり; ひと針[ひと縫い]の糸, 針目, すき目; かがり方, 縫い[編み]方, ステッチ
: drop a *stitch* 《編物で》ひと針かがり落とす, ひと目すき落とす / make small [long] *stitches* 針目を小さく[長く]縫う.

stock
1 〔ビジネス〕仕入れ品, 在庫品, 持合わせ, ストック.
2 〔小物〕ストック《以前特に軍服に用いた革製などの一種の襟巻》; ストック《女性用立ち襟》;《牧師がカラーの下に巻く》絹のスカーフ.
3 〔マテリアル〕ストック《紡績前の原毛・綿花など》.

stock dyeing
〔マテリアル〕ストックダイ, 原綿染め, わた染め, 原毛染め《糸になる前に染めること》. ★**fiber dyeing** とも

いう.

stockinette
〔マテリアル〕ストッキネット,(機械製)メリヤス地《縫い合わせて下着類をつくる》; メリヤス地でつくった衣類. ★stockinet ともつづる.

stocking cap
〔小物〕ストッキングキャップ《冬のスポーツなどでかぶる, 先にふさなどの付いた毛編みの円錐帽》.

stockings
[複数形] **1**〔小物〕《女性用の》靴下, ストッキング《ひざ上まで達するもの; ⇨ pantyhose》
: a pair of nylon *stockings* ナイロンストッキング一足.
2《男性用の》靴下, ソックス.

stola
〔衣服〕ストラ《古代ローマの女性用のゆるやかで長い服》.
【ラテン語より】

stole
1〔小物〕《聖職者の》ストラ;《俗に》法衣, ころも.
2〔小物〕《女性用の》肩掛け, ストール.
3〔衣服〕ストラ《古代ローマの pallium に似た外衣》.

stomach
〔ボディ〕胃; 腹部, 腹. ★厳密には「腹部, 腹」を意味する語は abdomen や口語的な belly だが, 普通は stomach のほうが上品な語とされ, abdomen, belly の代わりに用いる.

stomacher
〔衣服〕ストマッカー《三角形の胸飾り; 15-17 世紀に流行, しばしば宝石・刺繍飾り付き; のちには女性が胴着の下にコルセットの一部として, あるいはコルセットの正面の三角形の部分をおおう飾りとして着用した》.

stone
〔宝飾〕宝石 (gemstone), 石, ダイヤ.

stonewashed
形 ストーンウォッシュ加工した《ジーンズや革製品に着古した感じを出すために, 製造工程の最終段階で研磨作用のある石といっしょに機械洗いをした》.

store
《米》店, 商店 (《英》shop);《英》大型店, 百貨店, デパート (department store); [しばしば **stores**, 単数または複数扱い]《英》雑貨店.

store brand
〔ビジネス〕《米》自家[自社, ストア]ブランド (《英》own brand)《製造元ブランドでなく小売店自身のブランドで売られる商品; 略 SB》.

storm flap
〔ディテール〕ストームフラップ《テントやコートの開口部の雨よけフラップ》.

stovepipes
[複数形]〔衣服〕《口語》ストーブパイプ《ヒップの下から直線的になった細身のズボン; cf. drainpipes》. ★**stovepipe trousers** [**pants**] ともいう.

straight
形 **1** まっすぐな;〈毛髪などが〉縮れてない.
2〈スカートが〉ストレートの (⇨ straight skirt);〈ズボンが〉ストレートな《上から下まで太さが一様のものにいう》.
3 異性愛の, ゲイでない.

straight razor
〔美容〕西洋かみそり《取っ手になるケースに刃の部分を折りたためるもの》.

straight skirt
〔衣服〕ストレートスカート《フレアやギャザーなどのふくらみのないスリムなスカートの総称》.

straitjacket
〔衣服〕ストレートジャケット, 拘束

服《狂暴な囚人・患者などに着せて両手の自由を制限する一種の上着；固い布地などでつくってある》.
★**straightjacket** ともつづる．

strap
〔小物〕《しばしば留め金具付きの》革ひも，革帯；肩ひも，吊りひも，ストラップ《ズボン吊り，ブラジャーの肩ひも，ショルダーバッグの肩かけなど》；時計のバンド；肩章．

strapless
形 strap のついていない，《特に》肩ひもなしの，ストラップレスの〈ドレス・ブラジャーなど〉．

strap seam
〔ソーイング〕ストラップシーム《割縫いに当て布を当ててステッチで押さえた縫い目》．

strass
〔宝飾〕=paste 2.

§Strauss
ストラウス Levi Strauss (*m*) (1829-1902)《ドイツ生まれの米国の衣類製造業者；1853 年ニューヨークからカリフォルニア州に移り，サンフランシスコで Levi Strauss 社を設立，のちに blue jeans, Levi's と呼ばれるようになったデニムのズボンを製造した；⇨ Levi's》．

straw
〔マテリアル〕わら，麦わら；《マット・帽子・バッグ・靴などを編む》編組(あみぐみ)細工用の天然[合成]繊維．

strawberry
1 オランダイチゴ，イチゴ．
2〔色〕ストロベリー《あざやかな赤》．

straw hat
〔小物〕麦わら帽子，ストローハット．

straw yellow
〔色〕ストローイエロー《柔らかい黄》．
★麦わらのような黄．

streamline
流線；流線型，ストリームライン；[形容詞的に] 流線型の．

street
形 **1**〈衣服・靴が〉街で着用するのに適した；〈女性の服の丈が〉外出着に適した《裾が地面につかない程度のものにいう》
: *street* clothes 街着(まちぎ)，ストリートクローズ / *street* dress 《女性の》外出着．
2 都市の若者[先端]文化の，ストリートの
: *street* style《特にファッション・音楽などの》ストリートスタイル．

street culture
ストリートカルチャー《都市生活する若者の間ではやっている価値観[ライフスタイル]》．

streetwear
〔衣服〕ストリートウェア，ふだんの外出着，街着(まちぎ)．

stretch
形 伸縮性のある
: *stretch* fabric ストレッチファブリック《ポリエステルやポリウレタンでつくられた伸び縮みする服地の総称》．

stretch marks
[複数形]〔美容〕伸展線《急に肥満したり，妊娠した場合に腹部・もも・乳房などに何本も生ずる線；妊婦の場合は「妊娠線」ともいう》．

strike-off
〔マテリアル〕《プリント布地の》試(し)刷り．

string
1〔小物〕ひも，糸ひも，糸；ひもに通したもの，数珠つなぎになったもの，ネックレス．
2〔小物〕《帽子・エプロンなどの》ひも，リボン；《俗語》ネクタイ．
3〔衣服〕=string bikini.

string bikini
〔衣服〕ストリング(ビキニ)《腰の回り(とお尻の間)の部分がひもになっているビキニ》．★**string** ともいう．

string tie
〔小物〕ひもタイ，ストリングタイ《幅が狭く短い(蝶)ネクタイ》.

string vest
〔衣服〕メッシュ織り地のランニングシャツ《下着》.

strip center
〔ビジネス〕道路沿いの小規模なショッピングセンター.

stripe
1〔マテリアル〕縞(しま)，すじ，ストライプ；ストライプのある生地.
2 [**stripes**]〔衣服〕縞模様の服，《米俗語》囚人服.

strong
形 **1** 強い，力のある.
2 〈光・色など〉強烈な
: a *strong* color 濃い色.

strophium
〔小物〕ストロフィウム《古代ローマの女性がストラ (stola) と共に着用したコルセットのように巻きつける帯》.

stud
1〔小物〕鋲，飾り鋲，飾り釘，スタッド；飾りボタン.
2〔宝飾〕《ピアス式の》鋲型の耳飾り，スタッド．★**stud earrings**，また **ear-stud** ともいう.

S twist
〔マテリアル〕S 撚(よ)り，右撚り (⇔ Z twist)《織物の撚り線が上部左側から下部右側に向けて S 字形となる》.

style
〔ファッション〕《生活・服装などの》様式，風(ふう)；スタイル，流行型
: changing *styles* of costume 服装スタイルの移り変わり / be in *style* 流行にのっとっている / go out of *style* 流行からはずれている / the latest *style* in shoes 靴の最新流行型.

★服飾用語の慣例においては，「モード」「ファッション」の次にくるのが「スタイル」とされることが多い．モードは，衣服が流行する前の見本型，ファッションは，一般化した流行型，それが時代を表わす様式として定義した型がスタイルというわけである.

style book
〔ファッション〕スタイルブック《服装の流行型を図示したもの》.

stylish
形 流行に合った，はやりの，おしゃれな，かっこいい.

stylist
1《服装・室内装飾などの》演出家，スタイリスト，デザイナー (cf. accessoiriste).
2 ⇨ hairdresser, hairstylist.

suede
〔マテリアル〕スエード《なめした子ヤギ[子牛など]の革》；スエードクロス《それに似せた織物；**suede cloth** ともいう》．★**suède** ともつづる.
【フランス語の gants de Suède「スエードの手袋」の省略形 suède から；本来は未加工の子ヤギの皮でつくった手袋を表わしたが，のちに靴などのけば立てた革製のものを指すようになった】

§Sui
スイ Anna Sui (*f*) (b. 1955)《米国のファッションデザイナー；中国語名 蕭志美；1980 年にブランド Anna Sui を立ち上げた》.

suit
〔衣服〕《男性服の》三つぞろい，スーツ《ジャケット・ベスト・ズボン》；女性服ひとそろい，スーツ《ジャケット・スカート[パンツ]，時にブラウス》．★上衣，(中衣，)下衣，互いに関連をもたせたワンセットの服を，スーツと総称する．必ずしも同一の色や素材で揃っている必要はない.

suitcase
〔バッグ〕スーツケース.

suiting
〔マテリアル〕(洋)服地；スーツ

《1 着》.

sunblock
〔美容〕サンブロック《sunscreen よりも効果が高い日焼け止め(クリーム)》.

sunbonnet
〔小物〕サンボンネット《赤ちゃん・女性用の日よけ帽》.

sunburn
〔美容〕《(ひどい)日焼け (cf. suntan); 日焼け色.

sunburst pleats
[複数形]〔ディテール〕サンバーストプリーツ《太陽光線のように下方に向けて広がっていくイメージのプリーツ; sunburst は雲間から漏れる日の光》.
★**sunray pleats**ともいう.

suncream
〔美容〕サンクリーム《肌を保護し、きれいに日焼けさせるクリーム》.

sundress
〔衣服〕サンドレス《肩・腕などを出す真夏用のドレス》.

sunglasses
[複数形]〔小物〕サングラス.
★**shades**ともいう.

sun hat
〔小物〕《(つばの広い)日よけ帽、サンハット.

sun protection factor
〔美容〕紫外線防御指数、日焼け止め指数《日焼け防止用化粧品が紫外線など太陽光線の悪影響から皮膚を保護する効果を表わすもの; 略 SPF》.

sunray pleats
[複数形]〔ディテール〕= sunburst pleats.

sunscreen
〔美容〕サンスクリーン《日焼け止め剤[クリーム, ローション]》.

suntan
1《日光浴による健康的な》日焼け (cf. sunburn)
: *suntan* cream [lotion, oil]《きれいに日焼けするための》サンタンクリーム[ローション, オイル].
2〔色〕日焼け色、小麦色.
3 [**suntans**]〔衣服〕淡褐色の夏季用軍服.

supermodel
〔ファッション〕スーパーモデル《世界的な有名ファッションモデル》.

supertunic
〔衣服〕スーパーチュニック《英国君主の戴冠式の際にローブの上からまとうダルマティカ (dalmatic); 12 世紀以降 surcoat と呼ばれた》.

supplier
〔ビジネス〕供給する人[もの]; 供給国[地]; 供給[納入]業者.

surah
〔マテリアル〕シュラー《柔らかい軽めの絹・レーヨン》.

surcoat
〔衣服〕**1**《中世の騎士がよろいの上に着た》外衣;《中世の女性の》長袖のガウンの上に着た袖なし外衣.
2 サーコート《ベルト付きで丈の長い一種のジャンパー》.

surplice
〔衣服〕**1** サープリス《儀式で聖職者・聖歌隊員が着る袖の広い白衣》.
2 サープリス《前が斜めに交差したネックラインがV字形の衣服》.

surplice neckline
〔ディテール〕サープリスネックライン《surplice のように打ち合わせが斜めに交差したネックライン》.

surplice 1

surplus
アメリカ軍の放出品、サープラス《迷彩柄軍服やワークブーツ、ボマージャケットなどもその中に含まれる》. ★surplus は「余り」の意.

surrealism
〔アート・デザイン〕超現実主義, シュールレアリスム《1920年代初頭にフランスの詩人 A. Breton (1896-1966) を中心として起こった文芸・芸術上の運動; 意識の底に潜むイメージを表現して, 理性の束縛を脱し, 精神の完全な解放をはかる》.

★服飾史では, 1930年代に Elsa Schiaparelli が Salvador Dalí らと協力するなど, 超現実主義を取り入れた過激なファッションで一時代を画した.

suspender belt
〔小物〕《英》=garter belt.

suspenders
[複数形][通例 a pair of suspenders]〔小物〕《米》ズボン吊り, サスペンダー(《英》braces); 《英》靴下吊り(《米》garters).

sustainable fashion
〔ファッション〕持続性のあるファッション. (⇨ コラム).

svelte
形 すんなりした, 〈女性が〉すらっとした, ほっそりした (slender); 都会風な, 洗練された.

swab
〔美容〕綿棒 (cotton swab).

swagger coat
〔衣服〕スワガー《肩が張って後ろにフレアの入った女性用コート》. ★swagger は「いばって歩くこと」.

swagger stick [cane]
〔小物〕《軍人などが散歩などにだてにもつ》短いステッキ.

swallowtail
1 ツバメの尾.
2 〔衣服〕燕尾服 (tailcoat). ★swallowtail coat, swallow-tailed coat

Sustainable Fashion

21世紀に入り, サステナビリティー, すなわち持続可能性を, ファッションシステムにおいても実現しようとする試みが行なわれている. 頻繁にトレンドサイクルが変わる安価なファストファッションの流行は, 大量の売れ残り品・流行遅れ品というゴミを出し, 機械生産・迅速流通の過程で大量の CO_2 を放出するばかりか, コスト削減を目的とするあまりスウェットショップにおける悲惨な労働搾取をまねいている. 長続きするはずのないこのような大量生産・大量消費・大量廃棄・貧困増加のサイクルを断ち切り, 自然環境を保護しながら, 人びとに公平な雇用機会を創出し, 伝統的な職人技を守り育てていくことで, 社会的・環境的正義にのっとった「よき循環」を生みだすファッションシステムこそが, 早急に実現すべき持続可能ファッションのビジョンである.

また, 本質は変わらないままに時代の変化に応じて, 少しずつ適応して長期間生きながらえているファッションアイテムも, 「サステナブルファッション」と呼ばれることがある. その代表的なアイテムのひとつに, 男性用のスーツがある. キモノ, サリーなどの伝統的民族衣裳も, 本来, 代々着用できてトレンドに左右されないサステナブルな服であるということで, 近年, 新たな脚光を浴びている.

ともいう.

§Swarovski
スワロフスキー《オーストリアのカットクリスタル会社; 1892 年にボヘミア出身の職人 Daniel Swarovski (1862-1956) が機械研磨を発明してブランドを確立》.

Swatch
〔商標〕スウォッチ《スイスのクォーツ式腕時計メーカー Swatch 社の製品; 斬新でカラフルなデザインで有名》.

sweat
1 汗.
2 [sweats]〔衣服〕《口語》スエットスーツ (sweat suit), スエットパンツ (sweat pants).

sweatband
1 〔ディテール〕《帽子の内側につけた》びん革, 汗革.
2 〔小物〕《額・手首につける》汗止めバンド.

sweater
〔衣服〕セーター《ニット製の上衣》.

sweater coat
〔衣服〕セーターコート《ニットのコート; 太い糸を使い編込み模様を入れたものなど》.

sweaterdress
〔衣服〕セータードレス《ロング丈のセーターのようなニットのドレス》.

sweat pants
[複数形]〔衣服〕《米》スエットパンツ《汗を吸いやすいコットン・ジャージーなどの素材でつくられたゆるやかなパンツ; 運動着やくつろぎ着にする》.

sweat shirt
〔衣服〕スエットシャツ, トレーナー.

sweatshirting
〔マテリアル〕スエットシャツ地《綿のメリヤスを裏起毛したもの》.

sweatshop
スウェットショップ《劣悪な条件下で労働者に低賃金・長時間労働をさせる作業場[工場]》.

sweat suit
〔衣服〕スエットスーツ《スエットシャツとスエットパンツのアンサンブル》.

sweetheart neckline
〔ディテール〕スイートハートネックライン《胸元をハート形に大きくくったネックライン》.

swimming costume
〔衣服〕《英》水着, 海水着.

swimming trunks
[複数形]〔衣服〕水泳パンツ, スイミングトランクス.

swimsuit
〔衣服〕水着 (bathing suit).

swimwear
〔衣服〕スイムウェア《水着》.

swing coat
〔衣服〕スイングコート《動くと軽やかに揺れるコート》.

Swinging London
〔ファッション〕スウィンギングロンドン, 'ゆれはずむロンドン'《1960 年代ロンドンのファッションとカルチャーの盛り上がりを総括することば; Swinging London という言い方は, 1966 年に *Time* 誌が使ったもの; 第二次大戦後, 1950 年代の暗い英国のムードをはね返すような, 若さとポップな現代感覚と, 楽観的な活気に満ちあふれていた; Mary Quant によるミニスカートは, その象徴でもあった》.

swing skirt
〔衣服〕スイングスカート《歩くたびに裾が美しく揺れるようなスカート》.

swing tag
〔ビジネス〕=hang tag.

swirl
〔ヘア〕巻き毛.

synthetic
[通例 synthetics]〔マテリアル〕合成繊維, 化学繊維, プラスチック.

tab

1 《主に米》タブ，プルタブ《缶ビール・ジュースなどの口金のつまみ》.
2 〔ソーイング〕タブ《引っ張ったりつるしたりするためのカーテンなどの小さな耳[輪，垂れ]》.
3 〔小物〕《衣服の》垂れ(飾り)，《襟[袖]留め用などの》タブ;《帽子の》耳おおい.
4 〔靴〕つまみ(革).

tabard

〔衣服〕タバード，タバール《1) 中世の小作農が着たような，袖なしのゆったりした上衣[ケープ]　2) 騎士がよろいの上に着た家紋入りの陣羽織　3) 伝令官が着た君主の紋章入りの官服　4) 脇にスリットを入れた女性用の袖なしコート》.

tabby

〔マテリアル〕タビー，平織り (plain weave).

tab collar

〔ディテール〕タブカラー《ワイシャツの左右に付いた小さなタブの上にネクタイを通し，襟元を留めるタイプのカラー》.

table

1 テーブル，食卓.
2 〔宝飾〕テーブル《ファセットカットの宝石の上部の大きく平らな面》.

table cut

〔宝飾〕テーブルカット《ダイヤモンドの八面体の原石の一方の端をカットしてテーブルとし，他方の端は小さくキューレット (culet) にしたカット》.

tablier /タブリエイ/

〔衣服〕タブリエ《エプロン風ドレス[スカート]》.
【フランス語より】

tack

图 **1** 鋲，留め鋲;《米》画鋲.
2 〔ソーイング〕しつけ，仮縫い.
動《仮縫いで》縫い付ける，しつける，仮縫いする.

tacking

〔ソーイング〕しつけ，置きじつけ，仮縫い (basting). ★**tacking stitch** ともいう.

Tactel

〔商標〕タクテル《ポリアミド生地[繊維];しなやかな肌ざわり》.

taffeta

〔マテリアル〕琥珀(こはく)(織り)，タフタ《光沢のあるやや堅い平織りの絹織物の一種》.

tag

1 《名前・定価などを記した》付け札，下げ札，タグ
: a price *tag* 正札，値札.
2 〔小物〕《服・リボンなどの》垂れ下がり，垂れ下がった端，垂れ飾り;《服の襟裏に付いている》襟吊り.
3 〔靴〕《靴ひもなどの》先端具 (aglet);《深靴の》つまみ(革).
4 《ジッパーなどの》つまみ.
5 〔ビジネス〕(電子)タグ (electronic tag)《もの[人]の所在が追跡できるように取り付ける電子装置;万引き防止のために商品に付けたりする》.

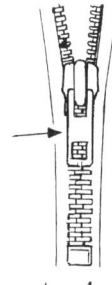

tag 4

tail

1〔ディテール〕《洋服の後ろの》垂れ, 《シャツの》裾; [**tails**] 女性服の長い裾.
2 [**tails**]〔衣服〕《口語》燕尾服 (tailcoat), 《男性の》夜会服, 正装.
3〔ヘア〕おさげ髪.

tailcoat
〔衣服〕燕尾(えんび)服《男性の夜間用礼服; 前丈は短く, 後ろ裾は長く先が割れている; 裾の形が燕(つばめ)の尾に似ていることから》. ★**claw-hammer coat**, **swallowtail** ともいう.

tailleur
〔衣服〕タイユール《テーラー仕立ての女性服》.
【「仕立屋」の意のフランス語より】

tailor
〔ビジネス〕仕立屋, 洋服屋, 裁縫師, テーラー《主に男性服を注文でつくる; cf. **dressmaker**》.
【ラテン語の原義は「(布地を)裁断する人」の意】

tailored
形 仕立屋が縫った[仕立てた], あつらえの (custom-made);〈女性服が〉男仕立ての, テーラー(メイド)の
: an expensively *tailored* suit 高価な仕立ての服.

tailored buttonhole
〔ソーイング〕テーラードボタンホール《打ち合わせ側にあけたボタンホール; 主に男性のコート, ジャケット用》.

tailor's bust
〔ソーイング〕人台(じんだい), ボディ.

tailor's chalk
〔ソーイング〕チャコ《布に印をつけるのに用いるチョーク》.

tailor's tack
〔ソーイング〕テーラーズタック《縫い目・ダーツなどの配置を型紙から布地へ写すのに目印とするゆるいしつけ》.

take in
動〈衣服などの〉丈や幅を詰める (cf. **let out**)
: *take* a dress *in* ドレスの寸法を詰める.

take off
動〈衣類・靴などを〉脱ぐ,〈帽子を〉取る,〈眼鏡・指輪などを〉はずす,〈化粧を〉落とす (⇔ **put on**)
: *take off* one's clothes 服を脱ぐ / He *took off* his glasses. 眼鏡をはずした / *take off* eye makeup アイメイクを落とす.

tall
形 背[丈]の高い (⇔ **short**); 高さ[背, 丈]が…《英》では **high** のほうが普通》
: six feet *tall* 身長[高さ]6フィート.

tallith
(複数形 **tallithim**, **taleysim**)〔衣服〕タリス, タリート《1) ユダヤ教徒の男性が朝の礼拝のとき頭[肩]に掛ける毛織り[絹織り]の肩衣(かたぎぬ) 2) これより小さく, ユダヤ人男子が上着の下に着用するもの》. ★**tallis** ともつづる.
【ヘブライ語より】

tam-o'-shanter
〔小物〕タモ・シャンター《スコットランド人がかぶる上にふさが付いたベレー帽》. ★**tam**, **tammy** ともいう.
【ロバート・バーンズの同名の詩 (1790) の主人公の農夫がかぶっていたことから】

tan
名 **1**〔美容〕《肌の》日焼けした色.
2〔色〕タン《くすんだ黄赤》.
動 **1**〈獣皮を〉なめす.
2〈肌を〉日焼けさせる, 褐色にする.

tanga
〔衣服〕タンガ《フロントとバックはV字状でサイドはひも状の下着[水着]》.
【ポルトガル語より】

tango shoes
[複数形]〔靴〕タンゴシューズ《アンクルストラップで留めるタイプの靴》.

tank
〔衣服〕《米》= tank top 1).

tankini
〔衣服〕タンキニ《女性用のセパレートの水着の一種で，ボトムとタンクトップからなる》.

tank suit
〔衣服〕タンクスーツ《1920年代に流行したスカートの付かない上下続きの水着》.

tank top
〔衣服〕タンクトップ《(1) ランニングシャツ風の上衣，袖なしのTシャツ (2)《英》袖なしで袖ぐりが広いセーター》.

tank watch
〔小物〕タンクウォッチ《ケースが長方形のCartierの腕時計；パリ解散をなし遂げたヨーロッパ軍をたたえて1919年に戦車の軌道のイメージでつくられた》. ★tankは「戦車」の意.

tanner
〔美容〕日焼け剤，日焼けクリーム.

tanning
1 〔マテリアル〕製革法，なめし(法).
2 〔美容〕《肌の》日焼け.

tapa
〔マテリアル〕タパ《コウゾ(楮)の類のカジノキ (paper mulberry) の皮》；タパ布《南洋諸島でタパからつくられる紙に似た布；**tapa cloth**ともいう》.

tape
〔ソーイング〕1 平ひも，テープ；接着テープ.
2 = tape measure.

tape lace
〔手芸〕テープレース《ボビンレースの一種で，テープをつなぎ合わせたレース》.

tape measure
〔ソーイング〕巻尺. ★単に**tape**ともいう.

tapestry
1 〔マテリアル〕つづれ織り，つづれにしき，タペストリー《数色の色糸を用いて模様を織り込んだ織物；壁掛けなどの室内装飾やクッションカバーなどに用いられる》.
2 〔手芸〕タペストリー《つづれ織り風の刺繍》.

tarboosh
〔小物〕ターブーシュ《イスラム教徒の男性が着用するトルコ帽に似た縁なし帽で，通例，赤いフェルト製；時にはターバンの一部となることもある；cf. fez》. ★**tarbush**, **taroush**, **tarbouche**ともつづる.

target
1 的，標的，目標.
2 〔ビジネス〕《募金・生産などの》達成目標，目標額.

target market
〔ビジネス〕標的市場，ターゲットマーケット《マーケティング活動の対象となる，市場細分化によって特定されたある商品・サービスの潜在顧客層》.

tarlatan
〔マテリアル〕ターラタン《薄地モスリン；舞台・舞踏服用》. ★**tarletan**ともつづる.

§Tarlazzi
タルラッツィ Angelo Tarlazzi (*m*) (b. 1942)《イタリアのファッションデザイナー；1995-98年パリのクチュールハウス，Carvenのチーフデザイナーをつとめた》.

tarpaulin
1 〔マテリアル〕ターポーリン《タールなどを塗った防水帆布》；防水シート[カバー].
2 〔小物〕《船乗りが用いるつば広の》防水帽，ターポーリン.
3 〔衣服〕防水服.

tartan
〔マテリアル〕タータン，タータンチェック《さまざまな色の格子縞模様；元来スコットランドの氏族が独

自の模様を定めて紋章などに用いたもの); タータンの毛織物[プリント地](の衣服). ★「タータンチェック」は和製語で，英語では単に tartan という.

Taslan
〔商標〕タスラン《特殊加工糸》.

Tasmanian wool
〔マテリアル〕タスマニアンウール《オーストラリア南東のタスマニア島で産する極細羊毛》.

tassel
タッセル，ふさ飾り《撚(ょ)った糸を集めてつくる飾りふさ; 衣服・帽子・旗・カーテン・靴ひもなどに用いる》.

§Tassell
タッセル Gustave Tassell (m) (b. 1926)《米国のファッションデザイナー》.

tattersall
〔マテリアル〕タッターソール《2-3色の格子縞模様; ロンドンの馬市場 Tattersall's でこの柄の毛布が馬おおいに用いられたことから》; タッターソール模様の毛織物[プリント地]. ★tattersall check, windowpane ともいう.

tatting
〔手芸〕タッチング《レース風の編み糸細工》; タッチングレース.

tattoo
〔美容〕入れ墨，タトゥー.

taupe
〔色〕トープ《紫みをおびた赤みの暗い灰色》.
【フランス語で「モグラ」の意】

T-bar
〔靴〕《英》=T-strap.

tea gown
〔衣服〕ティーガウン，茶会服《19-20世紀にかけて，女性が家庭の中で着た，着心地がよくエレガントなドレス; ティーの席でも着られたが，むしろ家族だけのディナーの席で着用されることが多かった》.

tea length
〔ディテール〕ティーレングス《昼間着る服の裾丈のこと; 決まった長さがあるわけではない》.

tear /テア/
〔マテリアル〕裂け目，破れ目，ほころび.

teardrop /ティアドラップ/
1 涙; 涙の形をしたもの.
2 〔宝飾〕ティアドロップ《イヤリング・ネックレスなどに付けた涙滴状のペンダント》.

teddy
[通例 teddies，時に単数扱い]〔衣服〕テディー《シュミーズの上部とゆったりしたパンツとをつなぎにした女性用下着; 1920年代に特に流行した》.

Teddy boy
〔ファッション〕テディボーイ《Edward 7世時代ふうの華美な服装をした1950年代および60年代初めの英国の不良少年》. ★女性は **Teddy girl** という.

tee
1 《アルファベットの》T [t].
2 〔衣服〕=T-shirt.

teen
形 =teenage.
名 =teenager.

teenage
形 ティーンエージャーの，10代の.

teenager
名 ティーンエージャー《13歳から19歳までの年齢の者》.

Teflon
〔商標〕テフロン《耐薬品性・耐熱性にすぐれるフッ素樹脂; 絶縁材料やコーティング材として用いられる》.

temple
1 〔ボディ〕側頭，こめかみ.
2 〔小物〕眼鏡のつる，テンプル.

Tencel
〔商標〕テンセル《英国 Courtaulds 社

が開発した精製セルロース繊維；縮みにくく，シャツやスカート，ズボンなどに使われる)).

ten-gallon hat
《米》テンガロンハット (cowboy hat).【深くて大きいので10ガロン(約38リットル)も入ると大げさに表現したもの】

tennis shirt
〔衣服〕テニスシャツ.

tennis shoes
[複数形]〔靴〕**1** テニスシューズ.
2 スニーカー.

tent coat [dress]
〔衣服〕テントコート[ドレス]《肩から裾にかけて三角形に広がったコート[ドレス]》. ★単に tent ともいう.

tent stitch
〔手芸〕テントステッチ《短く斜めに刺していく刺繡のステッチ》.

terai /タライ/
〔小物〕タライ帽《亜熱帯地方で用いられるつば広のフェルト帽》. ★terai hat ともいう.
【Tarai: インド北東部の湿地帯】

terracotta
1 テラコッタ《粘土の素焼》.
2 〔色〕テラコッタ《くすんだ黄みの赤》.

territory
1 領土，領地.
2 〔ビジネス〕《セールスマンなどの》受持ち区域，担当地区，テリトリー.

terry
〔マテリアル〕**1** テリークロス《ループを両面または片面に織り出した吸水性に富むパイル織物で，一般に「タオル地」と呼んでいるもの; terry cloth ともいう》.
2 テリー《パイル織りの，カットされていないパイルによる 'わな' [ループ]》.

Terylene
〔商標〕テリレン《英国製のポリエステル繊維; 米国での商標は Dacron》.

tester
1 試験官，検査員.
2 〔美容〕《香水などの》試供品，テスター.

§Testino
テスティーノ **Mario Testino** (m) (b. 1954)《ペルー生まれの写真家; ポートレートでは特に Diana 元皇太子妃の写真が高く評価されている》.

test-marketing
〔ビジネス〕試験販売，テストマーケティング《新製品の本格的販売開始前に小さなマーケットを選び，消費者の反応を見て問題点を調べること》.

tex
〔マテリアル〕テックス《糸の太さの単位: 1000 m の糸が 1g であるとき 1 テックス》.

textile
形 織物[編物]の，布地の，テキスタイルの; 織られた，製織(せいしょく)した，編んだ
: *textile* fabrics 織物，編物 / a *textile* designer テキスタイルデザイナー.
名 **1** 〔マテリアル〕織物，編物，布地，テキスタイル《織物・編物だけでなくフェルトやレースも含む》;《テキスタイル用の》繊維，織糸，編み糸，紡ぎ糸，撚(よ)り糸.
2 [textiles] テキスタイル産業，繊維産業.

texture /テクスチャー/
1 〔マテリアル〕織り[編み]合わせてつくられたもの，《特に》織物; 織り方，織り;《織物の》地質(じしつ)，織地，生地(きじ).
2 〔美容〕《皮膚の》きめ，テクスチャー.
3 〔アート・デザイン〕質感，《絵や彫刻の》肌合い.

textured yarn
〔マテリアル〕テクスチャードヤーン《合成繊維のフィラメント糸によじれ

を起こさせたりループ状にしたりしてかさ高や伸縮性をもたせた糸》.

§Thaarup
ターラップ **Aage Thaarup** (*m*) (1906-87)《デンマークの帽子デザイナー; 英国女王 Elizabeth 2世の帽子を手掛けた》.

thalassotherapy
〔美容〕タラソテラピー, 海治療法, 海洋療法《海岸での生活・海水浴・航海によって病気を治療しようとするもの》.
【ギリシア語の thalassa 「海」と thérapie「治療」からつくられたフランス語 thalassothérapie による】

thermal /サーマル/
形 **1** 熱の, 熱を出す.
2 〈下着などが〉保温性のよい
: a *thermal* blanket 保温性毛布, サーマルブランケット.
名 [thermals] 保温性下着.

thick
形 厚い (⇔ thin); 太い, 《体型が》ずんぐりした; 毛深い, 濃い, 密生した〈髪など〉
: a *thick* coat 厚手のコート / *thick* eyebrows 濃い眉毛.

thigh
〔ボディ〕腿(もも)(たい), 大腿部, 太もも. (⇨ leg さし絵).

thigh boots
[複数形]〔靴〕《ひざ上までの》ロングブーツ.

thigh-high
形 ひざ上までの (cf. knee-high)
: *thigh-high* boots サイハイブーツ.
名 [thigh-highs]〔小物〕ひざ上までのストッキング, サイハイズ;〔靴〕サイハイブーツ.

thimble
〔ソーイング〕シンブル《指先にかぶせて針の頭を押す杯状の裁縫用具; 機能的には'指ぬき'に相当》.

thin
形 薄い〈布など〉(⇔ thick); 細い, ほっそりした〈体・指など〉; やせた, 丸みのない (⇔ fat); 薄い, まばらな〈髪など〉
: He is *thin* in the face. 顔がやせている.
動 〈毛髪が〉薄くなる
: His hair is *thinning*. ＝He has *thinning* hair. 髪の毛が薄くなってきた.

thinning shears
[複数形]〔ヘア〕《毛をすく》すきばさみ.

§Thomass
トマス **Chantal Thomass** (*f*) (b. 1947)《フランスのファッションデザイナー; ロマンチックに楽しむことのできるファッションとしてのランジェリーを提供し, ランジェリー界に革新をもたらした》.

thong
1 [thongs]〔靴〕《米》ゴムぞうり (《英》flip-flops).
2 〔小物〕革ひも.
3 《かろうじて股間をおおう程度の》ひも状の下着[水着], ソング (cf. G-string).

thread
1 〔マテリアル〕糸; 撚(よ)り糸, 縫い糸
: gold *thread* 金糸 / sew with *thread* 糸で縫う.
2 [threads]《米口語》衣服, 着物 (clothes)《古風な表現》.

thread count
〔マテリアル〕スレッドカウント《布の織り密度で, 布1インチ四方あたりの糸本数; 数字が大きいほど肌ざわりがよく柔らかくなる》.

three-piece
形 〈服が〉三つぞろいの, スリーピースの《男性のジャケット, ズボン, ベスト; 女性のジャケット[コート], スカート[パンツ], ブラウス》.

three-quarter

形 〈コートなどが〉普通の $3/4$ の長さの，七分(丈)の
: *three-quarter* sleeves 七分袖.

thrift shop [store]
〔ビジネス〕《米》《通例慈善目的の》中古用品店，リサイクルショップ.

throat
〔靴〕爪革(つまかわ)の上端，スロート.

throw
名 〔小物〕肩掛け，スカーフ，スロー.
動 〈衣服などを〉急いで着る[脱ぐ]
: *throw* on [off] one's clothes 衣服をさっと着る[脱ぐ] / *throw* an overcoat over one's shoulders コートを肩にひっかける.

thumb /サム/
〔ボディ〕《人の手の》親指，拇指(ぼし).

tiara
1 〔宝飾〕ティアラ《宝石または花を配した女性の頭飾り[冠]; 礼装用》.
2 《古代ペルシア人，特に王の》頭飾り，ターバン，冠.
3 《ローマ教皇の》教皇冠，三重宝冠 (triple crown).

ticket pocket
〔ディテール〕チケットポケット《ジャケットのサイドポケットの内側または上にある切符を入れるための小さなポケット》.

ticking
〔マテリアル〕ティッキング《マットレス・枕などのカバーや室内装飾に用いる丈夫な亜麻布または木綿地》.

tie
1 〔小物〕結び，結び目，飾り結び; 《刺繍・レース編みの》ブライド (bride).
2 《結ぶために用いる》ひも，縄; 《特に》靴ひも.
3 〔小物〕ネクタイ; 毛皮の小さい襟巻.
4 [ties]《米》〔靴〕ひもで結ぶ浅い靴.

tie clasp [clip]
〔宝飾〕ネクタイ留め. ★tie bar ともいう.

tie-dye
〔マテリアル〕絞り染め，タイダイ (tie-dyeing); 絞り染めした衣服[生地]
: a *tie-dye* sweater 絞り染めのセーター.

tie-dyeing
〔マテリアル〕くくり染め，絞り染め，タイダイイング.

tiepin
〔宝飾〕ネクタイピン，タイピン.

tiered /ティアード/
形 段になった，層になった，ティアードの
: a *tiered* skirt ティアードスカート《段をつけた(ギャザー)スカート》.

tie silk
〔マテリアル〕タイシルク《ネクタイ・ブラウスなどに用いる柔らかくて弾性に富む絹布》.

tie tack [tac]
〔宝飾〕タイタック《ネクタイとシャツを突き通してピンの台に留める装飾つきのピン》.

tiffany
〔マテリアル〕ティファニー織り《紗(しゃ)の一種》.

Tiffany & Co.
〔商標〕ティファニー《米国 Tiffany 社のジュエリーブランド; ブランドカラー「ティファニー・ブルー」はコマドリの卵の色と呼ばれ，欧米では重要な権利書や台帳の表紙に用いられていた色であったが商標登録され，ティファニーの象徴としてギフトボックスやショッピングバッグなどに使われている; 1945 年から発行されているカタログも「ブルー・ブック」の名で継承されている》.

§**Tiffeau**
ティフォー Jacques Tiffeau (*m*) (1927–88)《フランス生まれのファッションデザイナー; 1970 年代前半

Yves Saint Laurent のデザインを手掛けた》.

tightfitting
形 〈衣服が〉体にぴったりした
: a *tightfitting* sweater 体にぴったりしたセーター.

tights
[複数形]〔小物〕**1** タイツ, レオタード.
2 《英》パンティーストッキング (pantyhose).
3 タイツ《16 世紀に男性がダブレットの下にはいたぴったりしたズボン》.

tile
〔小物〕《口語》帽子, 《特に》シルクハット. ★tile のもともとの意は「瓦, タイル」.

timeless
形 永久の, 永遠の, 果てしない; 時代を超えた; 不変の.

timepiece
〔小物〕計時器, 時計.

§Tinling
ティンリング Teddy Tinling (*m*) (1910-90)《英国のファッションデザイナー; 1920 年代から 40 年代は, テニスプレーヤーとして活躍; 1949 年に, 女性プレーヤーのためのレース付きアンダースコートをデザインし, 以後, テニスウェアのデザイナーとして名を上げる; 第二次大戦中はスパイとして働いていた》.

tint
〔色〕**1** 色合い; ほのかな色, 《赤み・青みなどの》…み
: autumnal *tints* 秋色.
2 色彩の配合, 濃淡, ティント《白色を混ぜて出す濃淡の色合い; cf. shade》.

tip
1 先, 先端.
2 《ステッキなどの》石突き; 《靴の》先革 (⇒ shoes さし絵); 《装飾用の》毛皮[羽毛]の末端.

tippet
1 《女性の》ケープ, 肩掛け《毛皮・布地のもので両端を前に垂らす》.
2 《裁判官・聖職者の》一種の肩衣(かたぎぬ).
3 《フード・袖などの》細長く垂れ下がった部分.

tippet 2

tissue
1 〔マテリアル〕《絹・毛の》薄織物, ティシュー; 《金銀糸が織り込まれている》薄絹.
2 ティッシュペーパー, ちり紙, 鼻紙 (cf. tissue paper).

tissue paper
薄葉紙(はくよう)《包装用など》. ★日本語でいう「ティッシュペーパー」に相当するのは tissue.

titanium /タイテイニアム/
〔宝飾〕チタン, チタニウム.

titfer
〔小物〕《英口語》帽子.

TM
《略語》〔ビジネス〕trademark.

toddler
よちよち歩きの幼児, トドラー《子供服売り場での年齢区分; 2 歳から 4 歳くらいまでを指すことが多い》.

toe
〔ボディ〕《人の》足指; 《足の》つまさき (⇒ leg さし絵); 《靴・靴下などの》つまさきの部分.

toe box
〔靴〕《靴の先裏と飾り革の間の》先芯(さきしん).

toe cap
〔靴〕先革, つま革, 先飾り革. (⇒ shoes さし絵).

toeless
形 足指のない; 〈靴などが〉つまさき部分がおおわれていない.

toenail
〔ボディ〕足指の爪.

toeplate
〔靴〕《靴底の》つまさき金具.

toe ring
〔宝飾〕トウリング，足指にはめる指輪.

toe shoes
[複数形]〔靴〕《バレエ用の》トウシューズ.

toe socks
[複数形]〔小物〕トウソックス，足袋ソックス《各指[親指]が別になった靴下》.

tog
〔衣服〕**1** 《口語》外衣，コート.
2 [togs]《スポーツなど特定の目的のための》衣服，服装
: running *togs* ランニングウェア / golf *togs* ゴルフウェア.
3 [togs]《豪口語》水着.
4 《英》トグ《毛布・キルトなどの暖度を示す単位》.

toga
〔衣服〕トーガ《古代ローマ市民が平和時に着用したゆるやかな公民服》;《トーガのような》ゆるやかに巻きつける衣服;《議員・教授・裁判官などの》ゆるやかな礼服[職服].

toggle
1 留木，大釘.
2 〔ソーイング〕トグル《ダッフルコートなどの打ち合わせの留めに使われる棒状のボタン》.

toggle coat
〔衣服〕トグルコート《toggle を使っているコート》.

toggle

toile
〔マテリアル〕トワル《1）亜麻・木綿の平織りの布[織物] 2）表地の裁断の前に綿のトワルなどでつくる仮縫品》.

【フランス語より】

toilet
1 トイレ(ット)，便器.
2 トイレ，便所，化粧室，《トイレ付きの》バスルーム.
3 〔美容〕化粧，身づくろい. ★**toilette** /トワーレット/ ともいう.

toilet soap
〔美容〕化粧石鹸.

tomato red
〔色〕トマトレッド《あざやかな赤》. ★熟したトマトの実のような色.

tomboy
〔ファッション〕男の子のような女の子，おてんば娘.

tone
1 《音の》調子，音色.
2 〔色〕色の調子，色調，トーン《明度と彩度を合わせた考え方》.

toner
〔美容〕《肌を引き締める》化粧水，トナー.

tongue
1 〔ボディ〕舌.
2 〔靴〕《編上げ靴の》舌革. (⇒ shoes さし絵).
3 〔宝飾〕《ブローチ・バックルなどの》針，ピン.

tonic
1 トニックウォーター《キニーネなどで風味をつけた炭酸飲料》.
2 〔ヘア〕ヘアトニック.

tonneau /タノウ/
(複数形 tonneaus, tonneaux)〔小物〕トノー《腕時計のケース・文字盤の形状で，樽を側面から見た形をしたもの》.
【フランス語より】

toorie /トゥーリ/
〔小物〕**1** 《ボンネットの》ふさ飾り，毛玉飾り.
2 ふさ[毛糸玉]飾りのついたボンネット《toorie bonnet ともいう》.

tooth

(複数形 **teeth**)〔ボディ〕歯.

top
1 いただき, 頂上, てっぺん.
2 〔宝飾〕頂, トップ.
3 〔靴〕ブーツ[乗馬靴, 狩猟靴]の上部; [**tops**] = top boots; 〔小物〕靴下の上部《折り返しの部分》.
4 [時に **tops**]〔衣服〕トップス《セーターやブラウスなど上半身に着る衣服》,《パジャマなどの》上着 (cf. bottom 3).
5 〔ヘア〕前髪.

topaz
1 〔宝飾〕トパーズ, 黄玉(おうぎょく)《11月の誕生石; ⇨ birthstone 表》
2 〔色〕トパーズ《濃い赤みの黄》.

topaz quartz
〔宝飾〕黄水晶, シトリン (⇨ crystal 表).

top boots
[複数形]〔靴〕トップブーツ《上縁に明るい色の革を使って折り返しの感じを出したブーツ》. ★**tops** ともいう.

topcoat
〔衣服〕《米》軽いコート, トップコート;《英》オーバーコート (overcoat).

top dyeing
〔マテリアル〕トップ染め《梳毛糸の紡績工程中に染色すること》.

topee
〔小物〕トーピー《クサネム (sola) の髄でつくるヘルメット型の軽い日よけ帽》. ★**topi** ともつづる. **sola topee** ともいう.

top hat
〔小物〕シルクハット, トップハット《円筒形でてっぺんが平らな男性用の帽子; cf. opera hat》. ★**high hat**, **silk hat**, **topper** ともいう

topless
形 〈水着・服が〉トップレスの;〈女性が〉トップレスの, 上半身裸の.

top lift
〔靴〕化粧革, トップリフト《靴のかかとの, 取替え部分の革; ⇨ shoes さし絵》.

top note
〔美容〕《香水の》トップノート《香水を着けたときの一番最初の香り; cf. base note》.

topper
1 〔衣服〕《口語》《女性用の》丈の短い軽いコート, トッパー.
2 〔小物〕《口語》= top hat.

Topshop
〔商標〕トップショップ《英国の Arcadia グループのファッションブランド; レディース対象で, Kate Moss とのコラボレーションでも知られる; 男性用は Topman》.

topstitch
名 〔ソーイング〕トップステッチ《縫い目に沿って表側からかけたステッチ》.
動〈衣類に〉縫い目に沿ってステッチを入れる.

toque
〔小物〕トーク《1) 羽根飾りのついた, 山の部分がふっくらしてつばの狭いベルベット製の帽子; 16世紀に男女ともに用いた 2) 円筒形でつばのない, 頭にぴったりした女性用帽子 3) = toque blanche》.

toque

toque blanche
(複数形 **toques blanches**)〔小物〕《高くて白い》コック帽. ★単に **toque** ともいう.
【フランス語より】

torchon (**lace**)
〔手芸〕トーションレース《扇形模様のある目の粗い手編み[機械編み]レース》.

toreador pants

[複数形]〔衣服〕トレアドルパンツ《七分丈ぐらいの下が細くぴったりしたスラックス; 女性のスポーツ着》.
★toreador は「闘牛士」の意.

torso
(複数形 torsos, torsi) **1**《人体の》胴 (trunk).
2 トルソー《頭および手足のない彫像; アパレル用語では頭のないマネキン》.

tortoiseshell /トータスシェル/
〔宝飾〕鼈甲（べっこう）《ウミガメの一種タイマイの甲羅; 以前はくし, 眼鏡フレーム, ギターピック, 編み針など多様な用途に使われていた; ワシントン条約ではタイマイの商業取引が禁止されている》.

total quality control
〔ビジネス〕総合的品質管理, 全社的品質管理《製品・サービスの品質水準維持のための努力や注意を直接の製造部門だけでなく企業の全部門全階層の責任であるとする経営哲学; 略 TQC》.

total quality management
〔ビジネス〕=total quality control.

tote bag
〔バッグ〕トートバッグ《大きな角型のバッグ[手さげ]》. ★tote は「運ぶ」「背負う」の意.

§Toudouze
トゥードゥーズ Anaïs Toudouze (*f*) (1822-99)《ウクライナ生まれのイラストレーター》.

tourmaline 《米》トゥアマリン; 《英》トゥアマリーン/
〔宝飾〕トルマリン, 電気石（でんきせき）《10月の誕生石; ⇨ birthstone 表》.

tow
〔マテリアル〕トウ《紡績原料としての亜麻や麻などの短繊維・くず繊維》; タウ糸, タウ布地; 合成繊維の撚（よ）りがけしていないストランド.

towel
图〔小物〕タオル.
動 タオルでふく, タオルで乾かす
: *towel* oneself dry タオルで体をふいて乾かす.

toweling
〔マテリアル〕タオル地, タウェリング. ★towelling ともつづる.

townwear
〔衣服〕タウンウェア《テーラード仕立て(tailored)の衣服でビジネスや街着に着用する》.

TQC
《略語》〔ビジネス〕total quality control.

tracing wheel
〔ソーイング〕ルレット《紙や布にパターンをミシン目でしるすときに用いる柄の付いた歯車》. ★tracer ともいう.

tracksuit
〔衣服〕トラックスーツ《アスリートが練習時などに着用する》.

trademark
〔ビジネス〕登録商標, 商標, トレードマーク《略 TM》.

traditional
形 伝統に基づいた[忠実な], 伝統的な, 在来の, 旧来の, 昔からの.

train
〔ディテール〕トレーン, 裳裾（もすそ）《ウェディングドレスなどの長く引く裾のこと》
: a wedding dress with a long *train* 長いトレーンのウェディングドレス.
【「引く, 引きずる」の意のラテン語から】

trainer
1〔美容〕《エアロビクスやフィットネスの》トレーナー, コーチ.
2 [**trainers**]〔靴〕《英》トレーニングシューズ, スニーカー(《米》sneakers).

training pants
[複数形]〔衣服〕トレーニングパンツ

《幼児のトイレットトレーニング用》．
★日本語の「トレーニングパンツ，トレパン」に相当する英語は sweatpants．

trank
〔マテリアル〕手袋片方分のなめし革；手袋の形に裁断されたなめし革，トランク《親指・三角ぎれ・まちを除く》．

translucent /トランスルースント/
形 半透明の，〈肌などが〉透き通るような
: *translucent* powder トランスルーセントパウダー《肌が透き通るような薄付きのフェイスパウダー》．

transparent /トランスペ(ア)レント/
形 透明な，透き通った；透けて見える〈織物〉；〈服などが〉すけすけの．

transparent velvet
〔マテリアル〕トランスペアレントベルベット《軽くて柔らかいベルベット；イヴニングドレスなどに使われる》．

transvestite
服装倒錯者，女装趣味の男性，ニューハーフ，トランスヴェスタイト．

trapeze /トラピーズ/
〔衣服〕トラペーズドレス《肩から裾にかけて広がった台形型のドレス》．
★**trapeze dress** ともいう．
【「台形」の意のフランス語より】

trapeze line
〔ファッション〕トラペーズライン《肩から裾にかけて広がった台形型ライン》．

trapunto
〔ソーイング〕トラプント《模様の輪郭をランニングステッチして，中に綿などを詰めて浮彫りふうにしたキルティング》．
【イタリア語より】

§Treacy
トレーシー Philip Treacy (*m*) (b. 1967)《アイルランドの帽子デザイナー；1991 年にロンドンに店を開いた；独創的で優美なデザインで知られる》．

treatment
1 治療，手当て，処置．
2 《保護・保存・浄化などの》処理；〔美容〕《髪の》トリートメント；〔宝飾〕トリートメント《宝石の処理の方法のひとつで，色や見た目を人工的に変えてしまう処理のこと；放射線照射など》．

trench coat
〔衣服〕**1** （ベルト付き）塹壕(ざんごう)用防水コート《第一次大戦時に英国軍が塹壕戦において着用した；Burberry 社がデザインしたもので，「トレンチコート」として流行》．
2 トレンチコート《ラグランスリーブで，暴風雨用あて布 (storm flap) が付き，左右に大きなポケット，共布のベルトには D リングが付くダブルの防水コート》．

trencher cap
〔小物〕《大学の》角帽，トレンチャーキャップ．★**mortarboard** ともいう；trencher とは「大きい木皿」の意．(⇒ mortarboard さし絵)．

trend
1 傾向，動向，趨勢(すうせい)．
2 〔ファッション〕流行（のスタイル）(vogue)，トレンド
: the new [latest] *trend* in women's hairdo 最新流行の女性の髪型 / the *trend* to white in bedrooms 寝室を白にする流行 / set [follow] a [the] *trend* 流行をつくり出す[追う]．

trend forecasting
〔ビジネス〕トレンド予測．

trendsetter
〔ファッション〕トレンドセッター《新しい流行をつくり出す人，仕掛ける人》．

trendy
形 流行の先端を行く，はやりの，トレンディな《軽蔑的なニュアンスをこ

めて使われることもある》
: a *trendy* London boutique 流行の先端を行くロンドンのブティック / *trendy* clothes はやりの服.

trews
〔複数形〕〔衣服〕トルーズ《スコットランドの一部の兵士が着用する細身のタータン柄のズボン; 元来スコットランド高地人やアイルランド人が着用》.

triacetate
〔マテリアル〕三酢酸繊維素繊維, トリアセテート.

triceps /トライセプス/
(複数形 triceps)〔ボディ〕三頭筋, 《特に》上腕三頭筋.

tricorne
〔小物〕トライコーン, トリコルヌ, 三角帽《右・左・後ろの3か所でつばを上方に折り曲げた帽子》.

tricorne

tricot
〔マテリアル〕トリコット《ナイロン・ウール・レーヨンなどの経メリヤス編みの生地; 下着などに用いる》.
【フランス語より】

tricotine
〔マテリアル〕トリコティン《堅い撚(ょ)り糸の毛織物でキャバルリーツイル(cavalry twill)よりは細かい》.
【フランス語より】

tricot-stitch
〔手芸〕トリコットステッチ《アフガン針を用いるかぎ針編みの一種》.

§Trigère
トリジェール Pauline Trigère (*f*) (1912-2002)《フランス生まれの米国のファッションデザイナー; Coty のファッションの殿堂賞を受賞》.

trilby
〔小物〕《英》トリルビー《つば幅の狭い中折れ帽》. ★**trilby hat** ともいう.

trim
動 **1** 刈り込む, 刈り込んできれいにする; 整える, 手入れをする
: have one's hair *trimmed* 調髪してもらう / *trim* one's nails 爪を切る.
2 〈リボンやレースなどで〉…に飾りを付ける, 飾り付けする, 装飾する, へりを付ける; 〈ショーウインドーなどに〉商品を陳列して飾る
: *trim* a dress with lace [fur] ドレスにレース[毛皮]の飾りを付ける.
图 **1** 〔小物〕飾り, 装飾(材料)《特に異なった色での縁飾り》; 《店頭や飾り窓の》飾り付け
: a denim jacket with a red *trim* 裾に赤い縁飾りの付いたデニムのジャケット.
2 〔ヘア〕手入れ, 調髪, トリム《ヘアスタイルを変えないで伸びすぎた部分だけを刈ること》
: get a *trim* 髪を切る.

trimming
〔小物〕[普通 trimmings]《服の》縁飾り
: *trimmings* of lace レースの飾り.

triple crown
〔宝飾〕《ローマ教皇の》教皇冠, 三重宝冠. ★**tiara** ともいう.

trollbeads
〔宝飾〕トロールビーズ《北欧のトロールをモチーフにしたデンマークのアクセサリー》.

trompe l'oeil
〔アート・デザイン〕だまし絵, トロンプルイユ《実物と見まちがうほど精密で迫真的な描写; ファッションでは布のプリントや刺繍などに応用され, 実際にはない飾りを本当に付いているかのように見せるテクニックとして用いられる》.
【フランス語で「目を欺く」の意】

tropical
形 熱帯の, 熱帯地方の.
图 〔マテリアル〕トロピカル《主とし

て夏服用の薄地毛織物》.

tropical print
〔マテリアル〕トロピカルプリント《熱帯の動植物などを取り入れたプリント柄》.

trotteur /トラター/
〔衣服〕外出用の衣服[帽子], 外着.
【フランス語より】

trouser
形 ズボン (trousers) の
: *trouser* leg ズボンの脚の部分 / *trouser* pocket ズボンのポケット.

trousers
[複数形]〔衣服〕《主に英》ズボン(《主に米》pants). ★数えるときは a pair of trousers, two [three] pairs of trousers のようにいう.
: put on [wear] *trousers* ズボンをはく[はいている].

trouser sock
〔小物〕トラウザーソックス《女性用のナイロン製など薄手のふくらはぎ丈の靴下》.

trouser suit
〔衣服〕《英》トラウザースーツ(《米》pantsuit)《女性用のジャケットとズボンのスーツ》.

trucker hat
〔小物〕《トラック運転手などがかぶる》(ロゴ入りの)野球[作業]帽, キャップ. ★**trucker cap**ともいう.

true lover's knot
=love knot.

trumpet dress
〔衣服〕トランペットドレス《細身でスカート部分がトランペット状に広がったドレス》.

trunk
1〔バッグ〕旅行用の大型のかばん, トランク (cf. suitcase).
2 [**trunks**]〔衣服〕水泳パンツ (swimming trunks),《ボクシング用の》パンツ, トランクス.

trunk hose
〔衣服〕トランクホーズ《16-17 世紀に流行したショートパンツをふくらませたような男子用ズボン》.

trunk sleeve
〔ディテール〕トランクスリーブ《ゆったりとした広い袖》.

try on
動 試着する, 〈衣服・靴・帽子・眼鏡・指輪などを〉試しに着て[はいて, かぶって, かけて, はめて]みる
: Can I *try on* this skirt? このスカートを試着してもいいですか.

T-shirt
〔衣服〕T シャツ. ★tee ともいう. (⇨ コラム).

tsitsith
〔小物〕=zizth.

T-strap
〔靴〕T ストラップ(の靴)《T 字形の舌革のある女性用の靴》. ★**T-bar** ともいう.

tubeteika
〔小物〕チュベチェイカ《中央アジアで男性がかぶる円形の帽子》.

tube top
〔衣服〕チューブトップ《伸縮性のある素材でできた, 肩ひものない筒型の女性用胴着》. ★tube は「管, 筒」の意.

tubular knitting
〔手芸〕=circular knitting.

tuck
1〔ソーイング〕縫いひだ, (縫い)揚げ, タック; たくし込むこと; タックした部分.
2〔美容〕タック《余分な脂肪や皮膚のたるみを除く手術》.

tucker
1 縫いひだ[揚げ]をつくる人[装置].
2〔ディテール〕《17-18 世紀の女性の服装の》襟飾り, タッカー.

tuck-in
形 たくし込むデザインの, たくし込んで着る, タックインの

: a *tuck-in* blouse タックインブラウス.

tucking
〔ソーイング〕タックをとること;《衣服の》タックをとったところ.

tulle
〔マテリアル〕チュール《ベールやスカーフ, イヴニングドレスやバレエ衣裳などに用いるナイロンなどの網状の薄い布地》.
【Tulle: フランス中南部の都市】

tunic
〔衣服〕**1** チュニカ《**1**》古代ギリシア・ローマで用いた, 2枚の布を使い

T-shirt

　ラウンドネックで半袖, ボタンもポケットも襟もつかず, 広げるとアルファベットのTの字になる上衣が, 基本のTシャツである.

　起源は19世紀, 当時のアメリカ兵の肌着だったつなぎ型の下着, 「ユニオンスーツ」の上下を切り離したものとされる. また, 第一次大戦中, フランスに上陸していたアメリカ兵が, 連合軍だったフランス兵が着ていた手作り肌着(Tシャツ型)を自国に持ち帰ったのが普及の発端とも伝えられている. いずれにせよ, 兵士の肌着であった.

　1930年代には一般労働者の肌着として大量生産され, 第二次大戦下にはアメリカ軍の官給品として採用されるに至る.

　アウターに昇格する契機となったのは, 1950年代のアメリカ映画, なかでも『欲望という名の電車』に出演したマーロン・ブランドの白いTシャツ姿である. 挑むような表情でTシャツを着こなすブランドの写真は今もなお繰り返し引用され, 『理由なき反抗』『エデンの東』でのジェームズ・ディーンの反抗的ながら繊細なTシャツのイメージもそれに続く. 当時はアンチ・ヒーローの気分が流れる服だった.

　60年代にはサイケデリックな染色や多彩な図柄のTシャツが普及し, コマーシャル用としても活用されていく. 1980年代のはじめには, デザイナー, キャサリン・ハムネットが, ブロック体の太字でスローガンを書いた大きめサイズのTシャツ, 「スローガンTシャツ」の流行に火をつける. この流れの延長に, 政治的立場を表明する「ステイトメントTシャツ」なども生まれる.

　2000年代初めの好況期には, ディナーの席でも着用可能という超高価なTシャツが提案されたり, アーティストとのコラボレーションによる「アート作品」としてのTシャツを売る店ができたりと, 「スーパーTシャツ」ブームが起きた. プリンターの進化により, Tシャツに個人でオリジナルな写真や絵をプリントするという楽しみ方も定着する.

　老若男女, サイズを厳しく問わず, 着用しやすいベイシックな定番品であるだけに, バリエーションは無限で, 時代の影響がもっとも表われやすいアイテムになっている.

肩口と両わきとを縫い合わせたひざ丈の着衣　2) 中世騎士のよろいの外衣).
2 チュニック《腰下からひざ丈ぐらいまでの，シンプルな形の女性用オーバーブラウスや上着; スカートやスラックスの上に着る》.

tunic 1

3 軍服[警官服, 船員服, 制服]の(詰襟)上着; 診察衣.
4 =tunicle.

tunicle /《米》トゥーニクル; 《英》テューニクル/
〔衣服〕トゥニチェラ《カトリックの副助祭がアルバの上に着る，または司教がダルマティカの下に着る，短い袖付きの祭服). ★**tunic** ともいう.

tuque /《米》トゥーク; 《英》テューク/
〔小物〕チューク《カナダでそりすべりなどのときにかぶる毛糸で編んだ先のとがった帽子).

turban
〔小物〕**1** ターバン.
2 《大型スカーフ・タオルなどの》ターバン状の女性用頭飾り;《女性・子供の》つばのない[狭い]ぴったりした帽子.

§**Turbeville**
ターバヴィル Deborah Turbeville (f) (b. 1937)《米国の写真家; 1970 年代ロンドン・パリ・ニューヨークの主なファッション雑誌の写真家として活躍).

Turkish pants
〔衣服〕=bloomers.

turndown collar
〔ディテール〕ターンダウンカラー《折り返しになった襟). ★turn down は「折りたたむ，折り返す」の意.

turnover
図〔ビジネス〕**1** 《被用者の離職と補充による》(人員)交替率，労働移動率; 離職率.
2 《企業などの一定期間の》取引高，総売上高，《証券の》出来高.
3 《資金・商品の》回転(率).
形 [限定的] 折り返しの
: a *turnover* collar 折り返し襟，ステンカラー. ★「ステンカラー」は和製語.

turnup
〔ディテール〕《襟・袖口の》折り返し; [しばしば **turnups**]《英》《ズボンの》折り返し，ターナップ(《米》cuff).

turquoise
1 〔宝飾〕ターコイズ，トルコ石，トルコ玉《12 月の誕生石; ⇨ birthstone 表).
2 〔色〕=turquoise blue.

turquoise blue
〔色〕ターコイズブルー《明るい緑みの青). ★単に **turquoise** ともいう.

turtle neck
〔ディテール〕タートルネック《《米》では首をぴったりとおおう，折り返した襟のことだが，《英》では通例折り返さないハイネックの襟のこと; cf. mock turtleneck, polo-neck); 〔衣服〕タートルネックのセーター[シャツなど].

tussah
〔マテリアル〕柞蚕(さくさん)糸[絹布]，タッサーシルク. ★**tussah silk** ともいう.
【ヒンディー語より】

tutu
〔衣服〕チュチュ《短いバレエ用スカート; 通例，ターラタン(tarlatan)や紗(しゃ)(gauze)を重ねてつくる).
【フランス語より】

tuxedo
〔衣服〕《米》タキシード(《英》dinner jacket)《男子の夜会用略式礼服としての上着; その上着を含む男子の夜会用略式礼服一式). ★**tuxedo jacket** ともいう.
【ニューヨーク州の村 Tuxedo Park

のカントリークラブの服装であったことから】

tweed
〔マテリアル〕ツイード《粗い感じの紡毛服地》; [tweeds]〔衣服〕ツイードの衣服[スーツ].

tweezers
[しばしば a pair of tweezers]〔美容〕毛抜き, ピンセット.

§Twiggy
トゥィギー, ツィッギー (f) (b. 1949)《英国のモデル; 本名 Lesley Lawson (旧姓 Hornby); ミニスカート姿とボーイッシュな髪型で知られる; 愛称の twiggy「小枝, 細枝」はその細身のスタイルから》.

twill
〔マテリアル〕綾織物; 綾織り, 斜文織り, ツイル《織り目が斜めのうね状になっている》. ★**twill weave** ともいう.

twilled
形 綾織りの.

twin set
〔衣服〕ツインセット《同じ生地で色, 柄, デザインなどがそろったカーディガンとプルオーバーのアンサンブル; 女性用》.

twist
〔マテリアル〕ツイスト《**1**) ボタン穴かがりなどの固撚(ᵏ)り絹糸　**2**) 撚り糸の強度を示す1インチ当たりの撚り数　**3**) 撚り糸の撚り方　**4**) 撚り糸の撚りの方向》.

two-piece
形 〈衣服が〉2部分からなる, ツーピースの.
名 〔衣服〕ツーピースの衣服[水着]. ★**two-piecer** ともいう.

two-tone
形 異なる2色の, ツートーンカラーの. ★**two-toned** ともいう.

§Tyler
タイラー **Richard Tyler** (m) (b. 1946)《オーストラリア生まれのファッションデザイナー》.

Tyrian purple
1〔マテリアル〕チリアンパープル《シリアツブリボラ (dye murex) の類の巻貝から採ったギリシア・ローマ時代の貴重な動物染料; **Tyrian dye** ともいう; cf. purple 1》.
2〔色〕チリアンパープル《くすんだ赤紫》.
【古代フェニキアの海港都市テュロス (Tyre) が主要産地だったことから】

Tyrolean
形 チロル (Tyrol) 地方の; 〈帽子が〉チロリアンの《フェルト製で縁が狭く羽根飾りの付いた》. ★チロル地方は, アルプス山脈のオーストリア西部およびイタリア北部にまたがる地方.
: a *Tyrolean* hat　チロル帽.

Tyvek
〔商標〕タイベック《米国 Du Pont 社が開発したポリエチレン100%の不織布シート; 化学物質・化学薬品対応の防護服として使われている》.

über-, uber- /ウーバー/
接頭 (口語)「超…」「スーパー…」
: *über*cool 超かっこいい. ★ドイツ語に由来.

ubersexual
ユーバーセクシュアル《メトロセクシュアルに比べ，格別極上の男; cf. metrosexual》.

ugh boots
[複数形]〔靴〕アッグブーツ《男女兼用のスエードのブーツで，内側にウールのライニングがある》. ★**ugg boots** ともつづる. **uggs** ともいう.
【ugh は ugly の短縮形】

ulster
〔衣服〕アルスターコート《両面仕立てでベルト付きの丈の長いコート》.
【Ulster: 原産地のアイルランドの地名】

ultramarine
〔色〕ウルトラマリン《濃い紫みの青》.

Ultrasuede
〔商標〕ウルトラスエード《スエードに似た洗濯のきく合成繊維不織布; 衣料品やソファーの外皮となる》.

ulster

umbrella
〔小物〕傘，雨傘，こうもりがさ; 日傘《通例 parasol という》
: put up an *umbrella* 傘をさす / close an *umbrella* 傘をたたむ.

umbrella stand
傘立て.

unbutton
動〈服の〉ボタンをはずす
: *unbutton* a shirt シャツのボタンをはずす.

unconstructed
形〈服が〉芯やパッドを入れて形をつくったのでない，アンコンストラクテッドの《体によくなじむ》. ★フランス語のデコントラクテ (décontracté) と同義で「開放的な，束縛されない」などの意.
: an *unconstructed* jacket アンコンストラクテッドジャケット《芯や裏地や肩パッドなどをはずした，ゆったりとした仕立ての着やすいジャケット; 日本語で略して「アンコン」「アンコンジャケット」とも呼ばれているもの》. ★construct は「組み立てる，構築する」の意.

underarm
1 〔ボディ〕わきのした.
2 〔衣服〕袖の下側.

underclothes
[複数形]〔衣服〕下着，肌着 (underwear).

undercoat
〔衣服〕アンダーコート《コート[上着]の下に着るコート[上着など]; 昔はペティコートのことをいった》.

underdress
動《場所柄に合わない》簡単すぎる[略式すぎる]服装をする.
名〔衣服〕アンダードレス《ドレスやスカートの下に着るように組み合わせてつくられたもの; 特に，オーバースカートの下に見える飾りのついたペティコート》.

undergarment
〔衣服〕下着，肌着. ★underwear を使うほうが普通.

underpants
[複数形]〔衣服〕アンダーパンツ《1) 男性用の下着のパンツ　2) ズボン下(型の下着)》
: women's tight-fitting long *underpants* 女性用のぴったりした(足首まである)アンダーパンツ.

undershirt
〔衣服〕《米》(アンダー)シャツ(《英》vest).

undershorts
[複数形]〔衣服〕《米》パンツ(underpants)《男性用下着》.

underskirt
〔衣服〕アンダースカート《特にペティコート》.

underwear
〔衣服〕下着, 肌着, アンダーウェア
: change one's *underwear* 下着を替える. ★underclothes ともいう.

underwire
〔衣服〕アンダーワイヤー《形を保持するためにブラジャーのカップの下側に縫い込まれたワイヤー》; アンダーワイヤーで補強されたブラジャー, ワイヤーブラ.

undies /アンディズ/
[複数形]〔衣服〕《口語》《特に女性の》下着(類).

§Ungaro
ウンガロ　Emanuel Ungaro (*m*) (b. 1933)《フランス生まれのファッションデザイナー; 大胆なプリント柄の布地を使ったデザインで知られる》.

unibrow
〔美容〕《左右がつながった》一本眉毛, つながり眉.

uniform
〔衣服〕制服, ユニホーム; 《ある年齢・階級・生活様式をもつ人たちの》特有の服装
: in school *uniform* 学校の制服を着て.
【ラテン語で「ひとつの形」の意】

union suit
〔衣服〕《米》ユニオンスーツ《シャツとズボン下がつながった男性用下着》.

unique
形　ただひとつの, 唯一の; 《口語》珍しい, ユニークな.
【ラテン語で「ひとつの」の意】

unisex
形〈衣服など〉男女別のない, 男女両用の, ユニセックスの
: *unisex* sleepwear ユニセックスのスリープウェア / a *unisex* toilet 男女兼用のトイレ.
图《男女共有の》ユニセックスのスタイル[ファッション].

unitard
〔衣服〕ユニタード《レオタードとタイツをつないでひとつにしたもの》.
【*uni-*(単一)+(leo)*tard*】

§University of the Arts London Central Saint Martins College of Art and Design.
⇨ Central Saint Martins College of Art and Design.

unpressed pleats
[複数形]〔ディテール〕アンプレストプリーツ《ひだ山をきっちりつけないふわりとしたプリーツ》.

unwanted hair
〔美容〕むだ毛.

updo
〔ヘア〕アップ(の髪型).

upland cotton
[しばしば Upland cotton]〔マテリアル〕リクチメン(陸地綿)《中央アメリカ原産で, 米国南部で広く栽培されている短繊維ワタ》.

uplift
〔衣服〕《バストを高く保てるようにした》アップリフトブラジャー.
★uplift brassiere ともいう.

upper
〔靴〕靴の甲革, アッパー.

upper arm

〔ボディ〕上腕(はく), 二の腕(肩からひじまでの部分).
upper lip
〔ボディ〕上唇 (⇨ lip).
urban
形 都市の, 都会の
: *urban* culture 都市文化.
Utility Scheme
実用本位衣料計画 (⇨ コラム).

UVA, UV-A
《略語》〔美容〕長波長紫外線《波長 320-400 ナノメートル》. ★ultraviolet-A の略語から.
UVB, UV-B
《略語》〔美容〕中波長紫外線《波長 290-320 ナノメートル; 俗に日焼け光線といわれ, 皮膚紅斑生成の主因》. ★ultraviolet-B の略語から.

Utility Scheme

1941 年, 第二次大戦が緊迫状態となり, 英国では衣料も配給制となった. 翌年, デザイナーのハーディー・エイミス, ノーマン・ハートネル, エドワード・モリヌー, ディグビー・モートン, ヴィクター・スティーベル, ビアンカ・モスカ, ピーター・ラッセルらが, 英商務省と協力し, 布地の量や装飾品の使い方と数を規定する「実用本位の衣料」をデザインすることを決めた. これが, ユーティリティー・スキーム, すなわち「実用本位衣料計画」である. デザイナーたちは商務省のガイドラインに従って, コートやスーツ, ドレスなどをつくったが, こうした衣類には, 'CC41' というロゴマークがつけられた. 'Civilian Clothing 1941' を意味する文字である.

ガイドラインに違反するデザインには商務省から厳しい指導が下りた.「装飾の目的のみのボタンの列」「袖口の折り返し」「フラップポケット」「肩章の装飾ボタン」「二重に重なる生地」という細部に至るまで, 違反事項としてチェックが入った.

戦後, 配給制が終わっても, 布地の不足は 40 年代末まで続いた. デザイナーにとっては厳しい試練の時期であったが, 逆に, 少ない布地を最大限に生かして見栄えの良い服をつくらねばならないという工夫と経験を積み重ねていくことで, エイミスやハートネルは, パリのクチュールに劣らない力量をもつ英国デザイナーとしての地位を確立していく.

Valenciennes
〔マテリアル〕ヴァランシエンヌレース《フランスまたはベルギー産のボビンレースの一種；襟・下着・ハンカチなどに使われる》．★**Valenciennes lace** ともいう．
【フランスの北部の町の名】

§Valentina
ヴァレンティーナ (*f*) (1909-89)《ロシア生まれの米国のファッションデザイナー；本名 Valentina Nicholaevna Sanina; 舞台衣裳も手掛けた》．

§Valentino
ヴァレンティノ **Valentino Garavani** (*m*) (b. 1932)《イタリアのファッションデザイナー；1959 年に Valentino Garavani を設立；ブランドマークの「V」は世界的に知られる》．

value
1 価値，値打．
2 〔色〕明度，バリュー《色の三属性のひとつで，色の明るさの度合いを表わす；cf. hue, chroma》．

vamp
〔靴〕爪革(つまかわ)，枠革，ヴァンプ．(⇨ shoes さし絵).

VAN
《略語》〔ビジネス〕value-added network 付加価値通信網．

§van Beirendonck
ヴァン・ベイレンドンク **Walter van Beirendonck** (*m*) (b. 1957)《ベルギー生まれのファッションデザイナー；Antwerp Six のひとり》．

§van den Akker
ヴァン・デン・アッカー **Koos van den Akker** (*m*) (b. 1939)《オランダのファッションデザイナー；パッチワークやコラージュを駆使した個性的な服で知られる》．

Vandyke
1 〔ソーイング〕縁[へり]を飾る深いぎざぎざ；深いぎざぎざのついた縁[へり]．
2 〔ディテール〕＝Vandyke collar.
【Anthony Van Dyck (1599-1641) フランドルの画家】

Vandyke collar
〔ディテール〕ヴァンダイクカラー《深いぎざぎざの縁飾りのついたレースなどの大きな襟；17 世紀の男性服に見られた》．
★単に**Vandyke**ともいう．

Vandyke collar

【Anthony Van Dyck が肖像画の中でしばしばこの襟を描いたことにちなむ】

vanity bag
〔バッグ〕携帯用化粧品[道具]入れ，バニティーバッグ，バニティーケース．
★**vanity case**, **vanity box** ともいう；vanity はもとは「うぬぼれ，空虚，虚飾」の意で，「流行の装飾品や小物」の意味となった．

vanity sizing
バニティサイジング《見えっぱりサイズ設定》．(⇨ 次ページコラム).

vanity table
《米》＝dressing table.

§van Noten
ヴァン・ノッテン **Dries van Noten** (*m*) (b. 1958)《ベルギーのファッショ

ンデザイナー; Antwerp Six のひとり》.

§**van Saene**
ヴァン・セーヌ Dirk van Saene (*m*) (b. 1959)《ベルギーのファッションデザイナー; Antwerp Six のひとり》.

vareuse
〔衣服〕ヴァルーズ《フランスの漁師が作業用に着用していたスモックを原型とした服; 女性用のゆったりとしたトップスで, Dior のコレクション(1957)にも登場した》.
【フランス語より】

varsity jacket
〔衣服〕《米》大学代表チームのジャンパー (cf. baseball jacket). ★varsity は university (大学)から.

§**Vass**
ヴァス Joan Vass (*f*) (b. 1925)《米国のファッションデザイナー; 上質なニット製品で知られる》.

vegetable sponge
へちま《網状繊維》.

vegetable tanning
〔マテリアル〕《皮革の》植物タンニンなめし, 渋なめし.

veil
〔小物〕**1** ベール《レースやチュールなど透ける素材の, 女性の顔や頭を保護する, あるいは装飾的に装う薄い布》.
2 =humeral veil.

Velcro
〔商標〕ベルクロ《ナイロン製マジックテープ》.

velour

Vanity Sizing

　従来のサイズと実質的には同じ寸法であっても, 小さめのサイズとして表示するというサイズ設定. そうすると, 「より小さなサイズを着ることができる」ことで気分をよくする消費者にアピールし, 結果, 売り上げが増えるためである. 消費者の虚栄心を利用したサイズ設定が, vanity sizing (見えっぱりサイズ設定)と呼ばれる.

　サイズ設定の虚栄度は, 服の価格に比例する. 服の価格が高くなればなるほど, またブランドの個性が濃くなればなるほど, サイズはより小さく表示される傾向がある.

　日本においては, 20世紀に多用されてきた, 「9号」を標準としたその前後の7号(やや細めの標準), 11号(やや太めの標準), 13号…といったサイズ設定に代わり, 近年, フランスの38号, イタリアの40号, アメリカの4号といった欧米式サイズ表示を取り入れるブランドが増えている. 日本製であるにもかかわらず, 欧米式サイズに設定するのは, グローバル化をねらった戦略というよりもむしろ, 海外ものに甘い消費者の虚栄心を見透かしたバニティサイジングの一種といえるかもしれない.

　アメリカでは, 4号(日本の7号に相当), 2号(同5号), と小さなサイズを増やしていった結果, 「0」号(同3号)まで導入されるに至る. 「サイズゼロ」をめざして拒食症死する若い女性も出てきたことで, やせすぎモデルの排除運動まで起こり, 「サイズゼロ問題」として欧米で広く社会問題化した.

〔マテリアル〕ベロア《綿・絹・レーヨンの交織りで，ビロード状にけば立てた座席張り生地，服地・帽子用生地》.
【フランス語より】

velvet
〔マテリアル〕ビロード，ベルベット《表面にけばを織り出した織物；絹[ポリエステル]製》.

velveteen
〔マテリアル〕ベルベティーン，別珍(べっちん)，唐天(とうてん)《横毛の綿ビロード》.

§Venet
ヴネ **Philippe Venet** (*m*) (b. 1931)《フランスのファッションデザイナー；正確なカッティングと入念な仕立てには定評がある》.

venetian
〔マテリアル〕ベネシャン《密に織った光沢のある綾織物；服地・裏地用》.
★**venetian cloth** ともいう.

Venetian lace
〔手芸〕ベネシャンレース《15 世紀からイタリアのベニスでつくられている針編みレース》.

vent
〔マテリアル〕ベント，ベンツ《ジャケット・袖・スカートなどの末端に入れる切りあき[スリット]》.

§Verdura
⇨ di Verdura.

vermeil /ヴァーミル, ヴァーメイル/
1 〔色〕朱色.
2 /《米》ヴェアメイ/〔宝飾〕金めっきした銀[銅, 青銅].

vermilion
1 朱，辰砂《硫化水銀》.
2 《一般に》朱色の顔料；〔色〕バーミリオン《あざやかな黄みの赤》.

§Vernier
ヴェルニエ **Rose Vernier** (*f*) (?-1975)《オーストリア生まれの英国の帽子デザイナー；Hardy Amies や Digby Morton の帽子をつくった》.

§Versace
ヴェルサーチ **Gianni Versace** (*m*) (1946-97)《イタリアのファッションデザイナー；1980-90 年代を代表するデザイナーのひとりで，強烈な色彩で知られた》.

§Vertès
ヴェルテス **Marcel Vertès** (*m*) (1895-1961)《ハンガリー生まれのイラストレーター；1940 年代に Schiaparelli の香水 'Shocking' の広告を手掛けたことでも知られる》.

vertical integration
〔ビジネス〕垂直的統合《通例別々の企業が行なう複数の生産段階を一企業が統合して行なうこと》.

vest
〔衣服〕**1** 《米》ベスト，チョッキ(《英》waistcoat).
2 《英》シャツ，アンダーシャツ，ランニングシャツ(《米》shirt, 《米》undershirt)《下着》.
★《米》《英》の語義の違いに注意.

vestment
〔衣服〕**1** [**vestments**] 服装，衣裳.
2 《特に儀式用の》ゆるやかな外衣[ローブ]；《教会の》礼服，祭服.

§Victor
ヴィクター **Sally Victor** (*f*) (1905-77)《米国の帽子デザイナー；1930-50 年代に活躍》.

§Victoria
ヴィクトリア (*f*) (1819-1901)《英国女王 (1837-1901)，インド女帝 (1876-1901)；スコットランドのバルモラル城を愛したことから Balmoral や tartan の流行がうまれた》.

Victoria's Secret
〔商標〕ヴィクトリアズシークレット《米国アパレル大手 Limited Brands 社のブランド；同社は下着を中心に，美容製品，女性服を扱う；トップモデルを起用した通販カタログ，毎年行なわれるファッションショーで，幅広い層から注目を集める》.

vicuña

1 ビクーニャ, ビクーナ《ラマの一種; 南米産》.
2 〔マテリアル〕ビクーニャの毛, ビクーニャの毛織物(まがいの羊毛織物), ビキューナ.
【スペイン語より】

vintage

《口語》 1 《特に上質の》ワインの醸造年[産地]; 《特定産地の》当たり年のワイン, ヴィンテージワイン.
2 上質の製品などがつくられた年号[時期], 《特定の》製造年(の製品); 貴重な年代物《年月を経て価値を高めている過去の高品質のもの》.

vinyl /ヴァイナル/

〔マテリアル〕ビニル《1) ビニル基 2) ビニル化合物の重合体またはこれから誘導されるビニル樹脂[繊維]などの総称》. ★日本語の「ビニール」に当たる英語は plastic で, 「ビニール袋」は a plastic bag という.

violet

1 スミレ《スミレ属の草本の総称》; スミレの花.
2 〔色〕バイオレット《あざやかな青紫; 青みの強い紫》.

§Vionnet

ヴィオネ Madeleine Vionnet (*f*) (1876-1975)《フランスのファッションデザイナー; バイアスカットの技術とドレープの美しさで知られた》.

virago sleeve

〔ディテール〕ビラゴースリーブ《袖の途中を数か所リボンなどで結んでふくらませたもの》.

virgin wool

〔マテリアル〕《再生羊毛に対して》新毛; 《糸・生地になる前の》未加工の羊毛, 原毛. ★new wool ともいう.

viridian

ビリジアン《青緑色顔料》; 〔色〕ビリジアン《くすんだ青みの緑》.

viscose

〔マテリアル〕 1 ビスコース《レーヨンなどの原料セルロース》.
2 =viscose rayon.

viscose rayon

〔マテリアル〕ビスコースレーヨン, 人絹. ★単に viscose ともいう.

visible panty line

《口語》すけて見えるパンティーライン《略 VPL》.

visite

〔衣服〕ビジット《女性の外出用の薄いケープやマントなど》.
【フランス語より】

visor

〔小物〕 1 《帽子などの》まびさし.
2 バイザー《まびさしとベルトだけの日よけのための帽子; 主にゴルフなどのスポーツ用》. ★vizor ともつづる.

vitamin A

〔美容〕ビタミン A《視覚・上皮細胞・発育に関係する脂溶性ビタミン; 欠乏症状は夜盲症など》.

vitamin C

〔美容〕ビタミン C《抗壊血病因子として発見された水溶性ビタミン; 柑橘類や緑黄色野菜などに含まれる》.

vitamin E

〔美容〕ビタミン E《植物性油脂に多く含まれる脂溶性ビタミン; 欠乏症は不妊症・筋萎縮症など》.

vivid

形 1 〈描写・印象・記憶が〉生き生きした, 鮮明な, 目に見えるような, 真に迫った; 躍動的な.
2 〈色・映像など〉あざやかな, 鮮明な, 目のさめるような (⇔ dull).
【vividus「生きている」の意のラテン語から】

§Vivier

ヴィヴィエ Roger Vivier (*m*) (1907-98)《フランスの靴デザイナー; 1954年に最初のスティレットヒールをつくったデザイナーとされている》.

Viyella
〔商標〕ビエラ《ウールと綿の混紡糸を用いた柔らかくて軽いフランネル》.

vizor
〔小物〕＝visor.

V neck
〔ディテール〕V字型の襟，Vネック.

§Vogel
ヴォーゲル Lucien Vogel (*m*) (1886-1954)《フランスの出版人・編集者; *Vogue* 誌のアートディレクターを経て，1928 年左翼系のグラフ誌 *Vu* を刊行》.

vogue
流行，はやり（のスタイル）; 人気
: in *vogue* 流行して，人気で / come into *vogue* 流行し出す / out of *vogue* はやらないで.

§Vogue
『ヴォーグ』《米国の月刊ファッション誌; 1892 年創刊; 20 世紀にもっとも影響力をもったファッション雑誌; 英国版，フランス版，イタリア版などがある》.

voile
〔マテリアル〕ボイル《木綿・羊毛・絹製の半透明の薄織物》.
【フランス語より】

§Vollbracht
ヴォルブラハト Michaele Vollbracht (*m*) (b. 1947)《米国のファッションデザイナー・イラストレーター》.

volume /ヴァリューム/
体積，容量; 量，かさ; 〔アート・デザイン〕量感.

volumizer
〔美容〕髪の毛に張りをもたせ量を多く見せるヘアケア剤，ヴォリューム仕上げ剤.

§von Etzdorf
ヴォン・エツドルフ Georgina von Etzdorf (*f*) (b. 1955)《ペルー生まれの英国のテキスタイルデザイナー》.

§von Furstenberg
フォン・ファステンバーグ Diane von Furstenberg (*f*) (b. 1946)《本名 Diane Michelle Halfin; ベルギー生まれのファッションデザイナー; 1972 年 Diane Von Furstenberg を立ち上げた; 70 年代に発表したラップアラウンドのドレスがブランドの代名詞ともなった》.

VPL
《略語》visible panty line.

§Vreeland
ヴリーランド Diana (Dalziel) Vreeland (*f*) (1903-89)《フランス生まれの米国のファッション雑誌編集者; *Harper's Bazaar* 誌を経て，*Vogue* 誌の編集長 (1962-71)》.

V-shaped
形 V(字)形の，V字形の断面の
: *V-shaped* front(neck) V字開き.

§Vuitton
ヴィトン Louis Vuitton (*m*) (1821-92)《フランスのかばん製造業者; ⇨ Louis Vuitton》.

§Vuokko
ヴォッコ (*f*) (b. 1930)《フィンランドのテキスタイル・ファッションデザイナー; 本名 Vuokko Eskolin Nurmesniemi; 1964 年に自身のブランド Vuokko を設立した; 渦巻き状やストライプのプリントで知られる》.

V-waist
〔ディテール〕＝basque waist.

waders
[複数形][靴] ウェイダーズ《太ももまたは胸まで届く防水長靴; 漁師の仕事着とされるほか, 釣り, ボート遊びなどの水上レジャーにも用いられる》.

wadmal /ワドマル/
[マテリアル]《イギリス諸島・スカンジナビアで保護・防寒に用いた》粗毛の織物. ★ wadmol, wadmel ともつづる.

waders

waffle
形 格子縞(じま)の. ★waffled ともいう. waffle は格子型の刻み目のついた焼き菓子.

waffle cloth
[マテリアル] ワッフルクロス (⇨ honeycomb).

waffle weave
[マテリアル] ワッフルウィーブ (⇨ honeycomb).

WAGs
《略語》wives and girlfreinds《ワールドカップのイングランド代表選手の美人妻や恋人たち; その典型が Posh; タブロイド紙の芸能ネタでよく使われる; cf. WOWs, CWAGs》.

§Wainwright
ウェインライト Janice Wainwright (*f*) (b. 1940)《英国のファッションデザイナー》.

waist
1 [ボディ] ウエスト, 胴のくびれ《肋骨と骨盤の間の, 普通体型ではくびれている部分》; ウエストの周(寸法): She has no *waist*. ずんどうだ. ★日本語の「腰」は背中の下部から尻の上の左右に張り出した部分までのかなり広い部分を指すが, 英語の waist は「胴のくびれた部分」を指す. 「お尻の上の左右に張り出した部分」は hip(s), 「背中の下部」は lower back という.
2 女性服のウエスト, ウエストライン (waistline); 衣服の肩からウエストまでの部分.
3 [衣服]《米》《女性・小児の》胴衣, ブラウス.

waist apron
[衣服] ウエストから下をおおうエプロン, 前掛け.

waistband
[ソーイング] ウエストバンド《ズボン・スカートなどの上縁またはセーター・ブラウスなどの下縁の帯状部》.

waist cincher
[衣服] ウエストシンチャー《女性用の幅広のベルト》. ★waist cinch ともいう. cinch は「鞍帯」の意.

waistcloth
[小物] 腰巻.

waistcoat /《米》ウェスカット;《英》ウェイス(ト)コウト/
[衣服]《英》チョッキ, ベスト (《米》vest); ウエストコート《昔 doublet の下に着た装飾的な胴着》.

waistless
形 腰のくびれのない, ずんどうの.

waistline
ウエストの周の線, ウエスト寸法; 上身ごろとスカートのつなぎの線, ウエスト(ライン).

waist nipper
[衣服] ウエストニッパー《ウエストを

細く締めるための補整下着》.

waist pack
〔バッグ〕ウエストバッグ[ポーチ].

waist slip
〔衣服〕ウエストスリップ (half-slip).

wale
〔マテリアル〕《織物面の》うね, 《編物の》目の縦の列;《生地の》織り.

walk
動《英》〈毛織物を〉縮充(じゅう)する. ★waulk ともつづる.

walking stick
〔小物〕ステッキ.

wallet
〔小物〕**1** 札(さつ)入れ, 紙入れ(《米》billfold).
2 《旅人・巡礼などの》ずだ袋.

wallet belt
〔小物〕札入れベルト《盗難防止用》.

wall flower
《口語》パーティーなどでひとり壁際にいてただ見ている人[女性], '壁の花'《社交下手で, ひっそりと目立たず場の片隅にいるようなタイプの人》.

§Wal-Mart
ウォールマート《1962 年創業の米国の大衆向け百貨店チェーン》.

waltz-length
形〈ドレス・ガウンなどが〉ふくらはぎの中ほどまである, 四分の三丈の. ★ワルツは 4 分の 3 拍子の踊りであることにちなむ.

want
必要, 入用;《欠けているものを求める》欲求, 欲望;《通例 wants》必要とされる[欲しい]もの.

war bonnet
〔小物〕《アメリカ先住民の, ワシの羽で飾った》出陣用のかぶりもの.

wardrobe /ウォードロウブ/
〔衣服〕《個人の》持ち衣裳, ワードローブ;《劇団などの》持ち衣裳;《劇団などの》衣裳部; 洋服だんす, 衣裳部屋.

wardrobe malfunction
衣服の機能不全《偶然, 見せてはいけない部分が露出してしまうこと; ⇨ 次ページコラム》.

§Warhol
ウォーホル Andy Warhol (*m*) (1928–87)《米国の画家・映画監督; 1960 年代ポップアートの代表者》.

warm
形 **1**〈天候・風など〉暖かい, 温暖な.
2〈衣類など〉暖かい, 保温のいい
: a *warm* sweater 暖かいセーター.
3〈色が〉暖かい感じの (⇔ cool)
: *warm* colors 暖色《赤・黄・オレンジなど》.

warp
[the warp]〔マテリアル〕《織物の》経糸(たて), 縦糸, ワープ (⇔ woof, weft).

warp ikat
〔マテリアル〕経絣(がすり), 経イカット《経糸に絣糸を用いたイカット; cf. weft ikat》.

warp knit
〔手芸〕経(たて)編み, ワープニット《経編みにした編物; cf. weft knit》.

warp-printed
形 経糸捺染(なっせん)の, ほぐし織りの, ワーププリント(地)の《経糸にだけ捺染を施して織ったもの》.

wasband
《俗語》元夫.
【was と husband の混成語】

wash
動 **1** 洗う; 洗濯する.
2〈衣類・生地などが〉洗える, 洗濯がきく
: This cloth won't *wash* well. この布は洗濯がよくきかない.

washable
形《色落ちや縮みを起こさずに》洗える, 洗濯のきく, ウォッシャブルの;〈インクなど〉水で落ちる.
图 洗濯のきく衣類[生地].

wash-and-wear

形 簡単に洗えてすぐ乾きアイロンがけの要らない，ウォッシュアンドウェアの．

washcare label
ウォッシュケアラベル《洗濯の注意書き》．

washcloth
《米》浴用タオル（《英》flannel）．

washleather
〔マテリアル〕《セーム革を模造した》柔皮，ウォッシュレザー．

wasp
アングロサクソン系白人新教徒，ワスプ《米国社会において強固な排他的団結を維持し，支配的特権階級を形成しているとみなされている》．【White Anglo-Saxon Protestant】

waspie
〔衣服〕ワスピー《女性の細いウエストをきわだたせるためのコルセットまたはベルト》．

wasp waist
細くくびれたウエスト，《特に女性の》コルセットできつく締めたウエストのライン．★スズメバチ（wasp）の体型から．

watch
〔小物〕腕時計，懐中時計．

watchband
〔小物〕《米》《腕時計の》時計バンド（《英》watchstrap）．

watch chain
〔小物〕懐中時計の鎖，ウォッチチェーン．

Wardrobe Malfunction

直訳すると，「衣服の機能不全」，少しやさしく表現して「衣服の不具合」，という事務的なニュアンスの英語である．見せてはいけない部分が偶然に露呈してしまうことを，婉曲に表現した言葉である．隠すべきところがぽろりと露呈するという不測の事態そのものは大昔からあったのだが，2004 年にこの言葉がメディアに踊ったことで流行語となり，2008 年には *The Chambers Dictionary* に掲載されるまでに一般化した．

2004 年 2 月に，wardrobe malfunction という耳慣れぬ言葉が初めて各メディアの見出しに大きく取り上げられたのだが，これを用いたのは，アーチストのジャスティン・ティンバーレイクであった．先立つスーパーボウルのハーフタイム・ショウの最後に，歌手のジャネット・ジャクソンの衣服の一部をティンバーレイクが剥ぎとると，片方の胸が露わとなった．ジャクソンはニプルに大きなピアスをすることでニプルだけは隠す工夫をしていたため，意図的な演出であることが明らかだったが，広くテレビ中継されてしまったことで，テレビ局に非難が殺到した．謝罪文を発表したティンバーレイクが釈明のために使った言葉こそ，「衣服の不具合」であった．

意図的でありながら，「衣服の不具合のせい」と責任転嫁することもできる，それゆえ保守的な人びとのいらだちをひときわつのらせる，というのが wardrobe malfunction の妙であるとするならば，胸の谷間ちら見せ，パンティーライン見せ（visible panty line），若い男性のずり下げズボンによる下着見せ，シャツの裾出しなども，広くこれに含まれるかと思う．

watch pocket
〔ディテール〕《ズボン・チョッキなどの》懐中時計用ポケット,ウォッチポケット.

watchstrap
〔小物〕《英》《腕時計の》時計バンド(《米》watchband).

water
1 水;〔美容〕化粧水.
2 〔宝飾〕《宝石,特にダイヤモンドの》品質.
3 《織物・金属などの》波紋,波形.

waterproof
形 水を通さない,防水の,ウォータープルーフの,《ローションなどが》水では落ちない,耐水性の.
名 〔マテリアル〕防水布,防水生地;〔衣服〕《英》防水服,レインコート.

water-repellent
形 《完全防水ではないが》水をはじく,撥水加工の.

water-resistant
形 《完全防水ではないが》水の浸透を防ぐ,耐水(性)の.

Watteau
形 〈女性服・女性帽が〉ワトーの絵にあるようなスタイルの,ワトー型の
: a *Watteau* bodice 四角いネックラインでラッフルのついた袖のある身ごろ / a *Watteau* hat 山が浅く広いつばの後ろがはね上がり花飾りのある帽子.
【(Jean-)Antoine Watteau (1684-1721) フランス,ロココの画家】

Watteau gown
〔衣服〕ワトーガウン《ワトープリーツのあるゆるやかな長い服》.

Watteau pleat
〔ディテール〕ワトープリーツ《18世紀のガウンなどの後ろ中央につけた大きなボックスプリーツで,ネックラインに固定され裾に向かって体から離れるデザイン》.

Watteau pleat

waulk
動 《英》=walk.

wave
1 〔マテリアル〕《絹布の光沢などの》波紋.
2 〔ヘア〕《髪などの》ウェーブ;ウェーブをかけること.

wavy
形 1 うねっている,波状の.
2 〈髪など〉ウェーブのある,ウェーブしている
: *wavy* hair ウェービーヘア.

waxing
〔美容〕《ワックスでの》除毛,脱毛.

wear
動 1 身に着けている,着て[はいて,かぶって,はめて]いる,帯びている
: She always *wears* blue. いつも青い服を着ている / He *wears* glasses. 眼鏡をかけている / You can't *wear* jeans to the party. パーティーにジーンズでは行けない.★「身に着ける」「着る」「かぶる」「はく」などの動作は put on という.
2 〈ひげなどを〉生やしている;〈香水を〉つけている,〈化粧を〉する
: *wear* one's hair long [short] 髪を長く[短く]している.

wearable art
身にまとう芸術,身につけるアート.

weave
動 織る,織ってつくる;編む,編んでつくる,編み合わせる,編み込む.
名 織り(方),編み(方);織った[編んだ]もの,《特に》織物,織布.

weaver
織り手,織工.

web
〔マテリアル〕織物,編物;《ひと機(はた)分の》織布.

§Weber
ウェバー Bruce Weber (*m*) (b. 1946) 《米国の写真家; 広告や雑誌の写真でファッションに影響を与える》.

wedding band
〔宝飾〕=wedding ring.

wedding dress
〔衣服〕ウェディングドレス, 花嫁衣裳. ★wedding gown, bridal gown ともいう.

wedding garter
〔小物〕ウェディングガーター《花嫁が装う, レースのトリミングの付いたブルーサテン製のガーター; 花婿がガータートスに用いる》.

wedding gown
〔衣服〕=wedding dress.

wedding ring
〔宝飾〕結婚指輪. ★wedding band ともいう.

wedding veil
〔小物〕ウェディングベール《花嫁がかぶる純白のベール》. ★bridal veil ともいう.

wedge heel
〔靴〕ウェッジヒール, ウェッジソール《かかとが高く底が平らで, 横から見てくさび形の靴底》; ウェッジヒールの女性靴. ★単に wedge ともいう.

wedgies
〔複数形〕〔靴〕ウェッジー《wedge heel の女性靴》.

weekend bag [case]
〔バッグ〕週末旅行用バッグ, ウィークエンドバッグ. ★weekender ともいう.

weft
[the weft]〔マテリアル〕《織物の》緯糸(よこいと), 横糸 (⇔ warp). ★woof ともいう.

weft ikat
〔マテリアル〕緯絣(よこがすり), 緯イカット《緯糸に絣糸を用いたイカット; cf. warp ikat》.

weft knit
〔手芸〕緯(よこ)編み, ウェフトニット《緯編みにした編物; cf. warp knit》.

weight /ウェイト/
1 目方, 重さ; 体重.
2〔ソーイング〕おもり, おもし《布地や製図用紙を押さえるもの》.

welded seam
〔ソーイング〕=fused seam.

welding cap
〔小物〕《米》ウェルディングキャップ《まびさしの短い野球帽のようなキャップ; もとは溶接工 (welder) がかぶったことから》.

well-dressed
形 服装のきちんとした, おしゃれな服を着た; きちんと調えられた.

Wellington
[時に wellington; 通例 Wellingtons] ウェリントンブーツ《通例ひざまでの深さのゴム長靴; 本来は, 前がひざ上まであるブーツをいった》. ★Wellington boots, 《英口語》wellies ともいう.
【Arthur Wellesley, 1st Duke of Wellington (1769-1852) 初めてはいた英国の将軍・政治家より】

well-worn
形 使い古した, 着古した, すりきれた; 陳腐な, 月並みの
: *well-worn* jeans はき古したジーンズ.

welt
細革, ウェルト《(1)〔靴〕底革と甲革とをつなぐ細い革 (⇒ shoes さし絵) (2)〔ディテール〕衣服の縁かがり[飾り]》.

welt pocket
〔ディテール〕=slit pocket.

welt seam
〔ソーイング〕伏せ縫い, ウェルトシーム《縫いしろを片方に返して縫いつけること》.

weskit
〔衣服〕チョッキ,ベスト《特に女性用の》.
【waistcoat の変形】

§Westwood
ウェストウッド Vivienne Westwood (*f*) (b. 1941)《英国のファッションデザイナー; 本名 Vivienne Isabel Swire; 1970 年代に SM 的要素を取り入れたパンクスタイルを流行させ,「パンクの女王」の異名をとる; 反逆精神とエレガンスを両立する前衛的なデザインで知られる》.

wet
形 湿った, ぬれた, 湿気のある.

wet-look
形 **1** 〈衣服などが〉光沢仕上げの.
2 〈髪が〉ウェット仕上げの.

wet suit
〔衣服〕ウェットスーツ《ダイバーなどの用いる体にぴったりと合う(合成)ゴム服》.

whalebone
〔マテリアル〕《コルセットの》鯨骨(くじら)《ヒゲクジラの鯨鬚(ひげ)でできている》.

whipcord
〔マテリアル〕ホイップコード《急斜文の経糸の出た綾織物》.

whisk
ホイスク《(1)〔ディテール〕17 世紀の女性服に用いられた幅広で装飾的な襟 (2)〔小物〕17 世紀後半女性が着用したネッカチーフ》.

whiskers
[複数形]〔美容〕ひげ,《特に》ほおひげ (cf. beard, mustache); 口ひげ.

white
1 〔色〕白, 白色.
2 〔ボディ〕《目の》白目.

white coat hypertension [effect]
白衣高血圧[効果]《白衣を着た医師の前では緊張が高まり, 血圧の数値が高く出てしまう症状》.

white gold
〔宝飾〕ホワイトゴールド《ニッケル・銅などと金の合金》.

white-haired
形 白髪の; 白毛でおおわれた.

white-headed
形 白頭の, 白髪の.

white tie
〔小物〕ホワイトタイ《白の蝶ネクタイ; 燕尾服と共に着用する; 転じて「男性の正装」の意; cf. black tie》.

white work
〔手芸〕ホワイトワーク《リネンなどの白布に白色で施した刺繍》.

wholesale
〔ビジネス〕卸し, 卸売り (⇔ retail).

wholesaler
〔ビジネス〕卸売業者, 問屋.

wick
動 〈生地などが〉〈水分を〉吸う, 吸収する
: a fabric that *wicks* away perspiration 汗を吸い取って逃がす生地.

wicker
〔マテリアル〕小枝, ヤナギの枝; 小枝細工, 枝編み細工(品).

wide
形 幅の広い, 幅広の (⇔ narrow)
: a *wide* cloth 幅広の布.

widow's peak
〔ヘア〕女性の額の V 字形のはえ際,「富士額(ふじびたい)」《これがあると早く夫と死別するという迷信があった》.
【未亡人 (widow) のかぶるフードのまびさしにちなむ?】

wife beater
〔衣服〕《俗語》タンクトップ, 袖無しTシャツ[ランニングシャツ]. ★wife beater とは「妻に暴力をふるう夫」の意.

wig
〔ヘア〕かつら, ウィグ《はげ隠し用・舞台用・装飾用, 英国では法廷におけ

る法官・弁護士用など; 17-18世紀には一般に男子が用いた》.

wig
1 bob wig; 2 back style of bob wig;
3 judge's wig; 4 barrister's wig

wigan
〔マテリアル〕ウィガン《キャンバス状綿布に糊をつけて固くしたもので, 衣服の芯地用》.
【イングランド北西部の都市名より】

wiglet
〔ヘア〕ウィグレット《頭頂部につける小型のヘアピース》.

wild
形 1 野育ちの, 野生の.
2 〈髪など〉乱れた, だらしのない
: *wild* hair ぼさぼさの髪.

§Williamson
ウィリアムソン Matthew Williamson (*m*) (b. 1971)《英国のファッションデザイナー; 色彩豊かで繊細なデザインで知られる》.

wimple
〔小物〕ウィンプル, (修道女の用いる)ベール《首に巻きつけ頭からかぶる; 中世には一般の女性も外出時に用いた》.

windbreaker
〔衣服〕(米)ウィンドブレーカー((英)windcheater)《スポーツ用ジャケット》.

windcheater
〔衣服〕(英)ウィンドブレーカー((米)windbreaker). ★**windjammer**ともいう.

window display
〔ビジネス〕ショーウインドーの商品の陳列, ウインドーディスプレー.

window dressing
〔ビジネス〕ショーウインドーの飾り付け.

windowpane
〔マテリアル〕=tattersall.

§Windsor
ウィンザー公 Duke of Windsor (⇨ Edward VIII).

Windsor knot
ウィンザーノット《結び目が大きな三角形になるネクタイの結び方》.
【Edward 8世によって流行した】

wine red
〔色〕ワインレッド《濃い紫みの赤》.

wing
〔ディテール〕ウイング《衣類の折り返した[ひらひらした]部分》.

wing collar
〔ディテール〕ウイングカラー《立ち襟の前端が下に折れ曲がったカラーで男性の正装用》.

wing tip
〔靴〕ウイングチップ《1) 翼形のつま革[飾り革] 2) ウイングチップのある靴》.

winkle pickers
[複数形]〔靴〕(英口語)ウィンクルピカーズ《先の長くとがった靴[ブーツ]; 1950年代に流行》. ★winkle picker とは「巻貝の中身を取り出す道具」のこと.

§Winterhalter
ヴィンターハルター Franz Xaver Winterhalter (*m*) (1805-73)《ドイツの画家; Victoria 女王, Napoleon 3世などヨーロッパ諸国の君主の肖像を多数描いた》.

§Wintour
ウィンター Anna Wintour (*f*) (b. 1949)《英国の雑誌編集者; 米国版 *Vogue* 誌編集長 (1988-)》.

WIP
《略語》〔ビジネス〕work in process [progress].

wipe
動 ふく，ぬぐう，ふき取る，ぬぐい去る; ふいて[ぬぐって]...にする
: *wipe off* one's makeup 化粧を落とす.

wisteria
1 フジ，藤《マメ科フジ属のつる植物》; フジの花.
2 〔色〕ウィスタリア《あざやかな青紫》.

womenswear
婦人服，女性用服飾品; 婦人服地《特に毛織物・混紡毛織物》.

§Women's Wear Daily
『ウィメンズウェアデイリー』《米国の日刊のファッション業界紙; 略 WWD》.

wooden
形 木の，木製の
: a *wooden* box 木の箱 / *wooden* beads 木製ビーズ.

wooden shoes
[複数形]〔靴〕木ぐつ.

woof
[the woof]〔マテリアル〕《織物の》緯糸(よこいと)，横糸，ウーフ (weft) (⇔ warp).

wool
1 〔マテリアル〕羊毛，ウール《山羊・ラマ・アルパカなどの毛にもいう》; 毛糸; 毛織物; 毛の服.
2 〔ヘア〕《口語》縮れ髪《特に黒人の》.

woolen | woollen
形 羊毛(製)の; 毛織りの，ウールの; 紡毛糸(製)の，紡毛の (cf. worsted); 羊毛加工[販売](業)の.
名 〔マテリアル〕毛織り地; 紡毛織物; 紡毛糸; [woolens]〔衣服〕毛織物衣類.

woolly, 《米》wooly
形 羊毛の，羊毛質の; 羊毛のような.

名 [通例 wool(l)ies] ウールの衣服《下着, 《英》プルオーバーなど》.

Woolmark
〔商標〕ウールマーク《国際羊毛事務局 (International Wool Secretariat) が定めた羊毛製品の品質保証マーク》.

work
やっている仕事《針仕事・刺繍など》; 手仕事の材料[道具]《集合的》.

workbag
(針)仕事袋，刺繍[編物，裁縫]の道具袋，ワークバッグ.

workbasket
針仕事かご，刺繍[編物，裁縫]道具かご，ワークバスケット.

workboots
[複数形]〔靴〕ワークブーツ《作業用ブーツ》.

worked
形 手の加えられた，加工[処理]された; 飾った，刺繍を施した.

worked buttonhole
〔ディテール〕ワークトボタンホール《穴かがりのされたボタンホール》.

working dress
〔衣服〕ワーキングドレス，仕事着.

work in process 《米》[progress 《英》]
〔ビジネス〕仕掛品(しかかりひん)(しかけひん)，仕掛品勘定《製造工程・遂行過程の途中にあり，なお作業の継続が必要な中間生産物もしくは契約; 会計上は通例それに要した材料費と人件費で評価される; 略 WIP》.

workout
〔美容〕ワークアウト，練習，トレーニング.

workwear
〔衣服〕労働着，作業着，工具服; 作業着スタイル.

worsted
名 〔マテリアル〕梳毛(そもう)糸，ウーステッドヤーン《細く長い羊毛繊維を原料として紡出したなめらかな毛糸;

worsted yarn ともいう》; 梳毛織物, ウーステッド《ギャバジン・サージなど》.
形 梳毛糸製の (cf. woolen); 梳毛織物製の; 梳毛加工[販売](業)の.
【Worstead: イングランド東部の原産地名】

§Worth
ウォルト (1) **Charles Frederick Worth** (*m*) (1825-95)《英国生まれのフランスのファッションデザイナー; 今日のオートクチュールの基礎を築いた》.
(2) **Gaston Worth** (*m*) (1853-1924)《フランスのファッションデザイナー; Charles の子》.
(3) **Jean-Philippe Worth** (*m*) (1856-1926)《フランスのファッションデザイナー; Charles の子》.

woven
動 weave の過去分詞.
名〔マテリアル〕織物.

woven fabric
〔マテリアル〕織物《一定の法則で経糸と緯糸を交錯させた布地》.

WOW(s)
《略語》wives of Wimbledon《ウィンブルドン大会出場選手の美人妻や恋人たち; WAGs のテニス版》.

Wrangler
〔商標〕ラングラー《米国 Blue Bell 社製のジーンズなど》. ★wrangler は「カウボーイ」の意.

wrap
1 包み, 包装(紙).
2 肩掛け, 襟巻, ひざ掛け, 外套.
3〔美容〕ラップ《体にクリームやローションを塗って布などでくるむ美容術》;《薄い絹などの》爪の保護用の布.

wraparound
形 1 体に巻きつけるように着る
: a *wraparound* skirt 巻きスカート.
2 ぐるりと囲む形の; 広角の
: *wraparound* sunglasses ラップアラウンド(形状)サングラス《顔面にフィットするタイプのもの》.
名〔衣服〕ラップアラウンド《巻きつけるように着るドレスやローブ, スカートなど》.

wrap dress
〔衣服〕ラップドレス《体に巻きつけてまたは着物のように打ち合わせを深く巻きつけるようにして着るワンピース; ベルトなどで締める》.

wrinkle /リンクル/
しわ, 小じわ
: You've got *wrinkles* round your eyes. 目のまわりに小じわができてきたね / He ironed out the *wrinkles* in his trousers. 彼はアイロンをかけてズボンのしわを伸ばした.

wrinkle resistance
防シワ加工.

wrist /リスト/
1〔ボディ〕手根, 手首, リスト.
2《衣類の》手首(の部分).

wristband
1〔ディテール〕《長袖の》袖口.
2〔小物〕《腕時計などの》バンド, 腕輪, ブレスレット;《汗止め用の》リストバンド.

wristlet
1 袖口バンド《手袋の袖口のゴムバンド; 防寒用》.
2 腕輪, ブレスレット.

wristwatch
〔宝飾〕腕時計, リストウォッチ.

§WWD
《略語》Women's Wear Daily.

wyliecoat /ワイリーコウト/
〔衣服〕《スコットランド》1 温かい下着.
2 女性[子供]用ナイトガウン.

xanthene
　キサンテン《染色原料・殺菌剤に使用される有機化合物》.

x-factor
　Xファクター《いわくいいがたい魅力の要素》.

XL
　《略語》extra large《サイズの記号》.

Xmas
　《口語》クリスマス(Christmas). (⇨コラム).

XS
　《略語》extra small《サイズの記号》.

xylitol
　キシリトール《キシロースの還元で得られる糖アルコール; 代用甘味料》.

Xmas

　クリスマスシーズンは，多くの国々において年間で最も高い経済効果が見込める時期である．贈り物，カード，屋内外の装飾などあらゆるクリスマス関連商品の売り上げが増えるうえ，パーティーに向けてのファッション需要も高まるので，この時期に向けて新製品を出すメーカーも多い．

　「クリスマス・ショッピング」のシーズンは，アメリカにおいては，通常，感謝祭の日(11月第4木曜日)の直後から本格的に始まる．10月31日のハロウィーンの直前からクリスマスに向けての広告キャンペーンが始まる地域もある．

　西洋のほとんどの国においては，クリスマス当日は，ほとんどの商店は閉まり，ビジネスも停止する．イングランドとウェールズでは 'Christmas Day (Trading) Act 2004 (クリスマス取引禁止法)' により，大きな店舗は営業を禁じられている．

　クリスマスの翌日，12月26日は，イギリス，カナダ，ニュージーランド，オーストラリアなどのイギリス連邦に属する国々を中心に，「Boxing Day (ボクシングデー)」という休日となる．19世紀には，クリスマスも仕事をしなければならなかった使用人や郵便配達員などに，一年間のねぎらいの意をこめて 'Christmas Box (箱入りのプレゼント)' を贈る日であったとされるが，現代の多くの店舗においては，セール開始日であり，年間最大の売り上げを期待できる日である．早朝，ときに5時前から店を開ける店も多く，開店前の長い行列の光景は，地方メディアでしばしば報じられている．

§Yantorny
ヤントーニー Pietro Yantorny (*m*) (1874-1936)《ロシア生まれのフランスの靴デザイナー; 20世紀初頭のパリの伝説的な靴職人だった》.

yard
ヤード, ヤール《長さの単位; ＝3フィート, 0.9144メートル; 略 yd》: by the *yard* ヤール単位で.

yardstick
〔ソーイング〕ヤードさお尺, ものさし.

yarmulke
〔小物〕ヤムルカ《ユダヤ教で, 正統派の男性信者が教会などでかぶる小さな帽子》.

yarn
〔マテリアル〕紡ぎ糸, 織り糸, 編み糸, 撚(*よ*)り糸, ヤーン.

yarn-dye
動 織る[編む]前に染める, 糸染め[先染め]する (⇔ piece-dye).

yashmak
〔小物〕ヤシュマック《イスラム教国の女性が目以外の顔面をおおう長いベール》. ★**yashmac, yasmak** ともつづる.

yd
《略語》yard.

year-rounder
〔衣服〕一年中使えるもの, 四季を通じて着られる服.

yellow
图〔色〕黄, イエロー《あざやかな黄》(cf. magenta, cyan). ★減法混色における色料の三原色のひとつ. (⇨ コラム).
形 黄色の, 黄ばんだ.

yellow gold
〔宝飾〕イエローゴールド《金が9割, 銅が1割の橙黄色の合金; 宝石・貴金属の細工に用いる》.

yellow-green
〔色〕イエローグリーン《あざやかな黄緑》.

yellow ocher
〔色〕イエローオーカー《濃い赤みの黄》.

yellow sapphire
〔宝飾〕黄玉(*おうぎょく*), イエローサファイア.

yellow soap
《黄色い》普通の家庭用石鹸.

yé-yé
形〈服装・音楽など〉イエイエの, イエイエ調の《1960年代フランスに生まれ流行したモッズスタイルで, 音楽はロックンロール調のものにいう; cf. mod》.
图〔ファッション〕《音楽・服装などの》イエイエスタイル.

Y-fronts
〔商標〕Y フロンツ《スコットランド Lyle & Scott 社製の男性用ブリーフ; 前面の縫い目が逆 Y 字形》.

ylang-ylang
〔美容〕イランイラン香油《マレー諸島・フィリピン諸島原産, バンレイシ科のイランイランノキの花から採る精油; 香水の原料》.

Y-line
〔ファッション〕Y ライン《1955-56年秋冬のコレクションで Dior が発表した Y の文字に似たシルエット》.

yoga
1〔ヒンドゥー教〕ヨガ《心身の統一によって物質の束縛からのがれ神と一体になろうとする哲学》.
2 [時に **Yoga**]〔美容〕ヨガ《ヨガの修行法を取り入れた体操の一種》.

yoke
〔ソーイング〕ヨーク《シャツの身ごろ

やスカートの腰部に入れる当て布》.
yoked skirt
〔衣服〕ヨークスカート《腰部にヨーク切替えのあるスカート》.
young
形 若い,年少の,幼い;若々しい.

young adult
十代の若者,ヤングアダルト《出版界・図書館の用語》.
Young's modulus
〔マテリアル〕伸び弾性率,ヤング率《繊維の弾性を表わす尺度》.

Yellow

多様な文化的ニュアンスを象徴する色である.まずは西洋文化においては太陽の色であるということで,豊饒・収穫・歓待を表わす.ギリシア神話のディオニュソスの祭礼においては,yellow の衣裳が代表的である.現代においても,金運を上げるための財布の色として yellow を選ぶとよいという俗信がある.

また,yellow は愛を表わす.古代ローマでは,花嫁は黄色いベールをかぶり,結婚式には黄色い靴をはいた.兵士や遠方へ旅立った人の帰還を願い,歓迎する意志を示すために木などに結びつける yellow ribbon などはこの伝統の延長に位置づけられるかもしれない.愛の色であると同時に,その裏返しの嫉妬の色でもある.'yellow looks'とは,「ねたましそうな目つき」の意味である.

さらに,「裏切り」の色としても根強く使われている.昔から「裏切り者」ユダの衣裳は黄色とされており,キリスト教がユダヤ人を迫害するときに,黄色はユダヤ人の標識にあてられていた.

裏切り者の連想から,臆病を象徴する色でもあり,臆病者を yellow dog と表現する一方,煽情主義を表わす色でもある.Yellow journalism とは,事実を誇張してセンセーショナルに読者の感情をあおりたてる三文ジャーナリズムのこと.この語は,1895年,米国の *New York World* 紙が,黄色の服を着た子供 Yellow Kid を主人公とする漫画で購読者を増やそうとしたことに由来する.黄色は目立つ.人の注意をひきつけるのである.

だからといって黄色い紙を使って印字するジャーナリズムが,必ずしも三文ジャーナリズムとは限らない.フランスの *L'Auto* (のちに *L'Equipe*) というスポーツ新聞は,文字通り黄色い紙面だが,自転車レース,ツール・ド・フランスを支援している.このレースにおいて個人総合成績1位の選手に黄色いジャージー (yellow jersey, フランス語で maillot jaune) が贈られるのは,そのためである.このジャージーを,前人未到の7年(1999年-2005年)にわたり着る権利を獲得したのは,ランス・アームストロングで,癌との闘病の後にこの記録を打ち立てた彼は,のちにナイキと契約し,LIVESTRONG プロジェクトとして黄色いリストバンドを発売,売り上げを癌患者の支援にあてている.

youth
青年時代，青春期．

yuppie
〔しばしば **Yuppie**〕〔ファッション〕ヤッピー《豊かな社会に高等教育を受け，都市(近郊)に住み，専門職で高収入を得ている若い世代の人》．
★1980年代の造語で **yuppy** ともつづる．
【*y*oung, *u*rban, *p*rofessional, *-ie*】

Z

Zara
〔商標〕ザラ《スペイン Inditex 社のファッションブランド；1975年1号店を開店》．

zazou suit
〔衣服〕ザズースーツ《zoot suit のフランス版で，第二次大戦後若い男女が着用した》．
【zazou: フランス語で「ジャズ狂い」の意】

zebra /ズィーブラ/
1 シマウマ，ゼブラ《アフリカ産》．
2 ゼブラのような縞(しま)のあるもの．

zeitgeist
ツァイトガイスト，時代精神[思潮]．
【ドイツ語より】

Zen
禅，禅宗．(⇨コラム)．

zendado
〔小物〕ゼンダド《黒地でつくられたスカーフで，頭をおおって前へ垂らしたものをウエストのところで結ぶ；18世紀後半にフランスやイタリアのベニスで流行した》．

zephyr
〔衣服〕軽量な織物(の衣料品)；ゼファー《軽量で薄い運動用のジャージ》．★もとの意は「(西から吹く)そよ風」．

zibel(l)ine /ズィバリーン, ズィバライン/
〔マテリアル〕1 クロテンの毛皮，セーブル (sable)．
2 ジベリン《けばの長い厚地の毛織物；クロテンの毛皮に似ていることから》．
【フランス語より】

zigzag
图 Z字形，ジグザグ，ジグザグ形のもの《装飾・線など》．
圈 ジグザグの
: a *zigzag* pattern ジグザグ模様．

zigzag stitch
〔ソーイング〕《ミシンによる》ジグザグ縫い；《刺繡の》ジグザグステッチ．

zimarra /ズィマーラ/
〔衣服〕《カトリック高位聖職者の私室用の》黒の常服．★**simar** ともいう．
【イタリア語より】

zip
图 〔ソーイング〕《英》ファスナー，ジッパー(《米》zipper)．★《英》では **zip fastener** ともいう．
動 ファスナーで締める[開ける]；ファスナーで締まる[あく]
: My new dress *zips* up at the back. 新しいドレスは後ろファスナーです．

zip-in lining
〔衣服〕《コートなどの》ジッパー[ファスナー]で取り付けできる裏地．

zip-off coat

〔衣服〕ジップオフコート《2-3 通りに長さが調節できるコート》.

zip-out
形 ジッパー[ファスナー]で着脱できる.

zipper
〔ソーイング〕《米》ファスナー, ジッパー(《英》zip).

zipper bag | zip bag
〔バッグ〕ファスナーで開閉するかばん, ジッパーバッグ.

zip pocket
〔ディテール〕ファスナー付きポケット.

zip-up
形 ジッパー[ファスナー]で締まる.

zircon
〔宝飾〕ジルコン《正方晶系の鉱物; 透明なものは宝石》.

zizith /ツィツィス, ツィツィート/
[複数形]〔小物〕《ユダヤの男性が礼拝のときに着用する肩衣(かたぎぬ)の四隅に付ける》青と白の糸を撚(よ)り合わせたふさ《本来は神のいましめをおぼえるためのもの》. ★tsitsith ともつづる.
【「ふさ」を意味するヘブライ語より】

§Zoolander
『ズーランダー』《2001 年の米国映画; ファッションモデル界を舞台にしたコメディーで, 多くの有名人がカメオ出演して話題となった》.

zoot suit

Zen

西洋に本格的に「禅」文化が知られ始めたのは, 1950 年代から 1960 年代にかけてのこととされる. 仏教学者であった鈴木大拙の功績が大きい. ただ, 現代の英語圏において, zen は本来の宗教的な意味とは切り離されて用いられている場合も少なくない.

Zen という言葉が, 宗教的な意味を伴わない形で本格的に広まる契機となったのは, ロバート・M・パーシグ (Robert M. Pirsig) が 1974 年に出版してベストセラーとなった *Zen and the Art of Motorcycle* というノンフィクションである. 27 か国語に訳されており,『禅とオートバイ修理技術——価値の探求』という題名で日本語にも訳されている. 著者と息子と友人らがオートバイを修理しながらアメリカを旅する過程で哲学的に「価値」を考える, というビートニクな雰囲気の濃い本で, 宗教としての禅とはほぼ無関係な内容である.

現代, 新聞や雑誌のファッション記事にもしばしば zen という言葉が使われているが, その場合 'complete quietness (完璧な静けさ)' ないし 'understanding harmony (調和の理解)' とほぼ同義である. たとえば, 2006 年春のバーゼル時計見本市で絶賛を浴びたセイコーの「クレドール・ノード・スプリング・ドライブ・ソヌリ」という複雑式時計に関し, 英 *Times* 紙は「extremely zen (禅のきわみ)」とたたえ,「the quietest (もっとも静かな)」時計として推奨している. 俗語においても, zen mail という表現があるが, これは本文も添付書類もない「無言のメール」(＝空メール)のことである.

〔衣服〕ズートスーツ《肩パッドが入った大きくて長いジャケットと, 股上が深くヒップからひざにかけてぶかっと太くなり, 裾は細くなったズボン; 1940 年代に流行した派手な男性服》. ★zootie ともいう.

§Zoran
ゾラン Zoran Ladicorbic (m) (b. 1947)《ユーゴスラヴィア生まれの米国のファッションデザイナー; ミニマリストのデザイナー》.

Zouave jacket
〔衣服〕ズアーブジャケット《襟なしウエスト丈のボレロ風で, フランス軍のズアーブ兵のジャケットに由来する; ズアーブはもとはアルジェリアの部族の名; フランス軍歩兵隊が最初アルジェリア人で編成されたことから, フランス軍歩兵を指す》.

Zouave puff
〔ディテール〕ズアーブパフ《1870-80 年代に流行したスカートの後ろのふくらみ》.

Zouaves
[複数形; しばしば zouaves]〔衣服〕ズアーブ(パンツ)《足首またはふくらはぎのところで細く絞り, 上部はギャザーを入れてたっぷりさせた通例女性用パンツ; ズアーブ兵の服装を模したもの》. ★Zouave pants ともいう.

Z twist
〔マテリアル〕Z 撚(よ)り, 左撚り (⇔S twist)《糸の撚り方によってはその方向によって右撚りと左撚りとがある》.

zucchetto
〔小物〕ズケット《カトリックの聖職者がかぶる椀を伏せた形の丸帽; 教皇は白, 枢機卿は緋色, 司教は紫, その他は黒と位階によって色が違う; cf. calotte》.
【イタリア語より】

Zuni jewelry
〔宝飾〕ズニジュエリー《シルバーとターコイズでつくられた米国ニューメキシコ州に住む先住民, ズニ人のアクセサリー》.

A

Aカップ　A
Aラインの　A-line
Aワイズ　A
Bカップ　B
Bワイズ　B
Cカップ　C
Cワイズ　C
Dカップ　D
Dリング　D ring
Dワイズ　D
Eカップ　E
Eワイズ　E
Gジャン　denim jacket
Gスーツ　G-suit
Gストリング　G-string
Gパン　jean
Hライン　H-line
J. プレス　J. Press
L. L. ビーン　L. L. Bean
Lサイズの　large
M65ジャケット　M65 jacket
Mサイズ　medium
POSの　point-of-sale
S型屈曲シルエット　S-bend silhouette
Sサイズ　short
Sサイズの　small
S撚り　S twist
Tシャツ　T-shirt
Tストラップ　T-strap
U字型　horseshoe
V形の　V-shaped
V字形の　V-shaped
V字形のはえ際　widow's peak
Vネック　V neck
Xファクター　x-factor
Yフロンツ　Y-fronts
Yライン　Y-line
Z撚り　Z twist

ア

アーガイル　argyle
アーキテクチャーライン　architecture line
アースカラー　earth color
アースシューズ　Earth shoes
アーストーン　earth tone
アーチサポート　arch support
アーツ・アンド・クラフツ運動　Arts and Crafts Movement
アーティスト　artist
アートシルク　art silk
アートディレクター　art director
アートパターンシャツ　art pattern shirt
アートリネン　art linen
アーミージャケット　army jacket
アーミン　ermine
アームバンド　armband
アームホール　armhole
アームレット　armlet
アーモンドアイ　almond eye
アーリーアメリカン様式　Early American
アール・デコ　art deco
アール・ヌーヴォー　art nouveau
アイヴィーリーグ　Ivy League
アイウェア　eyewear
アイキャッチャー　eye-catcher
アイクリーム　eye cream
アイシャドー　eye shadow
アイゼン　Eisen
アイゼンハワージャケット　Eisenhower jacket
アイテム　item
アイブロウペンシル　eyebrow pencil
アイボリー　ivory
アイライナー　eyeliner
アイラッシュエクステンション　eyelash extensions
アイリッシュツイード　Irish tweed
アイリッシュリネン　Irish linen
アイリフト　eyelift
アイレット　eyelet
アイロン　iron
アイロンがけ　ironing
アイロン台　ironing board [table]
アイロンをかける　iron

アヴァンギャルド　avant-garde
アヴェドン　Avedon
アウターウェア　outerwear
アウトシーム　outseam
アウトソール　outsole
アウトラインステッチ　outline stitch
アウトレットストア　outlet store
アウトレット店　outlet
アウトレットモール　outlet mall
青　blue
アオザイ　ao dai
青白い　pale
赤　red
アガール　agal
アカウント　account
アカギツネの毛皮　red fox
赤毛　redhead
赤ちゃん　baby
赤鼻　rosacea
赤帽子　red hat
赤み　redness
明るい　bright
明るい　light
明るさ　radiance
あき　spare
アキレス腱　Achilles tendon
アクアスキュータム　Aquascutum
アクアマリン　aquamarine
アクーブラ　Akubra
アクショングラブ　action glove
アクセサリー　accessory
アクセソワリスト　accessoiriste
アクセント　accent
アクティブウェア　active wear
アクネ　acne
アクリル繊維　acrylic fiber
アグレット　aglet
アゲート　agate
あご　jaw
アコーディオンプリーツ　accordion pleats
あご先　chin
あごひげ　beard
アザグリー　Azagury
麻繊維　hemp
あざやかな　bright
あざやかな　vivid
アザラシの毛皮　seal
アサンブラージュ　assemblage
脚　leg
足　foot

足裏　sole
足首　ankle
アシスタント　assistant
アシッドウォッシュ　acid wash
アシッド染料　acid dye
足の甲　instep
足の手入れの　footcare
足指　toe
足指の爪　toenail
アシュレイ　Ashley
アシンメトリー　asymmetry
アシンメトリックな　asymmetric
アスコット　ascot
アズテックプリント　Aztec print
アストラカン　astrakhan
アストリンゼン　astringent
アスプレー　Asprey
アズロン　azlon
汗革　sweatband
あせた　old
アセテート　acetate
汗止めバンド　sweatband
あせる　fade
アソートメント　assortment
遊び着　playsuit
暖かい　warm
暖かい感じの　warm
温かい下着　wyliecoat
アタッシェケース　attaché case
アタッチトカラー　attached collar
アタッチメント　attachment
アダプテーション　adaptation
頭　head
頭飾り　headgear
新しい　new
アダルト　adult
アダルトカジュアル　adult casual
アチカン　achkan
厚い　bulky
厚い　thick
厚着をする　overdress
アッグブーツ　ugh boots
アッシジエンブロイダリー　Assisi embroidery
アッシュグレー　ash gray
合っている　matching
アッパー　upper
アップ　updo
アップリケ　appliqué
アップリケステッチ　appliqué stitch
アップリフトブラジャー　uplift

和英対照表

アップルグリーン　apple green
圧扁された　ecrase
アッペンツェル刺繡　appenzell
厚ぼったい　chunky
厚ぼったい　heavy
あつらえの　bespoke
あつらえの　made-to-measure
アディダス　adidas
アティフェ　attifet
アテフ冠　atef
後染め　dip dyeing
アトマイザー　atomizer
アトリエ　atelier
アドルフォ　Adolfo
孔　pore
アナ スイ　Anna Sui
穴をあける　pink
アニーホールスタイル　Annie Hall
アニエス・ベー　Agnès B
アニマルスキンバッグ　animal-skin bag
アニマルプリント　animal prints
アニヤ・ハインドマーチ　Anya Hindmarch
アニリン染料　aniline dye
アノラック　anorak
アバー　aba
アバカ　abaca
アバクロンビー＆フィッチ　Abercrombie & Fitch
アパレル　apparel
アパレル業　rag trade
アパレル産業　apparel industry
アビエータージャケット　aviator jacket
アフガン　afghan
アフガン編み　Afghan stitch
アブストラクトアート　abstract art
アブストラクトプリント　abstract print
アフターシェーブローション　aftershave
アフターダークの　after-dark
アフリカの　African
アプリコット　apricot
アフロ　Afro
アベレージ　average
アボラ　abolla
あま皮　cuticle
あま皮押し　cuticle pusher
あま皮切り　cuticle nippers
アマゾナイト　amazonite
アマゾン　Amazon
編み上げ靴　lace-up
編み上げの　lace-up

編上げブーツ　buskins
編み機　knitting machine
アミス　amice
アミノ酸　amino acid
編み針　point
編み棒　knitting needle
網目　mesh
編みもと　foundation
編物　knit
編物　knitting
編物　web
アミュレット　amulet
編む　knit
編む　weave
編む人　knitter
アメシスト，アメジスト　amethyst
アメリカの　American
アメリカファッション協議会　CFDA
綾織り　diagonal
綾織りの　twilled
綾織物　twill
アライア　Alaïa
アライグマの毛皮　raccoon
洗える　washable
アラシーン　arrasene
アラベスク　arabesque
アラミド　aramid
アラン編みの　Aran
アランソンレース　Alençon lace
アリサード　arisard
アリスバンド　Alice band
アルジャンタンレース　Argentan lace
アルスターコート　ulster
アルバ　alb
アルバートコート　Albert coat
アルパカ　alpaca
アルパルガータ　alpargatas
アルビーニ　Albini
アルマーニ　Armani
アルメニアンレース　Armenian lace
アルレッキーノ　harlequin
アレキサンドライト　alexandrite
アレクサンドラ　Alexandra
アレクサンドル　Alexandre
アレンジ（メント）　arrangement
アロエ　aloe
アローカラー　Arrow collars and shirt
アローシャツ　Arrow collars and shirt
アローヘッド　arrowhead
アロハシャツ　aloha shirt

アロハシャツ　Hawaiian shirt
アロマテラピー　aromatherapy
泡　foam
アワーグラス　hourglass
泡状の　frothy
アワビ　abalone
アンヴォル　Envol
アンカーテナント　anchor tenant
アンガジャント　engageantes
アンガルカー　angarkha
アンク十字　ankh
アンクルストラップ　ankle strap
アングル　angle
アンクルジャックス　anklejacks
アンクルソックス　ankle socks
アンクルソックス　anklet
アンクルブーツ　ankle boots
アングルフロンテッドジャケット　angle-fronted jacket
アンクレット　ankle bracelet
アンクレット　anklet
アンゴラ　angora
アンコンストラクテッドの　unconstructed
アンサタ十字　ansate cross
アンサンブル　ensemble
安全かみそりの刃　razor blade
安全靴　safety shoes
安全ピン　safety pin
安全帽　hard hat
アンダーウェア　underwear
アンダーコート　undercoat
アンダーシャツ　vest
アンダースカート　underskirt
アンダードレス　underdress
アンダーパンツ　underpants
アンダーワイヤー　underwire
アンチエイジングの　antiaging
アンチモード派　deconstructionist
アンティーク　antique
アンティークシルク　antique silk
アンティークタフタ　antique taffeta
アンティークレース　antique lace
アンテナショップ　antenna shop
アントニオ　Antonio
アンドレヴィ　Andrevie
アントワーヌ　Antoine
アントワープ王立芸術アカデミー　Royal Academy of Fine Arts Antwerp
アントワープシックス　Antwerp Six
アントワープレース　Antwerp lace

アンナカレーニナコート　Anna Karenina
アンバー　amber
アンプルライン　ample line
アンプレストプリーツ　unpressed pleats
胃　stomach
イートンカラー　Eton collar
イートンキャップ　Eton cap
イートンジャケット　Eton jacket
イートンスーツ　Eton suit
イーブンウィーブ　evenweave
イーポス　EPOS
イヴニングウェア　evening wear
イヴニングエメラルド　evening emerald
イヴニングガウン　evening gown
イヴニングコート　evening coat
イヴニングドレス　evening dress
イヴニングバッグ　evening bag
イエイエスタイル　yé-yé
イエイエ調の　yé-yé
イエーガー　Jaeger
イエロー　yellow
イエローオーカー　yellow ocher
イエローグリーン　yellow-green
イエローゴールド　yellow gold
イエローサファイア　yellow sapphire
イカット　ikat
いかり肩の　square-shouldered
生き生きした　vivid
いきな　chic
育毛剤　hair restorer
石突き　ferrule
石突き　tip
石留め　setting
石目　pebble
衣裳　apparel
衣裳　costume
衣裳一式　outfit
衣裳方　costumer
衣裳部　wardrobe
異性愛の　straight
委託　consignment
いただき　top
イタリアンヒール　Italian heel
一時的流行　fad
一年中使えるもの　year-rounder
市松模様　check
糸　thread
糸染めする　yarn-dye
糸紡ぎ　spinning
糸巻き　quill

糸ループ　chain stitch
田舎風の　rustic
イノヴェーション　innovation
衣服　clothes
衣服　garment
衣服　gear
衣服　model
衣服　thread
衣服の機能不全　wardrobe malfunction
いぶしにする　oxidize
イフラーム　ihram
イミテーション　imitation
イメージ　image
イメージ　profile
イメージチェンジ　makeover
イヤクリップ　earclip
イヤドロップ　eardrop
イヤマフ　earmuffs
イヤリング　earring
イランイラン香油　ylang-ylang
イリーブ　Iribe
イリュージョン　illusion
衣料品　garment
衣類　clothing
衣類　raiment
イレーヌ　Irene
入れ毛　hairpiece
色　color | colour
色合い　hue
色合い　tint
色あせする　discolor
色あせた　faded
色白の　fair
色白の　fair-faced
色泣き　bleeding
色を塗る　color | colour
陰イオン　negative ion
インクル　inkle
インシーム　inseam
インスタレーション　installation
インステップ　instep
インスピレーション　inspiration
インスピレーションを与える　inspire
インセット　inset
インソール　insole
インターシャ　intarsia
インターネット　Internet
インターライニング　interlining
インターロックの織物　interlock
インタラクティヴキオスク　interactive kiosk
インタリオ　intaglio
インディゴ　indigo
インナーウェア　inner wear
インバネスケープ　Inverness
インバネスコート　Inverness
インレイ編み　inlay knit
ヴァス　Vass
ヴァランシエンヌレース　Valenciennes
ヴァルーズ　vareuse
ヴァレンティーナ　Valentina
ヴァレンティノ　Valentino
ヴァン・セーヌ　van Saene
ヴァンダイクカラー　Vandyke collar
ヴァン・デン・アッカー　van den Akker
ヴァン・ノッテン　van Noten
ヴァンプ　vamp
ヴァン・ベイレンドンク　van Beirendonck
ウィークエンドバッグ　weekend bag [case]
ヴィヴィエ　Vivier
ヴィオネ　Vionnet
ウィガン　wigan
ウィグ　wig
ヴィクター　Victor
ヴィクトリア　Victoria
ヴィクトリアズシークレット　Victoria's Secret
ウィグレット　wiglet
ウィスタリア　wisteria
ヴィトン　Vuitton
『ウィメンズウェアデイリー』　Women's Wear Daily
ウィリアムソン　Williamson
ウイング　wing
ウイングカラー　wing collar
ウイングチップ　wing tip
ウィンクルピカーズ　winkle pickers
ウィンザー公　Windsor
ウィンザーノット　Windsor knot
ウィンター　Wintour
ヴィンターハルター　Winterhalter
ウインドーディスプレー　window display
ウィンドブレーカー　windbreaker
ウィンドブレーカー　windcheater
ウィンプル　wimple
ウーステッド　worsted
ウーフ　woof
ウール　wool
ウールの　woolen | woollen
ウールマーク　Woolmark
ウェイダーズ　waders

299　　　　　　　　　　　　　　　　　　　　　　　和英対照表

ウェインライト	Wainwright
ウエストコート	waistcoat
ウエストバッグ	waist pack
ウェーブ	wave
ウェーブのある	wavy
ウエスト	waist
ウエストウッド	Westwood
ウエストシンチャー	waist cincher
ウエストスリップ	waist slip
ウエスト寸法	waistline
ウエストニッパー	waist nipper
ウエストのくびれた	hourglass
ウエストバッグ	bum bag
ウエストバッグ	fanny pack
ウエストバンド	waistband
ウエスト(ライン)	waistline
ウエストライン	waist
ウェッジー	wedgies
ウェッジヒール	wedge heel
ウェット仕上げの	wet-look
ウェットスーツ	wet suit
ウェディングガーター	wedding garter
ウェディングドレス	wedding dress
ウェディングベール	wedding veil
ウェバー	Weber
ウェリントンブーツ	Wellington
ヴェルサーチ	Versace
ウェルディングキャップ	welding cap
ヴェルテス	Vertès
ウェルト	welt
ヴェルニエ	Vernier
『ヴォーグ』	Vogue
ヴォーゲル	Vogel
ウォータープルーフの	waterproof
ウォーホル	Warhol
ウォールマート	Wal-Mart
ヴォッコ	Vuokko
ウォッシャブルの	washable
ウォッシュアンドウェアの	wash-and-wear
ウォッシュケアラベル	washcare label
ウォッシュレザー	washleather
ウォッチチェーン	watch chain
ウォッチポケット	watch pocket
ヴォリューム仕上げ剤	volumizer
ウォルト	Worth
ヴォルブラハト	Vollbracht
ヴォン・エツドルフ	von Etzdorf
浮糸	float
浮彫り	relievo
受取り	receipt
受取勘定	account receivable
受取人	receiver
羽骨	featherbone
ウサギの毛皮	rabbit
ウジェニー	Eugénie
ウジェニーハット	Eugénie hat
後ろ	back
後ろ裾	coattail
後身ごろ	back
薄い	light
薄い	thin
薄織物	tissue
薄くなる	thin
薄葉紙	tissue paper
宇宙服	space suit
美しい	beautiful
美しい	fine
美しさ	beauty
腕	arm
腕立て伏せ	push-up
腕時計	watch
腕輪	bracelet
腕輪	wristlet
うなじ	nape
うね	cord
うね	rib
うね	ridge
うね	wale
ヴネ	Venet
うね編みのプルオーバー	poor boy sweater
うね織りの	rib weave
うぶ着	long clothes
羽柄	quill
羽毛	plume
裏付け	lining
裏目	purl stitch
売上げ	sale
ヴリーランド	Vreeland
売り込む	promote
売場の	point-of-sale
潤いを与える	moisturize
漆	japan
漆塗りの	japan
漆を塗る	japan
ウルトラスエード	Ultrasuede
ウルトラマリン	ultramarine
上着	coat
上着	jacket
上着	overgarment
上着を着ない	shirtsleeve

和英対照表

上唇　upper lip
上張り　overlay
ウンガロ　Ungaro
運動選手の　athletic
エアシャーエンブロイダリー　Ayrshire embroidery
エアゾール　aerosol
エアテックス　Aertex
エアブラシ　air brush
エアロビクス　aerobics
永遠の　timeless
営業経費　operating cost
営業収益　operating income
営業利益　operating profit
エイグレット　aigrette
エイジディファイングの　age-defying
エイチアンドエム　H&M
エイトカット　eight cut
エイドリ　Adri
エイドリアン　Adrian
エイボン　Avon
エイミズ　Amies
エイム　Heim
栄養学者　nutritionist
エーツージャケット　A-2 jacket
エオニズム　eonism
エオリエンヌ　éolienne
腋窩　armpit
エキゾチシズム　exoticism
エキゾチックな　exotic
エクササイズ　exercise
エクステンション　extension
エクストラスモールの　extra-small
エクストラララージ　extra-large
エクスフォリエーター　exfoliator
エグゼクティブ　executive
エクリュ　ecru
エコバッグ　eco bag
エコファッション　eco-fashion
エコフレンドリーな　eco-friendly
エコロジー　ecology
エシカルトレーディング　ethical trading
エシカルファッション　ethical fashion
エジプシアンファッション　Egyptian fashion
エジプト十字　crux ansata
エジプト綿　Egyptian cotton
エシュテル　Hechter
エスティローダー　Estée Lauder
エステヴェス　Estevez
エステティシャン　aesthetician

エスニックの　ethnic
エスパドリーユ　espadrilles
エスプリ　esprit
エスプリ　Esprit
枝編み細工　wicker
エタミン　etamine
柄付き眼鏡　lorgnette
エッグシェル　eggshell
エッグプラント　eggplant
エッジ　edge
エッジング　edging
エッセンシャルオイル　essential oil
エッセンス　essence
エッチトアウトプリント　etched-out print
エドワードの　Edwardian
エドワード8世　Edward VIII
エナメル　enamel
エナメル革　patent
エナン　hennin
エバーグリーン　ever green
エバーラスチング　everlasting
エプロン　apron
エプロン　waist apron
エプロンスカート　apron skirt
エプロンドレス　apron dress
エポーレット　epaulet(te)
エポーレットカット　epaulet(te)
エポデ　ephod
エボニー　ebony
エポンジュ　eponge
エマニュエル　Emanuel
エメラルド　emerald
エメラルドカット　emerald cut
エメラルドグリーン　emerald green
エメリーボード　emery board
エラステン　elastane
エラストマー　elastomer
襟　collar
襟飾り　tucker
襟ぐりの深い　low-cut
エリザベスアーデン　Elizabeth Arden
襟芯　collar stay
エリス　Ellis
エリック　Eric
襟吊り　tag
襟なしの　collarless
襟の折り返し　lapel
襟巻　muffler
襟巻　neckpiece
エルゴノミックス　ergonomics

エルテ　Erté
エルメス　Hermès
エレガントな　elegant
エロジェナスゾーンセオリー　erogenous zone theory
エンゲージリング　engagement ring
エンジェルスリーブ　angel sleeve
エンパイアライン　empire line
エンハンスメント　enhancement
燕尾服　swallowtail
燕尾服　tail
燕尾服　tailcoat
エンブレム　emblem
エンベロープバッグ　envelope bag
エンボス加工　embossing
エンボス加工を施す　emboss
オイスターホワイト　oyster white
オイリーな　oily
オイルクロス　oilcloth
オイルスキン　oilskin
横隔膜　midriff
大型ショルダーバッグ　hobo
大型のかばん　holdall
大型旅行かばん　portmanteau
オーガニックコットン　organic cotton
オーガニックファイバー　organic fiber
オーガンザ　organza
オーガンジー　organdy
オーガンジーン　organzine
大きすぎる　oversize
オーキッド　orchid
オーストラリアン・ウール・イノベーション　AWI
オーダーブック　order book
オーデコロン　cologne
オーデコロン　eau de cologne
オートクチュール　haute couture
オードトワレ　eau de toilette
オーナメント　ornament
オーニングストライプ　awning stripe
オーバーエッジステッチ　overedge stitch
オーバーオール　bib overalls
オーバーオール　overalls
オーバーカスティング　overcasting
オーバーコート　jemmy
オーバーコート　overcoat
オーバーサイズの　oversize
オーバーシャツ　overshirt
オーバーシューズ　arctics
オーバーシューズ　overshoes
オーバーシューズ　rubber
オーバースカート　overskirt
オーバーチェック　overcheck
オーバードレス　overdress
オーバーナイトバッグ　overnight bag [case]
オーバーブラウス　overblouse
オーバープレード　overplaid
オーバー用布地　overcoating
オーバーレイ　overlay
オーバーロックステッチ　overlock stitch
オーバーロックミシン　overlocker
オーフリー　orphrey
オープンカラー　open collar
オープンシャツ　open shirt
オープンワーク　open-work
オオヤマネコの毛皮　lynx
オーリス　orris
オールインワン　all-in-one
オールウェザーの　all-weather
オールオーバーレース　allover lace
オールコットンの　all-cotton
オールシルクの　all-silk
オールダム　Oldham
オールドフィールド　Oldfield
オールドローズ　old rose
オーロン　Orlon
屋内スリッパ　house slippers
贈り物　gift
おくるみ　bunting
おさげ　plait
おさげ髪　tail
おしゃれ　dresser
おしゃれな　fashionable
おしゃれな　stylish
お尻　bottom
おしろいばけ　powder puff
オストリッチ　ostrich
オストリッチフェザー　ostrich
オズベック　Ozbek
オセロットの毛皮　ocelot
お団子ヘア　bun
オックスフォード　oxford
オックスフォードバッグス　oxford bags
オックスフォードブルー　Oxford blue
織ってから染める　piece-dye
オット(ー)マン　Ottoman
おてんば娘　tomboy
男仕立ての　man-tailored
男っぽい　masculine
落とす　take off

和英対照表

おとな　grown-up
おとなの　adult
衰え　fading
オナシス　Onassis
オニキス　onyx
オパール　opal
オパールグリーン　opal green
オパールのような　opaline
帯　girdle
オファー　offer
オファーする　offer
オプアート　op art
オフショアの　offshore
オフショルダーの　off-the-shoulder
オプティカルアート　optical art
オプティカルプリント　optical print
オフホワイト　off-white
オペークタイツ　opaque tights
オペラ　opera
オペラグラス　opera glass
オペラグラブ　opera glove
オペラスリッパ　opera slippers
オペラハット　opera hat
オペラパンプス　opera pumps
オポッサムの毛皮　opossum
オマージュ　homage
おむつ　diaper
おむつ　nappy
おもし　weight
表　face
表編み　knit stitch
表底　outsole
オモニエール　aumônière
親指　big toe
親指　great toe
親指　thumb
織り　wale
オリー・ケリー　Orry-Kelly
オリーブ　olive
オリーブグリーン　olive green
オリーブドラブ　olive drab
オリエント　orient
折り返し　cuff
折り返し　revers
折り返し　turnup
折り返しの　turnover
折り返しのない　cuffless
織機　loom
オリジナリティ　originality
オリジナルの　original

折伏せ縫い　flat felled seam
織りべり　list
折り目　fold
織物　textile
織物　texture
織物　weave
織物　web
織物　woven
織物　woven fabric
織物用糊　size
織る　weave
オレフィン　olefin
オレンジ　orange
卸し　wholesale
卸売業者　distributor
卸売業者　wholesaler
オング　Ong
オンブレ　ombré
オンラインショッピング　online shopping

カ

カーキ　khaki
カーキ色服地　khaki
ガーグラー　ghagra
カーコート　car coat
カーゴショーツ　cargo shorts
カーゴパンツ　cargo pants
カーゴポケット　cargo pocket
カージー　kersey
カージーミア　kerseymere
ガーター　garter
ガーター編み　garter stitch
ガータートス　garter toss
ガーターベルト　garter belt
カーディガン　cardigan
カーディナル　cardinal
カーディナルレッド　cardinal red
カーディング　carding
カードケース　card case
カートホイール　cartwheel
カートリッジプリーツ　cartridge pleat
カートル　kirtle
ガードル　girdle
カーナビーストリート　Carnaby Street
カーネギー　Carnegie

ガーネット　garnet
カーネリアン　carnelian
カーフスキン　calfskin
カーペットスリッパ　carpet slippers
カーペットバッグ　carpetbag
カーペンターパンツ　carpenter pants
カーマイン　carmine
カーミク　kamik
ガーメントテクノロジスト　garment technologist
ガーメントバッグ　garment bag
カーラー　curler
ガーランド　garland
カール　curl
カールさせる　crimp
カールした　curly
カーン　Khanh
ガーンジーセーター　guernsey
ガーンライヒ　Gernreich
貝　shell
外衣　outerwear
外衣　tog
海外の　offshore
外観　appearance
外観　aspect
外観　shell
階級のない　classless
開襟　open collar
開襟シャツ　open shirt
外見　air
外国の　foreign
回顧的な　retrospective
回顧展　retrospective
外出着に適した　street
外出用の衣服　trotteur
改造できる　convertible
会長　president
会長　prexy
買手　buyer
カイトウメン　sea island (cotton)
買い得品　bargain
買物　buy
買物袋　carrier bag
買物袋　shopping bag
カヴァリ　Cavalli
ガウチョ　gaucho
ガウチョパンツ　gaucho
カウボーイハット　cowboy hat
カウボーイブーツ　cowboy boots
カウル　cowl

カウルネックライン　cowl neckline
ガウン　gown
ガウン　jama
カウンテッドスレッド刺繡　counted-thread embroidery
カウント　count
返し縫い　backstitch
顔　face
顔つき　look
顔の若返り手術　lift
価格　price
価格競争　price competition
価格先導制　price leadership
価格幅　price range
かかと　heel
かかと革　counter
かかと革　heeltap
かかとを高くした靴　lifties
鏡　mirror
輝き　radiance
かがり　darning
かがり縫いで防止する　overlock
かぎ針編み　crochet
かぎホック　hook and eye
カグール　cagoule
革新的な　innovative
カクテルドレス　cocktail dress
角帽　college cap
角帽　trencher cap
掛け金　hasp
かける　put on
掛ける　hang
傘　umbrella
かさかさした　dry
傘立て　umbrella stand
重ね着する　layer
重ね着の　layered
重ね縫い　lapped seam
飾り　ornament
飾り　trim
飾りけのない　rustic
飾り付けする　trim
飾りピン　bar pin
飾り胸当て　dickey
飾ること　adornment
過酸化物　peroxide
貸衣裳屋　costumer
貸し売場　leased department
カシゴラ　cashgora
ガシット　gusset

和英対照表　　304

カシミヤ　cashmere
カシミレット　cashmerette
カシメール　cassimere
カシャ　Kasha
カジュアルな　casual
カジュアルフライデー　casual Friday
カシュクール　cache cœur
カシン　Cashin
ガスキンズ　gaskins
カスケード　cascade
カスケット　casquette
カスティヨ　Castillo
カステルバジャック　Castelbajac
かせ　skein
『ガゼット・デュ・ボン・トン』　Gazette du bon ton
カソック　cassock
肩　shoulder
型押し　embossing
肩掛け　tippet
肩掛け　wrap
肩掛けかばん　satchel
肩衣　humeral veil
肩衣　tippet
肩ダーツ　shoulder dart
形　shape
型にはまった　button-down
肩パッド　shoulder pad
肩ひも　shoulder strap
片方　half
肩までの長さの　shoulder-length
片めがね　monocle
片めがね　quizzing glass
カタログ　catalog(ue)
カタン糸　sewing cotton
画期的な　epoch-making
かっこいい　cool
かっこいい　smart
カッシーニ　Cassini
活性化する　revitalize | revitalise
カット　cut
カット　hairdo
カットアウト　cutout
カットオフス　cutoffs
カットソー　cut and sewn
カットベルベット　cut velvet
カットワーク　cutwork
カッパ　cope
カップ　cup
合併・買収　M&A

かつら　wig
かつら製作者　peruker
かつら台　block
カディス　caddis
家庭用石鹸　yellow soap
カデットクロス　cadet cloth
カトルフォイル　quatrefoil
カナリーイエロー　canary yellow
金輪　hoop
カノティエ　canotier
カバーアップ　cover-up
カバーオールズ　coveralls
カバーチーフ　coverchief
カバート　covert
カバードボタン　covered button
カバーラップ　cover-up
華美な　luxe
カピバラ皮　pigskin
カフ　cuff
カフィエ　kaffiyeh
カフェイン　caffeine
カフタン　caftan
カプチン　capuchin
カプッチ　Capucci
カプッチョ　capuche
カフボタン　cuff button
カプラン　Kaplan
カプリパンツ　capri pants
カフリンク　cuff links
かぶる　put on
カフレスの　cuffless
カブレッタ（レザー）　cabretta
カペジオ　Capezio
壁の花　wall flower
カポート　capote
カボション　cabochon
カマーバンド　cummerbund
カマリ　Kamali
髪型　coiffure
髪型　hairstyle
カミーズ　kameez
かみそり　razor
髪の毛　hair
髪のふさ　lock
髪の生え際　hairline
髪の結い方　headdress
紙ばさみ　portfolio
カムフラージュ　camouflage
カメオ　cameo
カメオ出演する　cameo

カメラマン	photographer
仮面舞踏会	masquerade
カラー	collar
カラースキーム	color scheme
カラーボタン	collar button
カラーボタン	collar stud
カラクールクロス	karakul cloth
カラクール毛皮	karakul
カラシリス	kalasiris
ガラス玉	glass
からすのあしあと	crow's foot
ガラスレンズ	glass
体	body
体つき	shape
体にぴったり合った	skintight
体にぴったりした	body-hugging
体にぴったりした	tightfitting
カラッシュ	calash
カラット	carat
カラット	karat
ガラノス	Galanos
カラフルな	colorful | colourful
絡み織り	leno weave
カラリスト	colorist | colourist
カラレット	collaret
ガリアーノ	Galliano
刈上げ	shingle
刈り上げ断髪	Eton crop
ガリガスキンズ	galligaskins
刈り方	cut
刈り込む	crop
刈り込む	trim
ガリツィーネ	Galitzine
カリックマクロス	Carrickmacross
仮縫い	basting
仮縫い	tack
ガリバルディブラウス	garibaldi
カルヴァン	Carven
ガルーン	galloon
カルカイエ	carcaille
カルケウス	calceus
カルダン	Cardin
カルティエ	Cartier
カルパティナ	carbatina
カルピンチョ	carpincho
ガルボ	Garbo
カルマンリンクス	Calman Links
加齢する	age
カレンダー掛け	calendering
ガロッシュ	galoshes
カロット	calotte
カロリー	calorie
革	leather
かわいい	pretty
カワウソの毛皮	otter
皮製エプロン	barvel
革製半ズボン	leather
革製品	leather
革製品	leatherwork
革の服	leather
革ひも	thong
変わりやすい	changeable
眼窩	eye socket
感覚的な	sensuous
カンガルーポケット	kangaroo pocket
かんかん帽	boater
環境にやさしい	eco-friendly
環境にやさしい	green
環境にやさしいテキスタイル	eco-textiles
環境保護の	green
カンゴル	Kangol
閑散期	off-season
乾燥した	dry
簡単すぎる服装をする	underdress
ガントレット	gauntlet
広東クレープ	canton crepe
官能的な	sensuous
ガンパッチ	gun patch
肝斑	liver spots
ガンブルーン	gambroon
ガンメタルグレー	gunmetal gray
丸薬	pill
関連商品	merchandise
黄	yellow
キアナ	Quiana
キアム	Kiam
キーケース	key case
キーストーニング	keystoning
キーチェーン	key chain
生糸	silk
キーホルダー	key chain
キーロック	key lock
キヴィウート	qiviut
機械製の	machine-made
幾何学的な	geometric
幾何学模様	afghan
着飾りすぎ	overdress
旗艦店	flagship store
企業識別	corporate identity
木ぐつ	sabot

木ぐつ wooden shoes
着ごこち set
着心地のよい comfortable
着こなしのいい人 dresser
着こなしのセンス dress sense
ぎざぎざのついた縁 Vandyke
ギザ抜き pinking
キサンテン xanthene
生地 fabric
生地屋 draper
キシリトール xylitol
きず flaw
きずあと scar
きず物 irregular
きず物の irregular
傷をつけて年代物めかした distressed
既製の off-the-rack
既製の ready-made
既製の ready-to-wear
既製服 ready-to-wear
貴石 precious stone
季節商品 seasonal goods
着丈 length
貴重な年代物 vintage
きつく締める cinch
キックプリーツ kick pleat
キッチュ kitsch
キッチュな kitsch
キッド kid
キッドスキン kidskin
キッドの手袋 kid glove
キツネの毛皮 fox
キッパ kippa
キッパータイ kipper tie
キップ皮 kip
キディークチュール kiddie couture
着ている wear
キトン chiton
キトンヒール kitten heel
奇抜な fancy
ギピュール guipure
気品のある noble
ギブ Gibb
ギブソン Gibson
ギブソンガール Gibson girl
ギフト gift
ギフト券 gift certificate
ギフトラップ gift wrap
着古した well-worn
きめ grain

きめ texture
起毛 raising
起毛する nap
キモノ kimono
キモノスリーブ kimono sleeve
着物 kimono
キャヴァナー Cavanagh
逆ひだ inverted pleat
ギャザー gather
ギャザースカート gathered skirt
ギャザー付け gathering
ギャザーを寄せる gather
キャシャレル Cacharel
キャスパー Kasper
脚光を浴びている high-profile
キャッスル Castle
キャッチステッチ catch stitch
キャットウォーク catwalk
キャットスーツ catsuit
キャップ cap
ギャップ Gap
キャップスリーブ cap sleeve
キャノティエ canotier
キャノンスリーブ cannon sleeve
ギャバジン gabardine
ギャバジン gaberdine
ギャバジン製のレインコート gabardine
キャバリアハット cavalier hat
キャバリアブーツ cavalier boots
キャバルリーツイル cavalry twill
きゃはん gamashes
キャミ cami
ギャミーヌ gamine
キャミキニ camikini
キャミソール camisole
キャミニッカーズ camiknickers
キャムレット camlet
キャメル camel
キャラン Karan
キャリーオール carryall
キャリーオン carry-on
キャリコ calico
キャリコプリント calico printing
ギャリソンベルト garrison belt
キャリマンコ calamanco
ギャルソンヌ garçonne
キャロサ Carosa
キャロ スール Callot Sœurs
キャロット calotte
キャンドルウィック candlewick

キャンバス canvas
キャンバスシューズ canvas shoes
キャンバスワーク canvas work
キャンプシャツ camp shirt
キャンブリック cambric
弓 arch
牛革 cowhide
吸収する wick
キューティクル cuticle
キューバンヒール Cuban heel
キュービックジルコニア cubic zirconia
キュビスム Cubism
キュプラ cuprammonium rayon
キュロット culottes
キュロットドレス culotte dress
供給する人 supplier
胸筋 pectoral muscle
教皇冠 papal crown
教皇冠 tiara
教皇冠 triple crown
競争相手 competitor
鏡台 dressing table
器用な deft
胸部 breast
胸部 chest
強烈な strong
曲線美 curve
曲線美の curvy
きらめき glitter
きらめき shimmer
ギラロッシュ Guy Laroche
ギリー gillies
ギリースーツ ghillie suit
着る put on
キルティング quilting
キルティングする quilt
キルト kilt
キルト quilt
キルトピン kilt pin
キルトプリーツ kilt pleat
着る物 clothes
儀礼服 regalia
切れ込み slash
生綿 cotton wool
金 gold
金色 gold
銀色 silver
金色の golden
ギンガム gingham
ギンギツネの毛皮 silver fox

キンキラ宝石類 bling-bling
キングサイズの king-size
キングズロード King's Road
銀行預金口座 account
均斉のとれた shapely
筋肉 muscle
金箔 gilt
金箔 gold leaf
金髪の blond, blonde
金髪の fair
金髪の fair-haired
銀髪の silver-haired
ギンプ gimp
ギンプ guimpe
金縁の gold-rimmed
ギンプトエンブロイダリー gimped embroidery
金粉 gilt
金めっき gold plate
銀めっき silver plate
金めっきした銀 vermeil
銀面 grain
銀面 grain side
銀面革 grain leather
銀面を残している皮 full grain (leather)
金襴 brocade
クイーンサイズの queen-size
クイーンビー queen bee
クイジンググラス quizzing glass
クイックレスポンス quick response
クイフ quiff
クイル quill
クイルワーク quill work
クーティル coutil
クーポン coupon
クーリージャケット coolie jacket
クーリーハット coolie hat
クーリエバッグ courier bag
クールな cool
クエーカーボンネット quaker bonnet
クォーター quarter
クォーツ quartz
クォーツ時計 quartz clock
クォリティー quality
くくり染め tie-dyeing
クサネム sola
鎖 chain
鎖編み chain stitch
くし comb
くすんだ dull

口　mouth
口ひげ　mustache | moustache
くちびる　lip
唇　lip
口紅　lipstick
口紅　rouge
口もと　mouth
クチュール　couture
靴　shoes
靴型　last
靴型　shoetree
靴革　shoe leather
靴下　socks
靴下　stockings
靴下留め　garter
靴下留め　sock suspenders
靴下類　hosiery
靴職人　cobbler
グッチ　Gucci
グッチローファー　Gucci loafer
靴のデザイナー　shoe designer
靴のバックル　shoe buckle
靴ひも　latchet
靴ひも　shoelace
靴ひも　shoestring
靴ブラシ　shoebrush
靴べら　shoe horn
靴屋　shoemaker
靴屋　shoe shop
首　neck
首糸　neck cord
首飾り　necklace
首飾り　necklet
首巻　neckcloth
組みひも　braid
クライン　Klein
クラーエ　Crahay
クラーク　Clark
クライアント　client
クライアント　clientele
クラヴァット　cravat
クラウン　crown
クラコー　crakows
クラコー　poulaines
クラシックな　classic
グラスグリーン　grass green
クラスプ　clasp
クラッシュベルベット　crushed velvet
クラッチバッグ　clutch bag
クラッビング　crabbing

グラデーション　gradation
グラニールック　granny
グラフ　Graff
グラブ　glove
グラブシルク　glove silk
クラフトワーク　craftwork
『グラマー』　Glamour
グラマーウェア　glamourwear
クラミス　chlamys
クラムディガーズ　clam diggers
グランジ　grunge
グランジロック　grunge
クランチ　crunch
クリアランスセール　clearance sale
グリーア　Greer
クリース　crease
グリース　grease
クリート　cleat
クリード　Creed
グリーナウェー　Greenaway
クリーニング屋　laundry
クリーム　cream
グリーン　green
クリエーター　creative
クリエーティブディレクター　creative director
クリエーティブな　creative
繰越し　B/O
グリザイユ　grisaille
クリスタル　crystal
クリスタルプリーツ　crystal pleat
クリスマス　Christmas
クリスマス　Xmas
クリツィア　Krizia
グリッター　glitter
クリップで留めた　clip-on
クリップで留める　clip
クリノリン　crinoline
グリフ　Griffe
グリマ　Grima
グリム　Grimm
クリムソン　crimson
クリムト　Klimt
グリュオ　Gruau
クリュニーレース　Cluny lace
クリンクル　crinkle
クリンプ（ス）　crimp
クルーエル刺繍　crewel work
クルーエル（ヤーン）　crewel
クルーカット　crew cut
クルーソックス　crew socks

309　　　　　　　　　　　　　　　　　　　　和英対照表

クルーネック　crew neck
クルーネックセーター　crewneck (sweater)
クルター　kurta
クルツ　Cruz
くるぶし　ankle
くるぶしまでの長さの　ankle-length
くるみボタン　covered button
グレ　Grès
グレイッシュの　grayish
クレイボーン　Claiborne
グレー　gray
クレージュ　Courrèges
グレージュ　greige
クレージュブーツ　Courrèges boots
グレージング　glazing
グレートコート　greatcoat
グレーの　gray
クレープ　crape
クレープ　crepe
クレープ糸　crepe yarn
クレープジョーゼット　crepe georgette
クレープデシン　crêpe de chine
クレープバックサテン　crepe-back satin
クレープリッス　crepe lisse
グレーマーケット商品　gray market goods
グレーンレザー　grain leather
グレコ　Gréco
クレジットカード　credit card
クレジットカード　plastic
クレジットクランチ　credit crunch [crisis]
クレジュリー　Clergerie
クレスト　crest
クレトン　cretonne
グレナディン　grenadine
クレバネット　Cravenette
クレピス　krepis
クレポン　crepon
クレメンツ・リベイロ　Clements Ribeiro
クレリカルカラー　clerical collar
グレンガリー　glengarry
クレンジングクリーム　cleansing cream
グレンプレイド　glen plaid
黒　black
黒い　dark
クロエ　Chloé
クローク　cloak
クローク　cloak room
クローズステッチ　close stitch
クローズフィート　crow's foot
グローバリゼーション　globalization

グローバル化　globalization
クローハンマーコート　claw-hammer coat
グログラム　grogram
グログラン　grosgrain
クロコダイル　crocodile
クロシェ編み　crochet
クロシェレース　crochet lace
クロシュ　cloche
黒真珠　black pearl
クロス　cross
グロス　gloss
黒水晶　morion
クロスグレイン　cross-grain
クロスステッチ　cross-stitch
クロス染め　cross dyeing
クロストレーナー　cross trainers
黒玉色　jet
クロッグ　clogs
クロッケ　cloque
グロッサー　glosser
クロッチ　crotch
クロップトップ　crop top
クロップトパンツ　cropped pants
クロテンの毛皮　zibel(l)ine
黒の常服　zimarra
クロマ　chroma
クロムウェル　Cromwell
クロムなめし　chrome tanning
クワイアドレス　choir dress
グワヤベラ　guayabera
クワント　Quant
毛穴　pore
鯨骨　whalebone
芸術　art
芸術至上主義ファッション　Aesthetic Dress
芸術性　artistry
形状　form
ケイスリー・ヘイフォード　Casely-Hayford
形成外科　plastic surgery
ケイトスペード　Kate Spade
契約者　contractor
系列下にない　freestanding
ゲインズバラ帽　Gainsborough hat
ゲージ　gauge
ケース　case
ケート・グリーナウェイ服　Kate Greenaway dress
ゲートル　gaiters
ケープ　cape
ケープカラー　cape collar

ケープスキン　capeskin
ケープスリーブ　cape sleeve
ケーブルステッチ　cable stitch
ケーブルニット　cable knit
ケーブルヤーン　cable yarn
ケーブレット　capelet
毛織り地　woolen | woollen
毛織りの　woolen | woollen
毛皮　fur
毛じゅす　sateen
化粧　makeup
化粧室　dressing room
化粧室　toilet
化粧水　lotion
化粧水　toner
化粧水　water
化粧石鹸　toilet soap
化粧品　cosmetic
毛玉　bobble
毛玉　pill
結婚指輪　wedding ring
解毒する　detox
ケナフ　kenaf
けば　fuzz
けば　nap
けば立て加工の　brushed
ケピ　kepi
毛深い　hairy
ケブラー　Kevlar
ゲラン　Guerlain
ケリー　Kelly
ケリーバッグ　Kelly bag
研究開発　research and development
肩甲骨　shoulder blade
原材料　raw material
肩章　epaulet(te)
原色　primary color | primary colour
顕色剤　base
現代的な　contemporary
絹紬　honan
絹紬　pongee
ケンテ　kente
限定的な　exclusive
ケンプ　kemp
ケンブリッジ ブルー　Cambridge blue
肩峰　acromion
原料　material
弧　arc
ゴア　gore
コアスパンヤーン　corespun yarn

ゴアテックス　Gore-Tex
ゴアを入れる　gore
濃い　dark
濃い　deep
濃い　thick
コイフ　coif
コインドット　coin dot
コインパース　coin purse
コインポケット　coin pocket
更衣室　changeroom
更衣室　changing room
公開会社　public company
広角の　wraparound
合格品質水準　AQL
豪華な　deluxe
高貴な　noble
高機能生地　performance fabric
高級既製服　pret-a-porter
広告　advertising
虹彩　iris
子牛革　calf
格子縞の　waffle
高視認性衣料　high visibility clothing
工場　factory
工場直販店　factory outlet
更新　renewal
香水　fragrance
香水　perfume
構成　composition
合成繊維　synthetic
合成繊維の詰め物　fiberfill
公正取引　fair trade
公正取引協定　fair-trade agreement
交替率　turnover
光沢　luster | lustre
光沢　sheen
光沢仕上げの　wet-look
工程　process
皇帝ひげ　imperial
工房　bottega
荒毛　bristle
項目　item
こうもり　brolly
香油　balm
小売り　retail
小売り業者　retailer
合理服　rational dress
合理服協会　Rational Dress Society
小枝細工　wicker
コーヴェリ　Coveri

ゴージャスな　gorgeous
コース　Kors
コースレット　corselet
コーチ　Coach
コーチング　couching
コーティー　coatee
コーディネーター　coordinator
コーディネート(する)　coordinate
コーディング　cording
コーデッドシーム　corded seam
コーデュラ　Cordura
コーデュロイ　cord
コーデュロイ　corduroy
コート　coat
コード　cord
コートシューズ　court shoes
コートドレス　coat dress
コードバン革　cordovan
コード番号　code number
コードバンシューズ　cordovan
コートルーム　coat room
コーナーピース　cornerpiece
コープ　cope
コーポレート・アイデンティティー　corporate identity
コーミング　combing
コームドヤーン　combed yarn
コーモン　Caumont
コーラル　coral
コーラルピンク　coral pink
コール　caul
コールテン地　needlecord
ゴールド　gold
小型のバッグ　man bag
股関節　hip joint
小切手帳　checkbook
顧客　account
顧客　customer
こぎれいな　neat
国際衣服デザイナー＆エグゼクティブ協会　IACDE
国際羊毛事務局　IWS
コクトー　Cocteau
国内の　domestic
固形ファンデーション　cake makeup
固形ファンデーション　facial cake
苔瑪瑙　mocha
ココアブラウン　cocoa brown
午後の　afternoon
コサージュ　corsage

コサック風スラックス　Cossacks
腰　loins
腰革　quarter
越格子　overcheck
越格子　overplaid
腰布　loincloth
腰巻　waistcloth
50歳以上の年齢の人　silver-streaker
小じわ　wrinkle
ゴス　Goth
コスチューム　costume
コスチュームジュエリー　costume jewelry
コスチュームデザイナー　costume designer
コスト　cost
コストパフォーマンス　cost performance
コスプレ　cosplay
コスメチック　cosmetic
小銭入れ　coin purse
コックス　Cox
コックトハット　cocked hat
コック帽　toque blanche
ゴッサマー　gossamer
コッタ　cotta
骨董品　antique
コッドピース　codpiece
コットン　absorbent cotton
コットン　cotton
コットン　cotton wool
コットンフランネル　cotton flannel
コットンプリント　cotton print
コティ・アメリカン・ファッション・クリティックス・アウォード　Coty American Fashion Critics Awards
コテージボンネット　cottage bonnet
ゴデット　godet
コトアルディ　cotehardie
子供　kid
コトルヌス　cothurnus
コナリー　Connolly
コノリー　Connolly
琥珀　amber
小幅織物　narrow cloth
小幅の　narrow
コバルトブルー　cobalt blue
コピー　copy
コピーする　copy
小袋　pouch
ゴブラン織り　Gobelin
ゴブランステッチ　Gobelin stitch
ゴマ　Goma

細かい fine
コミッション commission
コミュニオンドレス communion dress
小麦色 suntan
ゴム製オーバーシューズ gumshoes
ゴムぞうり flip-flops
ゴムぞうり thong
ゴム底の靴 gumshoes
ゴム長靴 gumboots
ゴムバンド garter
こめかみ temple
コモード commode
小物衣類 smallclothes
子ヤギ革 kid
小指 little finger
小指 pinkie
コラーゲン collagen
コラムドレス column dress
コルク cork
コルセット corset
コルセット stay
コルセット職人 corsetiere
ゴルチエ Gaultier
コルドネ cordonnet
ゴルファム Corfam
ゴルフシューズ golf shoes
コレクション collection
コレット collet
コロネーションコード coronation cord
コロビウム colobium
コロルライン Corolle line
ごわごわした rough
コワフ coif
コンウェー Conway
コンク conk
コングレスブーツ congress boots
コンシーラー concealer
混織糸 filament blend yarn
コンチネンタルステッチ continental stitch
コンディショナー conditioner
コントゥアー contour
コントゥアブラ contour bra
コントロールスリップ control slip
コンバース Converse
コンパクト compact
コンバットブーツ combat boots
コンビネーション combinations
コンビネーションロック combination lock
コンピューター援用設計 CAD
コンピューター統合生産 CIM

コンフォーター comforter
混紡糸 mixture
コンポジットステッチ composite stitch
婚約指輪 engagement ring
コンラン Conran

サ

サーキュラースカート circular skirt
サーキュラーニッティング circular knitting
サーコート surcoat
サージ serge
サーセネット sarcenet
サードニックス sardonyx
サープラス surplus
サープリス surplice
サープリスネックライン surplice neckline
サーモンピンク salmon pink
サイクリングショーツ cycling shorts
サイケデリックな psychedelic
在庫切れの out-of-stock
在庫目録 inventory
サイジング sizing
サイズ measurement
サイズ size
サイズ仕様 size specification
再生 reproduction
再生セルロース regenerated cellulose
再洗する backwash
最先端 cutting edge
裁断する cut
彩度 chroma
彩度 saturation
サイドパート side part
サイドポケット side pocket
サイドボディ side bodies
サイハイズ thigh-high
裁判官のかつら judge's wig
財布 purse
サイレンスーツ siren suit
サヴィルロウ Savile Row
逆毛を立てる ruff
先革 tip
先芯 toe box
作業着 workwear
作業服 fatigues

作業用上着　jumper
削減　reduction
サクソニー　Saxony
作品　handiwork
作品のサンプル集　portfolio
裂け目　tear
鎖骨　collarbone
笹縁　gimp
差し込み　empiecement
差引勘定　balance
ザズースーツ　zazou suit
サスーン　Sassoon
サスペンダー　suspenders
札入れ　billfold
札入れ　wallet
札入れベルト　wallet belt
サッカー　seersucker
サック　sack
サッククロス　sackcloth
サックコート　sack coat
サックスーツ　sack suit
サックスフィフスアヴェニュー　Saks Fifth Avenue
サックスブルー　saxe blue
サックドレス　sack dress
サッシュ　sash
サッチェル　satchel
サティーン　sateen
サティネット　satinet
サテン　satin
サテン織り　satin weave
サテンクレープ　satin crêpe
サテンステッチ　satin stitch
サドルシューズ　saddle shoes
サドルステッチ　saddle stitch
サドルバッグ　saddlebag
サファイア　sapphire
サファリ　safari
サファリジャケット　safari jacket
サファリシャツ　safari shirt
サファリスーツ　safari suit
サファリスタイルの　safari
サファリハット　safari hat
サファリブーツ　safari boots
サファリルック　safari look
サブリナパンツ　Sabrina pants
サボ　sabot
サポーター　jockstrap
サマイト　samite
サマヴィル　Somerville

さめ皮　shagreen
ザラ　Zara
サラーペ　serape
サラサ　calico
サラン　Saran
サリー　Sally
サリー　sari
サリーバッグ　Sally
サルエルパンツ　sarrouel pants
サルの毛皮　monkey
サロペット　salopettes
サロン　sarong
酸化防止剤　antioxidant
サングラス　shade
サングラス　sunglasses
サンクリーム　suncream
珊瑚　coral
サンスクリーン　sunscreen
サンダー　Sander
サンダル　sandals
サンタンジェロ　Sant'Angelo
サンチェス　Sanchez
サンチュール　ceinture
サンチュールフレッシェ　ceinture fléchée
サンド　sand
三頭筋　triceps
サンドシューズ　sand shoes
サンドレス　sundress
サンバーストプリーツ　sunburst pleats
サンプル　sample
サンプルガーメント　sample garment
サンプルカット　sample cut
サンブロック　sunblock
サンボンネット　sunbonnet
サンローラン　Saint Laurent
肢　limb
シアー　sheer
シアーサッカー　seersucker
シアーの　sheer
仕上げ縫い　overstitch
シアリング　shearing
シアリング　shearling
シアン　cyan
『ジーキュー』　GQ
シークイン　sequin
シーグリーン　sea green
シース　sheath
シースルーの　see-through
シーズンオフ　off-season
シーチング　sheeting

和英対照表

シープスキン sheepskin
シーム seam
シームバインディング seam binding
シームポケット seam pocket
シールスキン sealskin
仕入れ品 stock
地色 ground
ジーンズ jean
ジーンズ地 jean
ジヴァンシー Givenchy
ジェイコブス Jacobs
シェイド shade
ジェイド jade
シェーバー shaver
シェービングクリーム shaving cream
シェービングフォーム shaving foam
シェービングブラシ shaving brush
シェービングローション shaving lotion
ジェームズ James
シェシア chechia
ジェット jet
シェトランドウール Shetland
シェトランドウール Shetland wool
ジェニー Genny
ジェニー Jenny
シェパードチェック shepherd's check
シェブロン chevron
シェブロンステッチ chevron stitch
ジェムストーン gemstone
シェル shell
シェルジャケット shell jacket
シェルスーツ shell suit
シェルピンク shell pink
シェルライニング shell lining
シェレル Scherrer
ジェンダー gender
私会社 private company
仕掛品 work in process [progress]
四角いあごをした square-jawed
仕掛品 work in process [progress]
シガレットパンツ cigarette pants
色彩設計 color scheme
仕着せ livery
色相 hue
色調 tone
式服式帽 academic costume [dress]
式帽 mortarboard
試供品 sample
ジグザグ zigzag
ジグザグステッチ zigzag stitch

シグナルレッド signal red
シグネチャー signature
シグネチャースカーフ signature scarf
シグネチャーバッグ signature bag
シグネットリング signet ring
ジゴ gigot
仕事着 working dress
自在型紙 delineator
司祭服 frock
自社ブランド own brand
自社ブランドの own-brand
刺繍 embroidery
刺繍を施した worked
支出 expense
思春期 adolescence
市場の隙間 niche
沈み彫り intaglio
試刷り strike-off
シズレベルベット ciselé velvet
姿勢 posture
持続性のあるファッション sustainable fashion
舌 tongue
時代遅れの old
時代精神 spirit
時代精神 zeitgeist
時代物 antique
時代ものの ancient
舌革 tongue
下着 underclothes
下着 undergarment
下着 underwear
下着 undies
下着デザイナー foundation designer
下着類 undies
下唇 lower lip
自宅用の at-home
下地 ground
仕立て直す alter
仕立屋 tailor
七分の three-quarter
試着室 changing room
試着する try on
質感 texture
シックな chic
しつけ basting
しつけ tack
しつけ tacking
湿気のある wet
実習期間 apprenticeship

実習生　apprentice
シットボン　Sitbon
ジッパー　zip
ジッパー　zipper
ジッパーで締まる　zip-up
ジッパーで着脱できる　zip-out
ジッパーで取り付けできる裏地　zip-in lining
ジッパーバッグ　zipper bag | zip bag
シッピング　shipping
ジップオフコート　zip-off coat
実用本位衣料計画　Utility Scheme
四頭筋　quad
四頭筋　quadiceps
自動巻きの　self-winding
シトリン　citrine
シトリン　topaz quartz
シナモン　cinnamon
しなやかで優美な　slinky
シニョン　chignon
地縫用絹糸　sewing silk
支払勘定　account payable
四半期　quarter
市販の　off-the-shelf
シフォン　chiffon
ジプシールック　gypsy look
シフトドレス　chemise
シフトドレス　shift
渋なめし　vegetable tanning
ジベリン　zibel(l)ine
脂肪吸引　liposuction
ジボン　jupon
縞　stripe
シマー　simar
縞模様の服　stripe
しみ　liver spots
しみ　smudge
シミアー　chimere
地味な　conservative
締めひも　lacing
シモネッタ　Simonetta
ジャーキン　jerkin
シャークスキン　sharkskin
ジャージー　jersey
ジャージーコスチューム　jersey costume
シャーリング　shirring
ジャカード織り　jacquard
ジャカール　Jacquard
ジャクソン　Jackson
シャグリーン　shagreen
ジャケット　coat

ジャケット　jacket
シャコー　shako
ジャコネット　jaconet
写真家　photographer
ジャストインタイム　just-in-time
ジャストウエスト　natural waist
シャツ　sark
シャツ　shirt
シャツ　undershirt
シャツ　vest
シャツウエスト　shirtwaist
シャツウエストドレス　shirtwaist dress
ジャック　jack
ジャックブーツ　jackboots
シャツ地　shirting
シャツジャケット　shirt jacket
シャットル　shuttle
シャツの裾　shirttail
シャツの袖　shirtsleeve
シャツブラウス　shirt
シャツブラウス　shirt blouse
シャツブラウス　shirtwaist
シャツフロント　shirt front
シャツメーカー　shirtmaker
シャトゥーシュ　shahtoosh
シャドーワーク　shadow work
シャトレーヌ　chatelaine
シャネル　Chanel
シャネルバッグ　Chanel bag
蛇腹　rickrack
シャプカ　shapka
シャプロン　chaperon
シャベル帽　shovel hat
ジャボ　jabot
シャモア　chamois
ジャラバ　djellaba(h)
シャラフ　Sharaff
シャリー織り　challis
シャルーン　shalloon
『ジャルダン・デ・モード』　Jardin des modes
シャルトルーズイエロー　Chartreuse yellow
シャルトルーズグリーン　Chartreuse green
シャルベ　charvet
シャルムーズ　Charmeuse
シャルワール　shalwars
しゃれ男　beau
シャワージェル　shower gel
シャンク　shank
ジャンク　junk
シャンクボタン　shank button

ジャングルプリント	jungle print
ジャンダル	Jandal
シャンタン	shantung
シャンティイレース	Chantilly lace
シャンデリアイヤリング	chandelier earring
ジャンパー	jacket
ジャンパースカート	jumper
シャンパン	champagne
シャンプー	shampoo
ジャンプスーツ	jumpsuit
ジャンプブーツ	jump boots
シャンブレー	chambray
ジャンメール	Jeanmaire
朱色	vermeil
シュー	chou
収益	returns
十字架	crucifix
十字飾り	cross
自由刺繍	freestyle embroidery
収縮コントロール	shrinkage control
ジュストーコール	justaucorps
シューツリー	shoetree
ジュート	jute
修道女の服	nun's habit
修道服	frock
自由な	free
柔軟仕上げ剤	fabric softener [conditioner]
シューパック	shoepac(k)s
シュールレアリスム	surrealism
シューレース	shoelace
ジュエリーデザイナー	jewelry designer
縮充	milling
縮絨	fulling
縮充する	walk
熟練工	artisan
手工芸家	handcraftsman
手工品	handiwork
樹脂	resin
樹脂製品	resin
シュシュ	scrunchy
手術着	scrub suit
しゅす	satin
数珠	bead
しゅす織り	satin weave
しゅす縮緬	satin crêpe
出陣用のかぶりもの	war bonnet
出品者	exhibitor
出品する	exhibit
出品する	show
ジュニア	junior
シュニール糸	chenille
ジュネーヴガウン	Geneva gown
ジュネーヴバンド	Geneva bands
シュミーズ	chemise
シュミゼット	chemisette
主要産物	staple
シュラー	surah
シュラッグ	shrug
シュランベルジェ	Schlumberger
ジュリエットキャップ	Juliet cap
狩猟帽	hunting cap
『ジュルナル・デ・ダム・エ・デ・モード』	Journal des dames et des modes
シュロの葉	palm leaf
純益	net income
純益	net profit
純収入	net income
順序	order
ジョイントベンチャー	joint venture
小規模なショッピングセンター	strip center
上下そろいの服	dittos
小公子	Little Lord Fauntleroy
小公子風の	Fauntleroy
上質の製品などがつくられた年号	vintage
仕様書	specification
肖像	portrait
肖像画	portrait
象徴的な	figurative
商店	shop
商店	store
衝動買い	impulse buying
常得意	patron
小児	infant
乗馬服	habit
乗馬服	riding habit
消費	consumption
消費者	consumer
商標	brand
商標	label
商標	trademark
商品	goods
商品	merchandise
商品券	gift certificate
照明	lighting
ショーウインドー	shopwindow
ショーウインドーの飾り付け	window dressing
ショーケース	showcase
ショーケースディスプレー	showcase display
ショース	chausses

ジョーゼット	georgette (crepe)
ショーティー	shortie
ショートパンツ	short
ショーメ	Chaumet
ショール	shawl
ショールーム	showroom
ショールカラー	shawl collar
ショーン	Schön
ジョーンズ	Jones
ジョギング	jogging
ジョギングシューズ	jogging shoes
ジョギングスーツ	jogging suit
ジョギングする	jog
ジョギングパンツ	jogging pants
ジョギングをする人	jogger
織工	weaver
飾帯	baldric
飾帯	sash
職人芸	craftsmanship
食物繊維	fiber | fibre
女性特有の	feminine
女性の	feminine
女性縫製者	seamstress
女性帽製造人	milliner
女性用長手袋	mitt
ジョッキー	Jockey
ジョッキーブーツ	jockey boots
ショッキングピンク	shocking pink
ショッピンググッズ	shopping goods
ショッピングセンター	shopping center
ショッピングバッグ	carrier bag
ショッピングバッグ	shopping bag
ショッピングモール	shopping mall
ショディ	shoddy
ジョドパーズ	jodhpurs
処方	formula
ショルダー	shoulder
ショルダーストラップ	shoulder strap
ショルダーダーツ	shoulder dart
ショルダーバッグ	shoulder bag
ショルダーパッド	shoulder pad
ジョルダン	Jourdan
ジョン	John
ジョンソン	Johnson
尻	butt
ジリ	Gigli
尻ポケット	hip pocket
シリング	Shilling
シルエット	silhouette
シルカリン	silkaline
シルク	silk
シルクスクリーン印刷	silk-screen printing
シルクノッツ	silk-knots
シルクハット	plug hat
シルクハット	silk hat
ジルコン	zircon
ジル サンダー	Jil Sander
ジル スチュアート	Jill Stuart
シルバー	silver
シルバーグレー	silver gray
ジルボー	Girbaud
シレ	ciré
ジレ	gilet
白	white
白くなめらかな肌	alabaster skin
白目	white
しわ	crinkle
しわ	line
しわ	wrinkle
芯	bat
芯	batt
芯	batting
新型の	new-fashioned
新学期の	back-to-school
シングル	shingle
シングルカット	single cut
シングルカフ	single cuff
シングルの	single-breasted
シングレット	singlet
人絹	artificial silk
人工の	artificial
新古典主義の	neo-classical
芯地	interfacing
寝室用スリッパ	bedroom slippers
紳士服	menswear
真珠	pearl
伸縮性のある	elastic
伸縮性のある	elasticized
伸縮性のある	stretch
真珠層	mother-of-pearl
真珠層	nacre
真珠層	pearl
真珠の光沢	orient
心臓強化運動	cardio
人造繊維	man-made fiber
人台	dress form
人台	dummy
人台	tailor's bust
シンチベルト	cinch belt
真鍮	brass

和英対照表

伸展線	stretch marks	スカイブルー	sky blue
審美的な	aesthetic	スカヴロ	Scavullo
新婦	bride	姿	form
シンプソン	Simpson	スカフ	scuffs
人物写真	portrait	スカプラリオ	scapular
人物紹介	profile	スカラップ	scallop
シンブル	thimble	スカラベ	scarab
新毛	virgin wool	スカルキャップ	skullcap
ズアーブ	Zouave	スカルプ	scalp
ズアーブジャケット	Zouave jacket	スキーウェア	skiwear
ズアーブパフ	Zouave puff	スキーハット	ski hat
図案	pattern	スキーパンツ	ski pants
スイ	Sui	スキーマスク	ski mask
スイートハートネックライン	sweetheart neckline	すきぐし	card
		スキニージーンズ	skinny jeans
水泳パンツ	swimming trunks	スキニーの	skinny
水泳パンツ	trunk	スキニーリブ	skinny-rib
水晶	crystal	すきばさみ	thinning shears
垂直的統合	vertical integration	スキマー	skimmer
スイムウェア	swimwear	スキマードレス	skimmer
スイングコート	swing coat	スキャッシ	Scaasi
スイングスカート	swing skirt	スキャパレリ	Schiaparelli
スウィンギングロンドン	Swinging London	ずきん	hood
スウェットショップ	sweatshop	スキン	skin
スウォッチ	Swatch	スキンケア	skincare
スータッシュ	soutache	スキンテクスチャー	skin texture
スータン	soutane	スキンヘッド	skinhead
スーツ	lounge suit	スクープネックライン	scoop neck [neckline]
スーツ	suit	スクエアネック	square neck
スーツケース	portmanteau	スクリーン印刷	screen printing
スーツケース	suitcase	スクリム	scrim
ズートスーツ	zoot suit	スクワット	squat
スーパー…	über-, uber-	すけすけの	transparent
スーパーチュニック	supertunic	ズケット	zucchetto
スーパーモデル	supermodel	透けて見える	transparent
ズーランダー	Zoolander	すけて見えるパンティーライン	visible panty line
スエード	suede		
スエードクロス	suede	スコーツ	skorts
スエットシャツ	sweat shirt	スコッチガード	Scotchgard
スエットシャツ地	sweatshirting	スコッチキャップ	Scotch cap
スエットスーツ	sweat	涼しそうな	cool
スエットスーツ	sweat suit	裾	skirt
スエットパンツ	sweat	裾	tail
スエットパンツ	sweat pants	裾丈を調整する	hang
スカート	skirt	スターファセット	star facet
スカーフ	do-rag	スタイケン	Steichen
スカーフ	kerchief	スタイリスト	stylist
スカーフ	scarf	スタイル	style
スカーフ	throw	スタイルブック	style book
スカーレット	scarlet	スタジアムジャンパー	baseball jacket

スタックヒール	stacked heel
スタッド	stud
スタビリティボール	stability ball
スタンドアップカラー	stand-up collar
スチール	steel
スチールグレー	steel gray
ズック	duck
ステイ	stay
ステイアップ	stay-ups
スティーベル	Stiebel
スティックピン	stickpin
スティラップ	stirrup
スティラップパンツ	stirrup pants
スティレットヒール	stiletto heel
ステープル	staple
ステープルファイバー	staple fiber
ステッキ	cane
ステッキ	stick
ステッキ	walking stick
ステッチ	stitch
ステットソン	Stetson
ステップカット	step cut
ステムステッチ	stem stitch
ステンレス（スチール）	stainless steel
ストアブランド	store brand
ストーブパイプ	stovepipes
ストームフラップ	storm flap
ストール	stole
ストーンウォッシュ加工した	stonewashed
ストッキネット	stockinette
ストッキング	hose
ストッキング	stockings
ストッキングキャップ	stocking cap
ストック	stock
ストックダイ	stock dyeing
ストマッカー	stomacher
ストラ	stola
ストライプ	stripe
ストラウス	Strauss
ストラップ	strap
ストラップシーム	strap seam
ストラップレスの	strapless
ストリートウェア	streetwear
ストリートカルチャー	street culture
ストリートの	street
ストリームライン	streamline
ストリング	string bikini
ストリングタイ	string tie
ストレートジャケット	straightjacket
ストレートスカート	straight skirt
ストレートの	straight
ストローイエロー	straw yellow
ストロフィウム	strophium
ストロベリー	strawberry
スナップ	snap
スナップ	snap fastener
スニーカー	sneakers
スニーカー	trainer
ズニジュエリー	Zuni jewelry
スヌード	snood
すね	shank
すね当て	gamashes
スネークスキン	snakeskin
スノーゴーグル	snow goggles
スノーシュー	snow shoes
スノースーツ	snowsuit
スノーブーツ	snow boots
スノーホワイトの	snow-white
スパ	spa
スパイキーヘアスタイル	spiky hair
スパイクヒール	spike heel
スパゲッティストラップ	spaghetti strap
スパターダッシズ	spatterdashes
スパッツ	spats
すばらしい	fabulous
スパングル	paillette
スパングル	spangle
スパンコール	paillette
スパンコール	sequin
スパンゼル	Spanzelle
スパンデックス	spandex
スプーク	Spook
スプラウス	Sprouse
スプリットスカート	split skirt
スプルース	spruce
スプレー	spray
スプレッドカラー	spread collar
スペアの	spare
スペースエイジ	space age
スペード	Spade
スペクテーターシューズ	spectators
スペシャルティーグッズ	specialty goods
スペシャルティーストア	specialty store
すべすべした	smooth
スペック	Spec
スペンサー	spencer
スポーツウェア	sportswear
スポーツサンダル	sports sandals
スポーツシャツ	sport shirt
スポーツシューズ	athletic shoes

和英対照表

スポーツブラ　sports bra
スポーラン　sporran
ズボン　trousers
スポンジ　sponge
ズボン下　drawers
ズボン吊り　braces
ズボン吊り　suspenders
ズボンの　trouser
スマートな　smart
スマートファブリック　smart fabric
スマイリー　smiley
スミス　Smith
スミレ　violet
スモーキークォーツ　smoky rose
スモーキーな　smoky
スモーキングジャケット　smoking jacket
スモーキングスーツ　smoking suit
スモッキング　smocking
スモッキング　smoking
スモッキングをする　smock
スモック　smock
スモックドレス　smock dress
スモックフロック　smock frock
スライバー　sliver
スラウチハット　slouch hat
スラックス　slacks
スラッシュ　slash
スラッシュポケット　slash pocket
スラッシング　slashing
すらっとした　svelte
スラブ　slub
スリーサイズ　measurement
スリーパー　sleeper
スリーピースの　three-piece
スリーブ　sleeve
スリープウェア　sleepwear
スリッカー　slicker
スリット　slit
スリットスカート　slit skirt
スリットポケット　slit pocket
スリッパ　slippers
スリッパサテン　slipper satin
スリッパソックス　slipper socks
スリップ　slip
スリップオーバー　slipover
スリップステッチ　slip stitch
スリップドレス　slip-dress
スリッポン　slip-on
スリミング　slimming
スリムジーンズ　slim jeans

スリムな　slim
スリング　sling
スリングバック　slingbacks
スレートグレー　slate gray
スレッドカウント　thread count
スレンダーな　slender
スロー　throw
ズロース　drawers
スロート　throat
スローパー　sloper
スローンレンジャー　Sloane Ranger
スロットシーム　slot seam
スワガー　swagger coat
スワロフスキー　Swarovski
ずんぐりした　chunky
ずんどうの　waistless
寸法合わせ　fitting
寸法直し　alteration
背　back
制汗剤　antiperspirant
生産　production
生産者　producer
正式軍帽　service cap
正式喪服　deep mourning
青春期　youth
成人　grown-up
製造業者　maker
製造業者　manufacturer
製造業者ブランド　manufacturer's brand
正装する　dress up
製造する　produce
正装するべき　dress-up
製造物責任　product liability
ぜいたく　luxury
ぜいたくな　luxurious
静電気防止の　antistatic
青年期　adolescence
整髪剤　hairdressing
製品　product
製品　production
制服　uniform
正服　gown
性別のない　asexual
製法　formula
正方形　square
西洋かみそり　straight razor
生理用ナプキン　sanitary napkin
精練する　scour
セージグリーン　sage green
セーター　jumper

セーター　sweater
セーターコート　sweater coat
セータードレス　sweaterdress
セーブル　sable
セーム革　chamois
セーラーカラー　sailor collar
セーラースカーフ　sailor scarf
セーラーハット　sailor
セーラーハット　sailor hat
セーラー服　sailor suit
セール　sale
セールスプロモーション　sales promotion
セカンダリーライン　secondary line
セクシーな　sexy
セクシュアルマイノリティ　queer
世間の注目　publicity
セシルカット　Cecile cut
セックス ピストルズ　Sex Pistols
石鹸　soap
摂政時代　Regency
摂政時代風の　Regency
接着芯　interfacing
接着テープ　adhesive tape
セッティング　setting
セット　set
セットする　set
背中　back
背の高い　tall
背の低い　short
セパレーツ　separates
セピア　sepia
背広　lounge suit
背広　sack suit
ゼファー　zephyr
ゼブラ　zebra
セミフォーマルの　semiformal
セラドン　celadon
セラミックスの　ceramic
ゼリーシューズ　jellies
セリーヌ　Céline
セリシン　sericin
セルヴィジ　selvage
セルスルー　sell-through
セルッティ　Cerruti
セルフタンニング　self-tanner
セルライト　cellulite
セルリアンブルー　cerulean blue
セルロース　cellulose
セルロースの　cellulosic
セレブ　celeb

セレブ　celebrity
禅　Zen
繊維　fiber | fibre
繊維素　cellulose
前衛的な　mod
洗口液　rinse
洗剤　detergent
神宗　Zen
染色　dye
扇子　fan
センターパート　center-parting
選択　option
洗濯がきく　wash
洗濯物　laundry
ゼンダド　zendado
センダル　sendal
宣伝する　advertise
セントラル・セント・マーティンズ校　Central Saint Martins College of Art and Design
千枚通し　awl
専門店　shop
染料　dye
洗練された　civilized
洗練された　sophisticated
前腕　forearm
像　reflex
象眼　inlay
象牙　ivory
総合的品質管理　total quality control
装飾する　adorn
装飾的な　decorative
装飾的な　fancy
装飾のない　plain
装身具　accessory
創造性　creativity
装備　gear
ソール　sole
ソールレザー　sole leather
側面　side
ソックス　sock
ソックライニング　sock lining
そっくりまねる　copy
ソックレット　socklet
袖　arm
袖　sleeve
袖カバー　sleevelet
袖口　cuff
袖口　wristband
袖口バンド　wristlet
袖ぐり　armscye

袖ぐり　scye
外縫い　outseam
ソトワール　sautoir
ソフトジェル　softgel
ソフトな　soft
ソプラーニ　Soprani
粗紡糸　rove
粗紡糸　roving
染める　dye
梳毛糸　worsted
粗毛の織物　wadmal
ゾラン　Zoran
ソリテール　solitaire
そる　shave
損益分岐点　break-even
ソング　thong
ソンコ　songkok
ソンブレロ　sombrero

タ

ターゲットマーケット　target market
ターコイズ　turquoise
ターコイズブルー　turquoise blue
タータン　tartan
タータンチェック　tartan
ダーツ　dart
タートルネック　turtle neck
ターナップ　turnup
ダーニング　darning
ダーニングステッチ　darning stitch
ダーニングニードル　darning needle
ターバヴィル　Turbeville
ターバン　pug(g)aree
ターバン　turban
ダービー　Derby
ダービーハット　derby hat
ターブーシュ　tarboosh
ターポーリン　tarpaulin
タータタン　tarlatan
ターラップ　Thaarup
ダール・ウォルフ　Dahl-Wolfe
ターンダウンカラー　turndown collar
ダーンドゥル　dirndl
ダイアゴナル　diagonal
ダイアゴナルステッチ　diagonal stitch

ダイアナ　Diana
ダイアパー　diaper
ダイエット　diet
台襟　neckband
体格　frame
体格　physique
大学制帽　college cap
大学代表チームのジャンパー　varsity jacket
代金引き換え渡し　COD
代金引換え渡し　cash on delivery
体型　figure
代謝　metabolism
体臭　body odor
退色　fading
タイシルク　tie silk
耐水(性)の　water-resistant
大豆蛋白繊維　soybean protein fiber
タイダイ　tie-dye
大腿四頭筋　quadiceps
タイタック　tie tack [tac]
タイツ　tights
態度　air
『ダイナスティ』　Dynasty
代引き　cash on delivery
代引き　COD
タイピン　stickpin
タイベック　Tyvek
体毛　hair
ダイヤモンド　diamond
タイユール　tailleur
タイラー　Tyler
代理　commission
ダイレクトマーケティング　direct marketing
ダヴィッド　David
ダウラス　dowlas
ダウン　down
タウンウェア　townwear
ダウンジャケット　down jacket
ダウンベスト　down vest
楕円の　oblong
タオル　towel
タオル地　toweling
高めるもの　enhancer
タキシード　tuxedo
タグ　tag
タクテル　Tactel
ダクロン　Dacron
ダグワーシー　Dagworthy
タケ　bamboo
丈　length

ダシーキ dashiki
ダシェ Daché
多少難あり品 irregular
ダスター duster
ダスターコート dustcoat
タスマニアンウール Tasmanian wool
タスラン Taslan
ただひとつの unique
裁ち方 cut
裁ち目かがり overcast stitch
タッカー tucker
ダッギング dagging
タック tuck
タックインの tuck-in
ダックテール ducktail
タックをとること tucking
タッサーシルク tussah
脱脂綿 cotton wool
タッセル tassel
タッセル Tassell
タッターソール tattersall
ダッチェス duchesse
ダッチェスレース duchesse lace
タッチング tatting
ダッフルコート duffel [duffle] coat
ダッフルバッグ duffel [duffle] bag
脱毛 waxing
脱毛クリーム hair removal cream
経編み warp knit
経イカット warp ikat
経糸 warp
経糸捺染の warp-printed
立て襟 rabato
だて男 macaroni
だて男ブランメル Beau Brummell
タトゥー tattoo
ダナキャランニューヨーク Donna Karan New York
タパ tapa
タバード tabard
タバール tabard
タビー tabby
タブ tab
タブカラー tab collar
タフタ taffeta
だぶだぶの loose
タブリエ tablier
ダブルエントリーポケット double-entry pocket
ダブルカフ double cuff

ダブルクロス double cloth
ダブルステッチ double stitch
ダブルニット double knit
ダブルの double-breasted
ダブルフェイストの double-faced
ダブルランニングステッチ double running stitch
ダブレット doublet
タペストリー tapestry
卵形の oval
だまし絵 trompe l'oeil
ダマスク damask
ダマッセ織りの damassé
ダミー dummy
タモ・シャンター tam-o'-shanter
タライ帽 terai
だらしのない wild
タラソテラピー thalassotherapy
ダリ Dalí
タリート tallith
タリス tallith
ダルマティカ dalmatic
たるみ bag
タルラッツィ Tarlazzi
垂れ tail
垂れ飾り lappet
垂れ飾り tab
垂れ下がり tag
タン tan
タンガ tanga
ダンガリー dungaree
ダンカン Duncan
タンキニ tankini
短期予測 shortrange forecasting
タンクウォッチ tank watch
タンクスーツ tank suit
短靴下 footlet
タンクトップ tank top
タンクトップ wife beater
タンゴシューズ tango shoes
単糸 single
誕生石 birthstone
男女共用の androgynous
男女両用の unisex
ダンスキン Danskin
弾性ゴム rubber
男性的な mannish
男性的な masculine
男性用服飾品 haberdashery
弾帯 bandolier

単調な	dull
ダンディー	dandy
ダンディズム	dandyism
担当地区	territory
断熱性	insulation
短髪	crop
短髪の	crop-haired
ダンヒル	Dunhill
短毛	noil
チーク	cheek
チークボーン	cheekbone
小さい	small
チーズクロス	cheesecloth
チーターの毛皮	cheetah
チェース	Chase
チェーン	chain
チェーンステッチ	chain stitch
チェーンストラップ	chain strap
チェーンベルト	chainbelt
チェスターフィールド	chesterfield
チェック	check
チェビオット	cheviot
チェルシー	Chelsea
チェルシーブーツ	Chelsea boots
チェンジポケット	change pocket
チケットポケット	ticket pocket
チターリングス	chitterlings
チタニウム	titanium
チタン	titanium
縮む	shrink
縮らせる	frizzle
縮れ毛	frizz
縮れ毛の	frizzy
知的財産	intellectual property
千鳥格子	houndstooth [hound's-tooth] check
チノ	chino
チノパンツ	chino
チャードル	chador
チャーム	charm
チャームネックレス	charm necklace
チャームリング	charm ring
チャールズ	Charles
チャールストン	Charleston
チャイナシルク	China silk
チャイニーズジャケット	Chinese jacket
茶色	brown
着色料	color ǀ colour
チャコ	chalk
チャコ	tailor's chalk
チャコールグレー	charcoal gray
チャズブル	chasuble
チャッカブーツ	chukkas
チャップス	chaps
チャブ	chav
チャラヤン	Chalayan
チャン	Chong
チュウ	Choo
中間商人	middleman
中間色の	neutral
チューク	tuque
中国式の	Mao
中古の	secondhand
駐在買付け事務所	resident buying office
抽象的な	abstract
抽象デザイン	abstract
中心部分	core
中波長紫外線	UVB, UV-B
チューブトップ	boob tube
チューブトップ	tube top
注文	order
注文残高	backlog
注文製の	custom-made
注文控え帳	order book
チュール	tulle
チュチュ	tutu
チュニカ	tunic
チュニック	tunic
チュベチェイカ	tubeteika
チュラク	Cierach
チュリダルス	churidars
超…	über-, uber-
超現代的な	futuristic
調節できる	adjustable
長繊維綿	long-staple (cotton)
彫像のような	statuesque
蝶番	hinge
長波長紫外線	UVA, UV-A
蝶番	hinge
長方形の	oblong
超ミニの	micro
蝶結び	bow
調和	harmony
チョーカー	choker
チョークストライプ	chalk stripe
直線縫い	running stitch
チョゴリ	chogori
チョコレートブラウン	chocolate brown
チョッキ	vest
チョッキ	waistcoat
チョッキ	weskit

チョピン　chopines
チョマ　ramie
チョリ　choli
チョンサン　cheongsam
チリアンパープル　Tyrian purple
ちりめん　crape
ちりめん　crepe
チロリアンの　Tyrolean
チングルム　cincture
チンチラの毛皮　chinchilla
チンツ　chintz
チンピラ　chav
ツァイトガイスト　zeitgeist
ツイード　tweed
追加注文　reorder
追加注文する　reorder
ツイスト　twist
ツイッギー　Twiggy
ツイル　twill
ツインセット　twin set
ツートーンカラーの　two-tone
ツートーンの紳士靴　corespondent shoes
通年製商品　nonseasonal
ツーピースの　two-piece
ツーピースの衣服　two-piece
疲れ目　eyestrain
つぎはぎ　patch
つくる　make
付け裏　liner
つけ毛　extension
つけ毛　hairpiece
付け爪　artificial nail
付けぼくろ　beauty spot
付けぼくろ　patch
つける　apply
付ける　attach
土踏まず　arch
筒状のズック袋　seabag
つながり眉　unibrow
綱輪　grommet
角形のチャーム　horn
つば　brim
つばのない　off-the-face
つま革　toe cap
爪革　vamp
つまさき金具　toeplate
つまさきの四角い　square-toed
つまさきの開いた　open-toe(d)
つまさきの見える　peep-toe(d)
つまさき部分がおおわれていない　toeless

つまみ　tag
つまみ革　backstrap
つまみ革　tab
紡ぎ糸　yarn
つめ　nail
爪　claw
爪切り　clippers
爪切り　nail clippers
爪切りばさみ　nail scissors
冷たい感じの　cool
爪の欠け　chip
爪ブラシ　nail brush
爪やすり　nail file
詰める　take in
つや　gloss
つや　sheen
つる　bow
吊るす　hang
手　hand
手足　limb
手編みの　hand-knit
手編みレース　point lace
手洗い　hand-washing
ティアードの　tiered
ディアギレフ　Diaghilev
ディアストーカー　deerstalker
ティアドロップ　teardrop
ディアマンテ　diamanté
ティアラ　tiara
ティーガウン　tea gown
ディーゼル　Diesel
ディートリヒ　Dietrich
ディーラー　dealer
ティーレングス　tea length
ティーンエージャー　teenager
ティーンエージャーの　teenage
デイウェア　daywear
ディ・ヴェルドゥーラ　di Verdura
ディオール　Dior
ディ・カメリーノ　di Camerino
定期注文　regular orders
デイグロー　Day-Glo
ティシュー　tissue
ディスカウント　discount
ディスカウントの　off-price
ディスコ　disco
ディスプレー　display
ティッキング　ticking
ディテール　detail
蹄鉄形のもの　horseshoe

和英対照表

ディトーズ　dittos
ディナージャケット　dinner jacket
ディナードレス　dinner dress
ディバイデッドスカート　divided skirt
ティファニー　Tiffany & Co.
ティファニー織り　tiffany
ティフォー　Tiffeau
ディフュージョンライン　diffusion line [range]
ディミティー　dimity
ディレクトワールの　Directoire
手入れの簡単な　easy-care
手入れをされた　coiffured
ティント　tint
ティンリング　Tinling
テープ　tape
テーブル　table
テーブルカット　table cut
テープレース　tape lace
テーラー　tailor
テーラーズタック　tailor's tack
テーラードボタンホール　tailored buttonhole
テーラードの　tailored
テーラーメイドの　tailored
デオドラント　deodorant
手織り　handweaving
手織り機　handloom
手織りの　handwoven
手鏡　hand glass
手鏡　hand mirror
デガミングする　degum
テキスタイル　textile
テキスタイルの　textile
テクスチャー　texture
テクスチャードヤーン　textured yarn
手首　wrist
デコルタージュ　décolletage
デコルテの　décolleté
手ごろな価格の　reasonable
デザートブーツ　desert boots
手細工　handicraft
手細工　handiwork
手細工品　handicraft
デザイナー　designer
デザイナースカーフ　designer scarf
デザイン　design
手ざわり　hand
手ざわり　handle
手仕事　handicraft
手仕事　handwork
手仕事の材料　work
デシン　crêpe de chine

テスター　tester
テスティーノ　Testino
テストマーケティング　test-marketing
デセー　Dessès
デッキシューズ　deck shoes
テックス　tex
手づくりの　handmade
デッドストック　dead stock
テディー　teddy
テディボーイ　Teddy boy
デトックス　detox
デニール　denier
テニスシャツ　tennis shirt
テニスシューズ　tennis shoes
デニム　denim
デニムジャケット　denim jacket
手荷物　baggage
手荷物　luggage
手縫いする　handstitch
手縫いの　handsewn
てのひら　palm
手の指　finger
デパート　department store
手袋　glove
手袋片方分のなめし革　trank
手袋の当て革　gusset
手袋用なめし革　mocha
テフロン　Teflon
デボレ　devoré
デミブーツ　demi-boots
デミブラ　demi-bra
デューベチン　duvetyn(e)
デュフィ　Dufy
デュポン　Du Pont
テラコッタ　terracotta
デラックスな　deluxe
デ・ラ・レンタ　de la Renta
てり　luster | lustre
テリー　terry
テリークロス　terry
テリトリー　territory
『デリニエーター』　Delineator
テリレン　Terylene
デルマン　Delman
店員　salesclerk
店員　shop assistant
テンガロンハット　ten-gallon hat
電気シェーバー　electric shaver
展示　display
展示会　show

展示する　exhibit
電子タグ　electronic tag
テンセル　Tencel
伝線　ladder
伝線　run
伝線しない　runproof
伝線する　ladder
伝線する　run
伝統的な　traditional
テントコート　tent coat [dress]
テントステッチ　petit point
テントステッチ　tent stitch
天然繊維　natural fiber
天然の　natural
テンの毛皮　marten
臀部　buttocks
テンプル　temple
問屋　factor
ドイリー　doily
トウ　rattan
トウ　tow
胴　torso
ドゥイエ　Doeuillet
トウィギー　Twiggy
ドゥーセ　Doucet
トゥードゥーズ　Toudouze
等級付け　grading
投資　investment
トウシューズ　toe shoes
トウソックス　toe socks
トゥニチェラ　tunicle
籐のステッキ　rattan
ドゥパッタ　dupatta
頭髪の分け目　part
頭髪の分け目　parting
頭皮　scalp
ドゥピオーニ　douppioni
頭部　head
胴部　body
動物の倫理的扱いを求める人びとの会　PETA
ドゥムルメステール　Demeulemeester
トウリング　toe ring
ドゥ・ローク　de Rauch
トーガ　toga
トーク　toque
トーションレース　torchon (lace)
ドーティー　dhoti
トートバッグ　tote bag
トーピー　topee
トープ　taupe

トーン　tone
都会の　urban
トグ　tog
読書用拡大鏡　reading glass
独創性　originality
独創的な　original
ドクターマーテンス　Dr Martens
特注する　special-order
特注の　made-to-order
特別丈夫な　heavy-duty
特別注文　special order
独立した　free
トグル　toggle
トグルコート　toggle coat
時計　timepiece
時計バンド　watchband
時計バンド　watchstrap
床屋　barber
とさか状の赤帽子　coxcomb
閉じるもの　closure
ドスキン　doeskin
ドッグカラー　dog collar
ドッティドスイス　dotted swiss
ドット　dot
トッパー　topper
トップ　top
トップコート　topcoat
トップショップ　Topshop
トップス　top
トップステッチ　topstitch
トップ染め　top dyeing
トップノート　top note
トップハット　top hat
トップブーツ　top boots
トップリフト　top lift
トップレスの　topless
整える　arrange
整える　groom
トドラー　toddler
トナー　toner
ドニゴールツイード　Donegal tweed
ドノヴァン　Donovan
トノー　tonneau
トパーズ　topaz
ドビー　dobby
とび色　auburn
トマス　Thomass
トマトレッド　tomato red
ドミノ　domino
ドミノ仮面　domino

和英対照表　　　　　　　　　　　　　　　　　　　328

ド・メイヤー　de Meyer
留め金　agraffe
留め金　clasp
ドメット　domet(t)
共布のベルト　self-belt
ドライクリーニング　dry cleaning
トライコーン　tricorne
ドライデン　Dryden
トラウザースーツ　trouser suit
トラウザーソックス　trouser sock
ドラゲット　drugget
トラックスーツ　tracksuit
トラプント　trapunto
トラペーズドレス　trapeze
トラペーズライン　trapeze line
ドラペリー　drapery
トランク　trank
トランク　trunk
トランクス　trunk
トランクス型水泳パンツ　bathing trunks
トランクスリーブ　trunk sleeve
トランクホーズ　trunk hose
トランスヴェスタイト　transvestite
トランスジェンダーの　queer
トランスペアレントベルベット　transparent velvet
トランペットドレス　trumpet dress
トリアセテート　triacetate
取扱い注意表示ラベル　care label
ドリアン　Drian
ドリー・ヴァーデン　Dolly Varden
トリートメント　treatment
鳥打ち帽子　montero
トリコット　tricot
トリコットステッチ　tricot-stitch
トリコティン　tricotine
トリコルヌ　tricorne
トリジェール　Trigère
取りはずしのできる　detachable
取引高　turnover
トリム　trim
ド・リュカ　de Luca
ドリル　drill
トリルビー　trilby
取る　take off
トルーズ　trews
トルコ石　turquoise
トルコ帽　fez
トルソー　torso
ドルチェ＆ガッバーナ　Dolce & Gabbana

トルマリン　tourmaline
ドルマン　dolman
ドルマンスリーブ　dolman sleeve
トレアドルパンツ　toreador pants
トレーシー　Treacy
トレードマーク　trademark
トレーナー　sweat shirt
トレーナー　trainer
トレーニングシューズ　trainer
トレーニングパンツ　training pants
ドレーピング　draping
ドレープ　drape
トレーン　train
ドレーンパイプ　drainpipes
ドレコール　Drécoll
ドレス　dress
ドレスクリップ　dress clip
ドレスコード　dress code
ドレスシャツ　dress shirt
ドレスフォーム　dress form
ドレスメーカー　couturier
ドレスメーカー　dressmaker
ドレッサー　dresser
ドレッシーな　dressy
ドレッシングガウン　dressing gown
ドレッドロックス　dreadlocks
トレンチコート　trench coat
トレンチャーキャップ　trencher cap
トレンディな　trendy
トレンド　trend
トレンドセッター　trendsetter
トレンド予測　trend forecasting
ドローストリング　drawstring
ドローネ　Delaunay
トロールビーズ　trollbeads
ドロシーバッグ　Dorothy bag
ドロップ　drop
ドロップイヤリング　drop earrings
ドロップウエスト　drop waist
ドロップショルダー　drop shoulder
ドロテビス　Dorothée Bis
トロピカル　tropical
トロピカルプリント　tropical print
ドロンスレッドワーク　drawn-thread work
トロンプルイユ　trompe l'oeil
ドロンワーク　drawnwork
トワル　toile
ドンキージャケット　donkey jacket
問屋　wholesaler

ナ

ナイキ Nike
ナイティー nightie
ナイトウェア nightclothes
ナイトガウン nightgown
ナイトキャップ nightcap
ナイトシャツ nightshirt
ナイフプリーツ knife pleat
ナイロン nylon
長い巻き毛 ringlet
長靴下 hose
長さの long
中敷 insole
中敷 sock lining
中底 footbed
長持ちする lasting
中物 midsole
中指 middle finger
ナクレーベルベット nacré velvet
ナショナルブランド national brand
ナショナルプレスウィーク National Press Week
ナスト Nast
ナチュラリカラードコットン naturally colored cotton
ナチュラルカラー natural color
ナチュラルショルダー natural shoulder
ナチュラルファイバー natural fiber
捺染 print
ナッター Nutter
ナップサック knapsack
7番街 Seventh Avenue
斜めはぎ miter | mitre
ナパ napa
ナプキン napkin
ナベット navette
ナポレオン napoleons
なめし tanning
なめす tan
なめらかな smooth
ナローキャスティング narrowcasting
縄編み cable stitch
ナンキン木綿 nankeen
ナンズハビット nun's habit

ニーウォーマーズ knee warmers
ニーソックス kneesocks
ニードルポイント needlepoint
ニードルポイントレース needlepoint
ニーハイズ knee-high
ニーハイの knee-high
にきび acne
にきび pimple
肉面 flesh side
にじみ防止の runproof
にじむ run
二焦点レンズ bifocal
にせの fake
にせの faux
ニッカーズ knickers
ニッカーボッカー knickerbockers
ニッケル nickel
ニッチ niche
ニットウェア knitwear
ニット地 knitting
二頭筋 bicep
二の腕 upper arm
日本好き Japanism
日本の Japanese
日本風 Japanism
ニュアンス nuance
入手できる available
乳頭 nipple
ニュートン Newton
ニューバランス New Balance
ニューヨークコレクション New York Collection
ニュールック New Look
ニューロマンティックス New Romantics
にわか成金 nouveau riche
人気 vogue
人気のある hot
妊婦服 maternity
縫い込みの set-in
縫いしろ seam allowance
縫いしろで整えること layering
縫いつけポケット patch pocket
縫取り embroidery
縫い針 sewing needle
縫い目 line
縫い目 seam
縫う sew
ヌードの nude
ヌードルック nude look
ヌーボーリッシュ nouveau riche

脱ぐ　remove
脱ぐ　take off
盗み布　cabbage
布　cloth
布掛け台　perch
布地　cloth
布地　drapery
布地　dry goods
布製の帽子　cloth cap
布ヤール　cloth yard
ヌバック　nubuck
ネイビーブルー　navy blue
ネイリスト　manicurist
ネイルエクステンション　nail extension
値入れ　markup
ネームブレスレット　identification bracelet
ネーンスック　nainsook
ネオジオ　Neo-Geo
ネオプレン　neoprene
ネオンの　neon
ネクタイ　cravat
ネクタイ　necktie
ネクタイ　tie
ネクタイ留め　tie clasp [clip]
ネクタイピン　tiepin
ネグリジェ　negligee
値下げ　markdown
値段　cost
ネッカチーフ　neckerchief
ネックウェア　neckwear
ネッククロス　neckcloth
ネックバンド　neckband
ネックライン　neckline
ネックレス　necklace
ネット　net
ネットショッピング　netshopping
値引き　adjustment
値引き商品　seconds
値札　price tag
ネルーカラー　Nehru collar
ネルージャケット　Nehru jacket
ネルースーツ　Nehru suit
年齢　age
農民スタイルの　peasant
ノースリーブの　sleeveless
ノーティカルルック　nautical look
ノーフォークジャケット　Norfolk jacket
ノーブラの　braless
ノーブラルック　no-bra look
ノーブランドの　no-brand

ノーマルな　normal
ノスタルジックな　nostalgic
ノックオフ　knockoff
ノッチ　notch
ノッチトカラー　notched collar
ノッティドステッチ　knotted stitch
ノッティドレース　knotted lace
のどぼとけ　Adam's apple
伸ばす　let out
ノマドルック　nomad look
糊をつける　starch
ノレル　Norell

ハ

歯　tooth
刃　blade
刃　cutting edge
パーカ　parka
パーカリン　percaline
バーガンディ　Burgundy
パーキンソン　Parkinson
バーグ　bagh
バーククロス　bark cloth
パーケール　percale
バーゲン　bargain
バーサ　bertha
バージェロステッチ　bargello
バーズアイ　bird's-eye
パーソナルトレーナー　personal trainer
パーソンズ・ザ・ニュー・スクール・フォー・デザイン　Parsons The New School for Design
バータック　bar tack
ハーディーエイミズ　Hardy Amies
ハードウィック　Hardwick
バートウェル　Birtwell
パートス　Partos
ハートネル　Hartnell
バートリー　Bartley
パートレット　partlet
バーニス　Parnis
バーヌース　burnous(e)
『ハーパーズ バザー』　Harper's Bazaar
バーバリー　Burberry
ハープ　Harp
バーブァー　Barbour

ハーフクロスステッチ	half-cross stitch
ハーフサイズ	half size
ハーフスリーブ	half sleeve
ハーフスリップ	half-slip
ハーフソール	half sole
ハーフブーツ	half boots
ハーフモーニング	half mourning
パープル	purple
ハーフレングスの	half-length
パーマ	perm
パーマ	permanent wave
パーマネントウェーブ	permanent wave
パーマネントプレス加工	durable press
パーマネントプレス加工	permanent press
パーマをかける	perm
バーミリオン	vermilion
パームビーチ	Palm Beach
ハーモニー	harmony
バーラップ	burlap
バール	burl
パール	pearl
パールグレー	pearl gray
パールステッチ	purl stitch
パールホワイト	pearl white
ハーレクイン	harlequin
ハーレムパンツ	harem pants
バーントオレンジ	burnt orange
バイアス	bias
バイアスカット	bias-cut
バイアステープ	bias binding
バイアステープ	bias tape
灰色	gray
灰色の	gray
ハイウエスト	high waist
バイオレット	violet
バイカージャケット	biker jacket
ハイキングブーツ	hiking boots
ハイク	haik
パイクシューズ	piked shoes
バイコーン	bicorne
バイザー	visor
配色	colourway
ハイスタイル	high style
パイソン	python
ハイテクの	high-tech
ハイトップス	high-tops
ハイネックの	high-necked
売買	marketing
売買	sale
ハイハット	high hat
ハイヒール	high heels
ハイヒールの	high-heeled
ハイビジビリティー服	high visibility clothing
パイピング	piping
ハイファッション	high fashion
パイプシーム	piped seam
パイプトボタンホール	piped buttonhole
背部のない	backless
バイヤー	buyer
ハイライター	highlighter
ハイライト	highlight
ハイライトを入れる	highlight
ハイランドドレス	Highland dress
パイル	pile
パイル織り	pile weave
バインディングオフ	binding off
パヴィリオン	pavilion
ハウエル	Howell
ハウスコート	housecoat
ハウスドレス	house dress
パウチポケット	pouch pocket
バウンドシーム	bound seam
バウンドポケット	bound pocket
バウンドボタンホール	bound buttonhole
生え際	peak
パエヌラ	paenula
パカン	Paquin
バギーパンツ	baggy
はき物	footwear
バギラ	bagheera
はく	put on
白衣高血圧	white coat hypertension [effect]
バクスト	Bakst
バグパイプスリーブ	bagpipe sleeve
白髪の	white-haired
白髪の	white-headed
パグリー	pug(g)aree
バゲージ	baggage
バゲット	baguet(te)
バケットバッグ	bucket bag
バケットハット	bucket hat
パゴダスリーブ	pagoda sleeve
ハ刺し	padding stitch
はさみ	clip
はさみ	clippers
はさみ	scissors
ハシバミ	hazel
はしばみ色	hazel
パシム	pashm
パジャマ	pajamas | pyjamas

和英対照表

パジャマ　sleeper
バジュ　baju
パシュミナ　pashmina
バジレ　Basile
バスウィージャン　Bass Weejuns
バスク　basque
バスク　busk
パスクアリ　Pasquali
バスクウエスト　basque waist
バスクベレー　Basque beret
バスケット　basket
バスケットウィーブステッチ　basketweave stitch
バスケット織り　basket weave
バスケットステッチ　basket stitch
はずす　remove
はずす　take off
バスターブラウンカラー　Buster Brown collar
バスタオル　bath towel
パスティーズ　pasties
パステル　pastel
パステルカラー　pastel
パステル調の　pastel
バスト　bust
バストの大きい　busty
バストボディス　bust bodice
バストライン　bustline
バズビー　busby
バスル　bustle
バスローブ　bathrobe
肌　skin
バタークロス　butter cloth
バターモスリン　butter muslin
パターンメーカー　patternmaker
肌色　complexion
肌色　nude
肌色の　nude
肌着　liberty bodice
肌着　underclothes
肌着　undergarment
肌着類　lingerie
バタフライカラー　butterfly collar
バタフライヘッドドレス　butterfly headdress
バタリック　Butterick
肌をあらわにした姿　dishabille
パタンナー　patternmaker
蜂巣織り　honeycomb
バチスト　batiste
爬虫類の動物　reptile
バッキンガムシャーレース　Buckinghamshire lace
ハッキングジャケット　hacking jacket [coat]
ハッキングポケット　hacking pocket
バック　back
バッグ　bag
バッグ　sack
パック　mask
バックスキン　buckskin
バックステイ　backstay
バックステッチ　backstitch
バッグスリーブ　bag-sleeve
バックネックラベル　back neck label
バックパック　backpack
バックラム　buckram
バックル　buckle
バッジェリー・ミシュカ　Badgley Mischka
ハッシュパピー　Hush Puppies
発疹　rash
撥水加工の　water-repellent
発送　shipping
パッチ　patch
パッチポケット　patch pocket
パッチワーク　patchwork
パッディングステッチ　padding stitch
バッテル　Battelle
パッテン　pattens
バッテンバーグレース　Battenberg lace
パット　patte
パッド　pad
バットウイングスリーブ　batwing sleeve
ハットバンド　hatband
ハットピン　hatpin
ハットブラシ　hatbrush
パッドを入れる　pad
ハッピーフェイス　happy face
パティオドレス　patio dress
バティック　batik
パテント　patent
パテントレザー　patent leather
パトゥ　Patou
バトルジャケット　battle jacket
パトロン　patron
花かずら　anadem
花柄　floral
花柄の　floral
バナナ・リパブリック　Banana Republic
パナマ　Panama
パナマ帽　Panama hat
鼻眼鏡　pince-nez
花模様　floral

花嫁　bride
花嫁の　bridal
パニアースカート　pannier
ハニー　honey
パニエ　pannier
バニティーバッグ　vanity bag
バニティサイジング　vanity sizing
羽根飾り　feather
羽飾り　plume
パネル　panel
ハバサック　haversack
幅の広い　broad
幅広の　wide
ハビット　habit
バフ　buff
パフ　pouf
パフ　puff
バブーシュ　babouches
バブーシュカ　babushka
バフコート　buff coat
パフスリーブ　puff sleeve
パブリシティー　publicity
バブルスカート　bubble skirt
バブルドレス　bubble dress
ハブロック　havelock
バミューダショーツ　Bermuda shorts
バミューダスカート　Bermuda skirt
ハムネット　Hamnet
バムロール　bum roll
はめ込み　inset
はめ込む　set
はめる　put on
波紋　water
波紋　wave
生やしている　wear
腹　belly
パラ　palla
払い戻し　refund
バラクラバ帽　balaclava
バラシャ　barathea
バラ水　rose water
パラソル　parasol
パラッツォパンツ　palazzo pants
パラベン　paraben
ばら結び　rosette
ばら模様　rose
バランス　balance
バランスシート　balance sheet
針　needle
バリー　Bally

ハリー・ウィンストン　Harry Winston
パリウム　pallium
パリコレクション　Paris Collection
針差し　pin cushion
針仕事　needlework
バリスターズウィグ　barrister's wig
ハリスツイード　Harris tweed
張り骨　hoop
バリュー　value
バリュール　parure
バルーンスカート　balloon skirt
バルーンスリーブ　balloon sleeve
バルカンブラウス　balkan blouse
バルキーな　bulky
ハルダンゲル　hardanger
バルテ　Barthet
パルドゥシュ　pardessus
バルドー　Bardot
パルトー　paletot
バルビエ　Barbier
バルブリガン　balbriggan
バルマカーン　balmacaan
バルマン　Balmain
バルモラル　Balmoral
バレージ　barege
バレエシューズ　ballet flats
バレエシューズ　ballet slippers
バレエブーツ　ballet boots
バレエリュス　Ballets Russes
パレオ　pareu
バレッタ　barrette
バレリーナシューズ　ballerinas
バレリーナスカート　ballerina skirt
バレリーナネックライン　ballerina neckline
バレルカフ　barrel cuff
バレルシェイプ　barrel shape
バレルバッグ　barrel bag
バレンシアガ　Balenciaga
バロー　barrow (coat)
バローコート　barrow (coat)
バロック　baroque
バロック様式の　baroque
バロン　Baron
バロンタガログ　barong tagalog
パワースーツ　power suit
パワードレッシング　power dressing
パワーネット　powernet
半裏の　half-lined
ハンガー　hanger
ハンカチ　handkerchief

ハンカチ	hanky
ハンカチーフ	handkerchief
ハンカチーフ	mouchoir
ハンカチーフポインツ	handkerchief points
半貴石の	semiprecious
ハンギングスリーブ	hanging sleeve
バング	bang
バンクス	Banks
パンクスタイル	punk
ハングタグ	hang tag
バングル	bangle
パンクロック	punk rock
半月	lunula
パンサテン	panne
バンシュレース	Binche lace
半ズボン	short
ハンスリン	hanselin
半袖の	short-sleeved
ハンターグリーン	hunter green
バンダナ	bandanna
パンタレット	pantalet(te)s
パンタロン	pantaloons
パンツ	pants
パンツ	undershorts
パンツスーツ	pantsuit
パンツスカート	pantskirt
パンツドレス	pantdress
番手	count
パンティー	panties
パンティーガードル	pantie girdle
パンティーストッキング	pantyhose
ハンティングワールド	Hunting World
パンテュリエ	Pinturier
バンド	band
半透明の	translucent
バンドー	bandeau
バンドースーツ	bandeau suit
バンドードレス	bandeau dress
ハンドクリーム	hand cream
ハンドタオル	hand towel
ハンドバッグ	handbag
ハンドメイドの	handmade
ハンドル	handle
ハンドワーク	handwork
バントン	Banton
販売	sale
販売促進	sales promotion
販売代理店	sales agent
帆布	duck
帆布	sailcloth
パンプス	pumps
半分	half
パンベルベット	panne
半眼鏡	half-glasses
バンヤン	banyan
販路	outlet
バンロン	Ban-Lon
ビアジョッティ	Biagiotti
ピアスの	pierced
ピアスの穴をあけること	piercing
ヒアルロン酸	hyaluronic acid
ピークトキャップ	peaked cap
ピーコックグリーン	peacock green
ピーコックブルー	peacock blue
ビーザムポケット	besom pocket
ピージャケット	pea jacket
ビーズ	bead
ビーズ	beading
ビーズコッド	peasecod
ビーズ細工	beadwork
ビーズで飾った	beaded
ピーターシャム	petersham
ピーターパンカラー	Peter Pan collar
ピーチ	peach
ビーチウェア	beachwear
ビーチサンダル	flip-flops
ビーチバッグ	beach bag
ビートル仕上げ	beetling
ビートルズ	Beatles
ビートン	Beaton
ビーニー帽	beanie
ピーニャ布	piña cloth
ビーバークロス	beaver
ビーバーの毛皮	beaver
ビーハイブ	beehive
ピーマ綿	pima
ヒール	heel
ヒールリフト	heel lift
ヒールリフト	lift
緋色の服	scarlet
ビーン	Beene
ビエラ	Viyella
ピエロカラー	pierrot collar
皮革	skin
ピカソ	Picasso
ビキニ	bikini
ビキニパンツ	bikini
ビキニブリーフ	bikini briefs
ビキニライン	bikini line
ビキニワックス処理	bikini waxing

ビギン	biggin
ビクーニャの毛	vicuña
ピクシー	pixie
杼口	shed
ピクチャーハット	picture hat
ひげ	whiskers
ピケ	piqué
ピゲ	Piguet
ピコ	picot
飛行服	flight suit
飛行服	flying suit
ピコット	picot
ピコットステッチ	picot stitch
ビコルヌ	bicorne
ひざ	knee
ひざ	lap
ひざ上までの	thigh-high
ひさし	bill
ひざ丈の	knee-length
ひざで交差するガーターをした	cross-gartered
ビザンチンステッチ	Byzantine stitch
ひじ	elbow
菱形模様	diaper
ビジット	visite
ビジネススーツ	business suit
ひじまでの長さの	elbow-length
ヒジャーブ	hijab
ビジュー	bijou
美術	art
美術工芸	arts and crafts
ビショップスリーブ	bishop sleeve
美人	beauty
翡翠	jade
ビスコース	viscose
ビスコースレーヨン	viscose rayon
ピスタチオグリーン	pistachio green
ひだ	crease
ひだ	drapery
ひだ	fold
ひだ	pleat
ひだ	ply
ひたい	brow
ひたい	forehead
額を出した	off-the-face
襞襟	ruff
ひだ飾り	flounce
ひだ飾り	furbelow
ビタミンA	vitamin A
ビタミンC	vitamin C
ビタミンE	vitamin E
ビッグヘア	big hair
ビッグルック	Big Look
ビッケン	Picken
ビッケンバーグ	Bikkembergs
羊の毛皮	sheepskin
ぴったり合う	close-fitting
ピッティ	Pitti Immagine Uomo
ヒッピー	hippie
ヒップ	hip
ヒップハガーズ	hip-hugger
ヒップハガーの	hip-hugger
ヒップハギングの	hip-hugging
ヒップブーツ	hip boots
ヒップポケット	hip pocket
ヒップホップ	hip-hop
ヒップライン	hipline
必要	want
一組	pair
人差し指	first finger
人差し指	forefinger
人差し指	index finger
人の列	line
ひと針	stitch
ひとまとまり	lot
ひとみ	eye
ひとみ	pupil
ピナフォア	pinafore
ピナフォア	pinner
ピナフォアドレス	pinafore
ビニル	vinyl
ビバ	BiBa
ピパール	Pipart
ビブ	bib
皮膚科医	dermatologist
皮膚科学	dermatology
ヒマティオン	himation
ひも	cord
ひも	string
ひも	tie
ひもで縛る	lace
日焼け	sunburn
日焼け	suntan
日焼け	tanning
日焼けクリーム	tanner
日焼けさせる	tan
日焼けした	brown
日焼けした色	tan
日焼け止め指数	sun protection factor
ヒュー	hue
ヒューケ	heuke

和英対照表

ビューティーショップ　beauty shop
ビューラー　eyelash curler
ピューリッツァー　Pulitzer
ビュスチエ　bustier
ビュッソス　byssus
ヒュメラルベール　humeral veil
費用　expense
鋲　stud
鋲　tack
美容院　beauty parlor
美容液　concentrate
鋲型の耳飾り　ear-stud
美容外科　cosmetic surgery
表現主義　expressionism
美容師　coiffurist
美容師　hairdresser
標準の　regular
標的市場　target market
費用のかからない　cheap
費用のかかる　expensive
ヒョウの毛皮　leopard
漂白剤　bleach
表面　face
比翼　fly
比翼　fly front
日よけ　awning
日よけ帽　sun hat
ひょろ長い　slim-jim
平編み　plain knitting [knit]
平織り　plain weave [weaving]
ビラゴースリーブ　virago sleeve
ピラティス　Pilates
ひらめき　inspiration
ビリジアン　viridian
ビリメント　billiment
ピリング　pilling
ピル　pill
ビルケンシュトック　Birkenstocks
ヒルフィガー　Hilfiger
ピルボックス　pillbox
ピレウス　pileus
ピレッタ　biretta
ビロード　velvet
ピロス　pilos
ピン　pin
ピンウェールの　pinwale
ピンカール　pin curl
びん革　sweatband
敏感な　sensitive
ピンキーリング　pinkie ring

ピンキング　pinking
ピンキングばさみ　pinking shears
ピンク　pink
ピンクッション　pin cushion
ビングル　bingle
ピンコール　pincord
品質　quality
品質表示票　hang tag
ピンストライプ　pinstripe
ピンソン　pinson
ピンタック　pin tuck
ピンチェック　pincheck
ビンディ　bindi
ピンドット　pin dot
ピンヘッド柄の　pinhead
ファージンゲール　farthingale
ファーリ　Farhi
ファイバー　fiber | fibre
ファイユ　faille
ファインジュエリー　fine jewelry
ファクター　factor
ファゴットステッチ　fagot-stitch
ファゴティング　fagoting
ファスチャン　fustian
ファストファッション　fast fashion
ファスナー　fastener
ファスナー　zip
ファスナー　zipper
ファスナー付きポケット　zip pocket
ファセット　facet
ファセットをつくる　facet
ファソネ　faconne
ファッショナブルな　fashionable
ファッショニスタ　fashionista
ファッション　fashion
ファッション意識の高い　fashion-conscious
ファッションウィーク　fashion week
ファッションヴィクティム　fashion victim
ファッション業　fashion
ファッション工科大学　Fashion Institute of Technology
ファッションコーディネーター　fashion coordinator
ファッションサイクル　fashion cycle
ファッションショー　fashion show
ファッションディレクター　fashion director
ファッションデザイナー　fashion designer
ファッショントレンド　fashion trend
ファッションハウス　fashion house
ファッションプレス　fashion press

ファッションプロモーション	fashion promotion
ファッションモデル	mannequin
ファッションモデル	model
ファッション予測	fashion forecast
ファッションリサーチ	fashion research
ファット	Fath
ファド	fad
ファネルカラー	funnel collar
ファビアーニ	Fabiani
ファブリック	fabric
ファルバラ	falbala
ファンシードレス	fancy dress
ファンシーヤーン	fancy yarn
ファシネーター	fascinator
ファンデーション	foundation
ファンデーション	foundation garment
ファンデーションクリーム	foundation cream
ファンファー	funfur
フィート	foot
フィオルッチ	Fiorucci
フィギュア	figure
フィゲロア	Figueroa
フィシュ	fichu
フィステル	Pfister
フィッシャー	Fisher
フィッシュネット	fishnet
フィッシュボーンステッチ	fishbone stitch
フィッター	fitter
フィッティングルーム	fitting room
フィッテッド	fitted
フィットアンドフレアの	fit-and-flare
フィット感	fit
フィットする	fit
フィットネス	fitness
フィットネスクラブ	fitness club
フィットネスボール	fitness ball
フィットモデル	fit model
フィニッシング	finishing
フィネスコ	finnesko
フィビュラ	fibula
フィラ	Fila
フィラメント	filament
フィリグレ	filigree
斑入りの	speckled
フィリング	filling
フィリングステッチ	filling stitch
フィレレース	filet
フィンガーウェーブ	finger wave
フィンガーティップ丈の	fingertip
フィンガーレスグラブ	fingerless glove
風変わりな	queer
ブークレ	bouclé
フーケ	Fouquet
ブーシェ	Bouché
ブーツ	boots
ブーツカットの	boot-cut
ブーツジャック	bootjack
ブーツストラップ	bootstrap
ブーツツリー	boot tree
ブーツホーズ	boothose
ブーツレースタイ	bootlace tie
フーディー	hoodie
ブーティー	bootees
フード	hood
プードルカット	poodle cut
プードルクロス	poodle
ブーナ	bunad
プーフ	pouf
フープイヤリング	hoop earring
ブーブー	boubou
フープスカート	hoopskirt
フープペティコート	hoop petticoat
フープランド	houppelande
フーラール	foulard
プールカーリー	phulkari
プールポワン	pourpoint
フェアアイル	Fair Isle
フェアチャイルド	Fairchild
フェアトレード	fair trade
フェイク	fake
フェイクファー	fake fur
フェイシャル	facial
フェイスクリーム	face cream
フェイスタオル	face towel
フェイスパウダー	face powder
フェイスパウダー	powder
フェイスパック	face pack
フェイスペインティング	face painting
フェイスマスク	face mask
フェイスマッサージ	face massage
フェイスリフティング	face-lifting
ブエ・ウィロメズ	Bouët-Willaumez
フェーシング	facing
フェザー	feather
フェザーカット	feather cut
フェザーステッチ	feather stitch
フェドラ	fedora
フェラガモ	Ferragamo
フェルール	ferrule

和英対照表

フェルト　felt
フェルト製法　felting
フェレ　Ferré
フェレッティ　Ferretti
フェロー　Féraud
フェンスネット　fence net
フェンディ　Fendi
フォアインハンド　four-in-hand
フォアスリーブ　foresleeve
フォーヴィスム　fauvism
フォーエヴァートゥエンティワン　Forever 21
フォークロア調の　folkloric
フォード　Ford
フォーマルウェア　formalwear
フォーマルドレス　formal dress
フォーリングカラー　falling collar
フォーリングバンド　falling band
フォーリングラフ　falling ruff
フォガーティ　Fogarty
フォクシング　foxing
フォックス　Fox
フォブ　fob
フォルチュニー　Fortuny
フォレストグリーン　forest green
フォンタナ　Fontana
フォンタンジュ　fontange
フォン・ファステンバーグ　von Furstenberg
付加価値通信網　VAN
ぶかっこう　angularity
ふき取る　wipe
服　clothes
服　costume
服　duds
服地　suiting
服飾業界　rag trade
服飾小物　haberdashery
複製　reproduction
服装　costume
服装　garb
服装　tog
服装　vestment
服装規定　dress code
服装倒錯　eonism
服装倒錯者　transvestite
服装のきちんとした　well-dressed
服装様式　garb
腹部　stomach
腹部の　abdominal
服喪の黒いベール　mourning veil
ふくらはぎ　calf

ふくらませた　bouffant
ふくらみ　puff
袋地　sacking
服を着る　dress
ふけ　dandruff
ふさ　zizith
ふさ飾り　ball fringe
ふさ飾り　fringe
ふさ飾り　tassel
ふさ飾り　toorie
節玉　nub
節のある　nubby
ブシュロン　Boucheron
不織布　non-woven
婦人服　womenswear
フスタネーラ　fustanella
伏せ縫い　fell
伏せ縫い　welt seam
ふだん着の　casual
縁　edge
縁　rims
プチ　petite
縁飾り　border
縁飾り　trimming
縁取り　binding
プチポアン　petit point
不調和　clash
復活　regeneration
腹筋　ab
腹筋　abdominal
腹筋(運動)　crunch
フック　hook
復興　regeneration
プッシュアップ　push-up
ブッシュジャケット　bush jacket
プッチ　Pucci
プッチプリント　Pucci print
ブッチャーズボーイキャップ　butcher's boy cap
ブッチャーリネン　butcher linen
フットウェア　footwear
ブッファン　bouffant
ブティック　boutique
ブテ・ド・モンヴェル　Boutet de Monvel
太い　bulky
不透明な　opaque
ブトニエール　boutonniere
ブドワーキャップ　boudoir cap
フューシャパープル　fuchsia purple
フューズドシーム　fused seam

フュチャリスティックな　futuristic
ブラ　bra
フライ　fly
プライス　Price
フライステッチ　fly stitch
プライスリーダーシップ　price leadership
ブライダルウェア　bridal wear
ブライド　bride
フライトジャケット　flight jacket
フライトスーツ　flight suit
フライフロント　fly front
プライベートブランド　private brand
ブラインドステッチ　blind stitch
ブラウス　blouse
ブラウン　Braun
ブラウン　brown
プラケット　placket
ブラサード　brassard
ブラシ　brush
ブラジャー　brassiere
ブラシをかける　brush
ブラス　Blass
フラスカート　hula skirt
プラスチック　plastic
プラスチックの　plastic
プラストロン　plastron
プラスフォアーズ　plus fours
ブラスリップ　bra-slip
プラダ　Prada
プラチナ　platinum
ブラック　black
ブラック　Braque
フラックス　flax
ブラックタイ　black tie
ブラックパール　black pearl
ブラックワーク　blackwork
プラッシュ　plush
ブラッシュダイイング　brush dyeing
ブラット　brat
フラットキャップ　flat cap
ブラッドストーン　bloodstone
フラットな　flat
フラットフェルドシーム　flat felled seam
プラットフォーム　platform
フラットフロントパンツ　flat-front pants [trousers]
フラッパー　flapper
フラップ　flap
フラップポケット　flap pocket
フラティニ　Fratini

ブラニク　Blahnik
フラニッキ　Hulanicki
フラメウム　flammeum
プランケット　Plunkett
ブランケットステッチ　blanket stitch
プランジングネックライン　plunging [plunge] neckline
フランス近衛騎兵のスタイルの　mousquetaire
フランス第一帝政様式の　Empire
フランチャイズ　franchise
ブランド　brand
フランネル　flannel
フランネレット　flannelette
フリース　fleece
フリーズ　frieze
ブリーチズ　breeches
ブリーチズ　knee breeches
プリーツ　pleat
ブリーディング　bleeding
ブリーディングマドラス　bleeding Madras
ブリーフ　brief
ブリーフケース　briefcase
フリーマーケット　flea market
ブリオレット　briolette
ブリオンステッチ　bullion stitch
ブリオンレース　bullion
フリギア帽　Phrygian cap [bonnet]
フリゾン　Frizon
ブリックステッチ　brick stitch
ブリッジ　bridge
プリッス　plissé
フリッセル　Frissell
ブリティッシュウォーム　British warm
ふりふりのフリル　girly frill
ブリム　brim
プリムソルズ　plimsolls
ブリュージュレース　Bruges lace
ブリュッセルレース　Brussels lace
不良　punk
ブリリアンティン　brilliantine
ブリリアントカット　brilliant cut
フリル　frill
プリングル　Pringle
フリンジ　fringe
プリンセス　princess
プリンセススタイルの　princess
プリント　print
古い　old
ブルー　blue
ブルージーンズ　blue jeans

和英対照表

ブルース	Bruce	フレンチ	French
ブルーチャーズ	bluchers	フレンチカフ	French cuff
ブルーネラ	prunella	フレンチシーム	French seam
ブルーボンネット	bluebonnet	フレンチスリーブ	French sleeve
ブルーマー	Bloomer	フレンチツイスト	French twist
ブルーマー	bloomers	フレンチノット	French knot
ブルームスティックスカート	broomstick skirt	フレンチヒール	French heel
ブルーメンフェルト	Blumenfeld	フレンチフード	French hood
ブルオーバー	pullover	フレンチブレード	French braid
ブルカ	burka	フレンチロール	French roll
ブルガリ	Bulgari	ブレンド繊維	blend(ed) yarn
フルシェット	fourchette	ブローカー	middleman
プルシャンカラー	Prussian collar	ブローグ	brogues
プルストラップ	pull strap	ブローチ	brooch
ブルゾン	blouson	ブロード	broadcloth
ブルダン	Bourdin	ブロードキン	brodequins
ブルックス	Brooks	ブロードクロス	broadcloth
ブルックスブラザーズ	Brooks Brothers	ブロードブリム	broadbrim
プルドワーク	pulled work	ブロードリアングレーズ	broderie anglaise
ブルネットの	brunet, brunette	ブロカテル	brocatelle
ブルネレスキ	Brunelleschi	ブログ作者	blogger
ブルマー	bloomers	ブロケード	brocade
プルマンケース	Pullman	プロセス	process
ブルレ	bourrelet	ブロッキング	blocking
フレア	flare	フロック	flock
プレイスーツ	playsuit	フロック	frock
フレーズ	fraise	フロッグ	frog
プレード	plaid	フロック加工	flocking
プレーヌ	poulaines	フロッグ飾り	frogging
フレーム	frame	フロックコート	frock coat
フレームステッチ	flame stitch	プロテイン	protein
プレーリードレス	prairie dress	ブロドーヴィチ	Brodovitch
プレーンシーム	plain seam	プロフィール	profile
プレーンニッティング	plain knitting [knit]	プロポーション	proportion
プレーンヘム	plain hem	ブロンザー	bronzer
プレキシグラス	Plexiglas	ブロンズ	bronze
フレグランス	fragrance	ブロンズ製の	bronze
ブレザー	blazer	フロント	front
プレス	press	ブロンド	blond, blonde
プレスエージェント	press agent	ブロンドの	blond, blonde
プレスする	press	ブロンドレース	blond(e) lace
ブレスティング	breasting	フロントレット	frontlet
ブレストポケット	breast pocket	文芸復興	Renaissance
プレスリリース	press release	文明化した	civilized
ブレスレット	bracelet	分類する	assort
プレタポルテ	pret-a-porter	ペア	pair
フレッシュ	flesh	ヘアアーティスト	hair artist
ブレット	bourette	ヘアアイロン	curling iron
プレッピーの	preppy	ヘアオイル	hair oil
ブレトン	breton	ヘアカーラー	roller

ヘアカット	haircut
ヘアカラー	hair coloring
ヘアクロス	haircloth
ヘアジェル	hair gel
ヘアシャツ	hair shirt
ベアスキン	bearskin
ヘアスタイリスト	hairstylist
ヘアスタイル	hairdo
ヘアスタイル	hairstyle
ヘアスプレー	hair spray
ヘアスライド	hairslide
ヘアセラム	hair serum
ヘアダイ	hairdye
ヘアトニック	tonic
ヘアドライヤー	blow-dryer
ヘアドライヤー	hair dryer [drier]
ヘアドレッサー	hairdresser
ヘアネット	hairnet
ヘアバンド	hairband
ヘアピース	hairpiece
ヘアピース	hair weave
ヘアピン	hairpin
ヘアピン	pin
ベアブラ	bare bra
ヘアブラシ	hairbrush
ベアミドリフ	bare midriff
ヘアライン	hairline
ヘアリムーバルクリーム	hair removal cream
ベアルック	bare look
ベイカー	Baker
ベイツ	Bates
平面作図	pattern drafting
ベイリー	Bailey
ベーシックドレス	basic dress
ページボーイスタイル	pageboy
ベージュ	beige
ベーズ	baize
ペースト	paste
ベースボールキャップ	baseball cap
ペーズリー	paisley
ペーズリー織りの	paisley
ヘーゼル	hazel
ベーゼル	bezel
ペーパータフタ	paper taffeta
ベール	veil
ペーン	pane
ベガーズレース	beggar's lace
ペグトップの	peg-top
ヘシアン	Hessian
ヘシアンブーツ	Hessian boots
ベスト	vest
ベスト	waistcoat
ベスト	weskit
へそ	belly button
へそ	navel
ペタソス	petasus
ペタルスリーブ	petal sleeve
ペダルプッシャー	pedal pushers
ペタルヘム	petal hem
へちま	vegetable sponge
ペッカリー革	peccary
ベックス	Becks
鼈甲	tortoiseshell
ベッティーナブラウス	Bettina blouse
ヘッド	Head
ヘッドギア	headgear
ベッドジャケット	bed jacket
ヘッドスカーフ	headscarf
ヘッドドレス	headdress
ヘッドバンド	headband
ベッドフォードコード	Bedford cord
ヘッドレール	headrail
ペディキュア	pedicure
ペティコート	petticoat
ヘディング	heading
ペドラー	Pedlar
ペニーローファー	penny loafers
ベニト	Benito
ペニョワール	peignoir
ベネシャン	venetian
ベネシャンレース	Venetian lace
ベネトン	Benetton
ヘビ	serpent
ベビードール	baby doll
ベビーピンク	baby pink
ベビーブルー	baby blue
ヘプバーン	Hepburn
ペプラム	peplum
ペブル	pebble
ペプロス	peplos
ヘマタイト	hematite
ヘム	hem
ヘムステッチ	hemstitch
ヘムライン	hemline
部屋着	night rail
ベラール	Bérard
ベラルディ	Berardi
ベランエール	Berhanyer
ペリー	Perry
ベリーシャツ	belly shirt

和英対照表

ペリース　pelisse
ヘリオトロープ　heliotrope
ペリドット　evening emerald
ペリドット　peridot
ヘリング　Haring
ヘリンボン　herringbone
ヘリンボンステッチ　herringbone stitch
ペルージア　Perugia
ベルエポック　Belle Epoque
ベルクロ　Velcro
ペルシア子羊の毛皮　Persian lamb
ベルジェール　bergère
ベルスカート　bell skirt
ベルスリーブ　bell sleeve
ベルチャー　belcher
ペルテガス　Pertegaz
ベルト　belt
ベルト　pelt
ベルトバッグ　belt bag
ベルトループ　belt loops
ベルフラワー　bellflower
ベルベット　velvet
ベルベティーン　velveteen
ベルボトムパンツ　bell-bottoms
ヘルメット　helmet
ペルリーヌ　pelerine
ベレー帽　beret
ベレッタ　Beretta
ベレッティ　Peretti
ヘレラ　Herrera
ベロア　velour
ベローズポケット　bellows pocket
ペン　Penn
ベンガリン　bengaline
ベンガル織り　bengaline
ペンシルスカート　pencil skirt
ペンシルストライプ　pencil stripe
ペンダント　pendant
ペンダントネックレス　pendant necklace
ベンツ　vent
ヘンナ染料　henna
返品　returns
ヘンリー（シャツ）　Henley
ボア　boa
ボアン　Bohan
ホイスク　whisk
ホイップコード　whipcord
ホイニンゲン・ヒューネ　Hoyningen-Huene
ボイラースーツ　boilersuit
ボイリングオフ　boiloff

ボイル　voile
ポイント　point
ボウ　bow
宝冠　crown
豊胸　breast enlargement
帽子　cap
帽子　chapeau
帽子　hat
帽子　tile
帽子　titfer
紡糸口金　spinneret
帽子製造人　hatter
帽子箱　hatbox
帽子屋　hatter
報奨金　spiff
宝飾品類　jewelry | jewellery
帽子(類)　headwear
防シワ加工　wrinkle resistance
防水シート　tarpaulin
防水の　waterproof
防水布　waterproof
防水服　tarpaulin
宝石　gem
宝石　jewel
宝石　stone
紡績糸　spun yarn
紡績機　spinning machine
宝石商　jeweler
防染　resist dyeing
ボウタイ　bow tie
防弾チョッキ　flak jacket
法定純度の　sterling
報道機関　press
暴風雨衣　sou'wester
法服　gown
ほうれい線　nasolabial folds
ほお　cheek
ボーイッシュな少女　gamine
ボーイフレンドジーンズ　boyfriend jeans
ボーイフレンドルック　boyfriend look
ポークパイハット　porkpie hat
ポークボンネット　poke bonnet
ホーズ　Hawes
ポーズ　posture
ホースシューカラー　horseshoe collar
ボーター　boater
ポーター　Porter
ボーティングシューズ　boating shoes
ポードゥシーニュ　peau-de-cygne
ボードショーツ　board shorts

ポードソア	paduasoy
ポードソワ	peau de soie
ボートネックライン	boat neckline
ポートフォリオ	portfolio
ポートレート	portrait
ボーニング	boning
ほお紅	blush
ほお紅	rouge
ほお骨	cheekbone
ホームスパン	homespun
ポーラン	Paulin
ボールガウン	ballgown
ポール・スミス	Paul Smith
ホールドアップ	holdup
ボールドレス	ball-dress
ポーレット	Paulette
保温性	insulation
保温性下着	thermal
保温性のよい	thermal
ボーンレース	bone lace
ぼかし	gradation
ぼかし織り	ombré
補強材料	foundation
ボクサーショーツ	boxer shorts
ほくろ	mole
ほくろ	spot
ポケット	pocket
ポケットスクエア	pocket-square
ポケットチーフ	pocket handkerchief
ポケットブック	pocketbook
ほころび	rip
ポシェット	pochette
保守的な	conservative
ボシュロム	Bausch & Lomb
補正	adjustment
細い	narrow
細い	slim
細革	welt
細くくびれたウエスト	wasp waist
細長いひも	fillet
ボタニーウール	Botany wool
ボタン	button
ボタン裏の取り付け部	shank
ボタンダウンの	button-down
ボタンホール	buttonhole
ボタンホールステッチ	buttonhole stitch
ボタンをはずす	unbutton
補聴器	hearing aid
ホック	hook
ボックスカーフ	box calf
ボックスコート	box coat
ボックスジャケット	box jacket
ボックスプリーツ	box pleat
ポッシュ	Posh
ほっそりした	slender
ボッテーガ	bottega
ボッテガヴェネタ	Bottega Veneta
ホットパンツ	hot pants
ポップオーバー	popover
ホップサック	hopsack
ポップソックス	pop socks
ほつれた箇所	fray
ボティーヌ	bottines
ボディウォーマー	body warmer
ボディクローズ	body clothes
ボディコンシャスの	body-conscious
ボディコンの	body-con
ボディシェイパー	bodyshaper
ボディシャツ	body shirt
ボディス	bodice
ボディスーツ	bodysuit
ボディストッキング	body stocking
ボディピアス	body-piercing
ボディペインティング	body painting
ボトックス	Botox
ボトム	bottom
ボトルグリーン	bottle green
ポニー	pony
ポニーテール	ponytail
ポニーの革	pony skin
ホニトンレース	Honiton (lace)
骨《傘の》	rib
母斑	nevus
ポピー	poppy
ボビーソックス	bobby socks
ボビーピン	bobby pin
ポピーレッド	poppy red
ボビネット	bobbinet
ボビン	bobbin
ボビンケース	shuttle
ボビンレース	bobbin lace
ボブ	bob
ボブウィグ	bob wig
ホブネイルブーツ	hobnail boots
ポプリン	poplin
ホブルスカート	hobble skirt
ボヘミアの	Bohemian
ボマージャケット	bomber jacket
ポマード	pomade
ポリアミド	polyamide

ポリウレタン　polyurethane
ポリエステル　polyester
ポリエチレン　polyethylene
ポリ塩化ビニル　polyvinyl chloride
ポリオレフィン　polyolefin
ポリコットン　polycotton
掘出し物　buy
ポリッシュコットン　polished cotton
ポリテトラフルオロエチレン　polytetrafluoro-
　ethylene
ポリプロピレン　polypropylene
彫る　cut
ポルカドット　polka dot
ボルサリーノ　Borsalino
ホルスト　Horst
ホルストン　Halston
ホルター　halter
ホルターネックの　halter neck
ホルモン　hormone
ボレロ　bolero
ぼろ　rag
ポロ　Polo
ポロカラー　polo collar
ホログラフィー　holography
ポロコート　polo coat
ポロシャツ　polo shirt
ボロタイ　bolo tie
ポロネーズ　polonaise
ポロネック　polo-neck
ポロメリック　poromeric
ホワイトゴールド　white gold
ホワイトタイ　white tie
ホワイトワーク　white work
ポワレ　Poiret
ポワンダングルテール　point d'Angleterre
ポワンデスプリ　point d'esprit
ポンジー　pongee
本船渡しの　free on board
ポンチョ　poncho
ボンネット　bonnet
ボンバジーン　bombazine
ポンパドゥール　pompadour
ポンパドゥール(夫人)　Pompadour
ホンブルグ　homburg
ポンポン　pompom
本物の　authentic
本物の　genuine

マ

マーカー　marker
マーキーズカット　marquise cut
マーキゼット　marquisette
マーキング　marking
マークアップ　markup
マークス・アンド・スペンサー　Marks and
　Spencer
マーケティング　marketing
マース　murse
マーセリゼーション　mercerization
マートアンドマーカス　Mert & Marcus
マーブリング　marbling
マーメイド　mermaid
マイクロ　micro
マイクロスカート　microskirt
マイクロドレス　micro dress
マイクロファイバー　microfiber | microfibre
マイゼル　Meisel
マイター　miter | mitre
マイヨ　maillot
マウスウォッシュ　mouthwash
前　front
前掛け　waist apron
前髪　top
前払い　advance
前身ごろ　front
巻き毛　curl
巻き毛　swirl
マキシ　maxi
マキシスカート　maxiskirt
マキシドレス　maxidress
巻尺　tape measure
マクスウェル　Maxwell
マクドナルド　Macdonald
マクファデン　McFadden
マクラク　mukluk
マクラメ　macramé
まくり上げる　roll up
マザー・オブ・パール　mother-of-pearl
摩擦つや出し　friction calendering
摩擦つや出し機　friction calender
マジャールスリーブ　Magyar sleeve
マジャールブラウス　Magyar

マス・カスタマイゼーション　mass customization
マスカラ　mascara
マスカレード　masquerade
マスク　mask
マスタード　mustard
マスタープラン　master plan
マスファッション　mass fashion
マゼンタ　magenta
股　crotch
股下　inside leg
マタニティー　maternity
斑入りの　shot
まだら模様の毛織物　motley
マチネー　matinée
マチネーハット　matinée hat
マッカーデル　McCardell
マッカートニー　McCartney
マッキー　Mackie
マッキノー　mackinaw
マッキノーコート　mackinaw
マッキノーブランケット　mackinaw
マッキントッシュ　Macintosh
マッキントッシュ　mackintosh, macintosh
マックイーン　McQueen
マックスフィールド・パリッシュ　Maxfield Parrish
マックスマーラ　MaxMara
まつげ　eyelash
まつ毛　lash
マッサージ　massage
マッシュルームプリーツ　mushroom pleat
まっすぐな　straight
マッチ　match
マッド カルパンティエ　Mad Carpentier
マットな　matt(e)
まつり　hemmimg stitch
まつり縫い　slip stitch
マデイラ刺繍　Madeira embroidery
マテラーセ織り　matelassé
マテリアル　material
まとめ髪　knot
マドラス　Madras
マトリ　Mattli
マドンナ　Madonna
マニエリズモ　mannerism
マニキュア　manicure
マニキュア液　enamel
マニキュア液　nail polish
マニキュア除光液　polish remover

マニッシュな　mannish
マニプル　maniple
マヌカン　mannequin
マネキン　mannequin
マノロブラニク　Manolo Blahnik
まばらな　thin
まびさし　peak
まびさし　visor
マフ　muff
まぶた　eyelid
まぶた　lid
マフラー　muffler
マホガニー　mahogany
まゆげ　eyebrow
まゆ毛　brow
マラカイトグリーン　malachite green
マラボー　marabou
マリークヮント　Mary Quant
マリーゴールド　marigold
マリメッコ　Marimekko
魔力　glamour
マリンブルー　marine blue
マル　mull
まるい　round
丸顔の　round-faced
丸刈り　buzz cut
マルジェラ　Margiela
マルセルウェーブ　marcel
マルタン　Martin
マルチカラーの　multicolored
マルチフィラメント　multifilament
マルティ　Marty
マルベリー　mulberry
マルベリー　Mulberry
マロケーン　marocain
マンゴー　mungo
マンタ　manta
マンダリンオレンジ　mandarin orange
マンダリンカラー　mandarin collar
マンダリンコート　mandarin coat
マンダリンジャケット　mandarin jacket
マンダリンスリーブ　mandarin sleeve
マンチュア　mantua
マンチュロン　mancheron
マント　cloak
マント　manteau
マント　mantle
マンボシェ　Mainbocher
ミールマン　Mirman
見返し　facing

見返しを付ける　face
見かけ　appearance
短い　short
短いステッキ　swagger stick [cane]
未就学児童　preschooler
ミシン　sewing machine
ミシンで縫う　machine-stitch
水着　bathing costume [dress, suit]
水着　swimming costume
水着　swimsuit
水玉模様　dot
水玉模様　spot
水で落ちる　washable
ミスト　mist
水につける　ret
ミスマッチ　mismatch
ミズラヒ　Mizrahi
店　shop
店　store
乱れた　wild
三つ編み　braid
ミックスアンドマッチの　mix-and-match
身づくろい　toilet
ミッソーニ　Missoni
ミット　mitt
ミッドナイトブルー　midnight blue
ミディ　midi
ミディブラウス　middy blouse
ミトラ　miter | mitre
緑　green
ミドリフ　midriff
ミトン　mitten
ミニ　mini
ミニスカート　miniskirt
身につけるアート　wearable art
ミニドレス　minidress
身にまとう芸術　wearable art
ミニマリズム　minimalism
ミネラルの　mineral
身分証明書　ID
身分証明書　identity card
耳　ear
耳おおい　earpiece
耳おおい　tab
耳たぶ　earlobe
耳の前の髪の総　sidelock
ミュアー　Muir
ミューテーションミンク　mutation mink
ミュウミュウ　Miu Miu
ミュール　mules

ミュグレー　Mugler
ミュシャ　Mucha
ミュゼット　musette
明礬なめし　alum tanning
ミラー刺繍　mirrorwork
ミラーワーク　mirrorwork
未来派　futurism
ミラノコレクション　Milan Collection
ミリタリーカラー　military collar
ミリタリーの　military
ミリナリー　millinery
魅力　glamour
魅力的な　attractive
ミルキーホワイト　milky white
『ミロワール・デ・モード』　Miroir des modes
魅惑的な　glamorous
ミンクの毛皮　mink
ミントグリーン　mint green
ムース　mousse
ムースリーヌ　mousseline
ムームー　muumuu
ムーン　Moon
ムーンストーン　moonstone
むきだしの　bare
麦わら　straw
麦わら帽子　hive
麦わら帽子　straw hat
むこうずね　shin
無彩色　achromatic color
無地の　plain
無地の　solid
虫干し　airing
結び　tie
結び目　knot
むだ毛　unwanted hair
無頓着　nonchalance
胸　breast
胸　bust
胸　chest
胸当て　bib
胸の筋肉　pec
胸の谷間　cleavage
紫　purple
紫水晶　amethyst
ムンカーチ　Munkacsi
目　eye
メイクアップ　makeup
メイクアップアーティスト　makeup artist
メイクオーバー　makeover
迷彩の　camouflage

名声ある　prestige
明度　value
目打ち　stiletto
メーカー　maker
メーカー　manufacturer
メーカーブランド　manufacturer's brand
メールオーダー　mail order
めかし屋　fop
眼鏡　specs
眼鏡　spectacles
眼鏡のレンズ　eyeglass
メクリンレース　malines
メクリンレース　Mechlin
メサリン　messaline
雌鹿の皮　doeskin
目尻のしわ　crow's foot
メスジャケット　mess jacket
メタボリズム　metabolism
メタボリックシンドローム　metabolic syndrome
メタボリックの　metabolic
目玉商品　eye-catcher
メタリックな　metallic
メダル　medal
目つき　look
メッシュ　mesh
メッセンジャーバッグ　messenger bag
メディチカラー　Medici collar
メトロセクシュアル　metrosexual
目の粗い　loose
目の下のたるみ　pouch
目の縦の列　wale
目もと　eye
メリーウィドー　Merry Widow
メリーウィドーハット　Merry Widow hat
メリージェーン　Mary Jane
メリノ毛織物　merino
メルトン　melton
綿糸　cotton yarn
綿じゅす　sateen
メンズウェア　menswear
綿ネル　cotton flannel
綿棒　cotton bud
綿棒　cotton swab
綿棒　swab
モアレ　moiré
モイスチャライザー　moisturizer
毛根　root
申し出　offer
申し出る　offer

毛髪移植　hair transplant
モード　mode
『モード・エ・マニエール・ドージュルデュイ』
　　Modes et manières d'aujourd'hui
モートン　Morton
モーニングコート　cutaway
モーニングコート　morning coat
モーニングドレス　morning dress
モーブ　mauve
モーブッサン　Mauboussin
モーリオン　morion
モールスキン　moleskin
モーレット　Mouret
モカ　mocha
モカシン　moccasins
モガドール　mogador
木製の　wooden
目標　target
モザイク　mosaic
喪章　mourning
モス　Moss
モスキーノ　Moschino
モスグリーン　moss green
モスクレープ　moss crepe
モスリン　mousseline
モスリン　muslin
モゼタ　mozzetta
モダクリル　modacrylic (fiber)
モックタートルネック　mock turtleneck
モッズ　mod
モップキャップ　mobcap
モティーフ　motif
モディスト　modiste
元夫　wasband
モノキニ　monokini
モノグラム　monogram
モノクローム　monochrome
モノクロ写真　monochrome
モノクロの　monochrome
モノトーンの　monotone
モノフィラメント　monofilament
モノポリー　monopoly
喪服　mourning
モヘア　mohair
もみあげ　sideburns
木綿　cotton
腿　thigh
模様　pattern
モリーン　moreen
モリス　Morris

和英対照表　　348

モリヌー　Molyneux
モレニ　Moreni
モロケン　morocain
モンクスクロス　monk's cloth
モンタナ　Montana
モンドリアン　Mondrian
モンドリアンドレス　Mondrian dress
モンマス帽　Monmouth cap
匁　momme
モンロー　Monroe

ヤ

ヤード　yard
ヤードさお尺　yardstick
ヤーン　yarn
夜会　soiree
夜会服　formal
野球帽　baseball cap
野球帽　trucker hat
野獣主義　fauvism
ヤシュマック　yashmak
安い　cheap
やせた　thin
ヤッピー　yuppie
矢筈模様　herringbone
山（帽子の）　crown
山高帽　billycock
山高帽　derby hat
山高帽　plug hat
山高帽子　bowler
ヤムルカ　yarmulke
柔らかな　soft
ヤングアダルト　young adult
ヤング率　Young's modulus
ヤントーニー　Yantorny
優雅な　elegant
有彩色　chromatic color
ユーバーセクシュアル　ubersexual
遊牧民の　nomadic
有名ブランド　name brand
床に届く長さの　floor-length
輸出　export
輸出業者　exporter
輸出する　export
豊かな　rich

ゆったりした　loose-fitting
ゆったりしたセーター　sloppy joe
ユニークな　unique
ユニオンスーツ　union suit
ユニセックスの　unisex
ユニタード　unitard
ユニホーム　uniform
輸入　import
輸入業者　importer
輸入する　import
指　finger
指先　fingertip
指出し手袋　fingerless glove
指の爪　fingernail
指輪　band
指輪　ring
ゆるい　loose-fitting
ゆるい靴　slip-shoes
ゆるさ　ease
ゆるめる　let out
与圧服　pressure suit
容器　case
羊脚形の　leg-of-mutton
幼児　infant
様式　style
養殖真珠　cultured pearl
洋服だんす　robe
洋服屋　clothier
容貌　look
羊毛　wool
羊毛の　woolly, wooly
ヨーク　yoke
ヨークスカート　yoked skirt
ヨーロッパ大陸の　continental
ヨガ　yoga
浴用タオル　washcloth
緯編み　weft knit
横編み　filling knitting
緯イカット　weft ikat
緯糸　filling
緯糸　pick
緯糸　weft
緯糸　woof
緯糸木管　pirn
横顔　half-face
横顔　side face
横縞模様　bayadere
予算　budget
寄せぎれの一片　pane
寄せて上げる　push-up

装い attire
装う attire
欲求 want
撚り ply
撚り糸 folded yarn
撚り糸 plied yarn
鎧下 gambeson
四分の三丈の waltz-length

ラ

ラーヴィス Rahvis
ラーズ Lars
ラーラースカート rah-rah skirt
ライエンデッカー Leyendecker
ライクラ Lycra
ライスハット rice hat
ライセンシング licensing
ライセンス license | licence
ライセンス供与 licensing
ライセンスグッズ licensed goods
ライダーズジャケット motorcycle jacket
ライティング lighting
ライディングブーツ riding boots
ライナー liner
ライニング lining
ライフサイクル life cycle
ライフスタイル lifestyle
ライムグリーン lime green
ライラック lilac
ライリー Riley
ライル糸 lisle
ライン line
ラインシート line sheet
ラインストーン rhinestone
ラウンジウェア loungewear
ラウンジスーツ lounge suit
ラウンドネックライン round neckline
ラガーフェルド Lagerfeld
落書き graffiti
ラクダの毛 camel's hair
ラグビーシャツ Rugby shirt
ラグラン raglan
ラグランスリーブ raglan sleeve
ラクロワ Lacroix
ラゲージ luggage

ラコステ Lacoste
ラシ lacis
ラシャペル LaChapelle
ラショナルドレス rational dress
ラスター luster | lustre
ラスタファリアン Rastafarian
ラスティング lasting
ラステックス Lastex
ラスト last
ラストリング lustring
ラズベリー raspberry
ラチネヤーン ratiné
ラッカー lacquer
ラッシェル raschel
ラッセル Russell
ラップ lap
ラップ wrap
ラップアラウンド wraparound
ラップドレス wrap dress
ラッフル ruffle
ラティーン(織り) ratteen
ラテックス latex
ラバーブーツ rubber boots
ラバット rabat
ラバンヌ Rabanne
ラビ rabat
ラピスラズリ lapis lazuli
ラピドゥス Lapidus
ラフ ruff
ラフィア raffia
ラフィアの帽子 raffia
ラブノット love knot
ラベル label
ラペル lapel
ラベンダー lavender
ラベンダーオイル lavender oil
ラマの毛 llama
ラミー ramie
ラムーア Lamour
ラムズウール lambswool
ラムスキン lambskin
ラメ lamé
ラリアトネックレス lariat necklace
ラリエット lariat necklace
ラリガン larrigans
ラリック Lalique
ラルフローレン Ralph Lauren
ラロッシュ Laroche
ランヴァン Lanvin
ランウェイ runway

ラング　Lang
ラングラー　Wrangler
ランコム　Lancôme
ランジェリー　lingerie
ランジェリークレープ　lingerie crêpe
ランチェッティ　Lancetti
ランニングシャツ　string vest
ランニングシューズ　running shoes
ランニングステッチ　running stitch
ランバージャケット　lumber jacket
ランラン　Lenglen
リー　Lee
リーガー　Reger
リーサ　Leser
リーズナブルな　reasonable
リードタイム　lead time
リーバー　Leiber
リーバーマン　Liberman
リーバイス　Levi's
リーファー　reefer
リーフグリーン　leaf green
リーボック　Reebok
リキエル　Rykiel
陸軍余剰品　army surplus
リクチメン　upland cotton
リクラク　rickrack
リサイクルウール　recycled wool
リサイクルショップ　thrift shop [store]
リサイクルする　recycle
リスト　wrist
リストウォッチ　wristwatch
リストバンド　wristband
リスの毛皮　squirrel
リセッショニスタ　recessionista
リゾートウェア　resortwear
立体裁断　draping
立体派　Cubism
リッチ　Ricci
リッチな　rich
リップ　lip
リップグロス　lip gloss
リップスティック　lipstick
リップストップの　ripstop
リップトジーンズ　ripped jeans [denim]
リップブラシ　lipbrush
リップライナー　lipliner
リップライン　lipline
リップル　ripple
リトル・ブラック・ドレス　little black dress
リニューアル　renewal

リネン　linen
リノ　leno
リバーシブルの　reversible
リバイバル　revival
理髪店　barbershop
リバティ　Liberty
リバティキャップ　liberty cap
リバティプリント　Liberty print
リブニット　rib-knit
リプロダクション　reproduction
リボン　riband
リボン　ribbon
リムーバー　remover
リムジン　limousine
略装の　dress-down
略帽　forage cap
略帽　garrison cap
流行　fashion
流行　vogue
流行遅れの　old-fashioned
流行かぶれ　faddism
流行周期　fashion cycle
流行中の　hot
流行の　à la mode
流行の　fashionable
流線型　streamline
リュックサック　packsack
リュックサック　rucksack
理容　hairdressing
量感　volume
理容師　barber
両性愛の　ambivalent
両性の　bisexual
両玉縁ポケット　bound pocket
両面印刷　duplex printing
両面表の　double-faced
両面仕立の　reversible
リヨセル　Lyocell
リリパイプ　liripipe
輪郭　contour
輪郭を描く　delineate
リング　ring
リングピアス　sleeper
リングブローチ　annular brooch
リンス液　rinse
輪頭十字　crux ansata
リントンツイード　Linton tweed
ルイ　Louis
ルイーズブーランジェ　Louiseboulanger
ルイ ヴィトン　Louis Vuitton

ルイヒール　Louis heel
ルーカス　Lucas
ルーシュ　ruche
ルージュ　rouge
ルーシング　ruching
ルースパウダー　loose powder
ループ　loop
ループステッチ　loop stitch
ルーベンスハット　Rubens hat
ルーロー　rouleau
『ル・ギルランド』　Guirlande
『ル・グデュジュール』　Goût du jour
ルシール　Lucile
ルックス　look
ルックブック　look book
ルネサンス　Renaissance
ルネサンスレース　Renaissance lace
ルパップ　Lepape
ルビー　ruby
ルフ　Rouff
ルブー　Reboux
ルレックス　Lurex
ルレット　tracing wheel
ルロン　Lelong
ルンギー　lungi
レイ　lei
レイ　Ray
レイバン　Ray-Ban
礼服　robe
礼服　vestment
レイヤードカット　layered cut
レイヤードカットにする　layer
レイヨウの革　antelope
レイン　Rayne
レインウェア　rainwear
レインコート　mac
レインコート　raincoat
レインコート　rubber
レインブーツ　rain boots
レージーデージーステッチ　lazy-daisy stitch
レース　lace
レースインサーション　lace insertion
レースステイ　lace stay
レースで飾る　lace
レースの縁飾り　lacing
レーダーホーゼン　lederhosen
レーヨン　rayon
レーン　Lane
レオタード　leotard
レオパードプリント　leopard print

レガッタ織り　regatta
レカミエ　Récamier
レギンス　leggings
レグホン　leghorn
レザー　leather
レザーカット　razor cut
レシート　receipt
レジェ　Léger
レジメンタルストライプ　regimental stripe
レジャーウェア　leisurewear
レジャースーツ　leisure suit
レチノール　retinol
列　queue
レッグウェア　legwear
レッグウォーマー　leg warmer
レッド　red
レッドウィング　Red Wing
レップ　rep
レディーメードの　ready-made
レティキュール　reticule
レティセラ　reticella
レディンゴート　redingote
レドファン　Redfern
レトロの　retro
レノ　leno
『レ フォイエ ダール』　Feuillets d'art
レペット　repetto
レボーソ　rebozo
レモンイエロー　lemon yellow
レリーフ　relievo
レンズ　glass
レントナー　Rentner
ロイヤルティー　royalty
ロイヤルブルー　royal blue
蠟染め　batik
老年性色素斑　age spots
ロエベ　Loewe
ローウエスト　low waist
ローション　lotion
ローズ　Rhodes
ローズ　rose
ローズカット　rose
ローズカット　rose cut
ローズクォーツ　rose quartz
ローズピンク　rose pink
ローゼンシュタイン　Rosenstein
ローデン　loden
ローネックの　low-necked
ロービング　roving
ローブ　robe

ロープ rope
ローファー loafer
ローファージャケット loafer
ローブドシャンブル robe de chambre
ローブドスティール robe de style
ローマンサンダル Roman sandals
ローラ アシュレイ Laura Ashley
ローライズの low-rise
ロールアップ roll-up
ロールアップする roll up
ロールオン roll-on
ロールオンタイプの roll-on
ロールカラー roll collar
ロールネック roll-neck
ローレン Lauren
ローン lawn
ロクラム lockram
ロケット locket
ロゴ logo
ロココ様式 rococo
ロザリオ rosary
ロシアの Russian
ロシェトゥム rochet
ロシャス Rochas
露出した bare
ロゼット chou
ロゼット rosette
ロゼの pink
ロッカー rocker
ロッカールーム locker room
ロック lock
ロック Lock
ロック歌手 rocker
ロックステッチ lock stitch
肋骨 rib
ロット lot
ロドファーヌ rhodophane
ロネイ Ronay
ロバーツ Roberts
ロブ Robb
ロベルタ・ディ・カメリーノ Roberta di Camerino
ロマネスク様式 Romanesque
ロマン主義の romantic
ロマンチシズム romanticism
ロマンチックな romantic
ロメインクレープ romaine
ロレックス Rolex

ロングアンドショートステッチ long-and-short stitch
ロングクロス longcloth
ロングジョン long johns
ロングトルソー long torso
ロングブーツ thigh boots
ロンゲット longuette
ロンドンコレクション London Collection
ロンパース rompers

ワ

ワーキングドレス working dress
ワークアウト workout
ワークトボタンホール worked buttonhole
ワークバスケット workbasket
ワークバッグ workbag
ワークブーツ workboots
ワードローブ wardrobe
ワープ warp
ワープニット warp knit
ワーププリントの warp-printed
ワイシャツ dress shirt
ワイシャツ shirt
ワインレッド wine red
若い young
若返らせる rejuvenate
若返らせる revitalize | revitalise
わきのした underarm
枠 rims
ワスピー waspie
ワスプ wasp
ワッフルウィーブ waffle weave
ワッフルクロス waffle cloth
ワトーガウン Watteau gown
ワトー型の Watteau
ワトープリーツ Watteau pleat
わに革 alligator
わに革 crocodile
ワラチ huaraches
割縫い plain seam
割引 reduction
ワンショルダーの one-shoulder
ワンピース dress

▼参考文献

Dictionary of Fashion and Fashion Designers　Thames&Hudson, 2008
Fashion A to Z　Laurence King Publishing Ltd., 2009
Dictionary of Fashion (Third Edition)　Fairchild Publications, Inc., 2008

『日米英 ファッション用語イラスト事典』若月美奈/杉本佳子　2007年　繊研新聞社
『ファッション辞典』大沼　淳/荻原昭典/深井晃子　2000年　文化出版局
『ファッションとアパレル英語小事典』丸橋良雄/藤平英一/A. D. ローゼン/佐川昭子 共編　2007年　英光社
『ファッション事典』ジョージ・オハラ　1988年　平凡社
『フェアチャイルド ファッション辞典』Dr. C. キャラシベッタ　1977年　鎌倉書房
『新 田中千代服飾事典』田中千代　1991年　同文書院
『新・実用服飾用語辞典』山口好文/今井啓子/藤井郁子　2007年　文化出版局
『新ファッションビジネス基礎用語辞典』　2001年　チャネラー
『〈アパレル素材〉服地がわかる事典』野末和志　2001年　日本実業出版社
『新版 色の手帖』永田泰弘監修　2002年　小学館
『英語語源辞典』寺澤芳雄編　1997年　研究社
『しぐさの英語表現辞典』小林祐子編著　1991年　研究社
『総合ビジネス英和辞典』　2007年　研究社

Vogue　米国版＆英国版
Harper's Bazaar
Elle　米国版
Marie Claire　米国版
Cosmopolitan　米国版
Teen Vogue　米国版
InStyle　米国版
Gentlemen's Quarterly　米国版＆英国版

英和ファッション用語辞典

2010年4月26日　初版発行

監修者
中野香織（なかの・かおり）

発行者
関戸雅男

発行所
株式会社　研究社
〒102-8152　東京都千代田区富士見 2-11-3
電話　営業(03)3288-7777(代)　編集(03)3288-7711(代)
振替　00150-9-26710
http://www.kenkyusha.co.jp/

印刷所
研究社印刷株式会社

装丁
原崎智子

KENKYUSHA
〈検印省略〉

ISBN978-4-7674-3466-7　C3582　Printed in Japan